為什麼
你的好意
害了貓？

Think Like a Cat
How to Raise a Well-Adjusted Cat--Not a Sour Puss

──從幼貓到老貓，從基本認知到緊急醫療措施，愛貓人必備經典指南！──

Amazon史上
最暢銷貓咪飼育聖經

Pam
Johnson-Bennett

著──潘·強森班奈特 方淑惠──────譯

方舟文化

僅獻給我的丈夫史考特及兩個孩子：
葛蕾西與傑克，你們讓我覺得幸福。

謹以本書紀念我的父親，他對動物的關愛，
為我開啟了通往夢想的大門。

也謹以本書紀念一隻特別的貓咪艾瑟兒，
她的恩情我無以為報。

Contents

推薦序

「林醫師，為什麼我的貓在早上只跟我男友撒嬌卻不理我？」

「林醫師，為什麼全家人只有我不能穿拖鞋，只要我一穿就會被我的貓攻擊？」

在我的貓行為諮詢門診中，除了一般常見的貓問題行為，三不五時會遇到一些奇奇怪怪的問題。雖然貓已經跟人相處了數千年，但貓的行為科學仍算是一門剛起步的學問。每隻貓都有獨特的個性，每個飼主的情況與居家環境也都不同，因此，要如何有效地解決貓的問題行為，就絕不能單靠個人經驗或是教科書上的知識。

像貓一樣思考，並輔以風險評估考量，就是我的貓行為門診核心概念，也是最有效解決問題的方式。我們雖無法體驗當一隻貓的觀感，但若能從貼近貓的角度來看待問題，往往便能從中找出合理的解決方案。

以貓亂尿尿的問題來說，在排除生理疾病因素後，這類問題有不少是因為貓不喜歡現有的貓砂盆，而這類的貓砂盆通常都是加了上蓋的。在問題爆發以前，有蓋的貓砂盆是多數貓飼主喜歡的款式，因為貓砂不容易被撥出，排泄物的臭味也不容易散發出來。

但若從貓的角度來看，有蓋的貓砂盆不只內部空間通常過於狹小，貓砂的粉塵及排泄物的氣味也容易蓄積在內，對貓來說，這樣的空間是非常不舒服的，加上這類的產品出入口只有一個，也容易造成多貓家庭在動線上產生衝突。這些因素導致貓排斥使用這類型的廁所，如果有其他更舒適的地點，貓通常會去選擇他處排泄（例如你的沙發或床）。

飼主在第一次聽到這樣的說法時，通常不可置信，並表示他們非

常勤於清理貓砂，貓砂盆也是買最大的。對於他們這樣的反應，我通常不會跟他們爭辯，而是請他們回家先確認貓砂盆已經清理到最乾淨的程度，接著，我會請他們將頭伸進那個貓砂盆內，睜開眼睛呼吸10秒鐘再出來。

這樣的體驗，代換成如廁過程要全身進去，嗅覺優於我們人類數十倍的貓來說，是會怎麼樣呢？多數貓飼主聽到這邊，便恍然大悟，並懂得如何用貓的角度去選擇一個舒適的貓砂盆。即便我從頭到尾沒有指定任何款式或是廠牌。這就是作者 Pam Johnson-Bennett 在本書一直強調的概念，從貓的角度出發，像貓一樣思考。

本書從養貓前到貓（或你）離世後，詳盡地去分析各種可能性，並引導讀者如何從貓的角度來看待問題。本書改版時，更加入「緊急狀況與急救」一章，讓飼主面對突如其來的情況時，也知道如何正確的去處理。作者不單從人的角度來告訴你貓的行為特性，更教導你如何站在貓的角度來理解牠的需求，伴隨過程可能會遭遇到的各種風險。作為一個專職的貓行為獸醫師，我由衷地佩服作者極為細膩及全面的心思，這本書讓我受益良多，也希望對你有極大的幫助。

對了，文章一開頭的第一個問題，是因為女飼主早上匆忙急躁的準備出門上班，對貓較粗魯沒耐心，相較於她男友因工作較晚，還悠閒地在家閒晃，所以貓比較喜歡跟「不粗魯」的對象互動。第二個問題，則跟拖鞋本身其實沒有太大的關係，單純只是飼主穿拖鞋被貓咬時的反應比其他家人誇張，所引起的貓遊戲攻擊行為而已。

貓行為諮詢醫師（杜瑪動物醫院）

IAABC Taiwan 主席　林子軒

作者序

　　呼！從 11 年前我的第一本書出版至今發生了好多事情。這些年來我收到許多讀者的來信、電子郵件和來電，如今他們都更能理解自己的貓咪出現某些行為的原因。飼主培養出更好的技巧解決行為問題，就能防患於未然。只要改變想法並培養出「像貓咪一樣思考」的觀點，解決行為問題意外地簡單。

　　過去 10 年來獸醫界、行為矯正領域、貓咪相關產品及營養學都有長足進展。因此這本書是我依據我的第一本書作再加以更新與擴充而完成的，能讓讀者快速取得各項所需資訊，養出適應良好、快樂又健康的貓咪。

　　我寫本書的目的，是要讓新貓咪飼主擁有工具能立即滿足貓咪的需求。我不希望讀者浪費任何時間誤解自己貓咪想要傳達的意思，或使用無效的訓練方法破壞了感情。「像貓一樣思考」清楚說明了我的訓練方法，藉由了解自己貓咪的動機、需求和溝通，便能輕鬆享受親密、美好的人貓關係。即使不是養貓新手，我敢說也有許多方法可以增進人貓感情。

　　或許你曾遇過行為問題也早就屈服，讓自己逆來順受。本書能提供你認為不可能的解決方法，我想改變你對貓咪的看法，也希望能改變你對自家貓咪生活環境的看法。我希望你跳脫成年人的有利視角，改從自家貓咪的角度看一切，看看世界會是什麼樣子？

　　希望你能著眼於希望「貓咪有良好行為」，而非著重於「不想看到貓的不良行為」，藉此解決問題。由負面轉為正面便能改變心態，將自己視為成功解決問題的人，而非挫敗的寵物飼主。這是一個簡單又合理的過程：想想你希望自己貓咪應有的行為，以及讓她達成這個目標的必要途徑。

我和許多人一樣，是在完全意外的情況下與貓咪結緣，我在愛狗的家庭中長大，認為狗是全世界最棒的寵物；而貓咪，就只是貓咪。我以為自己聽過的所有貓咪相關迷思都是真的，雖然我的確認為貓咪很漂亮，但我還是比較想養狗。後來，多年前的某個聖誕夜，我的人生從此改變。

　　那年我回老家和爸媽一起過節，天氣嚴寒又下雪，我拖到最後一刻才去購物。途中看到一名少女站在教堂前，她身旁的階梯上擺著一個紙箱，還有一個手寫牌子，上頭寫著幼貓免費送養。我心想這個女孩應該不會讓幼貓在這種天氣還待在室外吧，我朝紙箱內瞧了一眼，發現箱子裡的確有兩隻小幼貓；箱內只鋪了一條毛巾，兩隻幼貓緊緊相依試著取暖。

　　這名少女（以及很可能叫她出來做這種事的家長）如此缺乏愛心和責任感的行為讓我暴怒，我衝動地向她要了這兩隻幼貓，拉開外套將她們放進我的毛衣裡。她們已經凍得像兩個小冰塊。我心想她們說不定活不到我帶她們回家。我上車將暖氣開到最大，急忙趕回家（心裡很篤定等我回到家，我爸媽知道多了這兩個意外的訪客和他們一起過節鐵定會不高興）。幸好，我的家人對無助小動物所展現的愛與關心，超越了對我衝動行事的任何一絲不滿。

　　我們原本計畫平靜度過聖誕節，卻遭遇一連串的責任瘋狂突襲。我母親開始翻找早已不知流落何方的電毯，而我父親則用紙箱裝沙做了一個臨時貓砂盆。我妹妹和我則在廚房裡忙著，肩負起餵幼貓的工作（當時我們還不知道這兩隻貓的貓齡是 6 週大）。小貓咪吃飽弄暖之後，蜷著身子趴在我衝進家門時扔在地板的外套上。

　　我們圍在貓咪身邊看著她們安靜下來，就連我爸媽養的兩隻狗也

靜靜看著小貓咪睡覺。我母親的聖誕節餅乾麵團還放在廚房的流理台上沒送進烤箱，我當天買來的禮物也還在車子後車廂裡根本還沒包裝，而這兩隻瘦小、受凍、營養不良、滿身跳蚤、飽受驚嚇、渾身骯髒又不健康的小貓咪做了一件超凡的事情……她們活下來了。

這兩隻小貓雖然太早被帶離母貓身邊，暴露在極度寒冷的低溫中，又被對貓咪一無所知的人領養，但依舊存活了下來。有了這兩個完全依賴我的生命，我才明白自己對貓咪的了解少得可憐，而且我對貓咪僅有的認識也一點都不正確。露西和艾瑟兒（我很丟臉地承認，這並不是什麼有原創性的名字）以無比的仁慈、寬容和愛心忍受我出自好意但往往笨拙的照顧。

露西在 3 歲時死於先天性心臟病——而且很諷刺地，在聖誕節當天過世。艾瑟兒雖然也有同樣的先天性缺陷，卻比露西長壽得多。這兩隻貓不僅為我的生命帶來了許多愛與幸福，也啟發我展開自己（當然還有我的家人）從未想過的職業生涯。

如果你早已是貓咪飼主，本書提供的基本知識對你而言當然像是老生常談，但我還是希望你不要匆匆略過你認為不適用於自己情況的主題。**雖然你可能不需要了解如何挑選獸醫或如何設置貓砂盆，但從貓咪的視角檢視她的生活，採用像貓咪一樣思考的方法，便能解決行為問題、防範潛在問題發生，避免飼主常犯的錯誤。**沒錯，即使是經驗豐富的飼主，在貓科世界裡也往往會見樹不見林。

如果你即將成為新手貓咪飼主，恭喜你。你即將建立起一段無條件被愛、犯錯永遠能被原諒、絕對不會被批判、時時有樂趣的關係。只要貓咪晚上蜷在你的大腿上，就可以讓一整天的壓力消散無蹤。工作太賣力時，貓咪會踩著你的文件，讓你知道該休息一下了。

貓咪會對搔下巴等再簡單不過的舉動表達感激，對你唱出低沉、飽滿的呼嚕聲。即使在你外表最糟糕的時候，貓咪仍會愛慕你。就算你同一個故事講了第三遍，貓咪還是會耐心傾聽。貓咪也是你這輩子最可靠的鬧鐘，貓咪會教你如何享受生活。

　　準備好，你即將學會如何像貓咪一樣思考。

謝詞

　　多年來我與貓咪、飼主、獸醫和動物照護領域的許多人一起工作過，很幸運地從大家身上學到很多（除了兩腳的，更特別的是還包括四腳的），也有幸能夠每天親眼見證飼主及貓咪對彼此的愛與付出。我甚至感激所有一開始對我存疑的飼主（說真的，還不少呢），以及竭盡所能把我趕走的貓咪。一開始真的有些貓咪差點成功了。然而，困難就是成長的契機。天哪！我的契機還真多。多年前我剛入行時，這個行業並不像現在這麼常見，因此在我談到自己可以訓練貓咪時，很多人都挑眉露出懷疑的表情。事實上，挑眉已經算是我見過比較有禮貌的反應了。

　　我剛入行時，沒有人真正重視貓咪的行為，更別提登門造訪貓咪與飼主提供諮詢服務，以一對一的方式幫忙解決行為問題。我們會訓練狗——但對貓則是採取容忍的態度。不過如今我很高興看到大家接受矯正寵物貓行為的觀念，也樂於見到這個觀念真的改善了貓咪的生活。行為專家也開始變得常見，我會永遠感激我的第一批客戶，謝謝他們信任我，也願意從貓的角度來思考。

　　這些年來，我有幸一起工作的獸醫都格外大方，願意付出時間和分享知識。獸醫確實都是我們動物朋友的無名英雄。他們面對的病患非但極不合作，還常常想狠咬那些拯救牠們生命的醫生一口。某些醫生因此鍛鍊出的迅捷反射動作，以及他們即使面對最乖張暴戾的貓咪依舊能展現的耐心，都讓我欽佩不已。

　　感謝我的編輯雷貝嘉·杭特（Rebecca Hunt）以及企鵝出版集團（Penguin Books）親如家人的工作夥伴。感謝所有曾經讓我有幸與他們一同工作的獸醫。謝謝你們的支持、指導和友誼。特別感謝馬克·瓦爾德洛普醫師（Mark Waldrop）在貓咪照護方面給

予的啟發。也特別感謝我的經紀人及閨密琳達‧羅格哈爾（Linda Roghaar）全力相助。妳的智慧多次拯救了我。

感謝克里斯‧奇卓克（Chris Chichuk）……能與你為友是我的榮幸。感謝瑪莉琳‧克里格（Marilyn Krieger），我由衷珍視與妳的友誼。感謝我不凡的家人，尤其感謝我的丈夫，史考特。感謝我最偉大的貓科老師艾瑟兒（Ethel），她的精神永遠與我同在。是她讓我決定投入畢生心力改善人與貓的關係。艾瑟兒教導我許多人生最重要的道理，包括無條件的愛，表達自我真實的感受、尊重其他人的領域、保護家人、睡眠充足，還有隨時注意老鼠的蹤跡。

（在沒有特別指定公貓或母貓的情形下，本書作者一律將貓咪稱作「她」。這樣的設定除了是作者本身對於貓咪的擬人化，同時也是將貓咪視為與人類平等的表現。）

CHAPTER 1

夢想中的貓咪

....

Think Like a Cat

CHAPTER

天作之合還是人間怨偶？

貓咪不是店裡買來的襯衫，不合身就退貨；也不是鞋子，不合腳就送人或扔掉。雖然這些比喻對你來說可能簡單到可笑的程度，但遺憾的是，的確有許多貓咪飼主用這種態度對待他們的貓咪。**因此，有許多貓咪最後被送進收容所或直接遭到遺棄，因為她們沒有達到飼主的完美貓咪期望。**

你為什麼想養貓？好好誠實地檢視自己的期望才能確保你能獲得一輩子的愛。選擇成為貓咪飼主當然是情感上的決定。但同時你也選擇承擔一項重大責任，因為貓咪的健康與幸福完全操之在你。

如果你認為養貓就是把貓咪的餐碗填滿，在閒置浴室裡放個貓砂盆，那麼你和貓咪不久後都會變得很不開心。雖然貓咪似乎比狗好照顧，但飼主一定要做好準備面對她的情感、醫療和生理需求。

身為貓咪飼主也牽涉到財務上的付出，有些人在這方面並沒有做好準備。免費領養的貓咪或幼貓和花大錢買來的純種貓咪一樣，都需要看獸醫和營養照護：初期需要注射疫苗和施行結紮或絕育手術，之後每年還要接種疫苗。

她也勢必會因為意外生病或受傷而需要定期醫療的照顧，而看獸醫並不便宜。這些年來我見過許多格外親密的貓咪／飼主情誼，也見過貓咪和飼主似乎只是同住在一個屋簷下，對彼此毫無感情。

這大多是因為飼主從一開始就對貓咪抱著錯誤的期待，現在你有機會透過本書建立一段親密的人貓感情。即使你已經養了貓（可能已經養了好多年），還是可以建立更親密的情誼——這就是重點，那的確是一段感情。

謠言、諷刺與謊言

貓咪會造成嬰兒窒息？　　懷孕了就必須把貓送走？　　貓咪會破壞家具？

貓咪很冷漠？　　　　　　貓砂盆總是臭氣熏天？　　　貓咪無法訓練？

如果上述種種都是事實，怎麼可能還有人想養貓？不幸的是，人們仍持續傳遞這些不正確也不公平的資訊。結果呢？許多原本可以成為貓咪飼主的人因此卻步。

真正苦的是貓咪，因為無辜的她們持續被冤枉。接下來我們要進一步檢視某些常見的誤解，讓讀者分辨真假，進而開始計畫與貓咪共同生活。

「**貓咪很冷漠！**」我們都聽過這種說法，其實如果要大家用一個詞來形容貓咪，冷漠很可能就是大家選擇的形容詞。而既然提到了冷漠，或許也可能想到獨立。我相信這些形容詞都出自於將貓狗做不恰當的比較。我們認為狗是合群的動物，貓咪則是不合群、孤僻又傲慢。事實上，貓咪也是合群的動物，她的社群結構奠基於領域感以及食物的可得性。

貓咪可以也確實會一起快樂生活，在開放式的環境中，母貓會養育和照顧彼此的幼貓。貓咪會被誤解為孤僻的原因之一，在於我們通常看到她們單獨獵食。貓咪會獵捕小獵物，通常只夠一隻貓享用。不過，有些貓咪也會合作獵食，因此這項規則總有例外。

貓咪對某些人而言也可能顯得冷漠，因為她們身為獵人，會觀察整個環境。有時貓咪可能會坐在你的腿上，享受你親密的撫摸，但有時則喜歡坐在旁邊，看起來放鬆但一有獵物出現便即刻行動。即使最輕微的動靜也會刺激貓咪，因為那可能表示有獵物出現。

幼貓長大後需要的私人空間大小，取決於她的社會化程度以及幼年時是否曾被人類溫柔抱過。每一隻貓咪的性格發展，以及將來會變得友善合群或是膽小、不友善，全都取決於你。

本書會教你如何理解貓咪的語言並和貓咪溝通，以建立起深厚、充滿愛的關係。如果你期望完全靠貓咪自己努力達成目標，那你最後就會養出冷漠、獨立、有戒心的貓咪。最重要的就是：**不要再拿你的貓咪和狗做比較，你就會突然開始注意到她獨特又絕妙的特色**。貓咪並非小型犬，意外的是，某些人很難接受這個概念。我們不應該在貓咪表現得「像狗」時才接納她們，認為她們合群親人。

「**貓咪無法訓練！**」錯！再次重申，只要你不再把貓咪當成狗，而把貓咪當成貓來看就行。我的訓練方法是以正強化為主，了解貓咪的需求以及她透過行為想傳達的訊息。如果我希望我的貓咪不要再做某件事，我會引導她去做其他更好的事情，

然後在她做對的時候給予獎勵。

　　要運用這個像貓咪一樣思考的方法，必須先理解貓咪出現某種行為的理由，如此才能用我們雙方都能接受的方式滿足貓咪的需求。相較於在貓咪出於本能做出某些舉動（例如磨爪子）時不斷訓斥她，這種訓練方法比較輕鬆、人性化也更有效。所以拋開貓咪無法訓練的舊觀念吧！做起來其實比你想像得還簡單。

　　「**貓咪會對孕婦造成危險，而且會造成嬰兒窒息。**」我真的很討厭這種說法。首先，如果妳懷孕了，應該針對貓砂盆做一些預防措施。貓砂盆對於未出生的胎兒可能造成嚴重的健康危害，但這並不表示應該將貓咪丟棄。為了導正觀點，請參考本書末醫療附錄中的弓形蟲感染症（Toxoplasmosis）。

　　至於貓咪會造成嬰兒窒息的這個愚蠢說法則是毫無根據，但仍一再出現。貓咪專家推斷，可能是在很早以前人類尚未發現嬰兒猝死症（sudden infant death syndrome）之前，人們將嬰兒在睡眠中猝死的原因怪罪到貓咪身上。

　　「**貓砂盆總是臭氣熏天！**」嗯，你不清理貓砂盆當然就會臭氣熏天！只要你定期把貓砂盆清乾淨，別人就不需要再捏著鼻子走進你家。

　　「**貓咪會破壞家具。**」這句話多少包含了一些真相，但前提是沒有提供貓抓柱。我知道有些讀者看到這裡會想：嗯，我鄰居有準備貓抓柱，但貓咪還是破壞了家具。

　　我的看法是，他選錯了貓抓柱。第 9 章會教讀者如何第一次就選對貓抓柱，釐清了這點之後，想必已經來到成為貓咪飼主的門前，可以來養貓了對吧？還沒有。還有許多決定要做。你想養幼貓還是成貓？公貓還是母貓？要養在室內還是室外？要從哪裡取得貓咪？收容所？繁育場？隔壁鄰居？

幼貓好還是成貓好？

　　幼貓很可愛，真的非常可愛，每次我帶幼貓上電視節目，幾乎在場所有人都會靠過來看。幼貓絕對能讓人綻放笑顏，但在愛上這個可愛的小毛球之前，請先了解成為幼貓飼主的必要條件。

　　如果決定養幼貓，家裡必須做好幼貓防護措施，要巡視家中是否有垂掛的電

線、危險的清潔劑、有毒藥品等等（**即使決定養成貓，也必須留意上述情況，做好安全防護，但幼貓天生就容易闖禍**）。基本上，必須隨時知道自己的幼貓在哪裡，以避免她傷害自己。做好居家幼貓防護措施並不難，但有些人就是做不到。

舉例而言，我有一位藝術家朋友她想養貓作伴，但知道幼貓一定會打翻顏料。家裡不僅會因此搞得一團亂，還可能對好奇心旺盛的小貓咪造成重大健康危險。因此這位藝術家決定養隻個性文靜的成貓，除了有一次這隻貓不小心踩過她的調色盤，在地毯上留下一排吊鐘花形狀的貓腳印，她們相處得極為融洽。

家中有幼兒的家庭應該慎重考慮養極年幼小貓的決定，改選擇貓齡大一點的貓咪（至少 6 個月大）。幼貓十分脆弱，很容易被活潑的幼兒弄傷。年齡大一點的貓咪雖然也可能受傷，但至少較能逃離小朋友的魔爪。

如果自己或家中任何成員走路不太穩，那麼家裡有隻幼貓在腳邊鑽來鑽去可能會造成危險。想想自己必須在幼貓身上花多少時間，她們需要更多監督，不能像成貓那樣可以長時間獨處。

相較於領養成貓，領養幼貓的飼主較有機會對貓咪的性格塑造產生較大的影響力。讓貓咪接觸各種新刺激，透過這種方式調教出的貓咪，很可能在陌生人身邊依舊自在、不畏懼陌生環境，且能夠適應旅遊等情況。

因此為何要領養成貓，讓自己錯失這些樂趣呢？選擇領養成貓的最佳理由之一，就在於你已經很清楚自己將面對的情況。你可能也很了解她的脾氣，包括她是否活潑、神經質、溫馴、親人、愛叫、安靜等等。由於幼貓幾乎都像毛茸茸的小賽車，因此你無法確定哪些貓咪真的是這種個性，哪些將來會冷靜下來。如果希望貓咪已經具有某種脾氣或個性，最好領養成貓。

不過請記住，即使是膽小或神經質的成貓仍然可以訓練，有許多方法可以幫助成貓發展。此外，飼主也必須考量貓咪目前身處的環境、過去的經歷，以及在新環境裡可能產生的變化，同時搭配像貓咪一樣思考的訓練方法。

舉例而言，來自收容所的貓咪一開始在這種高壓環境中也許會極為膽怯或防衛心很重，然而一旦她適應了飼主的家庭環境與家人，便會開始展現真實個性，並有足夠的安全感開始相信人。

收容所裡的貓咪可能因行為問題而遭到前飼主棄養，但這並不表示這個行為問

題無法解決，只不過新飼主必須做好準備面對接下來可能發生的情況。這種行為問題通常可能與先前的飼養環境有關，因此在新環境中可能不會延續。本章稍後會談到領養收容所貓咪的相關事項。

　　成貓不像幼貓一樣必須持續監督。如果真心愛貓、想和貓咪一起生活，領養成貓可以拯救她的生命。不論是被送進收容所、在後巷被人發現或是在雜貨店外送養的幼貓，都比成貓更有機會找到主人。領養 4 歲大的虎斑貓，或許可以讓她免於遭到囚禁的生活，或甚至能救她一命。

　　從財務的角度來看，成貓的開銷通常也低於幼貓。幼貓需要接種多項疫苗以及施行結紮或絕育手術。從另一個家庭或收容所領養成貓，通常表示那隻貓已經有完整的疫苗接種紀錄，或至少已經接種最初的幾劑疫苗，某些情況，這隻貓甚至已經接受過絕育或結紮手術。

公貓好還是母貓好？

　　關於這方面同樣有許多迷思與謠言亂傳，如果有朋友只養過公貓，他們一定可以滔滔不絕地細數公貓的各項優點以及母貓的無數缺點。他們會告訴你公貓遠比母貓聰明、外向，而長期飼養母貓的飼主則會馬上反駁這種說法，並補充說明公貓的領域性有多強。

　　事實上，一旦貓咪接受過絕育或結紮手術，性別的影響都不大了。貓咪的惹人厭行為，像是公貓噴尿或母貓發情叫春等，通常都是因為荷爾蒙作祟。只要讓貓咪接受絕育或結紮手術，就能加以控制。若不施行絕育手術，不論選擇公貓或母貓，最後都會淪為頭大的貓咪飼主。

　　未結紮的公貓具有領域性，因此會四處噴尿。如果將這些公貓放出門，他們會四處遊蕩，不斷打架，因此可能導致受傷或死亡。而未絕育的母貓在發情期間則會不停叫春以尋找公貓，而且一逮到機會就想偷溜出去。結紮或絕育的貓咪是更理想的寵物。她們不會一輩子活在挫折中，罹患某些癌症的風險會降低，而飼主也可免於懊惱擔憂。

純種貓

　　雖然多數貓咪飼主都會選擇非純種貓，但有些人或許鍾情於純種貓。喜歡純種貓的人可以舉出幾百個理由說明養純種貓優於混種貓，但我在此假設你是貓咪世界的新手，因此僅著眼於我認為對新手貓咪飼主最重要的事項。

　　若考慮養純種貓，請確認自己已經了解該特定品種可能出現的各種遺傳疾病。決定養純種貓之前請做好功課，包括閱讀該品種相關書籍，上網確認貓咪的註冊狀況。與獸醫、繁育者及已經飼養該品種貓咪的飼主談談。參加地方貓展以便進一步觀察。與帶貓參展的繁育者談談。

　　在狗的世界裡有大型犬、更大型犬、小型犬、更小型犬、獵犬、牧羊犬、陪獵犬、守衛犬、長毛、短毛、垂耳、豎耳、長鼻、短鼻、愛叫與安靜型的狗。種類如此繁多！而在貓咪的世界，最大的差異主要在於純種貓咪。

　　以體型為例，如果想養體型很大的貓咪，或許會對緬因貓（Maine Coon Cat）感興趣。如果喜歡好動的貓咪，有數個品種可供選擇，包括阿比西尼亞貓（Abyssinian）。因此，如果喜歡特定生理特徵或某種個性，純種貓比較可預期。

　　在做決定的過程中，這可能是一項重要的考量因素。在純種貓的世界裡有摺耳貓、短尾貓、無尾貓、捲毛貓、無毛貓或只有大自然中才能見到的毛色，也有多話貓或眾所周知的懶惰貓。

　　某些品種需要特別關照，但你可能沒有時間、動力或能力提供這種照顧。舉例而言，好幾種長毛品種，像是波斯貓及喜馬拉雅貓（Himalayan），都需要每天梳毛否則毛就會糾結。

　　你是否有時間妥善照顧這種貓？若考慮養純種貓，不防先上網做些功課，網路上有許多貓咪相關團體和名單。你也可以從已經飼養你中意的品種的飼主那裡獲得許多資訊。最後則是錢的問題。純種貓所費不貲。有些品種甚至遠比其他品種昂貴，因此請做好花大錢的準備。

長毛好還是短毛好：毛的長度

　　一隻梳理整齊的長毛貓無疑能吸引眾人目光，波斯貓等貓咪在貓科動物世界裡

擁有相當於好萊塢巨星的魅力。我們看到電視上的波斯貓戴著鑽石項圈倚著枕頭，用水晶餐碗吃飯。或許波斯貓正是因此成為最受歡迎的品種之一，我們對她們一見傾心，卻不明白「幕後」得花多少心力維護那一身漂亮的長毛。

許多長毛貓如果沒有每天梳理毛就會打結，在你還來不及說完「順毛噴霧劑」之前，那柔軟的長毛就已經打結了。撇開不雅觀的問題不談，糾結的長毛如果放任不管，也可能導致皮膚無法通風，進而造成健康問題，跳蚤也可能躲進糾結的毛中。而如果糾結的情況加重，可能拉扯到皮膚，導致貓咪走路時感到疼痛。

貓咪抓癢時指甲可能會卡在糾結的毛髮中，我曾經看過疏於照顧的波斯貓，在試圖抓搔糾結毛髮下的皮膚時造成皮膚撕裂。如果你喜歡貓咪一身長毛柔順的模樣，請慎重考慮照料的問題。

並非所有長毛貓的毛都容易糾結，即使選擇毛不會糾結的品種，也要留意所有長毛品種都仍需要較頻繁的梳理。舉例而言，緬因貓及挪威森林貓（Norwegian Forest Cat）有濃密但不糾結的長毛。但她們仍需要照料才能讓毛保持光澤。長毛貓不論毛是否會糾結，在個別衛生方面偶爾都需要特殊協助。她們的長毛可能偶爾會沾到排泄物。如果長毛貓腹瀉，清理起來會比短毛貓麻煩。

你一定聽過毛球，甚至可能看過。雖然貓咪不論毛長毛短都可能有毛球，但長毛貓有毛球的機率較高。時常定期梳理貓毛、餵食貓咪去毛球配方貓食或零食，以及定期給予貓咪化毛膏都有幫助。如果無法照料貓咪的毛，可能導致貓咪容易產生毛球。某些品種較為脆弱。例如，斯芬克斯貓（Sphinx）──也就是無毛貓──便需要待在較溫暖的環境中，因此不適合喜歡低溫環境的人飼養。

混種貓與異國品種貓

請勿單純因為貓咪的異國風情或特殊外表而選擇她，有些人沒有研究貓咪的脾氣、個性和訓練需求，只因為她們獨具魅力的生理特徵便花大錢買貓；孟加拉貓（Bengal）便是最佳實例。我遇過許多人因為喜歡孟加拉貓充滿野性的外表而購買這種貓，後來因為疏於訓練或對這個品種的活力與智力等級一無所知，導致貓咪出現行為問題，才開始覺得震驚。

如果對這些貓有興趣，請詳細研究並了解該品種的個性、照護需求及潛在健康風險。評估該品種是否適合自己的家庭，自己是否能為這隻貓創造合適的環境。

　　有些備受寵愛的貓咪都不是純種出身，而是在路旁、後門、鄰居車庫、當地收容所、在停車場裡發抖的迷路貓咪。有太多貓咪需要我們拯救。說真的，我相信有更多貓咪其實拯救了我們。除非你已經屬意特定品種，計畫讓自己的貓參加展覽（其實也有數個混種貓展），否則你應該考慮養混種貓。

　　什麼是混種貓？也就是不同品種或混種貓隨機交配的產物。有時可以看到貓咪身上具有某個可辨識的品種特徵，但通常多年隨機交配下產生的貓咪，身世都已經成謎。混種貓咪有各種外型、體型和毛色。從個性上而言，混種貓或許不像純種貓一般可預測，但一般而言，混種貓仍是健壯、適應力佳、可訓練的貓咪。

新貓咪何處尋

　　既然你已經確定要與貓咪共同生活，現在便來討論取得新寵物──不論是幼貓、純種貓、混種貓、長毛貓、短毛貓、公貓或母貓的諸多管道。相信你也很清楚我們並不缺貓咪。說不定你打開自家後門，就能找到一隻貓咪在後院裡遊蕩。我住的地方約 3 千多坪，幾乎每天早上我都看到有不同貓咪穿過這片土地。

　　許多人透過救援行動找到自己理想中的貓咪，但這個方法並不適合所有人。你在路邊救起的受傷或飢餓貓咪，或是從收容所救出差點被安樂死的貓咪，可能會但也可能不會是你期望中友善、值得信任、親人的動物。

　　我當然贊成任何人給予貓咪第二次活命的機會，但你應該確認自己明白即將面臨何種情況。我希望你和你的貓咪一起快樂度過許多、許多年。請確認家中每個人對於要領養哪種貓咪的想法都和你一致，也都願意和你一樣投入時間與耐心幫助那隻貓咪擺脫黑暗的過去。

收容所——尋找未琢磨的鑽石

對動物愛好者而言，走進收容所會讓人感觸良多。而空手走出收容所對動物愛好者更是十分艱難。請做好心理準備——你不可能拯救所有動物。走過一個又一個籠子，直視需要家庭的貓咪雙眼。雖然你可能極想將最需要幫助的貓咪永遠抱在懷裡，但請確認自己明白需要付出什麼。在沒有準備好的狀態下衝動做決定，最後可能對自己和貓咪都不利。

全美各地都有許多收容所，從公共動物控管設施到非營利民營機構均包括在內。你在尋找理想貓咪的過程中會看到運作良好的設施也會遇到可怕的監獄。在收容所裡找到純種貓的機率很低，但並非完全不可能。如果你想養幼貓，幼貓通常很快就會被人領養——每個人都想領養幼貓，尤其是聖誕節前後。但如果你願意領養成貓，會發現各種年齡、毛色和個性的成貓。

雖然收容所的職員都很有愛心，盡全力收容貓咪，儘量讓她們生活在舒適的環境中，但只要想想收容所的生活壓力有多大，就別期望貓咪能表現出最良好的行為。這些貓咪往往都有心理創傷，大多是被飼主棄養、走失、流浪、受傷或甚至可能受虐的貓咪。突然間她們被關進籠子，遠離生活中所有熟悉的事物，飽受驚嚇。

雖然你已經做好心理準備，也計畫給貓咪全世界最棒的家，但一開始她並不會完全領情。有些貓咪因行為問題而被家庭送進收容所，對你來說可能會特別棘手。不過，從收容所領養的貓咪，十之八九最終都能忘掉她的過去，成為你畢生的最愛。我見過的某些聰明絕頂、和藹可親、寬容大度的貓咪，就是來自收容所。

我和知名的「喜躍貓咪團」（Friskies Cat Team）在全國巡演時，這些上過電視、演過電影的多才多藝貓咪便是從收容所裡救出來的。巡演時這個事實總是讓人

**貓咪
小常識
KNOW**

開始尋找要認養的貓咪時，建議不要帶著孩子。首先你先參觀收容所、繁殖場等地方，必須嚴格評估這些設施。我曾經看過許多飼主還沒做好準備，卻在第一天出去就帶著幼貓回家，只因為孩子喜歡。喔，對了，孩子並不是唯一無法空著手從收容所走出去的人，我們大人更容易衝動行事。

大吃一驚，他們都認定「表演」貓咪必須從幼貓時期特別培養。錯了！只要看看閃電（Flash）、哈雷（Harley）、南瓜（Squash）和史派克（Spike），這 4 隻媒體寵兒貓咪都是來自收容所。

收容所的職員會在貓咪最初被送進收容所時照顧她們，幫助她們變成可收養的貓咪。志工也會每天來收容所和動物互動、提供安慰、關愛、關注並和貓咪玩耍。

如今許多收容所也都會主動向志工提供行為資訊，以便志工以最有成效的方式與貓咪互動。在許多收容所，新飼主也可以取得行為支援資源，以幫助他們在蜜月期結束後和領養的貓咪一起度過調適期。收容所雖然都十分擁擠且經費不足，但仍然有很大的貢獻。

在你決定從收容所領養貓咪後，請檢視設施、提出問題，徹底了解收容所的政策。有些收容所甚至要求先進行居家參訪，以確認環境適合飼養貓咪。如果對方向你提問，請不要覺得受到冒犯。收容所只是想確保你能找到最適合自己的貓咪。

貓咪救援團體

如果想透過當地救援機構為有需要的幼貓提供一個家，請記住就像從收容所領養貓咪。你可能要面對的是有創傷的動物，這些貓咪需要穩定、安全、關愛的家庭，以及願意幫助她們在自己的生命中成長茁壯的飼主。

有些獲救的貓咪可能缺乏幼年時期與人類親近的優勢，如果你想養的是會坐在大腿上、過得無憂無慮的貓咪，請務必將這點納入考量。獲救的貓咪可能需要一點時間才敢信任人。不過一旦貓咪開始信任人，看著她開始放下戒心接納自己，你會覺得非常神奇。這些經歷讓我永生難忘。

繁育者——好、壞及最差

如果你真的鍾情於純種貓，最好的來源就是繁育者。不過優良繁育者並不好找。就像其他行業，一旦涉及金錢，道德可能就在前往銀行的途中喪失了。

🔍 優良繁育者

- 繁育知識豐富
- 歡迎你提出問題
- 會參加貓展
- 提供參考資料
- 歡迎你參觀她／他的貓舍
- 讓你見幼貓的雙親
- 擁有所有註冊文件
- 要求買家對貓咪施行結紮或絕育手術
- 有健康檢查與疫苗接種文件
- 不賣未滿 10～12 週的幼貓
- 禁止施行除爪手術
- 在買賣合約中註明貓咪必須飼養於室內
- 不會強迫推銷
- 對繁育具有真正的熱情
- 會篩選買家以確保他／她的幼貓找到好人家
- 願意接受買家退貓，而不只是換幼貓
- 如果買家無法飼養幼貓，接受退貓

　　優良繁育者致力於維持品種的純正。他們會用愛維持一個非常乾淨、健康的貓舍，對貓咪的健康、營養和行為具有豐富的知識。優良的繁育者歡迎你提出疑問和檢查他們的貓舍。他們也應該願意提供參考資料。

　　要找到優良繁育者，首先可以開始參加當地的貓展。即使離你最近的貓展需要開一會兒車才能到也值得前往。優良繁育者會展示他們的貓咪。這是跟數個繁育者交談的好機會。除非他們的貓咪準備接受評審評判，否則他們應該十分樂意回答你的任何問題。

與繁育者談話時你會常聽到一個詞「室內放養」（raised underfoot），意思是幼貓由人類照顧且親人，與關在籠子裡飼養的方式不同。不過請注意，任何人都可能宣稱他們的幼貓是室內放養，因此你必須自己判斷他們所言是否屬實。

可以列出繁育者名單一一加以調查，和獸醫談談、加入線上繁育團體、上部落格及線上評論網站確認。參觀貓舍、提出問題、仔細觀察並抱抱幼貓。

記住，註冊過的幼貓只表示她有看起來正式的文件，並不保證她是適應良好的幼貓。如果品種有先天性缺陷，知名的繁育者會公開討論這點，以及她／他做了哪些努力降低風險。

尋找會問你很多問題的繁育者。如果繁育者沒有先了解你的家庭和生活習慣便立刻將幼貓賣給妳，你就不應該和這種繁育者做生意。繁育者不應販售未滿 10～12 週的幼貓。如果繁育者願意將未達上述年齡的幼貓賣給你，請勿與對方往來。

根據照片選貓

不論你是和繁育者或私人飼主往來，請勿同意購買沒親眼看過的貓咪。有些繁育者並非住在你那一區，但同意遠距售貓。他們會將照片或影片透過電子郵件寄給你，而你到機場接貓咪時，才是第一次真正見到貓咪的時候。

我對這種做法的建議是：不要。如果你想要的特定品種的繁育者住在遠處，而你又絕對必須要買這隻幼貓，那就搭飛機去見她，評估機構，如果一切都沒問題，就將那隻幼貓帶回家。必須親眼見過貓咪之後才能成交。

網路及報紙廣告

請注意，即使廣告說免費送養幼貓，且對貓咪的相關描述聽起來很完美，也不一定表示實情和廣告相符。請用對待繁育者的態度來面對飼主，向他們提出問題，他們如何飼養幼貓或貓咪？

如果是年齡較大的貓咪，可以問飼主為何要替貓咪找新家。原因可能已經在廣告中說明，不過還是可以問更多細節。

要仔細觀察飼主的家，別讓飼主抱著幼貓在門口的信箱與你會面。了解一下飼主如何飼養貓咪，如果可以，也看看貓媽媽。**如果飼主送養的是有行為問題的貓咪，而你仍然想領養這隻貓，請了解所有細節，我指的是盡可能了解一切。**不只是行為問題本身，還有這個問題發生的地點、時間與情況。

飼主用什麼方法矯正這個問題？這個行為問題可能是這個家庭某個情況所導致，或許將貓咪送走問題就可能解決。只要確認你已經獲得充分的資訊，也準備好耐心度過貓咪的調適期就好。

有時成貓會因為家庭狀況改變而被送養，例如，飼主可能過世，於是親屬打算將貓咪送養。如果你知道貓咪送養的原因，可以準備得更周全，幫助貓咪適應這些變化。只要你有時間與耐心幫助貓咪，被前飼主家庭送養的成貓通常可以成為絕佳的伴侶。失去飼主、曾經受虐或突然失寵（因為某些原因，例如被飼主的新婚配偶排斥）的貓咪，會覺得困惑、恐懼並出現危機意識。不過在你的關愛之下，她們就有機會過著幸福的生活。

如果廣告送養的是幼貓，並說明初次疫苗注射已經完成，請勿全然相信一個陌生人說的話。**必須要求對方出示疫苗接種紀錄及獸醫診所收據等書面證明。**不要光看到對方簡單的「我的寵物紀錄」資料夾中已經勾選接種疫苗的類別並填入接種日期就覺得滿足了。只要有筆任何人都可以填寫這種小冊子，請確認獸醫師的名字，如果飼主沒有書面證明，可以親自打電話給那位獸醫。

如果飼主同時飼養幼貓的母親，可以確認貓媽媽的疫苗注射紀錄是否完整，是否接受過貓白血病及貓免疫不全病毒檢測。另一個必須謹記在心的重要問題就是，飼主為何要讓這隻貓懷孕？他們是後院繁育者，打算讓自己的純種貓與朋友的純種公貓交配，藉此賺一點錢嗎？

向這種人購買幼貓只會鼓勵他們繼續做這種事，如果你以為自己能便宜買到價值不斐的純種貓，那就大錯特錯了，你實際上可能是花大錢買了有基因缺陷的劣質貓咪。我也不喜歡有些人不替自己的混種貓做結紮手術，一旦貓咪生了小貓，就在分類廣告網站上登廣告，心裡明白一定會有人想領養幼貓，因此自己手上那 4、5 隻麻煩便能解決。

別只看貓，記得確認飼主

　　請運用自己的每一分直覺，向幼貓或貓咪的飼主提出問題時，請確定答案能讓你滿意。在諮詢時我發現我向飼主提問題時，他們通常會給我他們認為我想聽到的答案而非告訴我真相。

　　我必須提升自己區分真話與假話的技巧。如果繁育者或私人飼主所言與你親眼所見不符，那就要提高警覺了。提出問題，盡可能了解與幼貓相關的正確資訊。

貓咪選擇你

　　我敢打賭，如果對貓咪飼主做民意調查，絕大多數的飼主都會告訴你他們原本並不是要養貓，也沒打算要養貓，甚至不太喜歡貓咪——但他們這輩子的愛貓就這樣走進了他們的人生。不論是出現在我們家門口的貓咪、在我們晨跑時出現在路旁的貓咪，或是在某個寒冷的冬夜躲進我們車子溫暖引擎蓋下的貓咪，往往是這些貓咪選擇了我們。我所有的貓咪幾乎都是這樣走進我的人生。

　　如果貓咪來到你的家門口，在決定成為她的飼主之前，請確認她並不屬於任何人。請確認項圈或其他形式的身分證明，有些飼主會在貓咪身上植入微晶片。這些晶片可以透過特殊的手持式掃描器讀取，許多收容所及獸醫診所都有這類掃描器。

　　請與當地收容所及獸醫師確認是否有人正在尋找走失的貓咪，可以搜索分類廣告網站及地方報紙，考慮自己刊登廣告。不過別透露貓咪的任何資訊，如此才能分辨真正的飼主是誰。

　　舉例來說，如果貓咪的右後腳上有白點或是缺了犬齒，這些事情只有真正的飼主才會知道。請務必小心，因為這個世界上有些非常殘忍的人會基於非人道的理由認養免費送養的貓咪。

　　在收養看似選擇了你的貓咪之前，必須先讓貓咪接受疾病檢測，包括貓白血病病毒及貓免疫不全病毒檢驗。此外必要時也必須接受疫苗注射和除蟲。

如果選擇你的貓咪是野貓（也就是回到野外生活且沒有與人親近的貓咪）而非流浪貓（也就是曾經有人飼養且親人，但後來因為某個悲傷的原因而獨自生活的貓咪），那麼要成為她的飼主的過程就比較複雜。野貓沒有與人接觸及接受調教或親人的經驗。這些貓咪可能不信任人類且疏離，如果沒有徹底的心理復健和行為矯正，也可能無法完全融入已經養貓的家庭。

我並不是要阻止你收養野貓成為家庭的一員，但我必須警告你，對一般人而言那並不是理想的情況。野貓需要花很長的時間建立信任感以及確實的行為矯正計畫。你必須擁有技巧和耐心配合貓咪的步調，也需要為貓咪準備合適的生活環境，因為她一開始必須待在大籠子裡，最後在你和貓咪建立信任關係時，她必須待在一個房間裡。

設備不齊全的飼主可能會被受到驚嚇、防衛心重的野貓弄傷，此外也必須考量到家中兒童以及現有寵物的安全。如果你認為自己沒有幫助野貓心理復健的技巧，但家附近出現了一隻（或多隻）野貓，可以聯絡最近的貓科救援團體。他們有相關資訊，知道在你家附近是否有任何特別有收容野貓經驗的寄養家庭或 TNR（誘捕、絕育、回放）組織。如果你所在區域沒有貓科救援團體，可連絡當地的人道組織。

挑選初生幼貓

第一原則：千萬別接受或購買未滿 10～12 週便被帶離母貓的幼貓。幼貓必須和母貓及其他同窩手足一起生活 10～12 週。在這段期間她們還在互相學習。幼貓互相玩耍和擺姿勢其實都是在為成年生活做準備，她們藉此學習重要的社交技巧。

太早離開同窩手足的幼貓有時可能會難以融入飼養多隻貓咪的家庭，她們可能缺乏適當的玩耍技巧，與其他寵物建立感情時可能遭遇困難。雖然這並不一定會發生，但你仍需了解這點，才能為自己的家庭做出最好的選擇。

第二原則：沒有適當社會化的幼貓在與人類建立感情時可能會遭遇困難。關鍵的社會化期是在 3～7 週大時。在這段期間頻繁接受人類的調教，有助於幼貓學習信任，在我們這些看來可怕的巨人身邊也能安心自在。

如果可以，請觀察貓媽咪，並針對貓媽咪照顧幼貓的方式提出問題。貓媽咪接

受何種照顧？她目前的體況如何？如果貓媽咪看起來又瘦又不健康，幼貓獲得的奶水質與量可能也會受到影響。

　　5 隻可愛的幼貓盯著你瞧的時候，你要如何只選一隻？非常困難。你的頭腦冷靜地說：「我們說好只領養一隻小貓，」但你的心卻說：「她們都好可愛，我全部都想要！」請停下來想一想，你心裡雖然想全部領養，但你的資源可能太有限。

　　不過如果你家沒有養其他貓咪，我會強烈建議你考慮養兩隻幼貓。領養或購買兩隻幼貓會是非常美好的經驗。她們會在成長過程中持續相互學習，也能彼此作伴（因為你不會隨時陪在她們身邊），從行為的角度來說，一次帶兩隻幼貓回家，會比只領養一隻，等到她長大後再養一隻作伴來得容易得多。成貓具有領域性，要帶第二隻貓回家需要運用策略。我已經數不清有多少成貓飼主對我說，他們希望當初有機會時就領養第二隻貓。

貓咪
小常識
KNOW

> 如果是在收容所或沒有機會觀察初生幼貓（這些幼貓可能已經與貓媽咪分離），你最好慢慢評估這隻幼貓是否就是自己想要的貓咪。這是你和這隻幼貓都必須長時間面對的決定。

找到自己的貓科靈魂伴侶

　　如果是一窩初生小貓或幼貓，請全部看過。即使你早就知道自己想要母貓，飼主也告訴你這窩小貓裡只有一隻母貓，也請看過每隻幼貓。既然你已經確定自己要的是母貓，為何我還要你看其他公貓？觀察整窩幼貓可以讓你了解個性類型。

　　你或許想養母貓，但可能不想要個性粗暴的貓咪；觀察整窩貓咪就可以知道她適合哪裡。你可能發現有隻公貓似乎快樂又有自信，但沒有其他幼貓活潑。雖然你很想拯救這窩幼貓中最弱小的一隻，請記住個性較極端的幼貓（例如非常活潑或非常膽小）可能會出現行為問題。

我意思並不是只有完美的幼貓才應該讓人領養，只是希望你了解自己的期望和限制因素。如果你的家人期待的是完美的幼貓，那帶一隻聽到一丁點聲音或動靜就躲起來的膽小幼貓回家，對家人和這隻幼貓而言都很難熬。

許多人會單憑外貌來選擇幼貓，他們絕對要黑貓，或是橘色虎斑紋就是會融化她們的心。憑外貌選貓當然沒錯，但請花點時間回想自己這輩子擁有過的戀情。

你單憑外表選擇的對象，戀情有多順利？你會只因為對方長得好看，就決定將他當成終生伴侶和對方共度餘生嗎？如果你的答案是「會」，那麼請你拿起這本書、闔上它，將書舉到頭上狠狠敲自己一下，太可恥了！

現在回到正題，記住，如果運氣好加上悉心照顧，你選擇的貓咪會在你家待 12 年以上。我家還有隻 23 歲的貓咪。外表只是貓咪的一部份。現在去冰敷一下你頭上剛剛敲出來的腫包吧。

確認貓咪的性情

在評估幼貓的潛在個性與活動力之前，請先確認貓咪是否已經吃飽，因為飯後人人都可能昏昏欲睡，進而影響他們的活力與表現。

· 留意哪隻貓愛玩、自信、友善。
· 坐在地上讓幼貓（或幼貓們）習慣你的存在。貓咪有什麼反應？驚慌地躲起來？對你哈氣？基本上，貓咪應該安然自在、無所畏懼。
· 用任何能引起玩樂反應的東西來引誘幼貓（羽毛就行）。貓咪應該會對這個東西感興趣，會撲向它、撥弄它，一般而言，如果她滑稽的動作能讓你發笑，就是得到一個甲上。
· 等小貓咪好好玩了一場、冷靜下來之後（記住，幼貓似乎有用不完的精力），試著輕輕抱她。她在玩耍時可能會輕輕咬人，因為她是還沒受過訓練的幼貓。請判斷小貓咪咬人是在玩、警告還是真咬。雖然幼貓通常不想乖乖坐好被人抱在懷裡，但應該可以接受被人抓著。還沒有習慣與人相處的幼貓會想掙脫你的掌握。小小掙扎扭動無妨，但咬人、恐懼和攻擊則不行。

概略體檢

....

　　我並不是要你因為發現跳蚤或耳疥蟲便拒絕這隻幼貓，而是要留意潛在的健康問題。如果幼貓有病，你可能要頻頻跑獸醫院。你能負擔可能產生的醫藥費嗎？你也不會想喜歡上一隻可能活不久的幼貓。務必了解所有情況。

皮膚與毛髮

　　健康的幼貓應該有柔軟的毛，沒有局部禿毛或斷裂毛髮（否則可能表示環癬）。聞聞幼貓的皮毛——聞起來應該是乾淨的味道。如果皮毛看起來油膩、粗糙、乾澀或有臭味，可能表示有寄生蟲、照顧不當或有潛在的疾病。記住，多數幼貓及幼犬出生時體內都有寄生蟲，因此小時候需要除蟲數次。

　　皮膚看起來應該乾淨，沒有任何痂癬或紅疹。檢查看看有沒有跳蚤或跳蚤汙垢（黑色小點，也就是跳蚤的排泄物）。不要因為幼貓有跳蚤就拒絕她，但注意有嚴重跳蚤的幼貓可能會因為寄生蟲導致失血而引發貧血。

身體

　　抱起幼貓時應該不會覺得她過胖或過瘦。如果摸得到小貓咪的肋骨沒關係，但如果看得到肋骨，則表示這隻貓咪太瘦。小貓咪的肚子摸起來不應該是硬的或腫的。如果小貓咪看起來肚子很大，可能表示有寄生蟲。

眼睛

　　眼睛應該清澈透明，沒有任何薄膜或分泌物（不論是透明、乳白或黃綠色分泌物）。不應該有眨眼的跡象，且不應該看得到瞬膜（覆蓋在眼珠上的保護膜）。瞬膜平常應該折起縮在內眼角。

耳朵

耳內應該看起來乾淨。搖頭或是出現顆粒狀棕色/黑色分泌物，則有強烈可能表示這隻幼貓有耳疥蟲。雖然這並非拒絕這隻幼貓的理由，但留意她可能需要治療 3 星期（耳疥蟲的壽命約 3 週）。

嘴巴

牙齦應該是粉紅色而非紅色或蒼白。牙齒應該是白色。如果是成貓，請留意有無牙周病的徵兆（牙齦發紅、發炎、牙垢堆積、缺牙、口臭）。詢問幼貓或成貓的飲食狀況和食慾。請確認幼貓已經能夠吃固體食物。

尾巴

更精確地說，應該是尾巴區域下方，這個地方應該乾淨，沒有排泄物或腹瀉的跡象。請用務實的態度評估幼貓或成貓。不要因為她可能有條蟲、跳蚤或耳疥蟲便拒絕這隻幼貓，但請注意潛在的重大問題。

證明文件、保證書及文件

如果向繁育者購買貓咪，請仔細閱讀買賣合約及保證書上的每個字，有不明白的地方就發問。保證書上應該寫明，如果經獸醫檢查後確認這隻貓不健康，你可以將貓咪退還。我知道這聽來冷酷，彷彿你買的是一台洗衣機而非活生生的動物，但請記住，有些人為了某些品種的貓咪花費數千美元，而有些繁育者會故意賣給你不健康的寵物，而且拒絕退款。

如果保證書上註明一旦幼貓經獸醫判定為不健康，你可以另選貓咪但不可退款，請堅持修改這條規定。剩下的幼貓可能都不是你想要的。選擇權應該在你，由你決定是否要另與他人做生意，而非侷限在「從最差中選出最好的」。

幼貓的「特殊需求」

並不是每個人都在找完美的幼貓，有些人會被沒人想要的幼貓或貓咪吸引。有身體殘疾的貓咪通常都會變成最棒的寵物——有些甚至可以讚許為幼貓的楷模。但不幸的是，有些貓咪的狀況不好。如果你想給幼貓或貓咪生命中第二次機會，不妨與獸醫諮商，討論將來所需的照護及長期預後。

如果你確定自己真的想領養並照顧生病的幼貓或成貓直到她恢復健康，請確認自己已經準備好投入時間、金錢，以及萬一努力落空可能隨之而來的傷心。將一隻生病的貓咪帶回已經飼養貓咪的家庭，也表示要將這隻貓咪與其他貓咪隔離以策安全。在致力給予有特殊需求的貓咪幸福之前，請先慎重考量各種情況。

CHAPTER 2

從頭到尾

···

- 了解你家貓咪及她的溝通方式
- 聲音溝通
- 肢體語言與溝通基本知識
- 氣味標記溝通

Think Like a Cat

CHAPTER

了解你家貓咪及她的溝通方式

請花時間大致了解你家貓咪的身體，她並不只是一個會追老鼠和曬著太陽打瞌睡的可愛小毛球。貓咪的身體結構讓她成為最佳獵手，貓科動物身上的每個部位都具有複雜、精確的功能。至於貓咪的喵喵叫聲，是否真的具有任何意義？貓咪很擅長溝通，也會運用多種形式溝通，包括嗅覺、視覺和聽覺。熟悉自己貓咪的語言，就能解開行為問題與貓咪／飼主間誤解的謎團。

首先來談談這個奇妙生物內／外構造的一些基本資訊：

體溫

體溫介於攝氏 38.6 度至 39.1 度。貓咪在壓力下體溫會升高（例如被獸醫檢查時），因此體溫視環境而定，攝氏約 39.1 度可以視為正常。

心跳

貓咪的心跳平均每分鐘約 120～240 下。心跳數會隨著壓力、恐懼、激動或體能活動而增加。發燒也可能導致心跳數增加。

呼吸率

貓咪安靜時平均每分鐘約呼吸 20～30 次，比人類平均值高出一倍。

血型

貓咪有 3 種血型：A 型、B 型和極罕見的 AB 型。多數短毛家貓都是 A 型。在輸血之前，捐血的貓咪與患者貓咪都必須先驗血型。

眼睛

貓咪具有雙眼視覺，這表示兩眼同時看到一個影像，讓貓咪有絕佳的深度感知能力。貓咪身為獵手，非常容易對她們視野內的動靜產生反應，從貓咪身邊離開的動作非常容易觸發貓咪的狩獵本能。

貓咪的視網膜下有一層細胞稱為脈絡膜層（tapetum lucidum），可發揮如鏡子一般的作用，將光線反射回視網膜，使貓咪運用所有可得的光源。這個構造讓貓咪的眼睛效能提升約 40%，想必你一定在晚上看過動物眼睛反射燈光的這種發光效果。

人們誤以為貓咪在全黑的環境中仍能看到東西，實情當然並非如此。不過，她們可以在我們認為全黑的情況下看到東西。貓咪從瞳孔到視網膜的光線途徑比人類的短，因此瞳孔可以擴張得更大，收縮得更小。

貓咪有名為瞬膜的第三眼瞼，這層淡粉紅色的膜通常收在眼睛的內眼角。如果眼睛需要保護，瞬膜便會展開覆蓋眼球表面。由於貓咪通常在茂盛的草叢與樹叢中狩獵，瞬膜可以保護眼球免於受傷。貓咪生病時，瞬膜的露出範圍也可能會變大。

幼貓剛出生時處於全盲狀態，而後她們幾乎無法聚焦的雙眼開始發展，此時她們對光十分敏感。幼貓剛出生時眼珠是藍色，真正的眼珠顏色要等到眼睛發展數週後才會顯現。

貓咪的眼珠有好幾種顏色，最常見的是綠色或金色。藍眼珠的白貓可能有先天性失聰，通常異瞳貓咪靠近藍色眼珠那一側的耳朵也會失聰。貓咪能看到的色彩有限，只有藍色、灰色、黃色和綠色。她們看不到紅色，色彩視覺受限的影響並不如無法偵測聲音、氣味、動作來得大。

貓咪的雙眼也會透露她的感覺，貓咪受到刺激、驚嚇或恐懼時瞳孔會放大，瞳孔縮小可能表示緊張或打算發動攻擊。當然，也必須考量當時的可得光源。避免直視另一隻貓咪的眼睛，是貓咪用來避免與對方發生激烈衝突的方法之一。具有攻擊性的貓咪則會直視其他貓咪的雙眼。

耳朵

由於貓咪是獵手，因此聽覺與視覺或嗅覺一樣重要。優秀的獵食者必須能夠偵查到草叢中最細微的窸窣聲響，貓咪的聽覺範圍比人類大，可以聽到的最高音頻比狗還高。她們的聽覺非常敏感，因此可以分辨數十英呎之外兩個極為相似的聲音。貓咪可以聽到的音程比人類高出 2 個 8 度音。

耳廓（pinna）就是圓錐狀的耳殼，可以收集音波，將音波導入內耳。耳廓上的許多肌肉讓貓咪能夠將耳朵轉成寬弧形，以準確鎖定聲音的來源。你的貓咪可以將耳朵轉 180 度，且兩隻耳朵可以分別轉往不同方向。

貓咪的耳朵也是心情指標，耳朵向兩側平貼表示生氣或可能表示服從。貓咪焦慮時可能會抖動耳朵，如果耳朵向前傾，通常表示警覺。貓咪打架或即將開打時，耳朵會向後轉平貼，以避免被對手抓傷或咬傷。

鼻子

在貓咪的世界裡，發展良好的嗅覺是生存的關鍵，能讓貓咪判別領域、傳達有關異性的特定資訊、知道潛在敵人的存在、警告潛在獵物的存在，並偵測溫度及食物的安全性。貓咪是食腐動物，嗅覺會直接影響她的食慾，貓咪如果喪失嗅覺會開始厭食。

貓咪的嗅覺比人類好但比狗差，貓咪的鼻子大約有 2 億個嗅覺細胞。為了讓你明白你和貓咪嗅覺的差異，人類只有大約 500 萬個嗅覺細胞。貓咪鼻子內側有一層黏液膜，可以捕捉外來粒子與細菌，以免這些東西進入體內。在吸入的空氣進入呼吸道之前，黏液膜也能將空氣加溫加溼。

有些貓咪因為口鼻部形狀的差異，呼吸比其他貓咪更費力。波斯貓等扁鼻品種貓咪因為鼻子扁塌、形狀扭曲，因此呼吸能力較差，嗅覺可能也因此受影響。貓咪也有額外的氣味「分析工具」，在判斷尿液中性相關氣味時具有特殊的作用。

嘴巴

　　幼貓 4 週大時會長出乳齒，恆齒通常在 6 個月大時長出。貓咪總共有 30 顆牙齒，其中兩顆犬齒用於切斷獵物的脊椎，給獵物致命的一咬。6 顆門牙位於嘴巴上下顎的前方，用於將肉撕成小塊及拔除羽毛。小臼齒及臼齒可以從獵物身下切下較大塊的肉，貓咪不會咀嚼或磨碎這些肉塊，而是整塊吞下。貓咪的舌頭上布滿微小的後向倒鉤（乳突），用於梳理毛髮也可以將獵物骨頭上的肉剔下。

　　貓咪會以驚人的速度用舌頭舔水，麻省理工學院的佩德羅‧萊斯（Pedro M. Reis）及羅曼‧史塔克（Roman Stocker），以及維吉尼亞理工學院的鍾順桓（音譯：Sunghwan Jung）和普林斯頓大學的傑佛瑞‧阿里斯多夫（Jeffrey M. Aristoff）針對貓咪喝水做了新研究。

　　《紐約時報》將研究成果公布於 2010 年 11 月 11 日的科學版上（根據研究人員在《科學》雜誌上發表的文章），貓咪會將舌頭尖端捲曲向下，輕輕用舌頭碰觸水面。舌頭的動作快到會捲起水柱，貓咪會在地心引力要將水柱拉回時即時閉上嘴巴，如此便能喝到水。

　　這些研究人員都是工程師，他們打造了一台機器模擬貓咪的舌頭，發現貓咪每秒可以舔 4 下。貓咪的舌頭上味蕾比人類少，貓咪通常不需要嚐到甜味，不過如果飼主不斷餵食貓咪甜食，有些貓咪也會發展出甜味的味覺。

　　貓咪會很有效率地運用舌頭將毛梳理整齊，理毛是生存的關鍵。貓咪飯後會用舌頭去除毛皮上所有獵物的微跡，以免讓其他獵物警覺到她的存在，同時也降低貓咪遭到更大型獵食者獵捕的風險。

　　理毛也具有行為功用，貓咪在面對壓力時可能會替自己理毛以取代緊張的感覺。如果你的貓咪坐在窗邊看著窗外的小鳥，你也許就會發現這點。如果小鳥飛走，貓咪可能會開始替自己理毛，以抒發她儲備的精力並抒解挫折感。

　　貓咪嘴巴的頂端有一個名為犁鼻器（vomeronasal organ）的氣味器官，這個器官有導管連通嘴巴與鼻子。貓咪吸氣時會張開嘴並縮起上唇，由舌頭捕捉住氣味，這幾乎介於嗅覺與味覺之間。接著貓咪會將舌頭上蒐集的氣味移向嘴巴頂端，將氣味傳送至犁鼻器。貓咪在進行氣味分析時，嘴唇會向後縮形成某種齜牙裂嘴的表情

（稱之為裂唇嗅反應）。雄性較常出現這種行為，對發情母貓的尿液或費洛蒙產生反應。

鬍鬚

鬍鬚（觸鬚）是感測裝置，能傳送訊息至大腦。鬍鬚位於上唇、臉頰、眼睛上方以及前腳，口鼻部的鬍鬚有 4 排，上兩排可以與下兩排分開活動。上排鬍鬚會延伸至頭部外，也有助於貓咪透過評估氣流而在黑暗中走動。前腳的鬍鬚用於感測貓咪前爪捕捉的獵物的任何動靜。

口鼻部的鬍鬚也可以幫助貓咪判斷自己能否通過狹窄的空間，理論上，鬍鬚的寬度應與貓咪身體的寬度相當。不過實際上許多貓咪都過重，因此身體寬度遠超過鬍鬚的尖端。

鬍鬚在貓科動物的肢體語言中也扮演了重要的角色，鬍鬚向前張開通常表示這隻貓咪處於警戒狀態，準備採取行動。貓咪放鬆時鬍鬚則會擺向兩側，不會張開。若鬍鬚緊縮且向後平貼臉部，表示貓咪恐懼或可能發動攻擊。

指甲

貓咪前腳腳掌各有 5 根腳趾，後腳腳掌各有 4 根腳趾。前腳的第 5 根腳趾位於腳掌內側，稱為懸趾，這根腳趾不會接觸地面。有些貓咪有額外的腳趾，稱為多趾貓（polydactyl）。貓咪藉由抓樹木或柱子使指甲莢脫落以便新的長出。在貓咪平常磨爪子的地方下方，可能會發現脫落的小小新月型指甲莢。貓咪和狗不同，前腳的指甲有外莢保護，只有在必要時才會磨短。

尾巴

尾巴佔脊椎的 1/3，功用在於平衡，也在溝通中扮演重要的角色。尾巴可以幫助貓咪在狹窄的高處保持平衡，並協助貓咪在高速行進下改變方向。貓咪站立或行走時如果尾巴高舉，便是向你表示她處於警戒狀態。貓咪打招呼時尾巴也會豎起，

而貓咪放鬆時尾巴則是平放或下垂。

如果貓咪對你豎起尾巴並輕輕擺動，通常表示在向打招呼。多數情況下，她傳達的訊息是：「嗨，我好想你。什麼時候吃飯？」

如果貓咪甩動或敲擊尾巴則表示情緒激動或生氣，當你摸貓咪時，她出現這種反應，我會建議你最好走開。貓咪休息時，偶爾尾巴會抽動或掃動，藉此表示她雖然放鬆但仍保持警戒。

貓咪受到驚嚇時尾巴的毛會豎起（立毛），讓尾巴變成兩倍大。尾巴呈倒 U 字型表示貓咪害怕，可能會出現防衛性攻擊行為。貓咪屈服時會將尾巴夾在兩腿間或圍住身體，盡可能讓自己看起來變小或隱形。貓咪尾巴受傷可能導致永久喪失平衡感，造成嚴重或致命的膀胱問題。

Q 其他有趣的貓咪身體知識

- 貓咪的鎖骨可獨立移動，沒有與骨頭相連，因此她們可以擠進較小的空間。
- 貓咪全力奔跑的時速可達約 48 公里。
- 貓咪可以跳到大約自己身高 5 倍高的地方。
- 只有貓咪可以收起爪子。
- 貓咪是趾行動物，這表示她們用腳趾走路。如此可以提高隱密性、速度，並能迅速改變方向。

🔍 貓咪與人類老化過程比較

　　有一句老話想必大家都十分熟悉，就是人類的 1 年相當於狗的 7 年。但這個原則並不能套用在貓咪身上。其實對狗來說，這也並非完全正確。貓咪一生的最初 2 年大約相當於人類的 24 年。貓咪會在短時間內大幅成長與成熟。2 歲之後，每過一年約相當於人類的 4 年。

　　狗的壽命會因品種而異。大型犬通常壽命比小型犬短。至於貓咪，品種對壽命的影響程度不如生活方式來得大。接受良好照顧的室內貓，長壽的機率遠高於只有發生緊急狀況才能就醫，或甚至無法就醫的室外貓。

貓咪年齡（歲）	1	2	3	4	5	6	7	8	9	10
相當人類年齡（歲）	15-18	21-24	28	32	36	40	44	48	52	56
貓咪年齡（歲）	11	12	13	14	15	16	17	18	19	20
相當人類年齡（歲）	60	64	68	72	76	80	84	88	92	96

聲音溝通

　　貓咪除了做記號與肢體語言外，也會用聲音溝通，以有效傳達訊息。貓咪飼主會變得非常熟悉自己貓咪叫聲中細微和有些不那麼細微的差異。

　　幾乎每位飼主都能辨別貓咪叫聲的差別，有的是在說「陪我玩」，有的則是「給我吃飯的時間遲了」。貓咪的叫聲包羅萬象，從輕柔滿足的咕嚕、類似母音的叫聲，到高強度的叫聲都包括在內，絕對不是簡單一聲「喵」就能帶過。以下列舉一些常見的貓咪叫聲。

呼嚕聲

這是貓咪最有魅力又可愛的叫聲，呼嚕聲究竟如何發出始終是個謎團。專家提出各種理論，但最新的資訊顯示，呼嚕聲是由喉頭肌肉與橫膈膜收縮，對聲門產生壓力而發出。

貓咪在吸氣與呼氣時都可以發出呼嚕聲，而且是閉著嘴出聲。研究顯示，對四肢施加 25 赫茲的震動可以促進傷口癒合並提高骨密度與肌肉量，此外也有助於抒解疼痛。貓咪的呼嚕聲就是 25 赫茲（每秒震動 25 下）。

最初，呼嚕聲是母親與幼貓溝通的方式。幼貓可以感覺到呼嚕聲的震動，藉此知道母親的位置。呼嚕聲也有助於母貓緩解生產後及哺乳時的疼痛。

雖然身為飼主的我們最熟悉的是貓咪在滿足或哺乳時發出呼嚕聲，但她們在其他各種較不預期發生的情況中也會發出呼嚕聲。貓咪通常會在生病或恐懼時發出呼嚕聲自我安慰。貓咪瀕死時有時也會發出呼嚕聲。據了解，某些臨終患者會出現安樂感，同樣地，貓咪也可能出現相同的感受。

貓咪發出呼嚕聲也可能是想撫慰對手，以阻止對方的攻擊行動。

喵喵叫

喵喵叫通常是貓咪對人類打招呼，而非貓與貓的溝通形式。貓咪透過「喵喵叫」的變化形與飼主溝通。在判斷貓咪的要求時（食物、關注、打招呼、要求飼主不要打擾她等等），必須將肢體語言與環境細節納入考量。

咪咪叫

這種貓與貓的溝通可能用於定位或判斷目的。

啾啾叫

貓咪預期即將獲得想要的東西（通常是正餐或零食）時發出的輕柔叫聲。

顫音

比較悅耳的啾啾叫聲，通常是貓咪開心打招呼時發出。

噠噠叫

貓咪看到獵物時發出的興奮叫聲，飼主如果看過自己的室內貓坐在窗前看鳥或松鼠，可能會熟悉這種叫聲。

低鳴聲

貓咪閉著嘴巴發出的輕柔叫聲，通常用於打招呼。

咕噥聲

初生幼貓發出的聲音。

哈氣聲

哈氣聲是一種防衛性的警告，貓咪張開嘴並縮起嘴唇，將舌頭捲起後讓空氣急速通過舌頭，便能發出哈氣聲。發出這種聲音的貓咪極可能希望這個聲音及伴隨的肢體語言能夠嚇阻可能發生的暴力情況。如果危險情況持續，貓咪接下來可能會發動攻擊。

呸嘴聲

短促的啪啪聲，通常伴隨哈氣，是貓咪在受到威脅或驚嚇時發出的聲音。貓咪通常還會舉起一隻腳掌威嚇性的迅速拍打地面，以增強呸嘴聲的效果。

嚎叫聲

這是貓咪高強度的叫聲之一。從張開的嘴巴發出穩定、低沉的警告聲。就像貓咪藉由立毛讓自己看起來更大，低沉的嚎叫聲可能也是想威脅敵人。嚎叫聲可能是攻擊性也可能是防衛性。

齜牙裂嘴

縮起上唇形成的威嚇表情。我將這個表情納入聲音溝通這一節，是因為這個表情通常伴隨著嚎叫聲。

尖叫聲

最常見的是母貓在交配後發出尖叫。公貓的陰莖上有微小倒鉤，在抽出時極可能造成母貓疼痛。貓咪在突然覺得疼痛或非常強烈的攻擊行動中才會發出尖叫。

嗚咽／號叫

表示困惑或不舒服的大叫聲。年紀較長的貓咪在迷路時可能會發出困惑的號叫聲。通常夜間大家都睡著後，貓咪在漆黑安靜的屋子裡走動就會發出這種叫聲。有些貓咪在嘔吐前會發出嗚咽聲。

求偶叫聲

發情的母貓會發出兩個音節的叫聲。公貓的叫聲則類似「貓」（mowl）。這些聲音在晚上往往會引起睡眠不足的人類扔拖鞋、潑水和各種咒罵。

肢體語言與溝通基本知識

．．．

　　一般而言，肢體語言可以分為兩大類：拉開距離與拉近距離。**貓咪的姿勢可能表示冷漠、接納或甚至想要互動，也可能表示「不要再靠近了」或甚至「走開」**。舉例而言，要求玩耍的姿勢就是表示貓咪想拉近距離，而若貓咪四肢僵直站立且出現立毛（毛豎起），就是很明顯要求要拉開距離。

自我理毛

　　貓咪是出了名的吹毛求疵，你可以常常看到貓咪在自我理毛。貓咪的唾液包含一種天然氣味中和因子，因此幼貓被母貓舔過之後，毛才會聞起來如此清新。理毛也可以去除灰塵、脫落的毛、寄生蟲和其他殘餘物。在戶外環境中，理毛不只是清潔也是一種求生本能，如前文討論過的，貓咪可以藉此去除身上所有的氣味殘跡。

　　貓咪焦慮或對情況不確定時也會出現理毛的替代行為，在某些極端的案例中，有些貓甚至因為太常理毛而出現局部禿毛。過度理毛可能是數種潛藏的疾病因素造成，例如，貓咪可能會針對疼痛的部位過度理毛，某些疾病如甲狀腺機能亢進也可能導致過度理毛。

相互理毛

　　貓咪相互理毛具有多種功能，最常見的作用就是熟識貓咪之間的親密與社交行為。除此之外也能加強地位並消除壓力。貓咪也可能透過互相理毛產生一種熟悉、共同的氣味。你的貓咪可能也喜歡替你理毛，這通常是非常特殊的親密時刻。

輕撞與磨蹭

　　貓咪的額頭及臉部有氣味腺體，有時她會用臉部磨蹭或輕推你或其他寵物，這種行為稱之為輕撞（bunting）。她在磨蹭時會將氣味留在這個人或動物身上。這是

典型的親愛行為，用意可能比較偏向於親暱而非做記號。

相互磨蹭

這是指貓咪和另一隻貓咪磨蹭，是熟識的貓咪之間社交溝通的一種方式。相互磨蹭通常是一隻貓咪用脅腹磨蹭另一隻貓咪的身體側邊。感情好的貓咪在相互磨蹭前或磨蹭時也可能會有輕撞的行為。貓咪也會對人類做出這種舉動。

立毛

這是人人熟悉的防衛姿態，貓咪會拱起背部，豎起毛髮，也會側過身來，這些舉動都是為了讓自己在接近的對手眼中看起來更大、更具威脅性。

攻擊性戰鬥姿勢

貓咪會把腳打直站立，盡可能讓自己看起來更高大、更有氣勢。立毛也會讓貓咪看起來更有威脅性。貓咪會直視對手，此時瞳孔會收縮，耳朵向後略為平貼，而尾巴則會下垂，但不會夾在兩腿間。

防衛性戰鬥姿勢

貓咪側身站，雖然頭面向對手，但避免直視對方。尾巴通常夾在兩腿間，身體貼向地面或拱起，並透過立毛採取膨脹站姿。此時貓咪瞳孔會放大，耳朵平貼。

側步

在嬉戲、友善的環境裡，貓咪可能會側身站並略拱起背部和尾巴，引誘玩伴和她一起玩耍。雖然這個姿勢與防衛性萬聖節貓的模樣相似，但她不會立毛，臉上也沒有緊張的表情，沒有打架的意圖。

露肚子

　　貓咪露肚肚通常會被人誤解為想要人摸她肚子，但露肚子其實並非要你抓或拍她這個最脆弱的部位，貓咪露出肚子的真正用意必須視實際情況而定。

　　如果遇到敵手，貓咪可能會躺下來展現防禦性。此時她傳達的訊息是她不想打架，但如果對手堅持，她會不惜動用所有武器（牙齒和爪子），貓咪希望用這個姿勢讓對手放棄攻擊。

　　而在放鬆的情境中，貓咪可能會在睡覺或休息時露出肚子，這才是表示她的終極信任感與安全感。不要想去摸她，以免破壞當下的氣氛，否則可能會引發貓咪的自發性防衛反應。通常貓咪要其他貓咪陪她玩的時候，可能會躺下來露出肚子。

搓揉

　　這是幼貓在喝奶前的踩奶舉動，以提高母貓乳頭的乳汁流量。許多成貓仍保有這種行為，會在飼主的大腿上或毛毯等柔軟材質上出現搓揉舉動，是滿足與放鬆的表現。

緩慢眨眼

　　許多人認為，貓咪對飼主或其他寵物貓緩慢眨眼是表示信任與親密。他們甚至親暱地把這個舉動稱為貓咪之吻，你可以試試看用緩慢眨眼回應你的貓咪。

耳朵平貼頭部

　　要視耳朵的實際位置以及其他伴隨的肢體動作而定，可能是攻擊性或防衛性戰鬥姿勢。不論是何種用意，這個舉動都表示此時不應該碰你的貓咪。

機翼耳

　　這並不是指貓咪要準備起飛翱翔天際，而是貓咪的耳朵像機翼一般呈現水平狀

態。貓咪如果出現這種舉動，可能表示躁動不安或逐漸產生攻擊性。如果貓咪耳朵有感染、耳疥蟲或其他耳朵問題，也可能有單耳或雙耳變成機翼耳。

甩尾

貓咪尾巴如果開始來回甩動，表示她愈來愈不安或緊張。如果此時你正在摸貓咪，這個舉動表示你該停手了，馬上停手。室內貓坐在窗前看著戶外的小鳥時，也可能開始來回甩動尾巴，以發洩逐漸累積的緊張和不耐煩情緒。

氣味標記溝通

貓咪有氣味腺體能分泌名為費洛蒙的化學物質，這些氣味腺體分布於前額、嘴巴四周和下巴、腳掌及肛門四周。**貓咪的氣味標記是詳細複雜又高度發展的行為**，舉例而言，透過母貓氣味腺體的分泌物，公貓可以知道這隻母貓的荷爾蒙狀態。

要明白貓咪特定標記行為的情緒狀態，請想像你的貓咪的身體輪廓。身體前端產生的費洛蒙（臉部磨蹭）對貓咪具有安撫的作用，她們通常會將這種費洛蒙留在熟悉的環境中做標記。身體末端分泌的費洛蒙（噴尿）強度高，是在焦慮、恐懼、激動和不安的時候產生。

貓咪趾間的腺體會在她抓過的物品上留下氣味，包括樹木、貓抓柱等等。這種活動除了在視覺上留下標記，也在嗅覺上留下領域標記。另一個與貓科動物溝通有關的腺體位於尾巴尖端。這個相當神祕的皮脂腺在未經結紮手術的公貓身上較為活躍。**偶爾這種腺體會過於活躍，導致尾巴看起來油油的，這種情況稱為種馬尾（stud tail）。** 貓咪也會透過氣味來辨識彼此與溝通。兩隻熟識的貓咪會鼻子對鼻子聞味道，甚至可能嗅肛門來辨識彼此和打招呼。

尿液標記

尿液中的費洛蒙是貓咪最不低調的溝通或標記領域方式。未經結紮的公貓領域性很強，會透過噴灑氣味強烈的尿液來建立所有權，因此最好在貓咪養成這種習慣以前先讓他接受結紮手術。貓咪可能會在草皮四周及走道和路口噴尿，以便讓你清楚知道你即將進入他的領域。

貓咪要噴尿時會背對著要做記號的物品，你通常會發現此時他的尾巴會抽動。貓咪噴尿（相對於平常排尿）時尿液會噴高，以便另一隻貓的鼻子聞到氣味。相較於在地上留一灘尿，噴灑尿液也能讓貓咪涵蓋較大的範圍。在戶外，未結紮的公貓噴灑尿液也在於吸引母貓。

CHAPTER 3

貓咪安全防護

Think Like a Cat

CHAPTER

為好動的幼貓打造安全的家

不幸的是，當我們學到教訓大多為時已晚。直到幼貓被爐火燙傷或吞了線我們才重新調整居家環境。別以為把水晶花瓶放在架子上，好奇又愛冒險的幼貓就沒辦法爬上去把花瓶撞倒。在帶幼貓回家、全家每個人都興奮不已之前，應該先將家裡巡視一遍，創造安全的環境。

尤其如果你要帶回家的是幼貓，必須將家裡每一個房間都檢查過，因為她充滿活力與好奇心但又欠缺經驗，會導致她嘗試一些可能有危險的特技。如果你要帶回家的是成貓，仍然必須做好「貓咪安全防護措施」，但好動又好奇的幼貓則必須完全靠你保護，避免她出事情。

本章將討論如何將幼貓或成貓帶回家中，並為她打造空間，讓她開始適應新生活。不過現在請你先看完幼貓安全防護注意事項。

貓咪
小常識
KNOW

從幼貓的視角來看，只要沒有釘死、鎖死在天花板上或緊黏在牆上的東西，都可以當成玩具。

房子危機重重

帶新寵物回家時馬上有兩個安全考量：保護你的寵物和保護你的房子。雖然幼貓可能是個小東西，但她可以無所不到。為了明白幼貓眼中的世界，請跪在地上手腳並用爬一圈。好了別害羞了，反正又沒人在看，發現你的視角改變了嗎？

看看那些垂掛的電線，從人類的視角來看從來不會留意，但現在卻看得一清二楚對吧？再看看擺在椅子旁的縫紉工具籃──從這個角度來看，就是一個擺滿毛線、線和其他東西的籃子，貓咪很難不把這些東西當成玩具。

現在再忍耐一會兒，從跪姿改為趴在地上看看四周，你的視角再度改變（現在

真的是幼貓的高度了）。你看到什麼？也許你發現了昨晚掉下來滾到椅子下的止痛藥。喔，縫紉工具籃旁邊還有一根針掉在地毯上，還有你女兒昨天掉的雷根糖。

你甚至可能發現冰箱後面的空間足以讓幼貓鑽進去卡住，看看那些四處滾動的灰塵球──哎呀，該拿出吸塵器清理一下了。

接著我要你做的，就是從目前在地上的位置抬起頭看，一直看到最上面。（如果被人撞見，就告訴他們你正在做瑜珈）。從這個位置你會發現，小小幼貓會有許多方式爬上去玩那些有趣的東西。

在她爬上沙發背之後，邊桌上有什麼東西等著她呢？是塞滿菸蒂的菸灰缸嗎？是糖果紙包著吃剩一半的巧克力棒嗎？一但她爬上窗簾，會爬上沒有安裝紗窗的敞開窗戶嗎？我們有好多事情要做啊！

電線與電話線

這裡包括三大危險：1. 若貓咪咬穿電線可能會觸電燒傷，2. 貓咪可能會被她扯落的物品，如電燈、熨斗等砸到，3. 貓咪可能會被電線纏住。

請避免讓電線垂掛，尤其是電器設備及電腦附近常見的大量電線。盡可能將電線藏起來，可以收在看不到及碰不到的地方。你可以在當地的辦公用品店買到電線收納裝置，這類裝置有數種配置設計，你甚至可以去當地的居家修繕中心買管子或硬塑膠管，自製電線收納裝置。

有些居家修繕店賣的電線收納系統可以沿著踢腳板安裝，用金屬扣件固定在牆上。凡是電線外露的部分都應該塗上有苦味的防咬膏。飼主應該定期巡視外露的電線，檢查有無齒痕或損壞。

幼貓拉扯電線，導致電線另一端連接的物品掉落砸到貓咪也是一大危險。如果使用熨斗、吹風機等小家電，用完之後請務必將電線收到貓咪搆不著的地方。為了避免幼貓將腳掌伸進插座中，可以在嬰兒安全防護用品區購買插座防護蓋。

如果你是像我一樣還在使用有線電話的原始人，必須確保幼貓不會把電話視為另一個玩具或磨牙物品。信不信，我真的認識一些年紀比我大的原始人，到現在還在用電話線極長的有線電話。

如果對你來說講電話時能自由走動真的這麼重要，在貓咪會進出的地方請改用無線電話或是會自動收回的電話線。

一開始在家裡做貓咪安全防護準備時雖然有不少工作要做，但也為我帶來兩個意料之外的好處。首先，看不到糾纏的電線後，我家，尤其是我的辦公室，看起來清爽整齊多了。第二個好處是，等我的老大出生時，我們家的嬰兒安全防護工作已經大致完成了，我只需要做一點微調，和貓咪一起生活讓我們成為盡責的家長。

細線等物品

貓咪的舌頭上有倒鉤，因此如果她嘴裡有東西，她無法將東西推出來，只能吞下去。細線等物品對貓咪尤其危險，你可能看過很多貓咪玩毛線球、線軸或聖誕金箔絲裝飾品的可愛照片，但在實際生活中，這些東西都可能造成極為嚴重的傷害，細繩、緞帶或橡皮筋也一樣。

諷刺的是，貓咪生病時如果必須吃藥，要她吞下藥丸簡直比登天還難，但她卻又很樂於吞下幾乎不可能吞下的物品，像是耳環、不是給她吃的藥丸或是小玩具，還有其他看起來一點也不美味的東西。巡視家裡的時候，如果看到小到足以吞下的物品或幼貓可以用手掌撥弄的東西，請全部收好。

避免貓咪失蹤

在幼貓持續探索的過程中，她勢必會發現並努力鑽進家中最小、最窄的地方，可能是冰箱後面的縫隙，或是衣櫃的鞋子裡。請阻斷通往危險地方的進出口，沒有門鎖的櫃子門請安裝兒童安全扣。

開關抽屜和門戶時請隨時確認幼貓的下落，幼貓和貓咪很喜歡跑進衣櫃裡。如果你打算讓幼貓在衣櫃裡睡覺或玩耍，請將衣櫃門加工，以避免衣櫃門緊閉將貓咪關起來。這種時候泡棉防夾門檔就很方便，可以輕鬆裝卸，在許多商店的兒童安全防護商品區就可以買得到。每次打開衣櫃，在關門前請務必檢查一下。幼貓時常被意外關在衣櫃裡一整天，只因為飼主沒發現貓咪在衣櫃裡便關上衣櫃門上班去。

箱子、袋子甚至是衣服堆都可能是絕佳的藏身處所，因此在扔箱子或將一堆衣

服丟進洗衣機裡之前，請務必檢查幼貓是否躲在其中。幼貓可能會趁你不注意爬進打開的抽屜裡，因此請記得隨手關抽屜，關上前記得先檢查一下。幼貓也很容易被困在抽屜後方，此時如果關上抽屜可能會弄傷她。

還有一點必須銘記在心，你必須改變養貓之前的一些習慣。如果你習慣站在前門，開著門向要去上學的孩子揮手說再見，現在必須改站在前廊，或是在關好的門後面揮手道再見。本章接下來會一一就各個房間詳細說明貓咪安全防護方法。

貓咪小常識 KNOW

若發現幼貓的嘴邊或肛門口掛著線或細繩，千萬不要拉扯，因為線的另一端可能有針，而細繩可能已經在貓咪肚子裡嚴重糾結，硬扯可能會導致內傷。請立刻帶貓咪就醫或掛急診。

看起來無害的毒藥

許多家用物品對貓咪都具有毒性，而且數量驚人地多——從你存放在水槽下的消毒劑與清潔劑到衣櫃裡的樟腦丸都包括在內。光是留心關緊蓋子還不夠，也必須確實將櫃子的門關上閂好，以免貓咪發生危險。即使瓶蓋鎖緊，若幼貓舔了滴在瓶身上的殘留物或用身體磨蹭瓶身，也可能造成傷害。

多數植物對貓咪都具有毒性，會導致從發癢到直接死亡等各種反應。請將有毒植物放置在幼貓觸碰不到的地方。修剪植物下垂的枝葉，以免對貓咪產生誘惑，在葉子上噴上植物專用的防咬噴劑。這種噴劑不會傷害植物，而苦味也能防止幼貓咬樹葉。人類的藥物及維他命對幼貓也十分危險，乙醯氨酚，例如止痛藥泰諾（Tylenol）對貓咪的毒性極強，只要一顆便足以致命。不要將藥品隨意放置，因為小貓咪可能會被吸引而去玩弄，最後吃下致命的東西。

防凍劑對動物具有毒性，只要少量便可能致命。這種化學劑更危險的地方在於它具有甜味，會吸引寵物吞食。現在有幾家公司生產毒性較低的產品。可以洽詢當地汽車用品店或上網查詢。

**貓咪
小常識**
KNOW

> 請將盆栽搬到室外，或在地上鋪報紙或毛巾再噴灑苦味防咬噴劑，以免噴劑沾到所有東西。噴完之後請立刻洗手，因為你絕對不想讓這個東西進到嘴裡或眼睛裡。

窗戶

　　許多人都以為貓咪有絕佳平衡感，即使摔下來也總是能平安四腳落地。雖然貓咪有能力在下墜的過程中調整身體姿勢，但若距離太短還是會來不及，而若從較高處摔落，衝擊力道可能會導致腿部與胸腔受重傷。如果從高處窗戶跌落，不論貓咪落地姿勢為何都可能摔死。你想想如果從 10 層樓高的地方摔下來，自己能不能讓雙腳著地會有很大的差別嗎？

　　所有窗戶應該都要安裝堅固的紗窗，而且必須安裝妥當，以免被貓咪推開。沒有裝紗窗的窗戶，即使只開啟一條縫，一心要追蒼蠅或對外頭風景和氣味好奇的貓咪還是會設法鑽出去。不要認定你溫馴的貓咪知道自己的位置有多高，因此只會靜靜坐在窗台上曬太陽，你會因此鑄下大錯。只要有鳥或昆蟲飛過讓她分心，她就有可能太靠窗邊而失去平衡。

　　窗簾繩也可能非常危險。貓咪可能會被窗簾繩纏住，甚至可能因此吊死。請將所有窗簾繩捲高收在貓咪碰不到的地方，或使用電線收納裝置。

廚房

　　這是看起來無害卻很危險的空間，隨處都有可能導致寵物受傷的東西。我們先從家電用品開始談起。能夠跳上流理台的幼貓（不用太久她就會大到能夠一下子輕鬆跳上去了）可能會走過滾燙的爐子，誘人的食物香氣更會加重危險。

　　用爐火做菜時，記得在手邊準備一個噴水瓶，在貓咪打算跳上來時使用。這是必要時必須馬上使用威嚇手段的場合之一，因為絕對沒有任何理由讓貓咪靠近危險

的爐火。由於熱燙的爐火會造成立即的危險，因此如果貓咪和你一起待在廚房，你必須隨時提高警覺。從貓咪的角度來看，她只知道從那個區域傳來誘人的香氣。等到她明白爐子表面很燙時早就為時已晚。必要時可以在食物離火之後使用爐子蓋。

我曾經看過好奇的幼貓在飼主完全未察覺的情況下爬進冰箱。每次關冰箱門之前請記得檢查你的幼貓是否躲在美乃滋罐後面。要避免幼貓跑進冰箱後的空間，可以用硬紙板封住這個空間的進出口。

喔，垃圾處理機散發出的氣味，從貓咪的角度來看，當然也很美味。請隨時清空垃圾處理機並保持乾淨；不要讓食物堆積在處理機裡，以免對貓咪產生危險的誘惑。定期用新鮮檸檬片擦處理機，可以保持乾淨，而且柑橘氣味對貓咪不具吸引力。為了安全起見，可以在處理機開口上放一塊排水孔蓋。關上洗碗機門之前記得檢查，確認幼貓沒有趁著你放碗盤不注意時悄悄爬進去。

幼貓往往不知道哪些食物對她們有益。對她們來說，這個世界就只是一個廣大的自助餐廳。有些食物可能會致命（包括巧克力和雞骨頭），而某些辣味或重口味的食物都可能導致貓咪生病。請將食物保存在容器中，不要將誘人的食物任意放置。在廚房請使用有蓋的垃圾桶或將垃圾桶收進櫃子，櫃子門以兒童安全鎖關好。

玻璃杯和其他易碎物品可能會在貓咪跳上檯面時被撞落地面摔碎。我認為必須一開始就建立界線，劃分幼貓可以和不可以探險的地方。廚房流理台絕對是禁止進入的地方。你放在廚房某些地方的老鼠藥、殺蟲藥、陷阱和誘餌，可能並不如你所想的在幼貓可及範圍之外。

對於你使用的產品及放置的地方請格外小心，如果家裡有蟲害，請向專業除蟲人士諮詢，並詢問獸醫最合適產品的相關資訊。包含食物殘渣的尖銳餐具如果隨便放置不管也可能造成貓咪受傷。用過的牛排刀或切感恩節火雞的長刀，可能導致貓咪在舔銳利刀鋒上殘留的美味肉汁被割傷舌頭。其他尖銳的玉米叉、牙籤、竹籤等也可能有同樣的危險。

說到牙籤，千萬不要將牙籤放在檯面上，以免貓咪啃咬牙籤而發生危險。將牙籤存放在密閉容器，放進櫥櫃裡。如果用牙籤測試蛋糕是否烤熟，使用完畢後請立即將牙籤收好。

浴室

　　請養成習慣隨時將馬桶蓋蓋上，好奇的幼貓跳上馬桶坐墊後，可能沒預期到上面有個大洞，很可能腳一滑便摔進馬桶裡。成貓或許能從馬桶裡跳出來，但幼貓則無法跳出，很可能會因此溺斃，隨時將馬桶蓋蓋上也能避免寵物喝馬桶裡的水。

　　如果你使用自動馬桶消毒劑，成貓或幼貓吃下這些化學藥劑可能會因此受到傷害。我強烈建議你在馬桶上方貼張紙條提醒所有家人及客人，因為有人可能還是會忘了蓋上馬桶蓋。蓋上馬桶蓋也能避免馬桶水箱上的東西被幼貓撞掉，直接落入馬桶中。請將所有浴廁清潔劑收進櫥櫃裡，並確保聰明的貓咪不會自己打開櫥櫃門。

　　吹風機、捲髮器和電動去角質機等物品請勿放在浴室檯面上。若幼貓拉扯垂落的電線，這些小家電可能會掉落砸到幼貓。就連化妝品、指甲油、去光水和香水也都對貓咪具有毒性，因此如果要將這些用品放置於檯面上，請務必將蓋子鎖緊。另外，廁所的垃圾桶也應該扣上蓋子或收進櫥櫃裡。裡頭可能出現的牙線、丟棄的刮鬍刀片和拋棄式刮鬍刀，這些對貓咪都具有危險。

　　許多貓咪都認為捲筒衛生紙是特殊玩具，人類之所以安裝捲筒衛生紙就是為了讓她們玩耍取樂。許多飼主都曾經回到家後發現家裡滿地都是衛生紙碎屑，而紙芯上則是一張衛生紙都不剩。

　　有幾個方法可以保護衛生紙不受貓咪侵擾。你可以從最簡單的方法做起，如果你的貓咪很容易放棄，可以用威嚇的方式制止她，不過多數人通常都沒那麼幸運養到這種貓咪。將衛生紙裝上滾筒之前可以先擠壓一下讓中央的硬紙板紙芯略為變形，這樣裝上滾筒之後就不會這麼容易捲動。接著將衛生紙倒過來裝，從捲筒下方拉衛生紙而非從捲筒上方拉。如此一來，貓咪用腳掌抱住捲筒開始亂抓衛生紙時，較無法成功拉開衛生紙。

　　如果嚇阻方法對貓咪不太有效，嬰兒安全防護產品對貓咪也非常有效。有些衛生紙裝置具有可開闔護蓋，能輕鬆扣住衛生紙捲。

客廳

　　從貓咪的視角看自己的家具，有沒有什麼地方可能對你的幼貓造成危險？搖搖椅最常見的風險就是容易壓到貓咪的尾巴或腳掌。如果你有休閒躺椅，在升起或放下腳凳時若忘了確認貓咪是否在下方，就會對貓咪造成重大危險。

　　如果家裡有壁爐，必須加裝十分堅固的屏障，以免幼貓發生危險。壁爐升火時千萬不要讓幼貓獨自待在客廳。貓咪喜歡溫暖的地方，因此在關上電視櫃門之前，請先確認幼貓沒有窩在電視機上方。

臥室

　　正如我之前提過，請注意不要將貓咪關在衣櫃裡，關抽屜之前也先檢查一下貓咪在不在。如果衣櫃或抽屜裡有樟腦丸則又多了一層危險。光是樟腦丸的揮發氣體就可能對貓咪的肝臟造成嚴重損害，因此在幼貓可能進出的衣櫃或抽屜裡千萬不要放樟腦丸。

　　小珠寶飾品也必須留意，請務必收在盒子或抽屜裡，以免幼貓誤食或將這些飾品打落地面。

　　許多貓咪，尤其是受驚的貓咪，會用爪子抓彈簧床墊下方的布料。一旦她們將床墊抓破，通常會爬進床墊裡，因為她們覺得裡頭很安全。為了避免這種情況發生，請在彈簧床墊下方套上床包。

洗衣房

　　我在動物醫院工作時，曾有數名飼主在關上烘衣機前很不幸忘了先檢查，沒發現他們的幼貓已經爬進乾衣機裡。這些幼貓悽慘的死狀始終縈繞在我心頭，因此我每次關上洗衣機或乾衣機門、啟動機器之前，總是不忘先檢查一遍。我不僅用眼睛檢查，也會用手摸一遍。從機器取出衣物後也會再檢查一遍才關上門，以確保貓咪沒有被關在空機器裡。洗衣粉和漂白水應該放置於幼貓碰不到的安全處所。

如果你的洗衣房有門，洗衣服時請將門關上，以免幼貓跑進洗衣房。這也是我非常不希望將貓砂盆放在洗衣房的主要原因之一。燙衣服時，請勿將熨斗及燙衣板隨意放置。若幼貓想跳上去，燙衣板和熨斗可能會翻倒壓在她身上。一旦燙好衣服，請立刻拔掉熨斗插頭，將電線收進熨斗底座，把熨斗放到安全處降溫。

如果你家的習慣是將髒衣服堆成一堆，或甚至放在洗衣籃裡，髒衣服堆很可能會被幼貓當成理想的睡覺地方。請勿將髒衣服堆直接扔進洗衣機或籃子裡，務必先檢查一遍。家裡養了幼貓，正好讓你有充分理由趁機要求家人整齊一點。請他們將髒衣服放進洗衣籃裡，而且要立刻將籃子蓋好。

居家辦公室

我在寫這段時，大腿上就趴著一隻貓，還有一隻貓在我身旁的椅子上。每次我在辦公室，身邊至少會有一隻貓，但貓咪與電腦並不一定總是能和睦相處，因此你必須採取預防措施，這不僅是保護你的寵物，也能保護你的設備。

電腦、印表機、傳真機、電話機、影印機、檯燈以及其他需要插電的用品，通常會導致你的書桌後方出現一堆亂七八糟的電線。如果你的幼貓喜歡用她靈活的貓掌打出上百萬個 Z 字或 Q 字，請隨時收好或看好你的電腦鍵盤。如果你的幼貓愛玩鍵盤，鍵盤抽屜會是理想的選擇。

使用碎紙機時請先做好預防措施，確保幼貓不在附近。任何辦公室機器的活動零件都可能具有危險，因此請小心看好你的幼貓。

雖然貓毛勢必會跑進你的設備裡，如果你的設備平時沒有收在櫥櫃裡，不妨買幾個塑膠護蓋在不使用設備時罩住設備，以減少掉進機器裡的貓毛量。你可能也會想買空氣噴槍或其他電腦清潔設備，以減少累積在設備裡的貓毛量。所有的小物品，包括圖釘、大頭針、橡皮筋、迴紋針等等，都應該收在有蓋容器內或抽屜裡。

如果你的貓咪老是想咬捆住整疊文件的橡皮筋，或甚至喜歡啃咬紙張，可以做幾份假文件噴上防咬產品。將這些加工過的文件擺出來，並將綑綁這些文件的橡皮筋也噴上防咬產品。每次坐在書桌前工作時就將這些東西擺出來，持續讓幼貓以為這種東西的味道很難吃。不過如果人不在場，請勿將橡皮筋放在外頭。

當然，如果你有愛咬紙的貓咪，最好的解決辦法就是把紙收好，或是收到貓咪碰不到的地方。你也可以試著完全不讓貓咪進辦公室，但這點很難百分之百做到。如果你老是為了紙屑跟幼貓大戰，又不想將她關在家庭辦公室之外，那就設置一些有助益的玩具轉移她的注意力吧。你在辦公室工作時給她安全的玩具讓她玩耍。會給零食的益智玩具就能很有效轉移貓咪的注意力。

我剛開始設置家庭辦公室時學到一個慘痛的教訓，就是要把電話答錄機放在貓咪絕對不可能踩到的地方。有一次一隻貓咪踩到了答錄機的錄製留言鈕，刪除了我正經八百的錄音留言，還正巧「喵」了一聲取代了原本的留言。我剛開始覺得她好可愛又聰明，但幾天後我發現她踩到了刪除鍵，把答錄機裡所有的留言刪得一乾二淨，這下我可開心不起來了。

兒童遊戲室

塑形黏土、小玩具或任何益智玩具的零件都可能被貓咪吞下，因此孩子玩完之後必須將這些東西妥善收好。身為母親，我知道要求孩子收拾玩具通常成效不彰，但不收拾玩具的後果可能很嚴重，包括必須帶著幼貓去醫院緊急動手術取出堵塞呼吸道的玩具。請看一看四周，氣球、彩帶、細繩等，凡是看起來可能吸引貓咪或危險的東西都必須收好。

地下室、閣樓及車庫

這幾個地方絕對不要讓幼貓進入，如果你必須到閣樓，建議你先將幼貓關在另一個房間。黑暗又有趣的閣樓對幼貓具有難以抵擋的魅力。但貓咪如果碰到隔熱材料可能會出現呼吸困難或皮膚搔癢等症狀。若你沒發現幼貓躲在閣樓裡便將門關上，暴露在極端溫度下可能會導致幼貓死亡。

地下室和車庫也是危機重重，包括裡頭存放的油漆、清潔劑、農藥、防凍劑等。此外還有尖銳的工具和其他設備可能導致好奇的幼貓受傷。

如果你把車停在車庫裡，天氣寒冷時貓咪可能會爬進引擎蓋裡取暖，最後可能在你發動引擎時死亡。從車子裡漏出或滴在車庫地上的防凍劑也對你的貓咪具有致

命的危險。貓咪在自動車庫門關閉時若想進出車庫可能會因此被夾死，車庫門上通常有感測器，在偵測到關閉路徑上有東西時便會停止運作，但較舊型的車庫門可能沒有這種安全裝置。

由於地下室及車庫具有各種潛在致命危機，我真的認為你不應該讓幼貓接近這些地方。你已經花了這麼多功夫確保打造出一個安全的室內環境，為何還要冒著不必要的風險讓貓咪暴露在這些額外的危險中呢？

陽台

不應該讓貓咪跑到陽台，欄杆對貓咪而言不具有保護力，因為她可能會從欄杆下方或中間的縫隙鑽出去。只要你的貓咪被鳥或飛蟲吸引而分心，悲劇就可能發生。千萬別誤以為有人監督就能確保她安全，若一隻鳥飛過取吸引了你的貓咪，她直覺一躍去追捕獵物就會導致她翻落欄杆，讓你措手不及。

外頭危機四伏──戶外生活

是否應該讓貓咪到戶外，一直是貓咪飼主熱烈討論的話題。希望在你看完本書後能徹底明白戶外的危險，並運用你「像貓咪一樣思考」的訓練知識，為你的貓咪打造一個刺激又有趣的室內環境。

我認為戶外環境有太多危險，並不適合貓咪。一隻約 3.5 公斤重的貓咪怎麼敵得過汽車、卡車、大型犬、壞人、疾病和其他非常實際的危險。讓貓咪單純在室內生活，她長壽的機會大得多。貓咪所需的一切都在你家裡。在你看完本書後，你會明白如何盡力打造出戶外所能提供的一切，而不需要讓貓咪暴露在戶外的危險之中。

雖然貓咪生活在室內仍可能生病或受傷，但知道他們不會被車撞、被狗攻擊、中毒、被殘忍的人虐待或與其他貓咪打架，會讓我安心得多。每晚我上床睡覺時都知道自己的貓咪很安全。

如果你打算讓貓咪去戶外，必須要非常小心在草坪上使用的肥料、除草劑、農藥。請將戶外的所有垃圾桶蓋加上彈性繩索固定，以避免貓咪翻垃圾，車底外漏的防凍劑等液體對貓咪具有致命的影響。冬天撒在冰上融冰的鹽巴會導致貓咪的腳掌肉墊灼傷，並在貓咪為腳掌理毛時灼傷她的嘴巴。你必須使用寵物安全融冰產品。請洽詢當地的寵物用品店或上網查詢。

最後，雖然貓咪在你的院子裡時你會用盡心思確保她的安全，但如果她跑到鄰居的土地上，你就不知道她可能面臨哪些危險。

項圈和身分資訊

即使你根本不打算讓貓咪到戶外，仍應該為她戴上身分資訊。室內貓可能意外跑到戶外，在鄰居的眼中，從前院跑過去的一隻灰色條紋虎斑貓，看起來就和其他貓咪沒兩樣。你能找回貓咪還是永遠失去她的差別，就在於貓咪身上的身分資訊。

在許多寵物用品店或獸醫院都可以買到寵物名牌。你可以選擇金屬或塑膠材質。許多業者提供螢光色的塑膠名牌，讓這些名牌顯得格外顯眼。此外也可以買到反光名牌。許多人會在名牌上刻上貓咪的名字、飼主的名字以及電話號碼，如果空間足夠，還會刻上地址。對室外貓而言無所謂，但如果是室內貓，我建議做一些調整。我的室內貓名牌內容如下：

室內貓
我迷路了
如果撿到我請找
（姓名）
（電話）

我常在我家後院發現許多戴著名牌的貓咪，上頭有貓咪的姓名、飼主的姓名和電話。但好多次我打電話給飼主，對方卻告知我他們的貓咪可以到戶外遊蕩，並沒有迷路。因此，要如何判斷貓咪是否走失？就從名牌上的重要資訊來判斷。與其在

名牌上印貓咪的名字，還不如註明她是否為室內貓來得重要。

　　選購項圈時，請選擇可分離式。這種項圈有彈性內襯，以免項圈被樹枝卡住時導致**貓咪窒息而死**。在貓咪脖子上戴上項圈時，請注意項圈不要太緊，應保留足以容納兩根手指的空間。如果是給幼貓戴項圈，請記住她會不斷長大，務必時常檢查她的項圈。每天都要測試項圈的鬆緊度。

　　為了讓貓咪習慣戴項圈，將項圈戴上後用玩耍或貓食讓她分心。她一開始可能會爪子或腳掌抓項圈，但如果將她的注意力轉移至別處，很快貓咪就會習慣。如果貓咪持續抗拒，請先將項圈拿掉，等到餵下一餐時再替她戴上。除非你確定貓咪已經習慣戴項圈，否則你不在場時別讓貓咪戴著項圈。

**貓咪
小常識
KNOW**

不必用各種鈴鐺增加貓咪脖子的負擔，以為能藉此嚇走所有鳥類。我相信貓咪在鈴鐺的拖累之下，會被迫變成更靈巧迅捷的獵手。

　　寵物飼主也可以採用其他的身分辨別方法。你可以在貓咪皮下植入微晶片，用手持式掃描器便可讀取晶片內容。獸醫及人道收容所都有這種掃描器可以讀取晶片資訊。我個人認為微晶片加上肉眼可見的身分名牌是最理想的組合。肉眼可見的名牌可以讓你的鄰居或路上開車經過的其他人立刻聯絡你。而萬一項圈掛在樹枝上或被人取下，微晶片便是重要的後援。如果你真的想要保護你的貓咪，請兩種方法都採用。（編按：自 2017 年起，動保處針對設籍雙北市的飼主，將強制家貓必須植入晶片登記，同時得施打狂犬病疫苗，否則最高分別將開罰 5 萬和 15 萬。）

隨時準備最新的「尋貓啟事」照片

　　除了替自己的貓咪做好身分識別，也請準備至少一張清楚的照片，以備不時之需或貓咪走丟時使用。隨著貓咪成長及改變，請幫她照幾張清楚的照片，讓臉部及身上花紋特徵清楚可見。身為寵物飼主，我當然有許多寵物的照片，但我不想在發

生危機時還得從一堆照片中找出適合的一張。我會將準備好的「尋貓啟事」照片放在信封裡，並在信封上清楚註明，以便在發生災難時節省時間。關於尋找走失貓咪的方法，請參考第 14 章。

🔍 你的貓咪並不是唯一需要保護的寵物

> 或許你的孩子養了一隻寵物蜥蜴或沙鼠。也許你有養鳥或養魚。你要如何訓練貓咪別去打擾這些生物？不可能。貓咪是天生的掠食者，雖然你的幼貓可能看似與你的長尾小鸚鵡相處融洽，但千萬別冒險。**請務必記得請將這些寵物另外安置在家中他處**。魚缸必須加上防貓蓋密封。我曾經有客戶的貓咪設法打開了設計最複雜又沉重的魚缸蓋，幸好飼主及時回到家解救了貓咪和魚。
>
> 有些幼貓從小和鳥或小鼠一起長大，可能不會將這些動物視為獵物，但我認為風險還是太高。如果你以為使用防貓鳥籠或鼠籠就能讓大家和平共處，那我得提醒你，請試想掠食者近在身旁會給老鼠或鳥帶來多大的焦慮。

帶幼貓回家

不論你要帶回家的是不到 500 公克重的超小幼貓，還是重達約 8 公斤的巨型成年緬因貓，你都需要一個外出籠。如果你家裡已經養了一隻貓咪，請不要用同一個外出籠帶新幼貓。為何必須使用外出籠帶貓咪回家？因為這的確是她生命中的一件大事。她要離開熟悉的環境，前往全然陌生的地方。即使她之前的生活很不幸，她還是不知道自己接下來要面對的是什麼，這點非常可怕。外出籠可以在回家途中保障貓咪的安全，並給她一點藏身的空間。

在外出籠底部墊一條毛巾，除了讓貓咪覺得比較舒服，也可以吸收任何排泄

物。我也會多準備一條毛巾，以便在毛巾弄髒後有得替換。由於這對小貓咪（和你）而言是一件大事，如果可以自行安排，帶貓咪回家最理想的時間是在週末剛開始或是你有幾天休假時。

如果你還沒帶幼貓就醫，請務必在幾天內完成這件事。**如果你家裡已經養了其他貓咪，務必將幼貓帶去讓獸醫檢查有無貓白血病毒及貓免疫不全病毒，在這隻幼貓與家中其他貓咪接觸前，請先讓幼貓及家中貓咪接受身體檢查並注射疫苗。**你一定不希望帶一隻不健康的幼貓回家。即使你的貓咪已經接種所有疫苗，但沒有一種疫苗是百分之百安全有效。你也不會希望新貓咪帶著跳蚤或蝨子等不速之客一起回家，因為寄生蟲一定會把握這個機會把你家中的既有寵物當成免費吃到飽的餐廳。

準備獨處房

全家都興奮不已，就連狗狗也熱情地搖著尾巴期待新貓咪到來。請用你最溫柔的語氣向他們說明，目前這隻貓咪暫時需要自己獨處的小空間，也需要一點時間適應新環境。即使看到家人臉上的笑容褪去、狗狗的尾巴垂下，也請記住──這麼做是對的。

我為什麼要這麼小氣，不准你讓貓咪自由在家中走動，尤其你已經花了很多時間做好幼貓防護措施了？因為我不想讓貓咪不知所措。她是隻小貓咪，而你家是一間大房子。想想如果我突然把你帶到一個陌生的大城市，要你馬上自己想辦法逛完整座城市，你可能會迷路、不知所措、覺得挫折、恐懼，對這個陌生地方的最初印象可能就會是負面的。基本上，如果你讓貓咪一開始便在家中亂跑，就是在對你的貓咪做相同的事情──你就是把她扔在陌生的城市裡（簡直就是外國城市）。

貓咪的安全感主要來自於她的領域，因此請讓你的貓咪一點一滴慢慢開始熟悉新家。這對幼貓十分重要，因為她不知道自己的各種必需品在哪裡。如果你將成貓帶回家裡，這是她生命中的一大改變，你必須讓她有安全感。她的安全感就在於有一點獨處的空間。你準備好獨處的房間後，在房間一角放一個貓砂盆，另一邊放貓餐碗／水碗。兩者必須保持一定距離，因為貓咪不會在她們排泄的地方吃東西。

讓貓咪待在外出籠裡，將籠子放進獨處房間。打開外出籠門，讓貓咪自己走出

籠外。幼貓很可能會熱情地馬上衝出來，但成貓可能會遲疑。即使她跨出外出籠，也請將籠子放在房間角落，當成貓咪的額外藏身處所。

她可能會在床底下躲兩天，沒關係。她能夠躲起來這點就已經讓她覺得安心多了。在你關上房門讓她獨處後，她就會開始探索自己所在的這間房間。沒有許多雙眼睛盯著她的一舉一動，她可以靜靜的私下一點一滴慢慢擴大自己的舒適圈。

不論你選擇哪種房間當成小貓咪的獨處房，請確保房內有許多藏身地點。不要將她放在空蕩蕩的房間，她只會覺得自己完全暴露、備感威脅。如果房間裡沒有家具，可以放幾個鋪了毛巾的紙箱。你可以在箱子側邊開一道門，將箱子加上蓋子或倒過來放，做成一個小紙箱山洞。另一種做法是在當地寵物用品店買幾個有軟墊的彈性貓咪隧道。

為你的新貓咪打造一個安心又舒適的床鋪區域。你可以從商店買寵物床或在紙箱裡鋪幾件舊衣服。我比較喜歡在紙箱裡鋪幾件自己穿過的舊運動衫，讓貓咪習慣我的味道。如果你在寒冷的季節帶幼貓回家，她的房間必須夠溫暖且不會透風。如果家裡已經養貓，又要帶新貓咪回家，絕對有必要為新貓咪準備一間獨處房間，否則鐵定吵翻天！

一開始應該與新貓咪有多少互動？答案因貓而異。如果帶回家的是幼貓，必須給她充分的時間與關注，因為她會急著與你親近。如果新成員是成貓，則必須根據她的情緒狀態自行判斷。如果她表現得受到威脅，請退後給她一點獨處的時間。在你開始建立信任感的過程中讓她慢慢認識你。

要如何知道該是時候放新貓咪出貓咪監獄？如果是幼貓，只要確認她已經養成生活習慣：吃飯、喝水、如廁，就可放她出來。不過請記住，由於她的如廁習慣仍在學習階段，貓砂盆必須放在便於她使用的地方，不要太急著讓她在房子裡摸索。成貓需要更長的時間才能放心走出獨處房。你應該等貓咪恢復正常活動及行為：包括吃飯、喝水、如廁等，顯示她的安全感逐漸提高。如果她仍躲在衣櫃後面、將自己埋在一堆鞋子裡，就表示她還沒準備好。如果家裡已經有貓咪，新貓咪必須待在房間裡一陣子，以便你能慢慢讓家裡的貓咪認識她。

對幼貓的主要考量在於確保她的安全，並給她充分的時間與隱私進食、睡覺、如廁。每個人都想要抱她、和她玩，但她還是個脆弱的嬰兒，需要你時時留意。如

果你決定打開房門，請讓她一次探索房子的一小部分就好。如何讓新成貓認識你的家人？答案是慢慢來。她很容易不知所措。我來自一個很小的家庭，回想當初第一次與我丈夫的大家庭見面時，我只記得自己感覺手足無措。幫你的貓咪一個大忙，讓她擁有自己所需的個人空間，不要操之過急。畢竟你們將來要一起生活好多年，最好有個美好的開始。

你的孩子可能無法理解獨處房間對貓咪的重要性。他們可能會急著想和貓咪一起睡。請根據貓咪的年齡、安心程度及你們的其他特定情況自行判斷。先確認貓咪已十分清楚貓砂盆所在位置並能定期使用貓砂盆後，才能放心讓她到其他房間。幼貓還沒受過完整訓練，可能會忘記貓砂盆的位置而不小心在你孩子的床上大小便。

收養膽小或受驚的貓咪

請做好準備，這是一個緩慢的過程。收養過去生活狀況不詳的貓咪，表示你必須給她很大的舒適圈，並慢慢建立信任感。只因為你救了這隻骨瘦如柴、飢寒交迫又孤單的貓咪，不表示你可以期望她立刻明白自己突然走好運了。根據她過去與人類接觸的程度（如果曾經有過接觸），她可能需要很長一段時間才會變成你想要的可愛、親人又快樂的貓咪；有時候，她可能會一直都是膽小或猶豫的貓咪。

收養流浪貓首先該做的就是帶她就醫，貓咪必須接受檢查和接種疫苗。如果當下她的身體狀況健康，也可以安排讓她接受絕育手術。應該檢查貓咪身上有無寄生蟲，即使她身上只有一隻跳蚤也要馬上處理，以免將這些小小害蟲帶回家傳染給其他寵物。

和收養新貓咪一樣，將流浪貓帶回家後也必須先讓她待在獨立房內。請確認房間裡有許多藏身地點，因為貓咪在熟悉環境的過程中會需要有安全感。如果房間裡能藏身的地點不夠多，可以準備一些紙箱隨意放置在房內。將紙箱側放讓貓咪頭頂有遮蔽。另一個打造藏身處所又讓貓咪能自由走動的好方法，就是買幾個有軟墊的貓咪隧道。你也可以將數個紙箱連接在一起自製貓咪隧道。將紙箱底部切除，用膠帶將紙箱黏在一起，就能做出一條長條形通道。這可以讓貓咪從衣櫃走向貓砂盆或從床底走向餐碗時覺得更有安全感。

在房內打造數個藏身地點，這個舉動會鼓勵貓咪開始探索。如果你只是將貓咪放在臥房，卻沒有提供多個藏身地點和安全選項，她可能會一直蜷縮在床底下，只有在如廁或用餐時才稍微露臉。某些時候，嚴重受到驚嚇的貓咪可能太過害怕，無論如何都不肯從床底下出來。

與流浪貓開始培養感情的最佳方法之一就是透過食物。即使她還沒有足夠的安全感在你面前吃東西（她可能也不會在你面前吃），但你會成為食物供給的來源，她終究會明白這點。

夜間只要為貓咪留一盞小夜燈就好，不需要開著平常的燈，因為貓咪在黑暗中走動會覺得更安心。開著小夜燈可以讓你走進房間時知道貓咪的位置（以免她想衝出房門），不必把燈全部打開，以免讓貓咪覺得不安。

一開始待在房裡時只要坐在地上就好，不要想接近貓咪。讓她完全掌控互動的步調。坐在地上時可以輕聲對貓咪說話，讓她習慣你的聲音。你的肢體語言與聲音應該要輕鬆不具威脅性，傳達平靜的感覺。

進去看她幾次之後，可以帶一些特別的食物，希望對貓咪具有難以抗拒的吸引力。如果貓咪肚子餓而且個性隨和，可以試著用手餵她，否則一開始只要將食物放在離你夠遠的安全距離外就好。如果她有反應，你可以將食物挪到離自己近一點的地方。每次餵她的時候，都將食物放得離自己近幾公分。

如果用溼食餵貓，可以用柔軟的嬰兒湯匙或木頭壓舌棒親手餵貓咪。不過請留意貓咪的安心程度。如果她開始緊張，你必須後退幾步。切記：慢慢來。建立信任感的過程不可操之過急。讓貓咪來掌握步調。不要有任何突如其來的舉動，也不要想伸手摸她。

在兩餐之間，可以帶著互動玩具進房間（逗貓棒類型的玩具效果最好），偶爾動一動玩具。不要朝貓咪走近以免嚇到她，只要不經意地動一動玩具引貓咪注意就好。她也許會鼓起勇氣追玩具，也許不會，無論如何至少你能引起她的注意。如果她真的追玩具，請注意不要讓玩具太靠近自己，要慢慢來。玩了幾回合後，妳可以讓玩具靠近自己一點。

餵食或玩耍後，在地毯上靜靜不動躺一會兒。此時貓咪也許會夠勇敢開始打量你。我對自己救回來的其中一隻貓咪做這件事時，最後常常睡著，然後醒來時發現

她蜷成一團趴在我的腿上，就這樣慢慢培養出感情。某一天我醒來發現這個可愛的小毛球緊靠著我的頭。這是緩慢的建立信任過程，但那一天我終於看到隧道出口的亮光了。經過好長一段時間的躲藏、恐懼、不信任，她終於開始接納我。你的耐心終將獲得回報，所以堅持下去吧。

平安過節

每個人在節日可能都覺得有壓力。不過對貓咪而言，節日尤其讓她們覺得混亂，因為她們的世界可能天翻地覆。通常會有陌生人來家裡，忙碌的飼主可能會冷落貓咪。請運用「像貓咪一樣思考」技巧，試著從貓咪的角度看這些活動。飼主的客人如果想將貓咪抱起來或抱著貓咪，可能會被視為入侵者。即使貓咪緊跟在飼主身邊等著她最愛的玩具出現，飼主還是可能忘了平常固定跟貓咪玩樂的時間到了。

陌生的小孩可能在家裡四處奔跑，家裡也許太過吵鬧，如果貓咪找不到安全的地方睡覺，最後可能會躲到床底下。對我來說，這實在不太像快樂的節日。還有食物的問題。廚房流理台上擺滿了美味大餐，為什麼貓咪仍舊得吃著平常吃的貓食。

聖誕節

對某些貓咪而言，聖誕節還有各種聖誕裝飾品，一定就像是貓世界的迪士尼樂園。但也有些貓咪對聖誕節一點也不感興趣。為了安全起見，即使你的貓咪對這個節日的種種不感興趣，也請不要冒險。使用安全的裝飾品並避免危險的誘惑。

首先是聖誕樹。我知道許多人會花很多時間與金錢將聖誕樹裝飾得美侖美奐，之後卻在當晚發現聖誕樹倒在地毯上。別天真了，你的貓咪的確可以撞倒一棵約 180 公分的樹。請使用沉重堅固的基座，以避免聖誕樹頭重腳輕，並選擇底部寬而非細長的樹。你甚至可以在牆上裝個鉤子，用堅固的繩子綁住鉤子來固定聖誕樹。將聖誕樹擺在後方牆上有掛畫的地方，將畫取下裝上鉤子，等到假期結束後將畫掛回

去，便可以將鉤子隱藏起來。

　　在裝飾聖誕樹之前先讓貓咪習慣這棵樹。將尚未裝飾的樹擺放至少一天，以便觀察貓咪對這棵樹的反應。如果她開始咬針葉，請在噴上苦味防咬噴劑。如果她想爬樹，用空氣噴槍（用來清理電子設備的工具）朝她身旁枝葉噴一下。請勿直接用空氣噴槍噴貓。如果你用的是活的樹木，請注意不要讓貓咪接近儲水器裡的水。松樹分泌的樹汁會進入水中，對貓咪具有毒性。你添加的任何延長盆栽壽命的化學藥劑也都對貓咪有害。請用網子將儲水器外露的部分蓋住，如此便於澆水但又能防止貓咪接近喝下容器裡的水。

　　現在可以來裝飾聖誕樹了，首先從燈飾開始，請在所有燈飾上抹上苦味防咬膏以防止貓咪啃咬電線。抹防咬膏時請戴上拋棄式手套，避免直接觸碰這種讓人不舒服的物質，之後請務必洗手再觸摸臉部。請將燈飾掛在枝葉深處，燈飾的電線請纏繞在樹枝上以避免垂掛。

　　為確保電線能安全地從樹上連接到插座，請將電線穿過一小段硬塑膠管。可在購入這種塑膠管後用噴漆將管身噴成綠色，如此一來擺在聖誕樹後方就不會顯得突兀。你也可以切一段與電線等長的塑膠管，將電線塞進塑膠管中。此外也可使用電線收納裝置，以盡量避免從聖誕樹底座到牆上插座之間的電線外露。

　　你選用的裝飾品應該具有防貓特性。如果有易碎裝飾品，最理想的放置地點就是放回包裝盒裡。而如果你真的想在樹上掛易碎裝飾品，請掛高一點，掛在貓咪搆不著的地方。聖誕樹下方 2/3 部位不應該掛任何尖銳或易碎的裝飾品、細繩或可能具有危險的物品。

　　裝飾品的鉤子也可能造成危險，不僅對貓咪危險，對小孩也同樣具有風險。請用比較安全的方式取代鉤子來掛裝飾品，像是綠色綁線，不但不顯眼又能將裝飾品固定在樹枝上。也可以用緞帶類型的裝飾品掛飾。但請在上頭噴上苦味防咬劑，防止幼貓受到吸引啃咬。

　　精心包裝放在聖誕樹下的禮物，也必須避免對貓咪造成危險。緞帶不僅是最大的危險，不幸的是，也是最誘人的飾品。禮物包裝請走簡約風格，用簡單的蝴蝶結而非捲曲細緞帶，因為這種緞帶的長捲鬚容易被貓咪啃咬。如果某些禮物你想用飄逸的緞帶精心包裝，請將這些禮物收好，等到拆禮物的時間到了再拿出來。說到拆

禮物，這也是一不留神小幼貓就容易闖禍的時候。家人忙著撕開包裝紙，沒人發現扔在地上的緞帶被幼貓拿到手。

另一個潛在危險時間是你將滿地的包裝紙及包裝盒收拾好，拿到屋外的垃圾桶扔掉時。小幼貓很可能就藏在這堆包裝紙和包裝盒中。如果貓咪不在你眼前，請將所有包裝紙和包裝盒都檢查過一遍再丟。

請注意聖誕紅、冬青及槲寄生等當令盆栽。有些盆栽都具有毒性，而且全都會導致腸道問題。請將這些盆栽放在貓咪搆不著的地方。另一個對貓咪安全造成重大威脅的地方就是許多節日蠟燭。不要將蠟燭隨處放置。貓咪的尾巴很容易碰到燭火或是將整支蠟燭撞倒。現在有許多業者生產仿真無火焰蠟燭，對有寵物和幼兒的家庭比較安全。

接下來就要談到我對聖誕節最喜愛的部分了——食物。在這方面對貓咪只有一條簡單原則，就是不要讓貓咪接近食物。我們在節日吃的重口味食物會導致貓咪消化不良。此外也要特別留意火雞骨頭等東西，如果被貓咪吃下，可能會導致她噎住或嚴重的腸道損傷。如果沒有人在場，請勿將火雞或烤雞放在流理台上。不要將任何巧克力，包括糖果、餅乾、酒類，隨意放置在幼貓出沒的地點。巧克力會導致貓咪死亡。

貓咪和其他寵物在聖誕節會遇到的另一個問題，就是突然有陌生人入侵。從貓咪的角度來看，這些陌生人會突然闖進家門。貓咪往往會被陌生的小孩追逐，無法進入她最喜歡的地方（像是客房），被平常總是關注她的飼主遺忘。家裡的客人可能會放貓咪出去、踩到貓咪或直接嚇到貓咪。

如果聖誕節當天你家裡賓客雲集，請給貓咪一個暫時的避難所，也許讓她待在你的臥房或其他沒有客人進出的地方。將她的貓砂盆放在避難所，另外也準備一些水（如果是採取任食制，也可以準備食物）。我對貓咪做這件事時，會先和她們互動遊戲一陣子，然後放一些輕柔的古典音樂。希望她們就此準備睡覺，以便我去招待客人。音樂可以略為緩和門外傳來的吵雜聲。在走出房門前，我也會讓貓咪展開一些獨立活動，像是設置一些益智給食器、貓咪隧道或貓咪喜歡的其他玩具。我也會在房門上貼標誌，提醒客人我的貓咪在房內，請他們不要進去。

在此提醒：你在節日忙著慶祝、購物、出遊拜訪和其他熱鬧活動時，別冷落了

貓咪。貓咪是習慣的動物，仰賴平時活動所帶來的安心熟悉感。不要忽略固定的玩耍時間、理毛、餵食、清理貓砂和其他日常活動。

感恩節

食物、食物、更多食物。放眼所及到處都是食物。火雞、餡料、奶油洋蔥、糖煮番薯、葡萄酒、南瓜派……全都必須留意不能讓幼貓接觸。至於不能讓貓咪吃這些食物的理由，請參考之前談過的「聖誕節」。

如果你的成貓正在節食或無法抗拒食物的誘惑，為了她好，請不要讓步給她零食吃。有時人們在節日會覺得應該讓寵物吃點特殊的食物。但這麼做並不是為她好，而是在危害她的健康。

萬聖節

如果你有貓咪，這會是一年之中最可怕的一天。這個世界上有人會在這一天找貓咪來傷害、虐待甚至殺害。至少從萬聖節前一、兩天就要保護好你的貓咪，絕對不要讓她出門。即使是完全養在室外的貓咪，為了安全起見這段期間也應該讓她待在室內。所有貓咪都有危險，但黑貓的風險最大。許多人道收容所在整個十月都不會將黑貓出養給任何人。如果你想送養貓咪或一窩幼貓，請不要在接近萬聖節時送養，而且整個月都不要送養或出售任何黑貓。

你家前門會不停開關，因此請將貓咪關在另一間房，遠離這個熱鬧的活動。在房裡準備好她的貓砂盆、食物和水，讓她遠離這些混亂靜靜度過這一天。如果她被門鈴嚇到，或因為家犬對著門鈴聲吠叫而覺得不安，讓貓咪待在房子的另一邊遠離門鈴，可以讓她更放鬆。

雖然貓咪通常不愛吃甜食，但有些貓咪會想偷吃糖。現在你應該已經知道，巧克力會導致貓咪死亡。你也要小心糖果的包裝紙。另外也要留意特殊裝扮的小孩可能會嚇到貓咪。有些打扮成怪獸或鬼怪的小孩太過興奮，會想到處嚇其他家人或寵物，因此請留意你的貓咪。

美國國慶日

鄰居小孩整夜放煙火，就連我也受不了。我一定是老了，因為我本身比較喜歡安靜一點的節日。對戶外的貓咪來說，這並不是好日子或好夜晚。煙火的聲音十分嚇人。和萬聖節一樣，有些人會變態地以嚇動物或傷害動物為樂，可能會對你的貓咪射煙火。即使沒有直接對動物發射煙火，煙火的噪音仍會導致貓咪驚慌逃跑，她可能會直接衝到馬路上，被迎面而來的車子撞到。請讓貓咪待在室內，放音樂或把電視打開。跟貓咪玩耍，讓大家平安度過這一天。

生日

氣球、彩帶、燃燒的蠟燭是三大危險。如果你舉行生日派對，貓咪也必須面對喧鬧的人、許多活動，甚至可能被踩到，或未經同意就被抓住或撫摸。請為貓咪找一個安全的房間，讓她在房裡等待派對結束。

生日蛋糕、糖果及其他零食都應該放在貓咪搆不著的地方。如果你舉辦的是兒童慶生會，很可能會有蛋糕或糖果掉在地上，因此讓貓咪回到家中一般活動地點之前請先清理乾淨。

「請救我的寵物」

儘管你做了各種預防措施，還是可能發生緊急事故和預期外的情況，而且你可能根本不在家，無法幫助你的貓咪。請設立明確的告示牌，以便你不在家時若發生火災等緊急事件，可提醒有關單位你家裡有寵物（或多隻寵物）。許多業者都為此生產了窗貼或門貼。你也可以立一個告示牌。但請將告示牌設置在遠離房子的院子前方，以確保有關單位、救援人員或鄰居可以馬上看到。請確保牌子上有空間讓你註明你的寵物類別及數量。

萬一你發生事情？

　　我知道這點很怪，也不是我們喜歡思考的事情。但不幸的是，這種事情可能發生。萬一你必須住院呢？萬一你無法再照顧貓咪呢？如果你獨居，這就是必須考慮的重要事項，也應該做好萬全準備。第 17 章主要談的是在貓咪過世時如何調適心情，但有一節也談到如何在遺囑中安排好貓咪的後續扶養事項。

CHAPTER 4

醫師駕到

Think Like a Cat

CHAPTER

找到命定獸醫

不論你從哪裡收養貓咪，她都需要就醫。不論你的貓咪是買來的還是救來的，她這一生都需要飼主好好地監控健康狀況。你與獸醫的關係不只是一年帶貓咪去看一次獸醫讓她接種疫苗這麼簡單。你和獸醫將共同負起責任維護貓咪的健康，獸醫必須仰賴你告知貓咪的變化，讓他對貓咪的健康有所警覺。你對貓咪的觀察會是重要的資訊，能幫助獸醫做出診斷。

第一步

請好好思考你希望獸醫具有的特質，以及哪些服務對你而言最重要。你喜歡有多位醫師駐診的大型獸醫院，還是只有一位醫師的小診所？你是否想找執業範圍僅限於貓咪的獸醫？或是綜合型？你會想知道獸醫休診期間是否願意看診，或住家附近是否有動物急診醫院。動物總是會挑假日或晚上醫院休診時生病，因此急診服務確實有必要。

🔍 獸醫可提供的服務

- 在貓咪一生中提供預防性醫療照護
- 營養指導
- 針對照護、行為及訓練問題提供解答
- 緊急醫療服務（或許透過急診醫院）
- 取得突破性醫療的相關資訊
- 提供其他的寵物相關服務（如寵物保母等）的資訊
- 尋找走失寵物的資源
- 洗澡/梳理服務（選擇性）

・住宿服務（選擇性）

・貓科動物出現健康危機時提供情緒支援

・慢性醫療病症的長期照護

・轉診至其他動物專科醫生，包括動物眼科、皮膚科及行為專科醫生

　　你也許偏好本身也有養貓的獸醫。雖然你不應該因為醫生沒有養貓就不願意讓他替貓咪看診，但你可能覺得與貓咪飼主比較處得來。你想找剛從獸醫系畢業的年輕獸醫，還是年紀較大的獸醫，這些都請事先預想好。

第二步

　　向你認為寵物照顧得特別好的朋友及鄰居尋求建議，不只問獸醫的姓名，也應該問問他們欣賞或不欣賞獸醫的哪些地方。記得到有提供網友評論的網站搜尋。

第三步

　　一旦有足夠的人選便可以開始篩選，直到剩下最後 2～3 位看起來最有希望的獸醫人選。如果朋友建議的知名獸醫遠在城鎮的另一邊，也許可以將他淘汰。接下來你必須親自跑一趟獸醫院參觀設施並與獸醫見面，我建議你事先打電話通知他們你要過去，以便他們安排人帶你參觀。

　　抵達獸醫院後，從進門的那一刻就要開始評估。醫院的氣味如何？看起來是否乾淨？迎接你的櫃檯人員必須親切且專業，參觀醫院時請留意職員之間的互動情形。我曾經在參觀醫院時聽到院方人員之間彼此爭吵，甚至對動物罵髒話，請張大眼睛、豎起耳朵，仔細觀察。

　　在經過籠子時，請留意籠子的維護狀態。籠子是否乾淨，是否有人馬上清理髒亂？我一定會確認的地方就是院方是否給手術病患毛巾或毯子保暖，還是讓牠們在

籠子底部鋪的幾張報紙上發抖。

　　與獸醫見面時，請記住他或她可能正忙著處理病患（這也是你最好事先打電話聯絡院方的另一個理由），沒時間與你長談。不過你應該在幾分鐘內就能明白對方的溝通技巧好壞以及自己是否覺得放心。你與獸醫的關係很重要，因為你們兩個人都要為貓咪的健康負責。

　　如果帶幼貓上了幾次醫院之後你還是覺得不放心，請換其他獸醫。只要向原本的獸醫要一份貓咪的病歷，就可以去其他醫院。不要死守著自己覺得不妥的獸醫，但決定換獸醫之前，請想想自己的期望是不是不切實際。

　　例如，有些客戶會一天打好幾通電話給獸醫，希望獸醫能馬上替自己的寵物看診，卻沒想到醫生可能正在動手術或為其他病患看診。另外，也請給獸醫機會改正你不滿意的地方，如果之後你還是認為自己的期望並非不切實際，請與獸醫談一談或給職員實際改善情況的機會，然後再去找其他獸醫。

送幼貓去獸醫院

　　雖然貓咪現在可能只是個小東西，你可以將她輕鬆抱在懷裡，但貓咪在外出籠裡會比較有安全感。用外出籠運送貓咪，可以避免貓咪突然被嚇到而從你懷裡跳出來。讓貓咪從小就習慣外出籠，會比等她長大才開始用輕鬆得多。使用外出籠也可以讓貓咪在候診室獲得保護，因為其他患者不一定像你的貓咪一樣有禮貌。

　　不論你從哪裡領養幼貓，也不論對方告訴你這隻貓咪有多健康，你都必須帶她就醫。如果你家裡已經養了其他貓咪，在這隻幼貓接觸其他貓咪之前，更應該先帶她去看醫生。

　　帶幼貓去看醫生時，也應該準備一份她的糞便檢體，以便醫生檢查貓咪體內有無寄生蟲。幾乎所有幼貓在除蟲前體內都有寄生蟲，因此你的獸醫會展開一系列的除蟲治療。糞便檢驗有助檢測貓咪有無一般除蟲療程未包含的其他體內寄生蟲。

　　如果要帶糞便檢體去醫院，請採集最新鮮的糞便。如果貓咪早上排便，但約診

的時間較晚，可將糞便裝在塑膠袋或容器內，放入冰箱冷藏。寫張字條貼在前門，提醒自己出門前往獸醫院時記得帶檢體。

如果幼貓不肯配合，無法為你提供檢體，或是你不想把檢體存放在冰箱裡，也不必緊張，獸醫可以在診間從貓咪身上採集檢體。不過如果貓咪能在家中貓砂盆裡主動和平地製造檢體，心靈受創的程度會低得多。

如果幼貓還沒檢測是否有貓白血病毒及貓免疫不全病毒，或如果你對之前檢測的可信度有任何疑問，應該讓貓咪再做一次檢查，包括採集極少量的血液檢體，通常在獸醫檢查貓咪前會由醫檢人員幫忙抽血。

雖然血液與糞便檢測要在實驗室內完成，但獸醫會開始幫幼貓做身體檢查。貓咪會已經量過體重，並由醫檢人員量體溫，獸醫會從貓咪的頭部開始檢查，一直檢查到尾巴末端。

獸醫也會用耳鏡（一種圓錐形燈）檢查貓咪耳內。如果發現有耳疥蟲，獸醫會用棉花棒採集耳朵分泌物檢體進行顯微鏡檢查。接著獸醫會檢查幼貓的眼睛和鼻子有無分泌物。獸醫也會打開貓咪嘴巴，確認嘴內沒有任何異常。

醫生會用手觸診幼貓身體，檢查有無任何異常之處，接著他會用聽診器聽貓咪的心臟與肺臟。獸醫也會向你解釋基本疫苗接種時程表、幼貓的基本營養、跳蚤控制、梳理和訓練等事宜。

接著幼貓就會開始接受疫苗注射。你必須在 3～4 週內帶她回診，以便貓咪繼續接種其他疫苗。獸醫會根據你家貓咪的年齡和風險因子告訴你必須回診的次數和施打的疫苗種類。

根據疫苗的類型和製造商，有些疫苗為多合一疫苗，有些甚至從鼻腔投藥而非透過注射。你的獸醫在抽取藥劑準備給藥時，會詳細說明每一種疫苗。獸醫也應該說明可能的副作用、注意事項（包括呼吸困難），以及幼貓在接下來的 24 小時可能產生的反應。

如果在糞便檢體中發現體內寄生蟲，幼貓便需要服用除蟲藥。根據除蟲藥的類型，有時可能需要在幼貓回診時給予第二劑。如果發現幼貓有耳疥蟲，醫生會開藥給你。有關耳疥蟲的詳細資訊，請參考「醫療附錄」。

第一次帶貓咪就醫時，獸醫也會向你示範如何幫幼貓剪指甲。如果你還有其他

不明白的地方，例如對幼貓的處方藥投藥方式、餵食方式、梳理方式，可以趁現在提問。請獸醫說明你不清楚的地方。你的獸醫最主要的考量，就是讓你和你的幼貓有好的開始。

減輕就醫的壓力

　　每次帶你的幼貓就醫時，都是讓貓咪對這件事形成正向關聯的機會。如果你不希望貓咪變成張牙舞爪、團團轉的托缽僧，最好從一開始就訓練她接納獸醫院，甚至不介意上獸醫院。

　　你的幼貓會從每個經驗中學習，訓練隨時都在進行，至於訓練的結果是正面還是負面則操之在你，與獸醫院相關的行為矯正很容易施行。對了，這個方法不僅適用於幼貓，也可以重新訓練討厭就醫的成貓。

　　首先，先準備零食或少量幼貓食物，抵達獸醫院後，請櫃檯人員餵你的幼貓一、兩塊零食（當然，餵食與否必須視就診的原因而定）。如果你的幼貓表現得很自在，可以將她從外出籠放出來，讓櫃檯人員或其他員工摸她或抱她。

　　在候診室候診時，可以給幼貓吃零食。如果她很緊張，你可以用毛巾或甚至一張報紙將外出籠蓋住。進入診療室時，請醫檢人員先等一下再開始檢查生命徵象，如量體重或體溫等。醫檢人員可以給幼貓吃零食、摸摸她或甚至抱她（如果幼貓喜歡被人抱）。如果幼貓不肯從醫檢人員手中直接吃零食，可以將零食放在檢查檯上讓貓咪自己去吃。如果使用溼食，可以將少量溼食放在壓舌板上。

　　另一個讓診療室不那麼恐怖的方法，就是盡量不要讓貓咪接觸到冰冷堅硬的檢查檯。如果你使用的外出籠是塑膠提籠，可以打開上蓋，讓貓咪待在籠子下半部內。在外出籠底部鋪毛巾，可以讓貓咪更有安全感。**你或醫檢人員最糟糕的舉動，就是把手探進外出籠將貓咪硬拉出來。讓貓咪有熟悉感可以大幅減輕貓咪的壓力。**

　　等到醫檢人員要開始檢查生命徵象時，你可以持續餵貓咪吃零食。如果是非常緊張的貓咪，可以試著給她吃少量的貓罐頭食物或她最喜歡的零食。用小容器裝一

些貓罐頭食物，帶一根嬰兒用軟質小湯匙或用壓舌板。這樣你就能在量體溫等不舒服的檢查過程中分散幼貓的注意力。

等到獸醫進診療室，他應該會先和貓咪打招呼，再開始檢查或治療。如果要注射疫苗或施行其他不舒服的療程，此時也請你使用分散注意力的方法。

對許多貓咪而言，少一點壓制可以讓貓咪冷靜一點。每次看到醫檢人員、獸醫或貓咪飼主自動認定貓咪在看診時必須被拎著後頸和壓制，真讓我難過。

你可能會發現，只要在檢查檯上放一點貓罐頭食物就足以讓幼貓在接受疫苗注射時分心。很多時候貓咪甚至沒發現針頭已經插進體內。

由於獸醫院是你的幼貓一生中要去許多次的地方，請你現在就花時間創造正向連結。貓咪愈常去獸醫院接受撫摸、吃零食和最低限度的壓制，未來帶她去醫院就會愈輕鬆。

就算要做到單純帶貓咪去醫院讓職員摸她或給她零食的程度也無妨，她愈小開始頻繁接觸醫院的場景、聲音、氣味，大家會愈輕鬆。

Q 幼貓一般疫苗注射時程

> 獸醫會根據你家貓咪的風險因子，包括年齡、健康狀態、罹患特定疾病的潛在風險以及地理位置等，替貓咪特別安排疫苗接種計畫。有建議所有貓咪都施打的核心疫苗，也有建議風險較高的貓咪才施打的非核心疫苗。另外還有因效力問題可能不建議貓咪施打的非核心疫苗。

常見診療程序

X光

貓咪照的 X 光與人類相同，也同樣用於診斷骨折、阻塞、腫瘤、畸形等等。貓咪通常可以忍受這個程序，但如果你的貓咪因骨折或其他傷勢而疼痛，可能會先給貓咪麻醉。

驗血

許多檢測都必須以血液進行，可協助診斷各種疾病。驗血有助於判斷某器官功能、貓咪是否罹患某種疾病，以及紅、白血球的數量等等。有些檢驗可以在獸醫院進行，但許多檢測都必須將血液檢體送到外部的診斷實驗室處理。如果只需要少量血液，可以從貓咪的前腳血管抽取。較大量的血液則必須從頸部的頸靜脈抽取。

超音波

超音波利用高頻音波形成貓咪內臟的影像，是一種無痛、非侵入性的檢查，可以讓獸醫了解特定臟器的形狀、大小和狀況等重要資訊。

心電圖

將電極貼在貓咪的皮膚上，以便心電圖儀器紀錄心臟的電流功能，藉此判斷有無異常。貓咪對這項無痛檢查的忍受度通常很高。

尿液分析

尿液檢體可用於診斷泌尿道疾病、糖尿病及腎臟疾病，以及判斷其他器官的功能。尿液檢體可以由獸醫以針頭及針筒採集（膀胱穿刺法），也就是用針頭刺入膀胱，以針筒抽取尿液。如果需要沒有被外在細菌汙染的無菌尿液檢體，就會使用這種方法。也可以用導尿管、手動壓迫膀胱（在貓咪麻醉下施行）、貓咪排尿時以容器盛接或使用不吸水貓砂採集尿液。

切片檢查

採集組織檢體送到診療實驗室分析。切片檢查多用於診斷腫瘤，以判斷腫瘤為良性（非癌症）或惡性（癌症），也可用於確認所有癌細胞是否均已切除（檢查腫瘤邊緣組織）。

糞便化驗

獸醫能從貓咪糞便的顏色、硬度與氣味獲得貓咪健康相關重要線索。獸醫或醫檢人員會化驗糞便檢體，確認糞便外觀是否正常，並檢查有無血液或黏液等。在常規檢查中，會將少量糞便檢體與特殊溶液混合，在顯微鏡下檢查以確認有無寄生蟲。某些如梨形鞭毛蟲等寄生蟲極難發現，如果獸醫懷疑你的貓咪感染這種寄生蟲，可能會要求你提供數天的糞便檢體。

Q 動物急診醫院在哪裡？

如果你居住的區域有動物急診醫院，最好在緊急事件發生前先了解醫院的所在位置。如此一來，你就不必在三更半夜開車載著生病或受傷的貓咪穿梭在陌生的街道。全球定位導航系統雖然好用，但請不要倚賴這個工具。請親自查明離你家最近的動物急診醫院在哪裡。

何時該讓幼貓接受絕育或結紮手術？

絕育和結紮都是讓貓咪不孕的手術，對母貓施行絕育手術，公貓則施行結紮手術。有些收容所會在幼貓才 8 週大時便施行手術。母貓最常施行絕育手術的時間是在第一次發情前，也就是大約 6 個月大時。公貓則通常會在 6～8 個月大時進行結紮手術。

如果你不確定是否該讓自己的貓咪絕育或結紮，我向你保證，這麼做的好處絕對不只是幫助減輕寵物數量過多的問題。未結紮的寵物行為問題會多得多。未結紮的貓咪領域性較強，也較常遊蕩和打架，母貓會發情，而如果你還沒聞過發情公貓的尿味，請做好心理準備，因為未結紮的公貓會噴尿。從醫學的角度來看，未結紮的貓咪罹患某些癌症的風險高於已絕育或結紮的寵物。如果你有任何問題，可以與獸醫師討論。

貓咪醫療險

金錢可能是主宰寵物生或死的決定因素，在你一開始領養幼貓時，最不想去思考的就是這隻極為健康的動物未來可能罹患可怕的疾病、重傷或其他問題。儘管獸醫學持續有長足進展，但不幸的是，目前可以挽救貓咪性命的突破性療程，可能讓你負擔不起。

請根據自己目前的狀態與獸醫師討論相關計畫，在考量保險計畫時，請先做好功課，因為這些計畫有好有壞。請記住，常規看診和疫苗不會納入保險給付範圍。

如何判斷貓咪是否生病

你家貓咪的健康與安適都必須由你維護，貓咪並不是真的有 9 條命，所以你和

你的獸醫必須負起責任確保她的健康與幸福。

請熟悉你家貓咪的日常生活習慣。留意她平常喝多少水。這是一項重要資訊，因為喝水量的增加或減少都可能是某些疾病的徵兆。你是否熟悉貓咪的如廁習慣？如果是，你或許可以發現腹瀉、便祕並及早發現潛在的泌尿道問題。請了解貓咪平常的排尿或排便量以及排泄物的顏色。

定期梳理貓咪可以讓你有機會檢查貓咪的身體，以便警覺到異常變化，包括腫塊、疼痛、體外寄生蟲、局部禿毛、紅疹等等。請定期檢查貓咪的耳朵、眼睛、牙齒、生殖器、肚子、尾巴下方甚至是腳掌的肉墊。

🔍 必須留意的跡象

- 毛皮外觀改變：變暗沉、乾燥、稀疏、局部禿毛、看起來油膩等
- 一般理毛行為改變
- 皮膚發炎或發癢：正常膚色或膚質有任何變化
- 平常習慣改變：不再玩耍，無精打采、躲藏，緊張、激動、不安
- 飲食習慣改變：食慾增加/減退、體重改變、進食困難
- 喝水量增加或減少
- 嘔吐：頻率、嘔吐物為食物或液體、顏色、分量
- 排尿習慣改變：尿在貓砂盆外、排尿頻率變高、排尿困難、尿液帶血色、無法排尿（這絕對是緊急狀況）、排尿時哭叫、尿液顏色改變
- 排便習慣改變：在貓砂盆外排便、腹瀉、便祕、糞便帶有黏液、顏色異常、糞便帶血、糞便帶有異常惡臭、排便量改變
- 跛行或疼痛
- 虛弱
- 叫聲、哭叫、嚎叫過於頻繁
- 發燒或體溫過低
- 打噴嚏

- 咳嗽
- 眼睛變化：有分泌物、薄膜、瞬膜出現、眨眼、一眼或兩眼瞳孔放大或縮小、用腳掌弄眼睛
- 鼻子有分泌物（留意顏色和濃稠度）
- 耳朵有分泌物、流膿、用腳掌弄耳朵、甩頭
- 身體任何部位腫脹
- 發抖
- 皮膚或皮下出現腫塊
- 出現病灶或瘀血
- 呼吸改變：急速、淺、吃力
- 牙齦外觀變化：腫脹、發白、變藍色或灰色、變鮮紅色
- 口臭
- 過度流口水
- 發出奇怪臭味
- 神經系統變化：癲癇、震顫、癱瘓等

貓咪是隱瞞不適的專家，有時你必須從極細微的行為變化來判斷。與獸醫相談時，請提供以下資訊：

- 病徵描述
- 貓咪出現這個病徵多久了
- 病徵出現的頻率

舉例來說，不要只說「我的貓在吐」。獸醫需要知道的嘔吐相關資訊包括：吐的是食物還是液體？什麼顏色？今天開始吐的嗎？還是昨晚開始？多久吐一次？貓

咪是否飯後立刻嘔吐？今天是否 1 小時內嘔吐 5 次以上？飼主的詳細說明可以為獸醫提供重要的診斷線索。

如何幫貓咪量體溫

幫貓咪量體溫看似近乎不可能的任務，但如果溫柔冷靜地進行，你和你的貓咪都能毫髮無傷地完成這個步驟。你也許一直都不需要替貓咪量體溫，但有時這種情況就是會發生，因此知道最簡單的做法的確有幫助。如果你的貓咪在看診時非常激動不安，獸醫可能會建議你在家趁著貓咪冷靜時幫她量體溫。

貓咪的體溫可以用肛溫計從直腸測量，或用電子溫度計測量耳溫。絕對不要從嘴巴幫貓咪量體溫。貓咪的自然反射動作就是咬下去，可能會咬斷溫度計導致她受傷。如果你要測量肛溫，有助手幫忙可能會容易得多。即使脾氣再好的貓咪量體溫時也可能非常不合作，因此如果有人願意幫忙，請欣然接受！將溫度計插入直腸前，請先在溫度計尖端塗上一點凡士林或潤滑劑潤滑。

將貓咪放在桌上，溫柔地撫摸她的背部，或是一邊抓著她的尾巴一邊餵她吃零食，讓她有時間習慣量體溫這件事。將零食放在貓咪面前的桌面上，只要一點貓罐頭食物就能讓貓咪在量體溫時分散注意力。

一手拉起貓咪的尾巴，將溫度計輕輕插入肛門約 2.5 公分。請用手扶著溫度計，按照溫度計說明書指示的測量時間進行測量。如果覺得溫度計難以插入，可以輕輕抓或拍貓咪尾巴根部，有時這個舉動可以讓貓咪放鬆直腸肌。輕輕轉動溫度計也可能比較容易插入。請有耐心，不要太用力。試著盡量讓貓咪保持冷靜，如果貓咪太緊張，測量結果可能會不準。

取出溫度計時，請用乾淨面紙擦拭溫度計，看清楚度數，然後用酒精消毒後再將溫度計放回盒子裡，或依照溫度計說明書的指示清潔溫度計。如果想更輕鬆幫貓咪量體溫，可以使用立刻顯示結果的電子耳溫槍。這種溫度計只要插入耳內即可。請根據自己貓咪的反應選擇使用的溫度計類型。

如何測量貓咪的脈搏

在貓咪後腿內側靠近鼠蹊部的地方可以摸到股動脈。你可以在貓咪採取站姿時替貓咪測量脈搏。將手指壓在動脈上直到感覺到脈搏，計算 15 秒內你感覺到的脈搏次數，將這個脈搏乘以 4，就能算出每分鐘的脈搏數。成貓每分鐘正常心跳次數為 160～180 下，幼貓的脈搏會更快（通常約 200 下）。

呼吸率

觀察貓咪胸部或腹部的律動，計算 60 秒內律動的次數，便能得出貓咪的呼吸率。請勿在貓咪情緒激動或覺得熱時測量呼吸率，以免得到異常高的數值。貓咪安靜時每分鐘平均呼吸率約為 20～30 下。

呼吸急促可能表示疼痛、休克、脫水或生病。貓咪在激烈運動時喘氣是正常的，但如果喘氣時顯得吃力或伴隨不安的表現，則可能是中暑等嚴重醫療情況。

給貓咪投藥

藥丸

這絕對不是容易的事情。有些飼主甚至會想讓牙醫在貓咪牙齒上鑽個洞以便他們塞進藥丸。你和你的貓咪很快就會變成摔角對手，她會掙扎扭動，你則是變身為軟骨功大師，試著扳開貓咪緊閉不肯打開的嘴巴。我在動物醫院工作時曾經看過有些人露出我看過最驚恐的表情，只因為這些飼主聽到獸醫說：「每天給你的貓咪吃這些藥丸。」

你可能會以為給貓咪吃藥丸最簡單的方式，是把藥藏在食物裡，但基於數個理由，我不建議你這麼做。首先，有些藥丸外層有保護膜，以避免內容物在進入小腸被腸道吸收前遭到胃酸破壞。此外，有些藥丸有怪味或苦味，你的貓咪可能會拒吃混入藥丸的食物。**貓咪因為嗅覺極為靈敏，因此非常容易發現食物被動過手腳。**

　　如果你真的相信把藥丸藏在你特製的奶油乳酪沙丁魚裡，你的貓咪就會上當，請先向獸醫確認這麼做不會破壞藥丸的效力。有些藥丸不應該隨餐服用。如果用美味的軟膏將藥丸包裝，例如 Tomlyn 生產的 Nutri-Cal，有些貓咪會比較容易將藥丸吃下。我最喜歡的投藥方式之一，就是將藥丸放在 Greenies 生產的餵藥零食膠囊中（Pill Pocket）。這種柔軟、易塑型的零食上有一道縫隙，可以讓你將可怕的藥丸藏入零食內。雖然不是每隻貓咪都會上當，但很多貓咪都吃這一套。你可以在當地的寵物用品店或上網購買餵藥零食膠囊。

　　如果你只能讓貓咪直接吃藥丸，最好採取低調而迅速的方法，後者尤其重要。千萬別大張旗鼓，因為你愈是小題大作，貓咪會愈擔心。只要做好準備，小心選擇最佳時機就好。舉例來說，如果你的貓咪想睡覺時比較容易被人抓著，這時候就是塞藥丸的最佳時機。

**貓咪
小常識
KNOW**

許多藥錠都可以由藥師調製成液態藥水。如果你的貓咪喝藥水比吞藥丸行，你的獸醫應該可以推薦藥師幫忙調製藥水。許多藥水也都可以加味以增加吸引力。有些藥物也可以調製成經皮吸收劑型。

　　步驟：你可能傾向於將貓咪放在檯子上，這樣妳就不用蹲下來。將掌心放在貓咪的頭頂，讓貓咪頭部略微向上仰。將大拇指和中指放在貓咪嘴巴兩側大約犬齒位置的後方，輕輕施壓讓貓咪打開嘴巴（犬齒就是看起來像匕首的牙齒，但別被這個想法嚇到）。

　　另一手用大拇指和食指拿著藥丸，用中指將貓咪的下顎往下壓打開嘴巴。將藥丸放在貓咪的舌頭後方。在藥丸外包一層奶油讓貓咪較容易吞下（但有時也會因此

黏手指）。放開貓咪的嘴巴讓她吞下藥丸，但仍抱著她不要讓她逃跑去把藥丸吐出來。不要箝住她的嘴巴，否則她可能不願意吞藥。你可以由上往下輕輕按摩貓咪的喉部，幫助藥丸滑進肚子。

投藥後，請觀察貓咪確認藥丸已順利吞下，沒有被貓咪吐出來。如果貓咪伸出舌頭舔鼻子或嘴巴，就可以確定她已經吞下藥丸。如果貓咪開始咳嗽，這表示藥丸卡在氣管。請放開貓咪讓她順利將藥丸咳出。如果藥丸咳不出來，請抓住貓咪的臀部讓貓咪頭下腳上，幫助她吐出藥丸。

另一種投藥姿勢是先跪在地上，然後兩腳打開呈 V 字形跪坐。將貓咪背對著你放在你的兩腿間。如此一來，貓咪就沒有退路可以倒退逃跑。

如果無法用手指拿藥丸餵藥或貓咪會咬人，你可以向獸醫或當地寵物用品店買塑膠投藥槍。藥丸會被塑膠手指固定在注射器末端，你可以推動活塞將藥丸放在貓咪舌頭上。我覺得自己的手指比投藥槍好用，但真正重要的是能在不被貓咪咬傷的情況下讓貓咪吞下藥丸，所以任何有效的方法都可以使用。

為了讓你的貓咪適應用藥丸槍投藥，可以先行練習，用溼貓食放在藥丸槍的槍口讓貓咪舔食。如果貓咪會扭動和亂抓，可以用毛巾將她包起來。如果她很難抓，請找助手幫忙，不過通常很難找到自願者幫忙協助家裡的貓咪吃藥。

讓貓咪服藥後，必須確認藥丸沒有卡在食道裡，以避免潛在的問題發生。由於人類會搭配液體吞藥，確保藥丸順利進入胃部，給貓咪喝點水、雞湯或至少讓她舔幾口溼貓食都會有幫助。如果搭配貓食投藥，請先看清楚用藥說明，確認藥丸與食物同時服用沒有問題。

藥水

你需要使用塑膠滴管或針筒。不要用玻璃滴管，以免被貓咪咬破。不要用湯匙餵藥，因為藥水很容易灑出來，導致貓咪吃下的藥量不正確。此外，用湯匙餵黏稠的藥水也極可能導致貓毛沾滿藥水。

給貓咪吃藥水最容易的方式就是將藥水放入頰囊（臉頰與臼齒之間的空間）。將貓咪放在桌上或檯子上，量好正確的藥水量倒入滴管，將滴管伸進貓咪的頰囊

中。以少量分批投藥，讓貓咪能夠逐次吞嚥藥水。如果一次投入太多藥水，可能會導致貓咪被藥水嗆到。她也可能直接讓大部分的藥水滴下來。請讓貓咪保持冷靜，避免貓咪因慌張而被藥水嗆到。如果有人可以幫忙，可以請助手溫柔抓住貓咪，在你投藥時輕輕撫摸貓咪。

如果你覺得很難讓貓咪乖乖喝下藥水，可以詢問獸醫能否將藥水混入食物中餵食。如果可以，請用味道強烈的食物掩飾藥水的味道。食物份量不要太多，以免貓咪吃不完導致服用的藥水劑量不足。許多藥水都有調味，可以詢問獸醫有哪些口味可以選擇。

藥粉

藥粉通常可以混入溼食。如果藥粉味道不好，可以混入味道強烈的食物中。請詢問獸醫較理想的投藥方法。

調製藥物

有些藥物可以調製成液態、膏狀或可咀嚼和調味的劑型，以便飼主投藥，也讓貓咪覺得好吃一點。調製藥物較受喜愛的口味包括雞肉、鮪魚、牛肉和麥芽口味，藥物可由調劑藥師調製。這類藥物愈來愈常見，也有愈來愈多藥師提供這種服務。並非所有藥物都可以，因此請詢問獸醫開給貓咪的處方藥能否調製。

經皮吸收的藥物及貼片

有些口服藥物可以重新調整為經皮給藥的劑型，如此一來，你就可以在貓咪耳尖內側抹藥膏，透過皮膚吸收的方式對貓咪投藥。對於絕對不肯口服藥物的貓咪來說，這種方法可以讓你投藥，並讓貓咪以為你其實只是在幫她按摩耳朵。替貓咪塗抹經皮吸收藥物時必須戴指套，以確保給予貓咪完整處方劑量，沒有被自己的皮膚吸收掉一部份。替貓咪塗抹經皮吸收藥物後請將雙手洗淨。

某些止痛藥通常以皮膚貼片形式給藥效果就很好。這種止痛藥會長時間緩慢釋

放藥效。貼片必須仔細貼在已剃毛的區域，而且要選在貓咪無法舔或咬下貼片的地方。第一片貼片會由獸醫幫你貼好。

注射

有些病症（例如糖尿病）需要讓貓咪接受注射。如果是慢性疾病，你很可能必須學會自行替貓咪注射。若有這種需求，你的獸醫會給予指導，並示範正確的步驟。根據藥物的類別，注射可分為皮下注射（皮膚下方）或肌肉注射。你要替貓咪施打的針劑，極有可能是皮下注射型。

軟膏／乳膏

最容易替貓咪抹藥膏的方式，可能就是坐在椅子上讓貓咪趴在你的腿上。一開始先撫摸貓咪讓她放鬆，然後再邊撫摸邊塗藥膏。繼續撫摸貓咪，試著讓她待在你腿上（但不要強迫她），以便軟膏被皮膚吸收，並減少貓咪下意識地舔掉藥量。你可能會發現貓咪在你腿上睡著，這樣藥物就可以在沒有任何干擾下好好發揮作用。如果你的貓咪不喜歡坐在你的腿上，可以用互動式遊戲或餐點分散她的注意力，給皮膚多一點時間吸收藥膏。

如果舔藥膏會破壞療效，請詢問獸醫能否使用特殊頸圈，避免貓咪啃咬或舔自己的身體。這種頸圈會在脖子圍成一圈，避免貓咪到處舔。有數種頸圈可以選擇，有些戴起來較舒適。

眼藥膏

將貓咪放在檯子上，或是讓貓咪坐在你的腿上，或是如前文提及，採取 V 字型坐姿，讓貓咪坐在你的兩腿間。請確保雙手乾淨，用肥皂徹底清洗。一手輕壓貓咪頭部讓她頭略微仰起，另一手拿著藥膏靠著貓咪的臉頰，以免貓咪突然亂動導致你戳到她的眼睛。輕輕將下眼瞼往下拉，沿著眼瞼抹上一道藥膏。小心藥膏不要碰到眼球。不需要揉眼瞼以免進一步造成刺激，軟膏會在貓咪眨眼時自動抹開。

眼藥水

讓貓咪抬起頭。一手拿著眼藥水靠著貓咪的臉頰，以免貓咪突然亂動時弄傷她。將醫生指示的劑量滴入眼中，小心不要碰到貓咪的眼球。放開貓咪讓她閉眼。除了獸醫開的眼藥水，其他眼藥水都不可用於貓咪眼睛。

耳藥

耳朵乾淨時耳藥的效果較好，因此如果不會過於刺激，可先用棉片或棉花輕輕擦拭耳朵。你的獸醫會指導你是否要使用耳朵清潔液，將貓咪放在檯子上、腿上或在地上採取 V 字型坐姿，讓貓咪坐在你的兩腿間。確認雙手乾淨，抓住耳朵，穩住貓咪的頭部。

不要抓耳朵尖端，應抓住耳根或將耳朵尖端向後折，動作要輕柔，如果貓咪耳朵需要用藥，可能表示耳朵不舒服和敏感。依照醫生指示的劑量在耳朵用藥，輕輕扶著貓咪的頭部，避免貓咪馬上甩頭，以便藥物有時間流進耳道。如果耳朵沒有發炎，可以輕輕按摩耳朵根部，讓藥物均勻分布。

如果是治療耳疥蟲的藥物，則不要按摩耳朵，因為耳朵已經非常不舒服。請注意：不要穿著你最好的衣服替貓咪耳朵投藥，因為你的貓咪不知道她甩頭（所有的貓咪在耳朵滴藥後都會甩頭）會將抗生素藥膏噴得你最喜歡的衣服上到處都是。

照顧生病的貓咪

在家照顧生病的貓咪是一項重大責任，雖然你的貓咪可能比較喜歡自己熟悉環境帶來的舒適感，不喜歡醫院的陌生感覺，但請確認你對自己的能力有自信，而且能確實遵守獸醫給你的各項指示。如果你有問題或對某項程序不確定，請在親手操作前先要求獸醫示範一遍。

房間

　　貓咪應該在安靜的房間裡靜養，在有小孩或其他寵物的熱鬧家庭中這點尤其重要。應該要保持溫暖，不要透風，以免貓咪覺得冷。如果有空氣清淨機，現在就是使用的最好時機。

　　在貓咪身邊放一個低框的貓砂盆，貓咪就不必走太遠。如果貓咪無法起身，可能必須幫忙將她抱進貓砂盆，並幫忙扶著貓咪。

床鋪

　　提供一張舒適的床，鋪上毛巾以便在貓咪不小心便溺時保持床鋪乾淨。保持床鋪乾淨與乾爽，時常更換毛巾。寵物用品店與網路均有販賣矯形床。這種床的透氣性較佳，可以讓貓咪覺得舒服得多。如果找不到這種床，可以買蛋盒泡棉型床墊，裁剪成合適的大小再鋪上毛巾。

　　如果貓咪發冷，有各種形狀和設計的加溫型寵物床。有些床會自動加溫至一般室溫，在一旁準備另一張未加溫的床，讓貓咪自行選擇。

食物

　　貓咪可能食慾不佳，可能會比較想採取少量多餐的方式進食。只要確定貓咪攝取足夠的營養就好。如果貓咪不需要特殊飲食，用味道強烈的食物或是將食物稍微加熱，也許可以提高貓咪的食慾。獸醫也可能開一些十分美味的康復期配方食物。如果貓咪一吃就吐，獸醫可能也會開立止吐藥。如果使用嬰兒食品，請確認該品牌食品未添加洋蔥粉。

　　如果你用盡各種方法貓咪還是什麼都不肯吃，獸醫可能會指示你用針筒灌食。除非獸醫指示，否則不要自行使用。如果獸醫指示你替貓咪針筒灌食，他會開立非常柔滑的流質食物，並根據你家貓咪的特定需求，告訴你灌食的分量和頻率。

　　如果貓咪喝的水不夠多，獸醫可能會指示你用針筒餵貓咪喝水。由於貓咪喝水很容易嗆進肺部，因此用一點貓食或雞湯與水混合，讓貓咪可以嚐到一點味道。用

針筒餵水可能十分危險，請少量餵水，給貓咪足夠的時間吞嚥和休息。

　　除非獸醫特別指示，否則不要用針筒餵水。通常只要貓咪能夠吃溼食，食物中富含的水量就已經足夠。

梳理

　　貓咪生病時通常無法維持平時的高衛生標準。如果貓咪嘔吐或用針筒餵食、腹瀉或尿床，毛和皮膚便需要額外照顧。

　　如果用針筒餵食，很可能會有大量食物流到貓咪的下巴和頸部。為了減少髒亂，可以在貓咪脖子上圍一條小毛巾當作圍兜，以保持貓咪毛皮乾淨。餵食後請立即用布沾溫水幫貓咪擦臉。不要讓食物或藥物在貓咪的毛上乾掉。

　　如果貓咪尿在身上或腹瀉，請立即幫她清理，以免皮膚因尿液而脫屑或被糞便刺激。如果貓咪有慢性泌尿或腸道問題，肛門及生殖器四周的毛可能需要剪短，以便於清理。

　　定期幫生病的貓咪輕輕梳毛，以保持她的皮膚及毛健康。如果你養的是長毛貓，則必須每天梳毛以避免糾結。如果貓咪動不了，請務必偶爾幫她翻身，以便皮膚透氣，避免產生褥瘡。

寂寞與沮喪

　　請陪伴你的貓咪，讓這個小病患保持心情愉悅。如果她不喜歡別人拍她或摸她，可以坐在她身邊，你的陪伴就足以給她安慰。花一點時間在貓咪所在的房間裡看書或用筆電工作。

　　我在動物醫院工作時，幫助動物復原最重要的條件之一，就是在牠們害怕、混亂、痛苦地躺在籠子裡時給予牠們安慰和觸摸。我會拍拍牠們的頭，抓抓下巴，親親鼻子。我會抱著想被抱的動物，至於用懷疑的眼神看我的動物，我則是會用慰藉的語調安慰牠們。

　　如果其他寵物或家人能給予患者安慰，可以讓他們接近貓咪。但請大家務必冷靜、安靜。如果多寵物的家中關係變得緊張，或如果其他寵物在生病的貓咪身旁變

得緊張或激動，請在生病的貓咪康復期間將她與家中其他成員隔離。不要再讓病患增加任何壓力。

住院與手術（可能發生的情況）

以下是對麻醉及手術程序十分概略的說明。每位獸醫都會根據患者的年齡、手術的類別、手術的長度，甚至是個人偏好採取不同的規劃。

大多時候都會先做術前評估。這項評估包括診斷檢測，以確認沒有潛在病症導致你的貓咪在麻醉後風險增加。通常這些檢測可能包括身體檢查、心電圖、完整的血液檢驗、X光檢查。麻醉前的檢測有助於評估腎功能及肝功能等項目。這雖然無法保證麻醉一定安全，但有助於篩檢出可能影響麻醉或術後復原的潛在問題。

手術前一晚

手術當天早上貓咪必須空腹，因此醫生會指示你手術前一天午夜過後就要讓貓咪禁食。獸醫也會指示你貓咪是否需要禁水。如果你的貓咪有用藥，大多時候晚上仍會照常給貓咪餵藥，不過請先向獸醫確認手術當天早上能否讓貓咪照常用藥。

入院

你會在當天一大早帶貓咪到醫院，屆時院方會要求你閱讀及簽署手術同意書。手術同意書的目的在於確認你同意醫師對你的貓咪進行麻醉及預訂的手術。多數醫院的手術同意書上都會有一項關於額外止痛藥物的條款。

由於額外止痛藥會產生額外費用，院方可能會徵求你同意是否使用任何額外藥物。請務必同意這一點，因為許多貓咪（就像許多人一樣）對疼痛的忍耐程度都不盡相同。你會希望你的貓咪盡可能舒服。

術前用藥

　　你的貓咪入院後獸醫會先幫他做檢查，也可能給予「術前用藥」。這是一種注射針劑，包含一種或多種輕微鎮定劑以幫助貓咪放鬆。這些鎮定劑不僅可以緩解貓咪的部分焦慮，也能降低一般所需的麻醉劑量。

麻醉

　　在術前藥物發揮作用後，你的貓咪會被帶到手術準備區。前腳會有一小塊區域被剃毛及消毒。麻醉劑從腳上的血管注入，貓咪立刻就會失去意識。接著會在貓咪的氣管插入氣管內管。氣管內管放置妥當後，會由另一條管子連接至麻醉儀器。麻醉劑及氧氣可以讓你的貓咪保持正確的無意識程度。在整個手術過程中，麻醉程度以及貓咪的生命徵象都會加以監控。

術前準備

　　手術護理師會幫貓咪身體要動手術的區域剃毛，並以手術抗菌消毒棉清潔皮膚，為手術做好準備。同時，獸醫也會準備用手術抗菌肥皂刷手，並穿上無菌手術袍、手術帽、護目鏡，當然也會戴上手套。手術護理師也會做好相同的準備。

手術

　　將包含該次手術所需器械的無菌手術包打開，如果有必要，也會打開裝其他器械的無菌包。在開始進行手術前，獸醫或手術護理師會用無菌手術覆蓋巾蓋住貓咪，覆蓋巾的開口正對著要切開的部位。

術後復元

　　貓咪與麻醉儀器分離後，會送進恢復室，由院方人員監控直到貓咪甦醒。由於麻醉時體溫會降低，貓咪通常會被放在加溫墊上。必要時也會施打額外的止痛藥。

出院

　　你或許可以在當天稍後或隔天早上接貓咪出院，視手術類別而定。不過，如果獸醫建議讓貓咪住院一晚，請不要太急於帶貓咪回家。手術併發症通常是在手術後24小時內發生。請遵從獸醫的建議。如果你想看貓咪，可以詢問獸醫是否能讓你訪視貓咪。

　　獸醫會給予你居家照護的指示。也會叮嚀你回診複檢或拆線的時間。請確實遵照所有指示，記住，即使你的貓咪可能想恢復原本的正常生活，你還是必須確定她有足夠的修養和復元時間。如果貓咪有縫線，請定期檢查確保貓咪沒有啃咬縫線。留意有無滲液、腫脹或感染的跡象。如果看起來不對勁，請立刻打電話給獸醫。

　　貓咪術後復元期間需要大量休息，不應出門。如果貓咪正在服用藥物（尤其是止痛藥），她的反射反應可能會變慢，平衡感也可能變差，因此要小心不要讓貓咪做危險舉動，例如跳上可能摔落的地方。請將貓咪安置在安全區域，並確實依照獸醫的指示讓貓咪使用醫師開立的各項藥物。

　　離開獸醫診間之前，請確定你已經清楚明白自己必須執行的所有的醫療程序。如果有任何疑慮，你可能會在執行該醫療程序時覺得緊張，貓咪會察覺到這點。

　　如果你冷靜又有自信，也會讓貓咪保持冷靜，若有任何醫療程序或居家護理工作你覺得自己無法勝任，請要求獸醫院人員提供居家訪視服務。

　　獸醫院技術人員居家訪視極可能會額外收費，最重要的是讓你的貓咪康復，所以如果覺得自己無法勝任，請不要羞於開口求助。如果你的貓咪需要服用止痛藥，獸醫可能會開立經皮吸收的緩釋型止痛貼片。

CHAPTER 5

家規

Think Like a Cat

CHAPTER

基本訓練

....

　　訓練，這個詞時常遭到誤解。對許多飼主而言，這個詞讓他們想到飼主與寵物間的行為拉鋸戰。我希望你能重新思考自己對於「訓練」這個詞的定義，並體認到訓練也表示你有責任理解貓咪透過行為想向你實際表達的訊息。

　　此外，訓練表示用貓咪可以理解的語言與她溝通。不要再將貓咪視為缺乏訓練的寵物，而應該了解她的想法。如何將自己身為飼主的訓練期望與貓咪身為一隻貓的日常需求結合？請從生理、情緒和精神層面了解她，以打造出有效的訓練計劃。

　　正確地訓練貓咪不僅可以讓你與她相處融洽，你也會發現自己可以擁有精美家具，不必擔心被貓咪破壞。你不必時時與貓咪奮戰要她遠離檯面，你會知道只要你呼喚貓咪她就會過來，知道貓咪不會攻擊客人，而且會是個絕佳的伴侶。

　　有些人以為貓咪一來家裡就已經受過訓練，意思是她們已經知道如何使用貓砂盆、會知道不可以用家具磨爪子，也知道如果到了戶外不可以亂跑。我替這些飼主感到難過，但我更為這些飼主的貓咪難過，因為這些貓咪最後很可能會被棄養、送進收容所，或甚至喪命。

　　為了成功訓練一隻貓咪，你必須了解貓咪如何溝通，以及哪些屬於正常的貓咪行為。站在貓咪的立場、從貓咪的角度看事情，會讓你重新理解。舉例來說，如果你的貓咪拿家具磨爪子，雖然你可能很生氣，但對她而言這是很正常的行為。

　　磨爪子是貓科動物的正常行為，你可以花上好幾天的時間對貓咪大吼，追著她滿屋子跑，但她還是不會明白自己為何受到處罰。你唯一的成就只是讓貓咪怕你。理想的訓練貓咪方法是先理解磨爪子是天性，然後提供貓咪適當的磨爪子工具（例如理想的貓抓柱或貓抓板）。

　　我們時常把訓練與管教或掌控混為一談，因此在試圖讓貓咪明白誰是老大後，我們得出貓咪無法訓練的結論。貓咪是社會化的動物（這個說法仍讓許多人訝異不已），但她也是獵手。她具有領域觀念，往往獨自狩獵，因為她獵捕的是小型獵物。

　　身為獵手，她會時時根據周遭環境來微調自己。你的狗會坐你的腳邊急切地等候你的指示，而你的貓咪則是坐在你身旁，注意自己的領域並留意潛在的獵物。如

果你想成功訓練貓咪，請學會她的語言，並了解哪些事情會讓她感興趣，而不是堅持要她照你的要求改變自己。

「像貓咪一樣思考」的訓練方法其實是很簡單的概念。你的貓咪會出現特定行為都有合理的原因。動物非常聰明，牠們不會重複某些行為，除非這些行為可以達到某種目的。就算你可能不明白或不喜歡這個行為，也不表示這個行為對動物不具有重要的意義。因此「像貓咪一樣思考」方法的重點就在於：

1. 了解行為背後的目的。貓咪透過該行為獲得的「報酬」為何？
2. 提供與原本行為相當或更具有價值的替代行為。
3. 在貓咪選擇替代行為時給予獎勵。

飼主犯的錯就在於假定貓咪的行為是出於憤怒、惡意或愚蠢。

貓砂盆

用不用貓砂盆都可能是破壞貓咪／飼主關係的主因。有太多飼主認定貓咪無論如何都會主動使用貓砂盆──即使我們從來不清理貓砂盆、將貓砂盆放錯地點，或是買了貓咪討厭的貓砂牌子。

為了避免貓砂盆問題發生，你必須明白如廁這件事對貓咪而言具有什麼重要性。請參考第 8 章提供的「貓砂盆生存守則」。

可怕的磨爪困境

你不必將你的貓咪去爪，你的家具終於不必被抓花──但，你的確必須準備貓抓柱。不過並不是所有貓抓柱都相同，再次重申，問題在於我們以為自己貓咪需要的，可能不同於貓咪知道自己需要的。我在第 9 章會說明如何拯救你的家具，並打造貓咪真的會使用的貓抓柱！這個概念很重要。

響片訓練

這個方法意外地簡單，而且具有雙重目的。響片不儘可用於訓練貓咪表演，也是行為矯正的工具。

進行響片訓練時，可使用會發出類似彈指喀喀聲的小裝置。響片訓練效果很好，因為可以明確「告訴」貓咪哪種行為獲得嘉獎。多數貓咪都吃食物獎勵這一套，你可以在響片響一聲之後立刻給予食物獎賞。響片發出的聲音在貓咪的生活環境裡不常聽到，因此是很好的聲音提示。在寵物用品店或網路上都可以買到響片。

為何要使用響片而不乾脆直接給零食？因為響片更立即直接。要讓貓咪知道當下的這個行為就是你想要的，按響片會比扔零食更快。等你將零食拋給貓咪，她已經不知道你獎勵的是哪個行為了。

如何開始響片訓練

第一步就是要教會貓咪將響片與獎賞作連結，她必須明白聽到響片的聲音就代表有零食可吃。請將零食捏成小塊以免貓咪吃太多，按下響片後扔一塊零食。**等到貓咪看著你時再重複相同的動作，這可以讓貓咪將你與獎勵作連結。重複大約 10 次，或只要貓咪感興趣、有參與意願就可以繼續。**

如果貓咪有限制飲食或只能吃處方食物，請從她平常的餐點中取一小部分，用這些食物當成她的獎賞。如果給貓咪吃溼食，可以將少量溼食放在軟質嬰兒湯匙或壓舌板的邊緣。

前幾次訓練的時間不要太長。如果貓咪表現得興趣缺缺，可能是因為肚子不餓或零食的吸引力不夠。如果你採取任食制，可能需要改成定時制，以便用食物當成訓練工具。

嘉獎某個行為

信不信，只要幾分鐘你可能就教會貓咪第一個雜耍技巧了。一開始可以從「坐下」這種簡單的技巧教起。坐在貓咪面前的地板上，手裡拿著零食或用湯匙盛著少量溼食舉到貓咪頭頂正上方。在貓咪的視線跟隨著零食的同時，她的下半身自然後向下變成坐姿。零食不要舉得太高，否則貓咪會立起來伸手抓。只要貓咪的下半身碰到地面，馬上按一下響片同時給她零食。重複練習幾次。一旦貓咪持續做對，你就可以加上口頭提示「坐下」。很快你就能慢慢淘汰食物的誘惑，讓貓咪回應你的口頭要求，而非只盯著你拿食物的手。

你可以教會貓咪許多行為，包括趴下、翻滾、擊掌、轉圈、過來等。重點在於行為一致並讓訓練過程有趣。如果你覺得挫折，或是貓咪沒有接受訓練的心情，那就不會成功。一旦貓咪學會某種行為或行為有一致性，你就可以開始間歇性給予食物獎勵，不必隨時在口袋裡準備貓咪零食。你可以改用讚美、拍頭或玩具來取代食物獎勵。

時機

看到貓咪有正面的表現，你很容易便得意忘形，開始過度按響片。你也很容易錯過貓咪的行為，太晚按響片。時機非常重要，因為貓咪會將響片的聲音與她當下的行為作連結。如果你太晚按響片，她可能已經做下一個行為。如果你按太多下，她會不知道自己到底為什麼獲得嘉獎。只要在正確的時間點按一下響片就好。

響片訓練的優點

你也許會懷疑為什麼必須教會貓咪翻滾或擊掌。你的貓咪其實並不需要學會這些特定行為，但你和貓咪一起練習至少幾個動作後，你們雙方都能培養出響片訓練的技巧。你的貓咪開始以正向、獎勵的方式學習。良好的行為會帶來良好的後果，討厭的行為則無法帶來良好的結果。你的貓咪很聰明，她會開始著重於能帶來良好結果的行為。

響片訓練也能讓貓咪覺得自己對周遭環境具有較大的掌控權，這有助於貓咪放鬆，也因此較不容易出現負面行為。響片訓練也是加強貓咪與飼主感情的好辦法。

你可以用響片訓練貓咪做特定的「提示」行為，例如坐下或趴下，但也可以利用響片加強非提示的行為，例如貓咪不再瞪人時，或經過以前她總是亂尿尿的地方仍不為所動時，或走進有客人的房間不再躲進床底下時。響片訓練能讓你用全新的方式與貓咪溝通。你可以按響片並獎勵一些細微的舉動，一再地讓貓咪知道良好的行為可以帶來良好的後果。

你會發現我在全書中提到各種使用響片訓練的機會，但是否使用這個方法的決定權仍在於你。你可以不利用響片做行為矯正，也可以選擇將響片納入行為矯正的過程中。

教貓咪回應自己的名字

這其實是應該讓貓咪學會的重要行為，你在出門前必須知道貓咪的所在位置，或是你必須讓貓咪離開某種危險時，能夠叫喚貓咪過來也許可以救她一命。我在教貓咪知道自己的名字時會遵守 3 個原則：

第一原則：挑一個幼貓能夠聽懂的簡單名字。像是「灰姑娘的白馬王子，最帥的弗雷德瑞克」這種太長的名字就不理想。這並不是我隨意捏造的名字，我知道有一隻貓咪就叫這個名字，但他從來不回應。直到他的主人開始用「弗雷德」稱呼他，他才開始回應主人的叫喚。

第二原則：不要幫幼貓取十幾個不同的小名，還期望她會回應你的叫喚。堅持用一個名字才能讓她明白名字和自己的關聯。

第三原則：絕對不要氣沖沖地叫貓咪的名字。如果你叫喚她的名字然後在她過來時處罰她，她絕對不會想再回應你的叫喚。

　　開始讓你的貓咪將她的名字與正面的事物做連結，你在拍她的時候，可以用溫柔、低聲、友善的語氣一再叫喚她的名字。準備貓咪的餐點時也可以叫喚她的名字。先用手拿一點食物餵貓咪，再將剩下的食物倒入她的碗裡。一面給貓咪吃乾飼料一面重複叫喚她的名字。如此練習幾次之後，將她的食物放在碗裡讓她用餐。不要練習過頭。讓練習過程保持簡短而正面。

　　在兩餐之間拿幾片剝成小塊的零食每天練習叫喚貓咪的名字幾次。等到貓咪走過來就給她零食吃。如果你採用響片訓練，可以在叫喚她的名字後加上口頭提示「過來」。只要她走過來就立刻按下響片，馬上給她零食吃。

　　將練習擴大至從另一個房間叫喚她，一旦貓咪學會回應自己的名字後，可以間歇給她零食，但一定要在她回應時給予讚美。即使貓咪回應你的叫喚時不再有食物獎勵，她也能肯定一定有好事等著她。

　　一旦貓咪學會回應自己的名字，別忘了第三原則，絕對不要氣沖沖地叫她。在你發現有東西被她弄壞或是地毯上有她的尿漬時，很容易違背這個原則。請抗拒叫她過來接受懲罰的衝動。你與貓咪之間的信賴關係可能因此被破壞，這個代價太高了。反正處罰也是不具正面效果且不人道的。

如何將貓咪抱起及抱住

　　如果你曾在貓咪小時候花時間讓她習慣被人抱起來與抓住，等她長大後會證明這個經驗十分重要。每個人都想要一隻願意讓人抱起來、抱住、撫摸、給藥和梳毛的貓咪，不想讓自己的下場看起來像電影《十三號星期五》裡的被害者。重點就在於及早開始，不論幼貓多嬌小都請兩手抱住她，讓她有安全感。沒有幼貓喜歡被人掐著肚子、四腳懸空地帶著到處走。

在撫摸幼貓時溫柔地操控貓咪，讓她習慣被人抓著。將幼貓放在腿上，輕輕抓住每個腳掌。用手指順著幼貓的腳往下，抓一下她的腳掌，用極輕柔的力道讓她露出爪子，輕碰每個爪子的尖端。這可以讓她習慣腳掌被人抓著，往後你就能替她修剪指甲。輕輕摸她的耳朵，看看耳內，過程中輕輕摸她，溫柔地對她說話。這能讓貓咪習慣將來清潔耳朵及必要時投藥等舉動。觸摸她身體不同部位時，可以給貓咪零食或少量食物當成獎勵。

　　輕輕撫摸貓咪的嘴巴兩側（她其實喜歡這樣）及下巴下方（她也會喜歡這樣），接著輕輕將手指伸進她的嘴唇內按摩她的牙齦，這個舉動可以讓她習慣刷牙。給她吃零食，然後繼續輕撫她的下巴、背部和嘴巴兩側。一手放在她的頭頂輕輕支撐她的上顎，用另一手的手指拉開貓咪的下顎，小心打開貓咪的嘴巴。就這樣，記得動作要快，然後放開她讓她閉上嘴。給貓咪零食，接著繼續摸她，然後開始跟她玩。如果經常做這些練習，你的幼貓長大後就會比較習慣這些觸碰。

　　如果你飼養的成貓不習慣被人抓著，你必須用極緩慢的步調訓練，才不會讓她覺得受到限制或被困。首先你可能必須讓她適應被摸一、兩下，然後慢慢擴大為較緩慢的撫摸，以便讓你的手持續與貓咪的身體有較長的時間的接觸。在每一個步驟中使用響片訓練，可以幫助你的貓咪對你的觸摸產生正面連結。如果沒有使用響片訓練，可以給零食或食物當成獎勵。

　　務必用雙手抱起貓咪，不要抓著貓咪的後頸讓她後腳懸空被帶著到處走，也絕對不要單手從貓咪的身體中間將她抱起來，這只會讓她覺得胸腔受到壓迫。

　　將貓咪抱起的正確方法是一手放在貓咪前腳後方的胸口上，另一手托住貓咪的後腿及臀部。將貓咪抱向自己，讓她靠在你的胸口。她的前腳掌可以放在你的前臂。這樣可以讓貓咪覺得獲得支撐，但又不會被困住。在自家等安全的地點可以用這種方式抱貓。

　　將貓咪放下時動作要輕柔，不要讓她從你懷裡跳出來。你不會想讓貓咪認為唯一能脫離你掌控的方式就是掙扎並跳出你的懷抱逃命。在貓咪開始掙扎之前將她放下來，她就不會認為被人抱著就是被限制。身為飼主，你的責任就是要保持高度警覺，在貓咪開始不安的時候立刻感覺到，然後馬上將她放下。起初你可能只能抱著貓咪幾秒鐘，但等到貓咪逐漸明白被抱著並不是一件可怕的事情，她就會在你的懷

裡放鬆。

　　不要把貓咪當成嬰兒一般抱著，她可能會覺得被困住，因為對她而言那並非自然的姿勢。在將貓咪抱起來之前，請確認貓咪已經看到你。如果從貓咪後方抱她會嚇到她，不僅會讓貓咪更不喜歡被人觸碰，你也可能會因此被抓傷。另一種抱貓咪的方法是獸醫診所最常使用的方法。以下的技巧可確保貓咪不會從你懷中跳出。

　　這個方法最適合用來抱難以預料的貓咪，或是在獸醫診所等貓咪不熟悉的環境中移動貓咪時使用。這種抱法是用一隻手臂環抱貓咪的臀部靠在自己身側，讓她的後腳自由垂在你的前臂下方抵住你的臀部。環抱貓咪的那隻手臂往上移至貓咪胸口下方，輕輕抓住前腳。將一根手指放在前腳之間。另一隻手移至貓咪頭頂，可以輕輕拍她或給予溫柔的壓制。這種抱法可以避免貓咪掙脫或從你懷裡跳出來。

劃定界線

　　如果你對貓咪能做的事情以及能做這些事情的地方沒有一致的規範，就絕對不可能養出訓練良好的貓咪。如果某個家人讓貓咪上床但另一人不准，只會讓貓咪覺得混亂及挫折。貓咪可以跳上廚房流理台嗎？可以上餐廳餐桌嗎？只有沒放食物的時候才能上去嗎？那貓咪怎麼會知道差別在哪兒呢？

　　請全家人坐下來討論界線在哪裡，如果你們的界線不一致，對貓咪會很不公平，因為她最後會惹上麻煩其實都是你們的錯。

誰睡在我的床上？

　　你喜歡窩在床上讓貓咪睡在你的腳邊嗎？你期待與貓咪共享枕頭，一點也不介意貓毛嗎？還是你晚上想嚴格禁止貓咪進入你的臥室？對於貓咪睡覺的地方，請從一開始就堅定立場，因為之後要改變規則會更困難。

　　如果你想讓幼貓和你一起睡，沒問題。她可能也最喜歡和你窩在一起享受溫暖

與陪伴。這是幼貓和飼主培養感情最溫柔的方式之一。如果你收養的是成貓，她也許會選擇睡在你的床上，但也可能不會。根據貓咪的個性和安心程度，她也許喜歡待在房子中間，也可能找個屬於自己的隱密地方睡覺。

有些飼主想引誘貓咪上床睡，會帶貓咪進房關上房門（將貓砂盆放在房裡），希望貓咪會喜歡上這種安排。如果你將貓咪帶進臥房但她不願意睡在床上，房間裡可能也沒有其他地方能讓她覺得舒適安心。如果你決定要這麼做，至少在臥房裡準備一座貓咪跳台或窗台架。

購買貓咪床鋪時，請記住貓咪通常喜歡睡在或靠在高處。如果你將貓咪床鋪放在角落地板上，貓咪可能永遠不會睡這張床，或是只有狗狗會睡在上頭。請觀察你的貓咪喜歡的地方、布料和高度，這有助於你為貓咪打造最舒適的地方。她喜歡隱密的地方嗎？她喜歡高處嗎？她喜歡睡在有你的味道的東西上嗎？請留意貓咪的偏好，為她打造理想的睡覺區域。

貓咪不是狗狗，所以不要試圖打造和狗狗相同的睡覺環境。你的狗可能很開心地睡在你在角落為他打造的小床上。但同樣的環境對你的貓咪來說很可能毫無吸引力，因為這並不符合她的安全需求。

如果你在晚上將貓咪單獨關在另一間房，請確定那是貓咪喜歡待的房間。房間裡應該要有一個以上的睡覺地點選項。如果空間足夠，可以替她設置一座貓咪跳台。安裝一座貓咪專用的窗台架，讓貓咪在漫漫長夜裡有事情可做。請仔細檢視房間，確認房間不會看起來像一座貓咪監獄。

如果房間會冷，請提供加溫寵物床。這種情況也正適合領養兩隻貓咪。這樣一來，如果你不想讓幼貓和你一起睡在床上，她們也會彼此相依和一起玩耍，不會覺得孤單。由於某些貓咪在晚上比較活躍，你也可以設置一些有趣的活動讓她忙，以免她坐在你的房門口喵喵叫。可以放置益智給食器、玩具和躲貓貓活動，專門提供她在晚上的娛樂。

如果你的貓咪不喜歡你為她選擇的睡眠環境，可以稍加訓練，幫助她對那個地方做出正面連結。你也可以做一些響片訓練，只要貓咪跳上她的跳台或窗台架就給她獎勵。最後你可以給這個行為一個提示，像是「上床睡」。

如果你的貓咪抓門下的地毯想挖洞出去，在你們上床睡覺前和她玩一會兒，給

她一些食物（從她的正餐分一部份出來，以免貓咪吃太多），替她設置多項有趣的益智給食器和玩具。為了保護你的地毯，可以在門下放一個塑膠地毯保護墊。

唉，又是無聊的一天

不良行為通常只是因為貓咪需要有事情好做。貓咪是獵手，多采多姿的環境對貓咪十分有益。要養出乖貓咪，首先必須確認環境中有足夠的誘因吸引她。對幼貓而言，就算是一根從你衣服掉下來的線頭也能讓她深深著迷，但隨著幼貓長大，你可能必須多花點心思提供她足夠的刺激。

一扇能看到戶外鳥兒活動的窗戶也許合貓咪的胃口，定時與貓咪展開互動式遊戲（參見第 6 章）並替換貓咪單獨玩耍時的玩具，才能避免她們無聊。安排貓咪單獨玩耍的活動，像是會給食物的玩具、貓咪隧道及其他貓咪益智玩具，讓貓咪長時間獨處時也能自己找樂子。

如果你的工作或社交生活時常導致你的貓咪白天整天單獨在家，晚上大多時候也只能獨處，可以考慮養第二隻貓咪。在你累了一天終於踏進家門時，請記住你的貓咪已經獨處了好幾個小時，很期待與你互動。給予貓咪均衡的刺激與愛，有助於她成為快樂、親人且行為良好的貓咪。

貓咪自己的地方

你會發現我在本書中時常提到貓跳台，貓跳台包含 2～3 層（有時甚至更多層）跳板，安裝於長短不一的柱子頂端。這些柱子可能是裸木或包木皮或繩子。貓跳台具有多種功用，可提供貓咪舒適的窗景，是堅固的貓抓柱，挑高的設計也能讓貓咪更有安全感。

多層跳台可以讓兩隻或更多隻貓咪一同賞鳥，不必擠在一起。不過貓跳台最重要的功能之一，就是這是真正專屬於貓咪的家具，上頭只有貓咪的氣味，不像椅

子、沙發等其他家具還包含不熟悉的客人氣味。

　　我的貓咪會在白天用貓跳台玩耍、磨爪子、賞鳥和睡覺，由於她們較少待在我的家具上，沙發上的貓毛量也因此減少。客廳角落擺一座貓跳台便足以成為害羞或膽小貓咪的安全毯，讓她們可以和家人一起待在客廳而不必去別的地方。

垂直思考

　　人類生活在水平的世界，但貓咪活在垂直的世界。你在家中創造愈多垂直的空間，就是為你的貓咪創造愈多領域。即使是小坪數的公寓，只要善用牆壁空間，從貓咪的角度來看空間就能放大。

　　可以從貓咪步道、跳板和舒適藏身處等方面著手，將牆壁空間轉變為重要的貓科地產。環境調整可以從基本的在牆上加裝幾個安全的跳板，到精緻的環繞房間挑高貓步道。至於貓步道的入口，你可以打造一座迷你階梯或將幾塊跳板交錯相疊以便貓咪跳躍。

　　為了安全起見，跳板與貓步道請打造成防滑表面。此外，如果家裡有多隻貓咪，應該在貓步道的兩頭都提供出入口，以免貓咪在另一隻貓咪接近時被困在上頭。甚至可以安裝幾個有貓床鋪的架子，為你的貓咪增添一些垂直安全感。

　　環顧四週環境，不要侷限在挑高的空間，也要考慮較低處的領域。在沙發後方設置貓咪隧道增添樂趣、供貓咪玩耍，或是讓膽小的貓咪探索房間。可以自製貓隧道，將紙袋底部切掉用膠帶相連即可。豐富環境並不一定要超出預算。

　　如果家裡養了不只一隻貓，垂直思考便十分重要，因為這可以幫助你的貓咪們和平共處。平時總想引發衝突的霸道貓咪可能在佔領房內最高的跳板彰顯自己的地位後就感到滿足了。這或許可以大幅減少實際發生肢體衝突的次數。

　　即使你只有一隻貓，也請為貓咪的垂直領域提供一些變化（高、中、低區域），以打造出更多刺激的環境。最低限度至少買一座多層的貓跳台，就能有個好的開始。

別養出膽小貓

從貓咪幼年時期就要讓她在日常生活中慢慢接觸各種新情境，以開始降低貓咪的敏感度。這有助於貓咪長大後不懼怕尋常事物，像是吸塵器或不熟悉的人等等。

讓你的幼貓習慣她可能會害怕的聲音，像是吸塵器或吹風機，首先讓機器在另一間房間運轉，你則和幼貓玩耍或給她零食吃。如果幼貓不怕遠處的聲音，你可以將機器拿近一點。接著可以嘗試將吹風機設定在「低速」，放在同一間房間運轉。

每次吹頭髮時都在浴室裡準備一些零食或一個玩具，如果幼貓在你附近就可以給她一個獎勵，嘉獎她願意待在可怕的聲音附近。讓幼貓適應吹風機的理由在於你可能遲早必須幫她洗澡和吹乾，對許多貓咪而言，聲音是最可怕的部分。

吸塵器的聲音會把我的貓咪嚇得躲進床底下、衣櫃裡或是跳上固定在天花板上的裝置。因此要降低她們的敏感度，我一開始先在遠處房間關起門使用吸塵器。如此一來聲音夠遠，就不至於讓她們太不安。接著我開始和貓咪玩或餵她們吃東西，同時我丈夫在另一間房間使用吸塵器（我告訴我先生這個練習是為了矯正貓咪的行為，將一整個星期的吸地工作都推給了他）。

我每天將吸塵器慢慢移近一點，但仍在關上門的房間裡使用，並讓我先生操作吸塵器，而我則讓貓咪做一些正向的事情。最後我將吸塵器拿到家中最大的開放區域但沒有啟動，讓貓咪習慣與吸塵器共處一室。雖然我第一次啟動吸塵器時貓咪最初還是嚇了一跳，但她們很快就習慣了。重點在於整個訓練過程我都用極緩慢的速度進行，在確定我的貓咪完全習慣目前的噪音程度之前，絕對不進入下一個階段。

透過漸進式的降敏感與抗制約訓練，你可以將生活中許多恐怖的面向轉變為幼貓可能根本不會留意的事情。反制約訓練包括讓貓咪參與平常在那個環境中反直覺的活動。讓吸塵器在離我的貓咪夠遠的地方運轉，便能透過漸進式接觸讓貓咪逐漸習慣這個聲音。我的反制約訓練是在貓咪玩耍、吃零食或正餐時使用吸塵器。我讓貓咪做一些她們通常不會在可怕背景噪音下做的事情。

趁貓咪年幼時讓她接受梳毛，雖然幼貓可能不太需要擔心毛糾結，或甚至沒幾根毛，但讓她習慣梳子的感覺、指甲刀以及被人抓著，等她長大後你們的生活會因

此輕鬆得多。

　　單身飼主家庭常見的行為問題便是貓咪太習慣一個人的聲音、觸摸和活動，以至於即使只有一位客人來家裡貓咪也會驚慌失措。想像若這位飼主結婚（尤其如果還有小孩及其他寵物跟著進入家中）貓咪會有多恐懼。以溫和的方式讓貓咪及早接觸各種情境，能夠幫助你的幼貓長大後成為調適力強的貓咪，而非沒人見過的貓咪，或更糟糕的情況，成為你的朋友口中的「咬人貓」。

　　不過在此提醒一個重點：這些練習的目標在於讓你的幼貓逐漸降低敏感度。**如果貓咪顯得恐懼，則表示你進展得太快，進行的速度一定要比你認為必需的速度更慢。**愛與耐心是養出適應力強的貓咪必備的兩項工具。我們通常馬上就能提供愛；但在耐心這部分，身為寵物飼主的我們通常必須更努力培養。

幼貓幼稚園

　　如果新貓咪是幼貓，請找找你家附近有沒有幼貓幼稚園課程。這些課程通常在獸醫院進行。我知道你可能對幼貓課程這個想法不以為然，但為何幼犬會上得這麼開心？這些課程能幫助幼貓熟悉在獸醫院裡被抓著的感覺，也更習慣與其他幼貓和人相處。飼主也能學習貓砂盆及貓咪照顧的相關資訊。

　　為了避免疾病傳染，幼貓必須先接種疫苗並達到一定年齡才能上幼貓課程。幼貓幼稚園課程不但有趣也提供豐富資訊。請與你住家附近的獸醫院聯繫，了解當地社區是否有排定的課程。

＼丨／
**貓咪
小常識**
KNOW

幼貓幼稚園課程提供安全的環境讓幼貓學習社交技巧。

牽繩訓練

....

　　我認為對小貓咪而言戶外並非可以自由闖蕩的安全環境。如果你一定堅持要讓你的貓咪體驗戶外世界，那麼請透過牽繩訓練讓貓咪安全進行這項活動。即使你從未計畫將貓咪帶到戶外，牽繩訓練也很重要。如果你帶著貓咪一起旅行，將貓咪放出外出籠時可以提高控制能力。

　　並非每隻貓咪都是牽繩訓練的理想對象，膽小、緊張的貓咪在不變的室內環境中可能更有安全感。戶外所有無法預測的噪音、氣味和景象都可能引發貓咪的焦慮感。如果貓咪光是看到窗外有另一隻貓咪進入她的領域就覺得非常生氣，到了戶外遇到不熟悉貓咪的氣味可能會變得更激動。你也可能導致自己面臨貓咪開始要求你放她到戶外，或決定不需要等主人允許及試圖逃跑等情況。另一項缺點是你的貓咪染上跳蚤、蝨子及傳染疾病的風險會因此升高。

　　讓貓咪接受牽繩訓練並不表示可以牽著貓咪來一趟輕快的散步。帶貓咪散步與帶狗散步的情況截然不同。首先，你的散步範圍必須侷限在自家院子。因為這樣遇到其他動物的機率較低，也因此安全得多。

　　若你的貓咪生氣或牽繩鬆脫，貓咪在自家院子也會處於較熟悉的領域，而如果你必須將貓咪抱起來帶她進屋，也不必跑太遠。貓咪在熟悉的環境中也可能較不會驚慌。待在自家院子裡的另一個理由是，你不想讓貓咪知道在自己領域以外的地方遊蕩沒關係。如此一來，萬一貓咪跑出家門外，也會可能待在離家近一點的地方。

如何進行牽繩訓練

....

　　首先要選擇合適的設備，你必須買一條輕巧的牽繩，不需要買鍊條型或沉重的皮牽繩，你又不是要牽著洛威拿犬外出。牽繩愈輕愈好，可以讓你和貓咪比較舒適，也讓貓咪比較快適應牽繩。

你也需要準備貓用胸背帶而非一般項圈，掛上牽繩的貓咪會掙脫項圈。市面上有數種胸背帶可供選擇。考量安全性和貓咪的舒適度，我給自家貓咪和客戶的貓咪使用的是 Premier 生產的 Come with Me Kitty 胸背帶。

讓貓咪接觸戶外環境之前，請確認貓咪已接種最新的疫苗。她也必須戴上名牌以免萬一從你身邊逃脫。如果是跳蚤流行時期，請確實替貓咪做好防護措施（請參見第 13 章）。

最初幾週先在室內進行牽繩及胸背帶訓練，第一次替貓咪穿上胸背帶時請保持輕鬆的態度，然後給貓咪一塊零食、餵食貓咪或和她玩耍分散她的注意力。通常在用餐時間給貓咪穿胸背帶效果最好，讓貓咪穿著胸背帶約 5～15 分鐘，下一餐前再重複相同步驟。

如果你的貓咪通常是採任食制，則利用零食或玩耍時間轉移貓咪對胸背帶的注意力。如果貓咪在你試著為她穿上胸背帶時掙扎得很厲害，則不必將胸背帶扣好；只要讓貓咪穿著胸背帶即可，然後立刻分散她的注意力。

在貓咪更習慣了之後，白天延長貓咪穿著胸背帶的時間，一旦貓咪開始抗拒，請隨時以正向的方法轉移她的注意力。無法在貓咪身邊監督時，不要單獨讓貓咪穿著胸背帶，以免貓咪變得過於激動。

第二週開始使用牽繩，將牽繩扣上胸背帶，但不要拉牽繩。貓咪必須適應身上連接著某樣東西的感覺，如果牽繩夠輕巧，可以在分散貓咪注意力時讓貓咪將牽繩拖在身後，但小心不要讓牽繩卡住。最好在房間進行這個訓練，以免貓咪逃跑以及牽繩可能纏住。一旦貓咪習慣這個新附加物，你就可以開始進行下一階段的訓練。

非常重要的警告：在這個階段請勿拉扯牽繩，否則你溫馴的貓咪可能會變身成狂暴、咆哮的毛球電鋸。要讓貓咪習慣戴著牽繩散步，必須透過正向增強法，此時響片訓練也很適用。口袋裡準備一些貓零食，如果貓咪對溼食的反應較佳，可以準備一小盒罐頭貓食，用軟質嬰兒湯匙餵食少量。

如果要拿牽繩、響片、食物和湯匙會讓你覺得手忙腳亂，可以用膠帶將湯匙延長，把響片黏在湯匙的另一端。這樣你就可以用一隻手按響片和給獎賞。你也可以在腰帶上扣一個訓練師腰包，裡頭放一小盒未加蓋的溼食。輕握住牽繩，往貓咪前方跨一步，手裡拿著零食舉到貓咪眼前。等到貓咪開始朝零食前進，按一下響片後

將零食給貓咪吃。再往前走一步，拿另一塊零食重複相同步驟。

　　你也可以用訓練指揮棒：將指揮棒舉到貓咪前方，然後在貓咪向前跨步時按響片給零食。繼續這個訓練，直到貓咪習慣和你一起散步。在你向前進時慢慢開始輕拉牽繩，不要用力拉扯牽繩，而應該使用幾乎感覺不到的輕柔力道。記住要給貓咪時間吃零食；不要期望貓咪一直向前走。

　　等到貓咪習慣這項練習後，你可以在這個行為加上口頭提示，例如「散步去吧」。在家裡做室內散步練習。除非貓咪完全適應牽繩散步，否則不要嘗試帶貓咪到戶外。在你略為施加壓力時貓咪應該不會掙扎。請做好心理準備，這個階段應該需要 1～3 個星期。到戶外時也請待在住家四周，不要在外頭停留太久。這對你的貓咪而言是全新的體驗，因此會十分震撼。初期的練習最好只在後陽台或繞著後院散步。準備一條毛巾，如果貓咪發脾氣，你可以用毛巾將她包住抱起來以避免你受傷。你可能也想用訓練師腰包裝一些溼食和湯匙隨身帶著，以便在必要時用食物獎賞轉移貓咪的注意力。

\\ | /
貓咪
小常識
KNOW

請慎重思考到戶外牽繩散步是否真的對你的貓有益。仔細檢視自家的戶外環境會給貓咪帶來正面還是負面的體驗。讓自己與貓咪身處於無法控制的環境會面臨很大的風險。

CHAPTER 6

好的玩耍是成功的一半

....

- 將玩耍技巧運用至行為矯正
- 互動式遊戲
- 如何使用互動式玩具
- 將互動式遊戲運用至行為矯正
- 貓薄荷
- 益智給食器
- 相機準備好

Think Like a Cat

CHAPTER

將玩耍技巧運用至行為矯正

我知道，當你看到標題的時候一定搔頭想著：為什麼要指導貓咪如何玩耍？其實貓咪不需要──是你需要。你和貓咪玩耍時是否犯過以下常見的錯誤？

· 你是否把手當成玩具和貓咪玩耍，或是用手和貓咪「摔角」？
· 你是否認為只要提供玩具，貓咪任何時候想玩都會自己玩耍？
· 你會時常與貓咪玩耍，還是有空時才陪貓咪玩？一週玩一次？一個月一次？

透過「像貓咪一樣思考」，玩耍時間對你而言就不只是玩樂和遊戲──而是有效的行為矯正工具，有助於你養出自信、親人、行為良好的幼貓。如果你的貓咪是成貓，和她玩耍可以幫助她矯正行為問題、減輕壓力或憂鬱、減重並增進整體健康。

一般而言，貓咪一天大約睡 16 個小時。如果你的貓咪睡眠時間延長至 24 小時，規律的玩耍有助於她建立較正常的睡眠模式。玩耍也能讓有多隻貓咪的家庭加速接納新貓咪。如果你想增進與貓咪的感情，玩耍幾乎具有魔法般的效果。

定義玩耍

貓咪的玩耍分為兩種形式：社交性玩耍與物品玩耍（或獨玩）。社交玩耍會有另一隻貓咪、寵物或人類參與。對年幼的小貓咪而言，一開始社交玩耍的同伴便是和她同一窩的幼貓。這類玩耍行為有助於幼貓發展出更高的協調性，並讓幼貓有機會與同伴培養感情。

幼貓會輪流與對手玩耍，同時學習自己與彼此的能力。玩耍互動是她們比較節制與克制的天生掠食行為。幼貓克制的咬法、非攻擊性的肢體語言及表情都表示她是在玩耍及學習而非真正的攻擊。

物品玩耍也能培養與增強幼貓的動作協調性及對環境的認識。幼貓在家裡追著玩具到處跑對你來說可能只是個有趣的遊戲，但其實這是重要的學習過程。她正在

熟悉不同的表面與質地、了解每種表面與質地的感覺以及對她運動的影響。這隻幼貓也正在了解自己新培養出的攀爬能力，同時了解哪些物體可以讓她安全著落。而讓人緊張的是，她也會發現那些物體無法讓幼貓安全著落。

同窩的幼貓大多在滿 12 週以前會進行社交性玩耍。之後社交性玩耍的時間會愈來愈短，有時結尾還會演變為有點認真的攻擊行為。隨著幼貓成長，物品玩耍會成為主要重心。這是你教導幼貓如何正確與物品玩耍、接受被人抓著及安撫的重要時刻，以免她們把你的手指當成玩耍的對象。

成功且頻繁的玩耍有助於貓咪建立信心，你可能會認為這種說法很蠢——貓咪的信心？但如果你認真思考貓咪的天性，你會發現這其實很有道理。貓咪身為掠食者，會被物體的運動吸引，尤其如果那個運動與獵物的行為相像。戶外貓咪必須靠狩獵取得食物，但如果連樹上掉片樹葉或遠處的汽車喇叭聲都會讓她害怕或分心，她很快就會餓死。

這隻貓咪在暗中監視獵物時會迅速評估情勢，確認自己沒有危險，接著專注於狩獵然後享用獵物。她會開始針對飛行獵物加強自己空中狩獵的技巧，也會針對齧齒類動物、昆蟲以及其他可怕的爬蟲類動物加強自己地面狩獵的技巧。**每一次成功的狩獵都會提升她的信心，她也學會根據自己獵捕的對象，如鳥、鼠、蛇或蝴蝶來調整狩獵技巧。她狩獵的次數愈多，就變得愈敏捷。**

我提供諮詢服務時，首先詢問的問題之一就是貓咪的玩耍習慣。許多飼主會給我看一整籃貓咪玩具，但通常不記得最近有看過貓咪玩這些玩具。如果飼主表示自己的確會跟貓咪玩，我一定會請他們示範玩耍的情況。

透過多年來提供諮詢服務以及與貓咪和飼主合作的經驗，我發現許多人不知道如何與自己的貓咪玩耍。最糟糕的是，有太多貓咪，包括為焦慮、無聊、肥胖或其他問題所苦的貓咪，最後都放棄了玩耍。

貓咪
小常識
KNOW

> 戶外貓咪在咬傷或咬死獵物後，會先「把玩」獵物一會兒，許多人認為這種行為很殘忍。但其實，這極可能是狩獵的興奮及焦慮所造成的一種轉移行為，貓咪在狩獵時必須面對過程中可能弄傷自己的恐懼。

互動式遊戲

....

　　雖然你家新幼貓的玩耍功力可能已經達到爐火純青的地步：可以在家裡以時速約 145 公里的速度追毛球，但你的參與依舊十分必要。這就是所謂的互動式遊戲。互動式遊戲對貓咪的一生影響重大，從她還是幼貓時被你帶回家的那天起，直到她成為家中皇太后的晚年時期。

　　如果你才剛領養幼貓，建立固定的互動式遊戲時間可能有助於你們培養感情，並教會她哪些東西可以咬、哪些不能咬，且能避免許多潛在的行為問題。如果你領養的是成貓，尤其是有問題的貓咪，互動式遊戲可以將她的負面行為重新導向正面，並有助於矯正許多問題。

　　互動式遊戲需要你運用逗貓棒類型玩具，與你的幼貓或成貓一同遊戲。現在，你或許覺得自己與貓咪已經時常玩耍，但你用的是什麼玩具？你的雙手嗎？毛茸茸的玩具小老鼠？

　　不幸的是，許多飼主和幼貓玩的時候，用的是都最唾手可得的玩具，也就是自己的手指。雖然當下似乎不錯，但隨著幼貓長大，被她的成貓恆齒咬一口可是會痛的。如果你把自己的手指當成玩具，也會向幼貓傳達一個非常不好的訊息，就是讓她覺得咬人的肌膚沒關係。

　　絕對不要鼓勵貓咪咬人，即使在玩耍時也不行。從貓咪小時後便開始正確教導她，等她長大後就不必重新訓練一次。

　　或許你從來不讓貓咪咬你的手指，但你用那些毛茸茸的玩具小老鼠或輕巧的海綿球來和貓玩。這有什麼問題？首先，你的手指會很靠近這些玩具，因此興奮的貓咪很可能會不小心抓傷或咬傷你。另外，你也無法十分靈巧的控制這些玩具的運動。逗貓棒型的玩具能讓你擁有較大的控制權，你也能創造與獵物更相近的運動。

　　戶動式玩具的概念很簡單：竿子、線和末端綁著一個玩具目標。我之所以喜歡這種玩具，是因為你可以讓玩具自然地像獵物一般移動。如果你想「像貓一樣思考」，就必須了解貓咪對獵物的反應。所有散落在家中各處的可愛小玩具都有一個

共通的問題，就是它們基本上都是死獵物。

　　為了和這些玩具玩耍，貓咪必須同時身兼獵物及掠食者的角色。她必須拍打玩具讓玩具移動。但玩具在地上滑動一小段距離馬上又停止，除非貓咪再度移動玩具，否則玩具會一直靜止不動。互動式玩具能讓你創造運動，貓咪就可以單純享受當個掠食者。

　　市面上有許多互動式玩具，有些很基本，有些則非常精緻。**再次重申，選購互動式玩具時，請運用「像貓一樣思考」的方法。看著玩具想像這個玩具與哪種獵物相像，並根據你家貓咪的個性，想像她對這個玩具會有什麼反應。**

　　由於貓咪是機會性獵手，這表示她們有機會就會狩獵，因此請尋找數種不同類型的互動式玩具。盡量涵蓋各種獵物類型，像是鳥類、老鼠、昆蟲和蛇。如果你讓玩具多樣化，你的貓咪會更有興趣，因為她不知道接下來會出現哪種類型的獵物。

　　有好幾種互動式玩具的末端都附有羽毛，可以模擬鳥類。我的最愛就是 Go Cat 生產的 Da Bird 玩具，在多數寵物用品店及網路上均可購買。這種逗貓棒型玩具在線的末端有一個具有羽毛的旋轉裝置。你在空中揮舞玩具時，羽毛會旋轉，看起來、聽起來都像是空中飛行的鳥兒。貓咪會愛死這個玩具，即使最不愛動的貓咪也會因此拿出塵封已久的狩獵技巧。

　　若要模擬蟋蟀或蒼蠅的運動，沒有其他玩具比 Cat Dancer Products 出產的 Cat Dancer 更理想。這款玩具有極為充分的理由成為長銷商品。玩具包含一條鐵絲，末端連結一個小硬紙板捲目標。只要輕輕揮動，這個玩具末端就會到處亂飛，就像蒼蠅一樣行動難以預測。這個玩具可以讓貓咪運用專注技巧及最佳反射動作。

Q 為何幼貓需要互動式遊戲

- 有助於幼貓與新家庭建立感情
- 有助於發展協調性與肌張力
- 有助於幼貓適應環境
- 減少恐懼感

- 有助於教導幼貓哪些東西可以咬或抓，哪些不行
- 避免家中物品損壞
- 在飼養多隻貓咪的家庭中，有助於降低新幼貓加入造成的緊張感
- 在貓咪經歷創傷事件後，有助於減輕心理不適
- 這是幼貓日常生活中很自然的一部分

　　市面上有許多互動式玩具可供選擇。你或許會找到較適合自家貓咪個性或玩耍技巧的玩具。不過在購買玩具前，請確認這個玩具適合你的貓咪。有時必須買好幾次玩具才能找到你家貓咪喜歡的款式。害羞膽小的貓咪可能會被發出許多聲音的大型玩具嚇到，而善於空中狩獵的貓咪可能會覺得模擬蛇爬行的玩具不怎麼吸引她。

貓咪
小常識
KNOW

如果貓咪對你買來的互動式玩具興趣缺缺，別灰心。可能要嘗試幾次才能引起她的興趣，或是這個玩具不適合她，幸好市面上有許多理想的商品可供選擇。

泡泡與雷射光

　　有一種很常見的遊戲就是吹泡泡讓貓咪追，有些泡泡甚至還有貓薄荷的香氣。有些貓咪喜歡這個遊戲，我的問題在於貓咪無法在遊戲中真正抓到東西。泡泡一定會破，到時候貓咪就什麼也沒有。貓咪是非常注重觸覺的動物，她想感覺到腳掌下「被抓住的獵物」。

　　如果你的貓咪喜歡泡泡遊戲，可以緊接著展開互動式遊戲，讓她能抓到真正的獵物。如果你的孩子喜歡為貓咪吹泡泡，請告訴孩子不要對著貓咪吹泡泡，尤其不要對著貓咪的臉吹泡泡。

　　貓用雷射光玩具也十分暢銷，但我認為原因在於這能讓飼主的活動量降到最

低。你可以坐在椅子上邊看電視邊將雷射光點在房內四處移動，對某些飼主而言，這種遊戲的趣味在於看著貓咪為了抓那個靠近天花板的小紅點，差點一頭撞牆的好笑模樣。**但這就像泡泡遊戲一樣，貓咪無法真正「抓到」東西。互動式遊戲的一大重點就在於讓貓咪的腳掌抓到獵物，讓她的腕觸鬚偵測動作。**

常使用雷射光束可能會導致某些動物出現潛在強迫行為，有些會對其他型態的閃光也產生反應。而大眾對於雷射光的安全性也有不同意見。**為確保安全，請絕對不要用雷射光照貓咪的臉，不要讓兒童用雷射光玩具與貓咪玩。**如果你真的想用雷射光玩具與貓咪玩，可以在遊戲一開始時使用，接著用實際的互動式玩具繼續遊戲。將雷射光指向互動式玩具的末端，接著便進入遊戲的觸覺部分。由於互動式遊戲的目的在於給予刺激，讓貓咪快樂又有自信，因此必須提供貓咪成功的機會。

如何使用互動式玩具

首先，將你家的客廳或貓舍想像成獵場，沙發、椅子和桌子現在都成了樹木、灌木叢、岩石和其他可以讓貓咪藏身的東西。如果你有廣闊的開放空間，可以放一些枕頭和坐墊，或甚至一個敞開的紙袋，為你的小小掠食者提供額外的遮蔽。

好心的飼主常犯的一項錯誤就是拿著玩具在貓咪的眼前晃，貓咪會不斷拍打這個玩具。她會站起來幾乎是對著這個玩具打拳擊。雖然這種玩耍方式看似有趣，貓咪似乎也玩得很開心，但這並非貓咪自然的玩耍／狩獵方式。記住，玩耍應該要模擬狩獵的情境。有哪個自重的獵物會在貓咪眼前晃，並吊在貓咪面前不斷挨貓拳？貓咪最後只會運用反射動作而非使用她最佳的工具──也就是她的大腦。這種玩耍方式只有一種目的，就是惹惱你的貓咪。

我常見到飼主犯的另一種玩耍錯誤，就是在整個遊戲時間都不讓貓咪抓到玩具。最後變成和貓咪在家裡跑馬拉松，而整個過程中貓咪都抓不到、甚至根本碰不到獵物。貓咪不會追獵物追到筋疲力盡，她們會在離獵物夠近的地方悄悄跟蹤和伏擊。在野生環境中，貓咪會運用每塊岩石、每棵樹和灌木叢藏身，同時慢慢接近她

的獵物（這就是你的沙發、椅子、桌子和坐墊的功用）。因此，她的高超狩獵技巧主要仰賴她的耐心、計畫能力和精確度。

你的貓咪具有絕佳的藏身能力，她也想在遊戲中充分運用這項優點。請用自然且讓貓咪滿足的方式和她玩，用玩具模仿獵物在真實獵捕情境中的實際動作：獵物會拚命逃離現場，跑去躲起來。請將玩具拿遠，而非靠近貓咪。在貓咪視野中的運動較容易被她察覺，而遠離她的動作會強烈觸發她的狩獵天性。

朝她靠近的動作則會讓她困惑，讓她更難察覺，也可能被她視為威脅。引導玩具至某個藏身地點，然後讓玩具探頭偷看引誘你的貓咪。請從獵物的角度來思考！

遊戲的目的在於讓貓咪開心而非挫折，因此請不要用光速瘋狂揮舞玩具讓貓咪抓不到。讓貓咪有多次成功的經驗。如果她用腳掌抓到玩具，先讓她品嚐一下勝利的滋味，再試著輕輕將玩具抽走。

試著模擬真實狩獵情況的自然強度曲線，例如，在你運動時，你會先暖身，然後進入真正的運動，最後是緩和運動，你的遊戲也應該如此。

不要先是和貓咪玩瘋了，然後在她正開心時突然發現該出門上班了，於是驟然結束遊戲。如果貓咪沒有充分的機會捕殺獵物會覺得很挫折。緩和運動可以讓貓咪心滿意足。要讓貓咪冷靜下來，首先可以用玩具模擬獵物受傷時的行動，讓貓咪有機會抓到獵物。

我知道在真實世界裡小鳥通常會逃走，但你身為這場狩獵遊戲的製作人/導演，可以讓貓咪每次都贏。讓貓咪成為偉大的獵手，這就是你激發貓咪自信心的方法。所以，在你覺得該結束遊戲時，請開始放慢獵物的速度。

貓咪成功捕捉到獵物後，可以給她吃飯或零食作為獎賞，狩獵後緊接著一頓大餐，就可以養出一隻快樂的貓咪。

**貓咪
小常識
KNOW**

遊戲結束後請務必將互動式玩具收進櫃子，不要讓貓咪拿到，以免貓咪啃咬繩子的部分。

玩耍時間

　　為了讓玩耍發揮最大效益並產生長遠的正面效果，應該讓玩耍成為你日常生活的一部分。理想上如果一天可以陪貓咪玩 2 次最好（每次 10～15 分鐘或視個人情況允許的時間長度）。

　　現在我可以聽到你說：「我哪有辦法每天額外空出這段時間？」如果你連一天為貓咪空出半小時都做不到，也許根本就不應該養貓。這個小生物的世界完全繞著你轉，你當然可以每天為她擠出 15～30 分鐘的時間。只要你真心嘗試，會很驚奇地發現自己變得非常善於一心二用，可以邊看電視邊陪貓玩，邊講電話邊陪貓玩，只要晚上少看幾封電子郵件，就能把時間用來陪貓玩。重點在於每天都要陪貓玩。5 分鐘、10 分鐘或是 45 分鐘都好，你的貓咪每天都需要這種刺激和活動。

🔍 互動遊戲時間妙招

- 如果使用模仿鳥類的互動式玩具，遊戲中請讓玩具時常停下來。鳥類不會一直飛翔，有時也會走路。這樣你的貓咪才有時間盤算。
- 要時常靜止不動，獵物靜止不動時貓咪會十分興奮，這時候貓咪會思考與盤算她的下一步。
- 別忘了製造音效。我指的並非鳥鳴聲或鼠類吱吱叫聲，而是玩具輕觸地面的微小聲響或紙袋內的細微聲音。
- 改變玩具移動的速度，並不是所有的東西都要快速移動。只要抖一下玩具就能讓你的貓咪嗨翻天！
- 你並不是在舉行貓咪馬拉松，所以不要讓貓咪筋疲力盡。貓咪的腹部不應該激烈起伏，貓咪也不應該氣喘吁吁。如果你讓貓咪太過激動，她就沒有機會盤算和跟蹤。記住，這個遊戲應該為貓咪帶來心理上以及生理上的滿足。
- 每次貓咪咬到或抓到玩具時，請給她幾秒鐘的時間讓她品嚐勝利的滋味。
- 遊戲結束後請用零食或正餐給予貓咪獎勵。抓到獵物了：好棒！

除非你利用特定的遊戲時間來矯正行為問題，否則我建議將第一次玩耍時間安排在早上出門上班前，因為如此一來等你出門後，你的貓咪一整天都會睡睡醒醒。第二次玩耍時間應該安排在傍晚。如果貓咪的夜間活動總是吵得你睡不好，在睡前安排第三次玩耍有助於改善情況。

幼貓一天可能需要安排更多次玩耍，但每次的玩耍時間可以更短。她可能像個小瘋子一樣玩個 5 分鐘，接著就睡著了。幼貓需要玩耍，但也需要頻繁的小睡。所以請不要累壞她了。

請根據個別幼貓或貓咪的活動時間安排你的玩耍時間。除非是憂鬱或一天睡 24 小時的懶貓，否則千萬不要為了玩耍而叫醒貓咪（尤其是幼貓）。

貓咪小常識
KNOW

記得白天出門前要放置益智給食器及其他探險玩具，為你的貓咪打造一個豐富的環境。

多貓家庭的互動式遊戲

貓咪必須全神貫注在獵物上並盤算她的攻擊行動。如果有兩隻以上的貓咪看上同一個玩具，會被彼此擾亂分心。此外，較強勢的那隻貓也會掌控全局，導致另一隻貓只能坐冷板凳，這樣她當然會覺得不好玩。

互動式遊戲應該要能提供貓咪快樂與信心，因此請確保每隻貓咪都有自己的玩具。如果所有貓咪同時撲向同一個玩具而撞成一團，你的目標就沒有達成。這只會造成貓咪哈氣、拍打，最後某隻貓咪落荒而逃。但你可以避免這種問題，可以一次帶一隻貓咪到家中的另一個區域展開單獨的玩耍時間，或是兩手各拿一根逗貓棒。

一開始或許會手忙腳亂，但你會慢慢習慣。一次操作兩個玩具的祕訣就在於讓兩隻貓距離夠遠，以免她們相撞。手裡拿著兩個玩具你顯然無法唯妙唯肖地模仿獵物的活動方式，但總是聊勝於無。你也可以請家中另一位成員來幫忙。這和給貓咪投藥不同，通常可以找到自願助手幫忙陪貓咪玩。

如果你養了不只兩隻貓咪，你必須安排個別玩耍時間，以確保每隻貓咪都有機會玩耍。你還是可以用兩個玩具進行團體遊戲（顯然貓咪需要輪流玩），但你必須非常注意可能退出遊戲的貓咪。請確認每個隻貓都有機會玩，不要讓兩隻可能不對盤的貓咪看上同一個玩具。

如果你要進行單獨玩耍，可以把收音機或電視開著，為其他貓咪製造背景聲音。希望這個聲音能掩蓋遠處互動式玩具發出的熟悉聲音。在團體遊戲結束後，給每隻貓咪零食獎勵她們的好表現。然後躺下來冰敷你的眼睛。

將互動式遊戲運用至行為矯正

由於貓咪是天生的獵手，你可以利用互動式玩具讓她將注意力從負面的事物轉移至正面。以下是常見的例子：你的貓咪只要一聽到聲音就躲起來，你往床底下一找，發現兩隻眼睛正帶著恐懼盯著你瞧。

請馬上拿出你的互動式玩具，隨意地在房間內移動玩具，這很可能讓貓咪注意到玩具。她也許不會馬上從床底下出來，但至少會將一部分的注意力轉移到玩具上。而你輕鬆隨意的態度向她傳達了一個訊息，就是家裡一切都很好。**在貓咪嚇得衝進床底下時，最不恰當的舉動就是伸手進去將貓咪拉出來以便自己能抱住她。**她最不想要的就是被你的雙臂抓住。

首先，她會覺得被限制住（貓咪通常都不喜歡這樣），第二，她會根據你的行為認定不論剛才的聲音是什麼，一定和她想的一樣糟糕。抓著貓咪會強化她認為天要塌下來的想法。但另一方面，隨興地玩耍可以讓貓咪保留繼續待在床底下的安心選項，但又能讓她明白自己不必這樣。

貓咪和小孩一樣，需要從我們身上感受到兩種非常明確的情緒才有安全感。關愛是其中之一；人類和動物都能從觸摸及安心的肢體接觸中受惠。有哪個家長不喜歡抱著自己的孩子，又有哪個貓咪飼主不珍惜抱住並撫摸自家愛貓的機會？另一個你必須提供的就是安心。

舉例而言，家長（就像貓咪飼主）必須讓孩子自己完成某些事以建立自信心。如果你是家長，我相信你一定曾經看過自己的孩子嘗試做某件沒做過的事情，可能甚至有點害怕，像是第一次溜下溜滑梯。

　　你不會將孩子緊抱在懷裡證實他的恐懼，並同意溜滑梯的確是個巨大又恐怖的東西，而是向孩子解釋溜滑梯有多好玩。你向孩子保證一定會在溜滑梯的下方接住他，保證他一定會喜歡。

　　你的保證、冷靜的語氣和輕鬆的態度（或許你甚至會陪著孩子一起溜）可以讓他克服恐懼。等他終於溜下滑梯時，你在下方等著他，他也馬上忘卻先前的恐懼，想要再溜一次！與有困擾的貓咪進行輕鬆的互動式玩耍也是一樣。在貓咪對某樣東西表現出恐懼時，你可能直覺想抱住她，但許多情況下這可能只會讓她確信自己的確應該恐懼。

　　透過誘發她的狩獵天性將她的注意力轉移至其他正面的事物上。這並不表示你必須讓她進行吵鬧、高強度的遊戲，而是要轉移她的注意力。貓咪也許會跟你玩，也許不會。重點在於你輕鬆、冷靜的肢體語言可以讓她安心，讓她知道自己是安全、受到保護的，也給她一點理由分散注意力以抒解焦慮。

　　你可以用玩具來中和許多負面的情況，遊戲可以幫助兩隻處不來的貓咪分心，不再密切專注於彼此。只要你感覺貓咪之間開始劍拔弩張，就拿出幾個玩具，貓咪的注意力會轉移到玩具上。貓咪玩耍時（記住，一定要用兩個玩具，以免貓咪爭奪玩具）會開始將快樂的遊戲時間與彼此相處建立連結。她們會習慣不必劍拔弩張也能共處一室。

　　互動式玩具也有助於對抗情緒問題，或許可以重新燃起憂鬱貓咪對生命的熱情。互動式遊戲也能讓貓咪更適應新家。具有攻擊性的貓咪也能從這種遊戲中受惠，將自己的攻擊性發洩在玩具上，而非飼主或其他寵物身上。

　　如果你的貓咪討厭你的新婚配偶或另一半，請對方參與多數的互動式遊戲。從貓咪的立場來看，這有助於她從安全的距離建立信任感。透過遊戲，貓咪會開始將配偶與正向經驗做連結。

　　如果你的貓咪在某個區域噴尿，在那個地點進行互動式遊戲可以改變貓咪與房間內那個區域的關係。在那個地方玩耍，這個區域就成為正向、有趣的地方。有關

噴尿行為的詳細資訊，請參考第 8 章。

　　如果家裡即將有寶寶加入，互動式遊戲也能幫助貓咪適應家中可怕的變化。在互動式遊戲時可以小聲播放寶寶的聲音。

　　如果面對的是膽小的貓咪，在遊戲時請提供許多遮蔽處。例如，如果是在所有家具均靠牆擺放的寬闊大房間玩耍，膽小的貓咪可能會太緊張，不敢走到開闊空間讓自己暴露在外。

　　貓咪在戶外環境中較不喜歡在遼闊的原野上狩獵。她們會仰賴茂密的草叢、樹木、灌木叢、樹木殘幹及其他可以充分用來隱藏行動的物品。和膽小的室內貓咪玩耍時，可在房間中央放一些紙箱、紙袋、坐墊、枕頭或手邊有的任何物品，替貓咪打造藏身地點，也讓她更有安全感。

　　一旦貓咪勇敢走出來甚至開始玩耍，她也會覺得比較自在。如果你喜歡，不妨買幾個可以互相連接的沙發邊貓咪隧道。用數個貓咪隧道環繞房間一圈，就足以讓膽小的貓咪覺得自己的行蹤夠隱密，因而願意狩獵。你可以拿數個紙袋割掉底部做成貓咪隧道。

　　互動式遊戲符合貓咪的天性，有助於轉移貓咪的焦點，改變她的行為。你會發現我在本書多次提到在許多情況下，玩耍都對貓咪有益。這就是玩耍對你的貓咪的重要性。

🔍 為何成貓需要互動式遊戲

- ・加強與你的感情
- ・讓超重或不愛動的貓咪運動
- ・在多隻貓咪的家庭中可緩和緊張氣氛
- ・有助於貓咪發洩攻擊的衝動
- ・為憂鬱的貓咪提供有益的刺激
- ・讓害羞或緊張的貓咪建立信心
- ・有助於貓咪維持正常、健康的食慾

- 減少恐懼感
- 導正不恰當的咬人及抓人行為
- 讓貓咪更快接納新家庭成員
- 減輕對創傷事件的反應
- 減輕對新環境的不安情緒
- 建立信任感
- 建立自信心
- 讓你在沒有受傷風險的情況下與捉摸不定的貓咪互動

貓薄荷

　　瞭解貓薄荷的重要性及正確用法的飼主並不多，貓薄荷是一種具有薄荷味的香草，包含一種名為荊芥內酯（nepetalactone）的物質，可以讓大腦產生歡樂的感覺，使貓咪出現興奮的反應。貓咪會磨蹭、翻滾、玩耍、舔拭、跳躍、咀嚼貓薄荷，基本上表現得有如重回幼貓時期。

　　貓咪通常會吃貓薄荷（這很安全），但其實只有聞貓薄荷才能產生這種快樂的作用。這種興奮的效果大約可維持 15 分鐘，對貓咪完全無害也不會導致貓咪成癮，經過 15 分鐘的興奮與奇特歡樂後，貓咪會覺得放鬆，準備睡一覺。

　　貓薄荷可以用來幫助貓咪度過緊張的情況，可以讓貓咪重新開始玩耍，或讓不愛動的貓咪燃起火花（只是一種比喻）。這是當貓咪的額外益處之一，也就是能夠在沒有任何副作用、後遺症或危險的情況下體驗這種能帶來快樂的物質。

　　但有一點許多飼主都不知道：**如果太常讓貓咪接觸貓薄荷或裝有貓薄荷的玩具，貓咪就會對貓薄荷的作用免疫。**每次我踏進客戶家中看到許多裝有貓薄荷的玩具，都會向他們說明這點。對幼貓而言，被不知情的飼主破壞這種貓科動物的樂趣有多麼悲

哀。請將貓咪接觸貓薄荷的頻率控制在 1 週 1 或 2 次。你可以偶爾在必要時讓貓咪多用一次，例如在貓咪看完獸醫或經歷其他緊張的事件後。

請購買品質優良的貓薄荷。我比較喜歡買鬆散的乾燥貓薄荷而非那些裝有貓薄荷的玩具，因為除非我熟悉玩具製造商，否則我無法確定這些貓薄荷是否品質良好。有些製造商使用的甚至不是真正的貓薄荷，請確認鬆散貓薄荷的包裝標示，確定業者只使用葉子與花。

品質不良的貓薄荷包含莖部，但這個部位只是用來填充包裝，根本沒有效用。乾燥的貓薄荷莖也十分硬又尖銳，如果貓咪喜歡吃貓薄荷（多數貓咪都喜歡），貓薄荷莖會讓她們不舒服。

請不要選擇超市販賣的品牌，可以在寵物用品店、貓咪用品專賣店及網路上買到品質較好的貓薄荷，或是你也可以自己栽種！

你也可以在玩具裡塞貓薄荷。去當地寵物用品店找找，你會發現有許多軟質貓咪玩具上都有小口袋，可以讓你裝入貓薄荷。你也可以將貓薄荷裝進小襪子裡，襪口打個結，自製經濟實惠的貓薄荷玩具。貓咪也喜歡鬆散貓薄荷。要讓貓薄荷釋出芳香精油，可以用雙手搓揉貓薄荷後撒在地上或地毯上。如果是將貓薄荷塞在襪子裡，可以先用雙手搓揉襪子讓貓薄荷充分釋放效力。

未使用的貓薄荷請收在密封容器中，放在貓咪拿不到的地方。我也建議你不要買那些裝有貓薄荷的玩具，而是去買絨毛假老鼠放在裝貓薄荷容器裡。等你拿出充分「醃過」的假老鼠，就會有頂級強效貓薄荷的真正氣味。

\ / /
貓咪
小常識
KNOW

> 如果你有大量貓薄荷，請分裝在數個小密封容器內存放於冰箱以保持新鮮度。在給貓咪使用前只要拿出一小包退冰至室溫即可。

自己栽種

你可以自己栽種貓薄荷，不過如果種植在戶外，我先警告你，這個消息很快就

會在貓咪圈子裡傳開，不久後附近所有的貓咪都會造訪你家花園。貓薄荷很容易繁
殖，因此你必須時常修剪以避免貓薄荷佔滿整個花園。

在戶外找一塊安全的地方種植貓薄荷（祝你好運），也可以在室內栽種，放在
有陽光照射的窗邊。在花市及網路上都可以買到貓薄荷種子。包裝上會寫明種植及
栽種方法。為確保貓薄荷的最佳效力，請不要讓它開花，以免最後只剩下枯枝，請
持續將花苞摘掉。

要採收及風乾貓薄荷，可以剪下枝葉綁成一束束倒吊在乾燥陰暗處。貓薄荷風
乾後（葉子看起來乾枯），請仔細將葉子摘下來分裝到密封容器中並將莖部丟棄。
請勿將貓薄荷弄碎或壓碎，以免在使用前便釋放出貓薄荷精油。

預期外的反應

並不是每隻貓咪都會對貓薄荷有反應，有些貓咪其實缺少貓薄荷反應基因。據
估計大約有 1/3 的貓咪缺乏這種特殊基因，因此如果你的貓咪看起來興趣缺缺，別
擔心，她一點問題也沒有。

幼貓也對貓薄荷沒反應，所以在她至少滿 1 歲以前，別想用貓薄荷引誘她，反
正幼貓天生的精力就已經夠充沛了！如果你在多隻貓咪的家庭中飼養公貓，第一次
給他貓薄荷時記得在遠離其他貓咪的地方進行。

有些公貓在貓薄荷的影響下會出現攻擊性行為。在貓咪已經出現攻擊傾向時，
你也絕對不會想給她（無論是公貓或母貓）貓薄荷，因為貓薄荷會導致她們喪失抑
制力，可能會使貓咪的不良行為變得更嚴重。

利用獨玩玩具打造豐富環境

貓咪超重的原因之一在於她們只吃不動，她們睡醒了走幾步路到餐碗前，吃完
了之後再走幾步路回到沙發上繼續睡，直到下一餐的時間到了才醒。她們不必動手
獵捕食物，說老實話，她們除了現身之外，根本不必為食物做任何努力。

刺激不足導致缺乏活動也會造成貓咪無聊或憂鬱。如果貓咪飼主工時很長或沒
時間與貓咪互動，可能導致貓咪失去活力。互動式玩具是保證讓貓咪獲得足夠刺激

的最佳方法，但萬一你不在家，無法陪貓咪互動玩耍呢？或是你想要有其他方法補充你的互動式遊戲？益智給食器和活動玩具或許適合你。

益智給食器

　　如果你經常不在家或想充實目前的遊戲內容，活動玩具和益智給食器可以幫得上忙。益智給食器的概念就是要鼓勵貓咪先付出勞力才能獲得食物，也就是大自然的用意。你可以根據貓咪的體重、健康狀況以及目前的行為問題來決定要讓她為了正餐還是額外的零食而努力。

　　最重要的是，活動玩具和益智給食器會大幅提高貓咪生活的精采程度，可能是預防或解決行為問題的重要工具。在狗狗行為領域中，活動玩具與益智給食器也是常用的行為矯正工具，因為這類工具可以成功減輕許多狗狗的高度分離焦慮感。

　　飼主將數個玩具放置在家中各處，每個玩具裡都有一塊餅乾或一些食物，讓狗狗整天忙著去發掘和努力取得食物。這類型的玩具對貓咪也十分有效。益智給食器的運作原理是將數個零食或幾塊貓咪平常吃的乾飼料放在玩具內，貓咪要自己努力將這些食物獎勵取出。

　　益智給食器有各種設計，最基本的就是給食球。這是一種側邊有洞的空心塑膠球。將球打開用乾飼料裝至半滿，將球關上放在貓咪的遊戲區域。貓咪推球的時候，小塊食物就會隨機掉出來。

　　益智給食器可以讓過重的貓咪持續活動，讓她一面玩球一面緩慢進食。益智給食器也能讓無聊或憂鬱的貓咪活動，有助於減輕緊張貓咪的焦慮。我喜歡能激發貓咪思考的玩具，讓貓咪忙著「思考」，你也許就可以避免許多潛在的行為問題，而且還能提供重要的環境刺激。

　　益智給食器是讓貓咪從事正常狩獵行為並在努力後獲得獎賞的最佳方法，如果你的貓咪對給食球的玩法不得要領，你可以用以下方法訓練她。首先將空球放入她盛滿乾飼料的餐碗中。為了吃到碗裡的食物，她必須將球推開，這可以讓她熟悉基

本概念。

　　接著將球打開，在球的下半部放入乾飼料。將球的下半部放入碗中，現在貓咪會開始吃球裡的食物。下一步是將乾飼料放進球裡，將球關上後放在空碗裡。你可能必須用大碗而非貓咪平常使用的餐碗，才有足夠的空間讓球滾動。最後一步就是將裝了食物的球放在地上。

　　市面上有許多種給食玩具。OurPets 生產的 Play-N-Treat Ball 是熱銷款。另外也有 Premier 生產的 Egg-Cersizer，這是我最喜歡的一款，可以讓你調整開口大小來決定難易度。Egg-Cersizer 的製造商 Premier 也生產一款可以掛在門上的給食玩具。互動式貓咪給食器 Aïkiou 智能挖挖樂慢食碗（Stimulo）也是很棒的益智給食器，在底座上有數個內嵌的小塑膠杯，讓你的貓咪必須用腳掌伸進杯子裡才能拿到小零食。這些杯子深淺不一，你還可以調整難易度。

　　另一個益智給食器選項是 Kong，這原本是狗狗玩具，但迷你的幼犬尺寸玩具也很適合貓咪。只要將一滴奶油乳酪或一些罐頭貓食塗在內側邊緣。

　　你甚至不用花錢也能打造益智給食器，自製的益智給食器效果也很好。在捲筒衛生紙的紙芯中央割幾個洞，將洞挖得比乾飼料大，將紙芯的兩頭封住，就成了有趣的益智給食器。用廚房紙巾的紙芯就可以做出較長的益智給食器。

　　小紙箱也可以做成理想的益智玩具。在紙箱上割出幾個貓腳掌大的洞，將紙箱口密封，在箱子裡放入小塊乾飼料。

　　較複雜的益智給食器包括塑膠版本的 Nina Ottosson Dog Brick Game。這其實是狗狗玩具，但塑膠版本也很適合貓咪。這是一個有塑膠滑蓋的多格塑膠盒，貓咪必須將小蓋子（做成骨頭形狀）滑開，才能看到格子裡的食物。就算你只是拿幾個小碟子將少量食物藏在貓咪遊戲區四周，也能打造出豐富的環境。

非食物型的活動玩具

　　箱子和紙袋具有許多功用，可以藏玩具、做成貓咪隧道，為貓咪的日常生活增添樂趣。空面紙盒裡塞一顆乒乓球對貓咪而言就是一項有趣的挑戰了，你也可以將玩具放進敞開的紙袋中。

SmartCat 的 Peek-a-Prize 是一款木製活動玩具，上頭有許多洞可以讓貓咪把腳掌伸進去拿小球。這款玩具在寵物用品店及網路上都可以買到。你也可以用扁平小紙箱自製經濟型同款玩具。在紙箱上割出數個貓咪腳掌大小的洞，將紙箱口封好，在洞裡放幾顆彩球（Mylar ball）、海綿球或乒乓球即可。

危險玩具

彩帶、繩子、毛線團、橡皮筋和牙線也許看似有趣的貓咪玩具，但如果貓咪吞下這些東西會十分危險。既然已經有這麼多安全的玩具，請不要冒險拿以上物品給貓咪玩。任何有線的玩具，即使是互動式玩具，都一定要有你在場才能給貓咪玩。遊戲結束後請將這類玩具收到貓咪拿不到的地方。

塑膠袋也應該收到貓咪拿不到的地方，以免造成貓咪窒息。有提把的塑膠袋更可能有勒住脖子的風險。

鋁箔如果吞下肚會很危險。不要養成將鋁箔揉成一團給貓咪玩的習慣。有些飼主會將包過食物的鋁箔揉成球，因此這些鋁箔球上有難以抗拒的味道。這只會造成問題，因為貓咪會忍不住啃咬鋁箔，吞下小碎片。

如何判斷貓咪在玩還是在打架

有時很難看出差別，但以下列出幾項通則：

- 貓咪玩耍時，其中一隻或兩隻可能會哈氣 1 或 2 次，但如果哈氣好幾次則較可能是在打架。
- 貓咪一起玩耍時通常會輪流採取攻擊與防禦的姿勢；而打架時則通常不會交換角色，一隻會一直維持攻擊的進犯姿態，另一隻則採取防禦姿態。
- 貓咪玩耍時不會嚎叫或尖叫。
- 玩耍中不會有貓咪受傷（意外除外）。但打架時貓咪可能會抓咬對方，或被對方抓傷或咬傷。

・玩耍結束時，貓咪應該恢復正常而不會閃避彼此。但打架過後，其中一方或雙方通常會迴避或對另一方表現出畏懼。

・如果兩隻平常不太處得來的貓咪看起來像在玩耍，則要注意，她們很可能其實是在打架。如果你不確定，可以用開貓罐頭、搖動零食盒等聲音來轉移她們的注意力。不過請保持正面的想法。如果她們真的在玩，你也不會想打斷他們剛萌芽的友誼。

誤解意圖

在多貓的家庭裡，有時某隻貓咪可能會誤解另一隻貓咪想玩耍的意圖。幼貓如果太早被帶離同窩幼貓又沒有參與社交玩耍，可能會較習慣物品玩耍。而在你另一隻非常善於社交與玩耍的貓咪走過來邀請她一起玩時，這隻幼貓可能會將這個舉動解讀為威脅姿態。如果你養了一窩幼貓，請留意是否有公貓玩得過於激烈，這可能會導致母貓往後拒絕玩耍的邀請。

相機準備好

我總是將相機放在手邊，因為即使是我家的老貓也會擺出我想永遠捕捉下來的姿勢。不需要準備昂貴的攝影器材或具有專業攝影師的技巧也可以為貓咪拍出漂亮的照片。貓咪的一切都很上相。幾個基本的攝影技巧和耐心就可以讓你捕捉到靜態和動態的鏡頭。對於那些想要用照片創作或在電子郵件中附加照片的人來說，數位相機和手機確實讓生活變得更方便。這些設備讓我們可以一次照許多照片，輕鬆刪除不想保留的照片。如果你沒有數位相機或可拍照手機，還是可以用經濟實惠的傳統對焦相機拍出漂亮的照片。貓咪就是最佳拍照對象！

動態照

你的幼貓會十分樂意為你提供許多動態照，不過你要留心的是按下快門的時機，如果選得不好可能會拍出一團毛球的模糊照片，這通常是因為你太快拿起相機對準活動中的貓咪。要避免這種情況，請透過相機的取景窗看幼貓玩耍，直到你的手穩住為止。留意背景以免照片看起來太雜亂，或是幼貓的毛色與背景相近以致於變得不明顯——例如，如果你在有圖案的彩色地毯上拍花斑幼貓玩玩具的模樣，地毯的花色會比貓咪的毛色更顯眼，而玩具可能隱沒在雜亂的背景圖案裡。

靜態照

最好從放鬆的幼貓開始拍起，因此不要在貓咪提起興致玩耍時決定拍靜態照。如果你想嘗試用單色背景拍較正統的照片，可以利用床單或在美術用品店買一捲紙。選擇可以凸顯貓咪毛色的顏色。如果你想凸顯貓咪的眼睛，可以選擇和貓咪眼睛相同的背景色。

你的貓咪可能不想靜靜坐在布景前，如果貓咪一開始需要一點安全感，可以在她身邊放個籃子、枕頭或一些其他物品。如果你的拍照對象是幼貓，可以在布景前放一些道具。

用一個籃子裝著一個玩具，等貓咪開始在籃子裡玩起來時，可以發出聲音吸引她注意。在她從籃子探出頭看向你的那 0.001 秒，就是你按下快門的時機。不過請不要發出太誇張的聲音，你想拍的並不是貓咪驚恐的表情。

要拍攝較正規的成貓照片，請避免拍正面照。稍微側一點將貓咪的身體拍進去，這樣照片裡的貓咪就不會看起來只有頭和腳。用玩具或聲音吸引貓咪的注意，可以讓貓咪的耳朵向前豎起，露出警覺的眼神。如果想讓貓咪側過頭，可以用孔雀羽毛在自己的右邊或左邊輕晃。晃羽毛的動作不要太大，以免貓咪以為玩耍時間到了直接朝你跑來。你可能會想用三角架固定相機以便空出一手來。如果你請助手幫忙，請確認是貓咪習慣相處的人。

為避免照片出現紅眼，不要讓鏡頭直接對著貓咪的眼睛，從比貓咪眼睛高一點

的地方拍攝。如果用盡辦法都避免不了，還是可以用 Photoshop 軟體修片。不要用太過前衛的鏡頭角度拍攝，否則可能會拍出比例很奇怪的貓咪。

有耐心

替貓咪拍照時千萬別強迫貓咪乖乖坐好，反正你的最佳照片最可能是偷拍來的。如果你想嘗試拍靜態照，請在貓咪沒有玩耍心情時拍。貓咪吃飽放鬆的時候就是最佳時機。如果拍照過程不順利，乾脆就讓貓咪走吧。

將布景擺在原地，相機也放在附近，不知不覺中你就會發現貓咪已經跑到你想要她待的地方。我的數位相機隨時都放在手邊，以便時常幫貓咪拍照讓她們習慣這件事。如此一來，她們比較不會在意閃光燈和我正在做的事情，我也比較有機會拍到我想要的照片。

CHAPTER 7

解決常見貓咪行為問題

....

- 行為問題如何產生？
- 破壞性啃咬
- 你的貓咪是否壓力大
- 尋求關注的行為
- 攻擊性
- 將室外貓轉變為室內貓

Think Like a Cat

CHAPTER

行為問題如何產生？

　　我們對貓咪的要求真的很多，把她們整天關在家裡無事可做，硬塞她們不想要的同伴給她們，定了一堆規矩還朝令夕改，強迫貓咪調整自己天生的作息來配合對我們比較方便的作息。我們不帶貓咪出門散步，還規定她們只能在貓砂盆裡便溺，但貓砂盆的清潔度往往遠低於貓咪的標準。

　　我們一口咬定她們在家具上磨爪子是出於惡意破壞，因為家裡某個地方明明就準備了貓抓柱——是沒錯啦，可是那個貓抓柱放在洗衣房裡（就算那裡也是狗狗睡覺的地方又怎樣）。

　　我們動手揍貓咪，事後還不明白貓咪為何對我們採取防禦的態度。我們大罵貓咪，然後在貓咪不想待在我們身邊時還表現得很吃驚。我們強迫貓咪聞她們在貓砂盆外的便溺，因為我們曾經聽某人說過這就是訓練寵物的方法。

　　我們晚上下班回家開始為了貓咪白天做過的錯事處罰她們，完全不管貓咪當下已經安詳地睡在她的床上了，反正她一定明白我為什麼罵她。

　　我們在自己方便時跟貓咪玩耍，但在我們看報紙時如果貓咪跑來玩報紙我們又把她一把推開。我們把貓咪當成孩子、成人、朋友、敵人、知己甚至狗狗——但通常很少把她們當貓看。**最後，我們覺得自己的貓咪應該更懂事，但其實我們才是應該更懂事的人。**

　　貓咪的行為問題大多是由我們造成的，當然也有其他成因導致行為問題和失序，像是疾病、缺乏社交活動、曾經受虐或漠視，但我們才是把事情搞砸的主因。

　　你與貓咪的關係是就是一段真正的感情，就像任何感情一樣，你們必須互相溝通，了解彼此的需求。人們往往承擔了成為貓咪飼主的責任，卻期望由貓咪單方面付出：希望貓咪壓抑天性，而且能神奇地理解這個說著她根本聽不懂的語言的巨人內心的所有想法。

　　現在你明白身為飼主的你有責任教育自己，以便了解這個你選擇共度人生的美麗生物。請學會解讀貓咪要傳達的訊息、了解貓咪的需求，最後如果你想解決行為問題，就應該學會了解貓咪的行為。

許多被我們貼上「壞」標籤的行為，其實在貓咪世界裡都是正常的舉動。動物並不笨，牠們重複出現的行為一定都具有某種目的。對貓咪來說正常的行為也許讓我們難以接受，但如果將這個行為視為壞行為或不正常，只會妨礙你找到解決辦法，也可能破壞你與貓咪的感情。

　　你必須了解行為背後的動機，也就是這個行為的「回報」。只有站在貓咪的立場看這個行為，你才能理解這個行為的目的，並找到適合你和貓咪的解決辦法。飼主誤會貓咪的動機、誤解貓咪傳達的訊息，往往是導致他將貓咪送往當地動物收容所的主因。行為問題造成貓咪死亡的機率高於任何疾病。

　　到底是什麼原因引發行為問題？對貓咪來說，原因可能是某個看似微不足道的事情，例如日常生活習慣的某個小變化。貓咪是習慣的動物，因此如果她的日常作息被打亂就會引發焦慮。我們人類時常做一些改變，卻不知道舒適熟悉的情況突然改變可能對貓咪造成什麼影響。無聊也可能導致問題，因為貓咪會找事情來做，任何事情。

　　貓咪是掠食者，因此她們的天性就是在白天尋求刺激，但我們往往並未提供她們刺激。如果貓咪覺得自己的領域受到威脅，也可能造成行為改變。因此雖然你可能是出於好意帶一隻寵物回家和貓咪作伴，但如果介紹的方法不對，可能會引發重大的壓力和領域問題。

　　也有許多疾病可能導致行為問題，而且這個原因往往都不會被發現，因為有些飼主堅信這個問題屬於行為層面，因此不會帶貓咪到獸醫院好好接受診斷。幼年時期不當社會化、受虐、不當處罰也都是造成行為問題的潛在因素。重點在於，在貓咪出現你認為的不良行為時，背後動機或原因必須由你來找到。

　　如果你不再用自己的視角看世界，改用貓咪的角度看世界，就會有奇妙的事情發生——你不僅很可能會解決目前的行為問題，也或許能預防未來發生行為問題。

　　以下是飼主訓練貓咪時常犯的幾項錯誤：

　　1. 誤解動機，2. 前後不一，3. 單方面不公平的改變（例如，你換了一張新沙發，在貓咪想跳上去睡在她平常睡的位置時卻受到處罰），4. 處罰，5. 增強不良行為（例如貓咪在凌晨 5 點喵喵叫，為了讓她安靜下來，你去廚房在她的餐碗裡放了食物），6. 根本沒訓練。

改變不良行為

如果你想改變某個長期的問題，請停止你一直以來所做的努力，因為這個努力顯然到目前為止都沒有效果。不要強迫你的貓咪做某件事或不要做某件事，不要在意志戰裡和你的貓咪正面硬碰硬。請退一步、做個深呼吸、替自己泡杯茶，我會幫你規劃新策略。

在你讀本章時，請記得「像貓咪一樣思考」：1. 判斷貓咪行為背後的動機或原因，2. 提供對貓咪而言具有相同或更高價值的替代方案，3. 在貓咪選擇替代方案時給予獎勵。以她們的角度發想，很多令你困擾不以的問題，都有解決的契機。

破壞性啃咬

異食症

定義為吃進不可食用的物品，狗狗挑選的吞嚥目標通常是排泄物、石頭、雜草、泥土、小玩具或其他小物品。但貓咪則通常偏好布料、毯子、盆栽和塑膠袋。雖然你無法理解貓咪為什麼會覺得毛衣或毛毯好吃，但會咬毛織品的貓咪可以在幾分鐘內將一雙毛襪變成一坨瑞士乳酪。

布料相關異食症的原因在於有些貓咪渴望纖維，某些品種對纖維的需求似乎高於其他品種。舉例來說，暹羅貓通常就會咬毛織品。這也可能是抒解焦慮的行為。

為了解決這個問題，首先要移除所有的誘惑。這表示以後襪子不可以隨便扔在地上，床鋪不可以不整理，地上也不可以再有塑膠袋。放毛衣的抽屜要關緊，如果家裡有咬毛織品癖的貓咪，在她搆得著的開放式衣櫃架子上不要擺毛衣。

如果你給貓咪吃溼食，請與獸醫討論是否能增加半茶匙的罐頭南瓜（實際份量必須根據貓咪的體重、年齡及其他特定因素調整）以提高纖維含量。南瓜的效果似乎很好，貓咪通常也不會介意南瓜的味道。不過一開始增加貓咪飲食纖維量時務必要慢慢來，一次只加一點。做任何飲食調整之前，務必先與獸醫討論。

替自家貓咪種一些貓咪盆栽，確保貓咪盆栽的供給量充足，以免你家貓咪把妳女兒的新羊毛衣或你最愛的坐地盆栽當成她的下午茶點心。

　　透過豐富環境為貓咪提供抒解焦慮的替代方法，給食玩具也有助於貓咪發洩精力，同時為貓咪的努力提供適當獎勵（食物）。如果異食症是由分離焦慮引起，豐富環境也許可以幫助你的貓咪轉移焦點。互動式玩耍及固定的日常作息也有助益。請貫徹既定的作息並讓貓咪定時吃飯。固定的作息可以讓貓咪安心。如果多貓咪家庭中出現敵意問題，這種情況必須解決以控制貓咪的焦慮程度。

**貓咪
小常識
KNOW**

喜歡吃不可食物品可能是由潛在疾病所導致，請帶貓咪去獸醫院接受檢查。

吸吮毛織品

　　吸吮毛織品可能是突然斷奶或太早斷奶造成，但也可能是在尋求關注、玩耍、抒解焦慮或無聊造成的行為。幼貓會對布料、鞋帶、毛毯等物品繼續這種類似吃奶的行為。有些貓咪會有特定的布料偏好。

　　請帶貓咪去給獸醫檢查以排除牙齒問題、消化道問題等潛在醫療成因。讓貓咪停止這種行為的最佳辦法就是打造豐富的環境，為貓咪提供許多適當的玩耍與探索機會。解決造成焦慮的原因（像是互動問題），排除貓咪接觸目標物品的管道，或許增加飲食中的纖維量（請先與獸醫討論）。你也可以為貓咪提供可安全啃咬的物品，像是牛皮骨或潔牙骨。

**貓咪
小常識
KNOW**

暹羅貓與緬甸貓是最常出現吸吮毛織品行為的品種。

攻擊盆栽

正如你所知，多數植物對貓咪都具有致命或至少高毒性的影響，有關危險植物清單請參考 ASPCA Web 網站。許多貓咪喜歡啃咬綠色植物，因此你可以提供安全的替代方案，例如市面上有許多種類的貓咪盆栽，可以到寵物用品店或上網購買。

遵循盆栽的種植說明，依照指示澆水，很快就有茂密的綠色植物可以讓貓咪拿來當下午茶點心。我對許多這類盆栽唯一有微詞的一點，就在於這些盆栽的容器都太輕。如果貓咪用牙齒拉扯植物而非只是啃咬，可能會將盆栽拖著走。

我通常會將內容物移植到比較重的陶盆或瓷盆裡，你也可以自製貓咪盆栽，首先在花盆土中撒一些黑麥或燕麥種子，請務必使用無菌盆栽土。然後在上頭輕輕蓋上一層約 0.5 公分厚的土、徹底澆水並讓多餘水分排出。

將盆栽放在陰暗溫暖的地方，直到看到嫩芽從土壤冒出頭再搬到有陽光照射的地點。等到草長得夠長就將盆栽放到方便貓咪享用的地點。

啃咬自己與過度理毛

有些貓咪會過度理毛，導致毛變得稀疏甚至出現局部禿毛。少數貓咪不僅理毛還會開始啃咬自己導致身上出現傷口。有些貓咪雖然不會啃咬，但會不斷舔拭造成局部禿毛。有時貓咪甚至會拔自己的毛。

如果你的貓咪出現這種行為，必須接受獸醫師檢查以確認沒有潛在疾病造成這個問題。即使是感染跳蚤也可能導致某些貓咪在自己身上咬出傷口。甲狀腺功能亢進是造成過度理毛的另一個常見原因。貓咪會重複舔拭或啃咬身上疼痛的地方，試圖緩解不適。許多醫學上的因素都會造成貓咪啃咬自己或過度理毛，在你認定這是行為層面的問題之前，你的貓咪需要先接受醫學檢查。

如果檢查結果發現這的確是行為層面的問題，則必須找出原因。啃咬或過度理毛是一種抒解焦慮的機制，不論造成貓咪焦慮的原因為何，那都是問題所在。

不論是你的工作時間改變、家裡新增寵物、住在持續有壓力的環境中、寵物伴侶死亡或是搬到不熟悉的環境，任何原因都可能導致貓咪出現這種行為。

貓咪的壓力累積到一定程度，就必須採取某種行動來抒解她的焦慮，這種情況的醫學名詞為精神性脫毛症。請盡可能為貓咪提供穩定、一致且正面的活動，盡量確保她生活在沒有壓力的環境中。

請確保家裡有安全的地方可以讓貓咪逃離家中其他寵物。**貓咪進食的地方必須讓她覺得毫無壓力，將貓咪的餐碗放在地上後，如果發現貓咪不斷左顧右盼，進食中頻頻停下來確認四周環境，就應該將貓咪的進食地點改到對她來說更有安全感的地方。**試著讓貓咪在貓跳台的最上層或較安靜的房間進食。

雖然你想抱起貓咪將她摟在懷裡，但她必須對周遭環境具有掌控感，因此互動式遊戲應該是貓咪日常的固定事項。一天玩 2～3 次不僅有助於貓咪抒解焦慮，也能讓貓咪對周遭環境建立正向連結。出門前請將活動玩具與益智給食器拿出來，讓貓咪有機會獲得獎勵並從事健康的焦慮抒解行為。請確保你不在時貓咪有足夠的目標可以轉移注意力，在窗邊放置貓跳台讓貓咪能觀賞小鳥，也有助於她打發時間。

費洛蒙治療在環境中也有幫助，在貓咪最常待的區域使用 Feliway 擴散器散布貓咪費洛蒙 Comfort Zone。精神性脫毛症通常需要醫學治療及行為矯正。你的獸醫會告訴你是否要給貓咪抗焦慮藥物，或可能為你轉介動物行為治療師、有執照的應用行為治療師或有執照的動物行為顧問，以針對你貓咪的特定情況制定最有效的行為矯正計畫。

垃圾桶侵襲者

有少數的貓咪不論你餵她吃什麼，都堅持把廚房垃圾桶當成自助式吃到飽餐廳。你的貓咪可能吃完市面上最貴的貓食後，當晚稍後又去翻你丟掉的菜葉、用過的紙餐巾，和舔你包過烤肉的鋁箔紙。

貓咪的這種行為可能是需要治療的疾病造成，如果你的貓咪愛翻垃圾桶，請和你的獸醫討論。也許你需要調整貓咪的飲食，也許是有潛藏的醫學問題。

你可以試著設置陷阱和複雜的嚇阻物，但對抗貓咪翻垃圾的第一道防線，就是買個有蓋子的垃圾桶或將垃圾桶放在密閉的櫃子裡。你在垃圾桶上設置愈多陷阱，丟垃圾的時候就愈麻煩。如果你的櫃子門無法用門閂扣住，可以加裝磁鐵釦或嬰兒

安全門閂。

　　我見過許多宛如魔術大師的貓咪，懂得用腳掌打開櫃子門，嬰兒安全門閂是唯一可以阻止她們的東西。希望你不用採取極端手段保護你的貓咪，但保障貓咪的安全是最重要的事情。

亂叫

　　如果你的貓咪從原本正常的行為變得愛亂叫，請務必與你的獸醫師討論。如果你養的是暹羅貓，或許可以直接跳過這一節，因為她絕對不會改變。暹羅貓喜歡滔滔不絕說明自己的日常活動，也不羞於說出想法。請明白這點並接納她的個性。

　　其他貓咪可能會因為許多原因變得愛亂叫，首先，這個行為鐵定能引起你的關注。如果直盯著你、在你的電腦螢幕前走來走去或坐在你胸口等較低調的方法都不管用，喵喵叫個不停通常會有用。

　　由於貓咪天生就有耐心、決心和堅定的毅力，因此你最後一定會屈服，讓她如願以償。她也許得喵喵叫個 5 分鐘，但現在她知道只要她不退讓，你就會讓步。不論是放她出門、餵她或摸她，她知道你明白唯一讓她安靜下來的方法就是屈服。當然，一旦你讓步，就只會讓貓咪知道她的喵喵叫已經把你訓練成功了。你要如何改變這個行為？

　　無視於她的亂叫需求，不要獎勵不良行為。即使你已經堅持了 20 分鐘最後才絕望地起床在她的餐碗裡放一些貓食，她還是會記得持續喵喵叫這招有用。雖然得花很長的時間，但這招有效。

　　不要獎勵貓咪的不良行為，如果發現貓咪可能要開始喵喵叫個不停，在她安靜時可以按一下響片給她一塊零食。口袋裡準備一些零食，或是腰帶上掛一個訓練師腰包。這樣你就能隨時訓練。只要貓咪喵喵叫，馬上轉身離開。在貓咪安靜時就按響片給零食。

　　貓咪喵喵叫的原因之一可能在於刺激不足，請確保你有進行日常互動式遊戲並結合豐富環境的技巧。在夜深人靜大家都睡覺、沒有人活動時，年紀較大的貓咪可能會嚎叫或喵喵叫。她在黑暗的房子裡走動時，感官退化可能會導致她迷路。請帶

貓咪去給獸醫檢查，確認她沒有病痛或年齡相關認知功能障礙。

如果聽到自己年齡較大的貓咪在夜晚嚎叫或喵喵叫，請出聲叫她，讓她可以找到你。如果這種情況時常發生或貓咪似乎常迷路，晚上請將她關在你的房間裡。有關高齡貓咪的照顧知識，請參考第 16 章。

膽小貓

恐懼可能是社會化程度不足、過去的創傷經歷、疼痛、疾病、錯誤抱法或接觸不熟的人或物所造成，害怕的行為也可能是遺傳。

貓咪討厭突然的改變，喜歡自己熟悉領域帶來的安全感。因此新的人、事、地可能會導致某些貓咪覺得恐懼，這是很正常的。有一種可能讓貓咪害怕的常見情況就是陌生人進入家裡。

只要門鈴一響，貓咪可能就會跑向最遠的櫃子。你可以做一種練習：邀請朋友來家裡（請確認你的貓咪並不討厭對方）。請這位朋友坐在客廳，你走進貓咪躲藏的房間。用輕鬆的態度坐在地上，隨意進行互動式玩耍（重點在於「隨意」）。不要強迫躲起來的貓咪出來，只要輕輕地玩玩具，溫和地將玩具在房內的小區域內移動就好。

用冷靜、安慰的語氣說話，作用在於讓你的貓咪開始明白你傳達的訊息，也就是沒什麼大不了的事發生。就算家裡來了客人又怎樣——誰管他？你現在只想和貓咪玩。如果你很放鬆，即使不強迫貓咪從她的舒適圈出來，她也會開始放鬆。頭幾次她也許不會認真玩耍，或甚至不敢從櫃子出來，但她會開始放鬆。

陪貓咪幾分鐘後讓貓咪獨處，但請坐在走廊的地上而不要回去陪你的客人。和客人輕聲聊天，但輕輕晃動玩具吸引貓咪的注意。雖然你的貓咪不見得想走出房間，但她也許會勇敢從衣櫃或床底下出來，她也許甚至會來到走廊。如果正在進行響片訓練，可以按一下響片獎勵任何正面行為，不論這個行為有多細微。如果貓咪願意玩耍，可以陪她玩一會兒，但不要嘗試將遊戲區域擴大到客廳。

請客人離開，然後再次獎勵貓咪。隔天再請你的朋友來家裡，重複相同的訓練。持續進行客人來訪和訓練，慢慢將場地拉到客廳。你也可以請不同朋友來家

裡，但請確定邀請的都不是貓咪原本就有負面印象的人，且個性應該沉穩、冷靜。最後你的貓咪應該會夠冷靜，在你坐在客廳裡時願意露面——不論時間有多短。

如果玩耍能分散貓咪注意力，可以讓你的客人和貓咪一起玩。不過客人必須坐在自己的位子上以免嚇到貓咪。記得也要給你的朋友嘉獎（像是午餐），感謝對方如此夠義氣。

這個緩慢而穩定的方法能幫助貓咪克服自己的恐懼。和貓咪輕鬆玩耍。但要讓貓咪掌控訓練的節奏。如果她最遠只想到走廊，請暫時滿足於現狀。等她最後明白情況對自己沒有威脅，就會慢慢靠近了。

你在整個訓練過程中的行為都應該隨意與放鬆。飼主常常為了安慰貓咪而想抱住這隻不斷掙扎的動物，且用擔憂的語氣說話，貓咪會根據這些舉動認為會有值得害怕的事情發生。她必須知道除了櫃子後面還有其他安全的地方可以讓她藏身。

**貓咪
小常識
KNOW**

> 貓咪害怕時會盡可能讓自己看起來變小，她可能會趴臥、低下頭、將四肢縮進身體下方，用尾巴將自己緊緊圍住。她的耳朵會向後平貼，準備採取防禦性攻擊行動。貓咪可能會喘氣、流口水，你也可能發現貓咪比平常更會掉毛。如果有機會逃跑，貓咪就會馬上跑掉。

🔍 幫助膽小的貓咪

- ・不要強迫貓咪和你一起進客廳
- ・確認貓咪能夠進出藏身地點
- ・讓貓咪自己決定要靠多近
- ・用溫和的互動遊戲或零食來分散貓咪的注意力
- ・說話語調保持輕柔
- ・只要貓咪表現出放鬆的姿態或互動的跡象，就給予她獎勵

・進行日常訓練，並在訓練中讓貓咪慢慢接觸特定刺激，但大幅降低刺激的程度
　以免引起貓咪反應
・逐步提高刺激的程度
・做幾個深呼吸讓自己放鬆
・貓咪生活中的改變都以漸進的方式進行

你的貓咪是否壓力大

任何貓咪只要長期處於壓力之下，都會從健康、親人轉變為緊張、膽小。貓咪有什麼好壓力大的？她們不是整天睡覺、吃東西和玩耍而已嗎？我還真希望貓咪的生活就只是睡覺、吃東西、被愛和玩耍而已，但不幸的是，她們會遇到許多可能造成衝擊的負面事物。

我們往往忘了貓咪從熟悉的事物中獲得多大的安全感。因此，改變——不論我們認為這個改變有多微不足道——可能會讓某些貓咪極為不安。

首先，我們先想想那些事情會讓我們覺得壓力大。家人過世、離婚、搬新家、搬到新城市、生病、自然災害，甚至連結婚也可能讓人覺得有壓力（畢竟，沒有一卡車的壓力，婚禮就不像婚禮了）。這些事情對你的貓咪也會產生影響，而且她受到的打擊還會加倍，因為對她來說這都是突如其來發生的事情。前一天她還睡在自己最愛的地方，接下來她周遭所有的東西都被裝箱。幾天後她突然被帶到一個陌生的地方。

🔍 壓力常見主因

- 親人死亡
- 新生兒
- 搬新家
- 天然災害
- 虐待
- 寂寞

- 結婚
- 離婚
- 翻修裝潢
- 失火
- 疏於照顧
- 生病或受傷

也許你並不意外這些事情可能讓貓咪有壓力。但你可能不知道有些看似微不足道的小事也會造成壓力。有些貓咪對任何改變都有負面反應，為了幫助壓力大的貓咪，你必須找出造成壓力的原因，並盡可能消除或改變這個原因。最好的做法是，如果你知道某件可能造成壓力的事情即將發生，就先讓貓咪逐漸適應這件事。

不論是小到變換貓食或是大到搬新家這種超級大事，都請預先讓貓咪做好心理準備，讓貓咪逐步適應改變。例如，如果想改變貓食，可以將少量新貓食混入目前的飲食中，用一週的時間逐漸提高新貓食的比重。

如果是搬新家這種改變，則應該分階段打包，保持冷靜，到新家時先將貓咪放在某個房間裡，讓他慢慢熟悉環境（參考第 14 章）。改變愈大，愈需要準備時間。發生意外危機時，例如家人過世（包括人類、貓科或犬科家人），請記住你的貓咪也正在經歷和你相同的情緒。

請讓貓咪有大量的玩耍時間，盡可能維持貓咪的正常作息，並監控她的飲食和排泄習慣。在這種時候，貓咪需要你盡可能讓她感受到一致性與常態性。

🔍 飼主通常忽略的壓力成因

- ·貓砂盆太髒
- ·食物改變
- ·貓砂盆放置於吵鬧地點
- ·節日
- ·飼主的日常作息改變
- ·購買新家具或重鋪新地毯
- ·另一隻貓咪持續出現在院子裡
- ·持續的巨大噪音
- ·處罰

- ·貓砂改變
- ·食物和貓砂放得太近
- ·兒童
- ·旅遊
- ·寄宿
- ·增加新寵物
- ·找不到藏身的地方
- ·粗暴或不恰當的抱貓

　　由於玩耍能讓貓咪較有自信並對周遭環境建立正向連結，因此我會利用互動式玩具將貓咪的注意力由負面情況轉移至能夠帶來獎勵的事情上。請確保貓咪能夠進入安全地帶（最好有數個選項）——也就是能讓她們遠離吵雜噪音、其他寵物或人的安全藏身處所。同時豐富貓咪的環境，在你無法陪伴她時讓她有事可做。

　　生活中一定會發生一些情況造成貓咪的壓力，而且有些情況會讓你措手不及，沒有餘裕事先讓貓咪做好心理準備。也會有許多情況在發生之前並沒有足夠的預警，因此請利用這些機會讓你的貓咪安然度過調適期。有快樂的貓咪就有快樂的飼主。壓力山大的貓咪也會導致飼主壓力山大。

沒被察覺的貓憂鬱

　　蘇菲亞是隻又大（但不胖）又漂亮的混種貓咪。她灰白相間的毛茂密又有光澤，由這隻一絲不苟的貓咪打理得十分整潔。她是一隻喜歡成為眾人焦點的貓咪，總是趴在她的飼主，也就是派翠莎或馬爾克的腿上。蘇菲亞備受溺愛、總是有人陪玩也獲得飼主真心寵愛。

由於她從幼貓時期就被飼主收養，因此這就是蘇菲亞唯一經歷過的生活，大家都認為這種生活短期內沒理由改變，沒想到就真的變了。蘇菲亞 7 歲時，馬爾克在工作時心臟病發送醫，幾小時後便過世了。

派翠莎和馬爾克已經結縭 20 載，當晚派翠莎從醫院回到家，顯然依舊震驚不已。接下來幾天她開始漫長而痛苦的悲傷過程，哀悼著她深愛的亡夫。朋友與家人一直陪在她身邊幫忙，一方面看著她同時也照顧她。

蘇菲亞對發生的一切都無法理解，她開始慢慢陷入憂鬱。從她的角度看來，她的其中一位飼主突然失蹤，另一位飼主則是像換了個人似的。蘇菲亞想爬到派翠莎的腿上，但來訪的親人會將她趕走。

家裡出現了很多陌生人，但完全沒人注意蘇菲亞。有一位鄰居為了幫忙派翠莎，一天會過來餵貓兩次及清理貓砂盆，但蘇菲亞想與這位鄰居接觸的意圖卻遭到忽視。蘇菲亞的整個世界都大亂了。

最後她開始退縮，變得不理人，只有吃飯和上廁所時才從床底下出來。她也開始疏於照顧個人衛生，毛變得亂七八糟又骯髒。她開始偶爾才用貓砂盆，選擇在衣櫃角落大小便。

食物對她失去了吸引力，睡覺成了蘇菲亞生活的重心。幾個月過去，蘇菲亞持續惡化的外貌和行為讓深感內疚的派翠莎開始擔心，因此她打電話給獸醫師。經過初期的健康檢查和診斷性檢驗後，獸醫師建議她找我諮商。

我抵達她家時，看到的是一隻憂鬱、瘦弱又骯髒的貓咪，行為和外表一點都不像客戶的照片及口中所描述的那隻健壯、親人的漂亮貓咪。造成貓咪憂鬱的原因大多與我們相同：死亡、離婚、疾病、寂寞等等。

要如何判斷貓咪是否憂鬱？留意貓咪日常生活作息是否改變，尤其在家中發生危機時。**請記住，這個危機也許是好一陣子以前發生的事情。等到某些飼主發現貓咪憂鬱的外在表徵時，內在的惡化情況可能早已發生。**留意貓咪的個性、活動程度、食慾、理毛習慣、排泄習慣、睡眠模式或整體外觀的任何變化。你了解自己的貓咪，如果有某些地方好像不太對勁，也許真的就是如此。

在你和獸醫師討論過後，請開始讓你的貓咪重新燃起對生命的熱情。運用大量的互動式遊戲加上豐富環境。現在就是提升貓咪生活樂趣的最佳時機。增加貓咪隧

道、設置益智給食器，在窗邊擺一座貓跳台。將某些玩具藏在有趣的地方，在牆上安裝幾個貓牆跳板，打造幾個舒適的藏身地點等等。

發揮你的想像力改善貓咪的環境。如果貓咪長時間獨自在家，必要時可以每天邀請朋友或寵物姊妹來家裡一起玩。如果你還沒做過響片訓練，這時候就是開始與貓咪一起展開訓練的好時機。此外，如果貓咪一直忽略理毛，可以每天幫她梳毛。梳子按摩會讓貓咪感覺很舒服。別忘了偶爾給貓咪一些貓薄荷。

如果貓咪因為你改變生活作息而憂鬱，你又長時間不在家，單靠環境豐富也不夠，不妨考慮幫貓咪找個貓伴。最重要的就是——找回生活樂趣！

<table>
<tr><td>﹨Ⅰ／
貓咪
小常識
KNOW</td><td>憂鬱是嚴重的問題，可能影響貓咪的健康。請密切關注貓咪的飲食和排泄習慣。如果貓咪不吃東西，請立刻聯絡獸醫師。貓咪如果超過 24 小時未進食會有危險。某些情況下，獸醫師可能會為貓咪開立精神疾病藥物。請與獸醫師密切聯繫。</td></tr>
</table>

尋求關注的行為

如果貓咪缺乏持續的刺激，就會出現尋求關注的行為。在環境豐富程度不足的家庭中，飼主往往成為貓咪唯一的活動來源。即使飼主常常和貓咪玩耍，如果沒有教會貓咪用獨玩活動玩具自己玩耍，她可能完全仰賴飼主提供玩耍機會。

如果貓咪不確定自己的哪些行為飼主可以接受，也可能會出現尋求關注的行為。典型的尋求關注行為可能包括：老是跟在飼主身後、猛打飼主、跳上能更靠近飼主的地方、在飼主腳邊鑽來鑽去、亂叫、咬人以及對飼主有不恰當的玩耍行為。

治療方式包括在貓咪出現這種行為時不給予任何關注，即使說「不行」或將貓咪推開都可能會被貓咪解讀成自己已獲得渴望的關注。**運用消弱法（extinction）可以讓貓咪明白自己的這種行為無法獲得任何東西——沒有關注、樂趣、互動和報酬。**

請勿針對貓咪的尋求關注行為施予任何體罰，因為這個做法除了不人道之外，也會給予貓咪關注，不論這個關注讓貓咪多痛，依舊是關注。在貓咪停止尋求關注行為時給予獎勵，如果貓咪想獲得關注時會亂打你或亂叫，請無視這些行為，但在她安靜下來時便摸她或和她互動。

請在固定時間和貓咪玩耍、互動、摸她等等，讓貓咪知道何時你會關注她、和她玩耍。從玩耍時間到吃飯時間，只要生活各方面都盡可能維持固定一致，貓咪的焦慮感就會愈低，而焦慮愈低就愈不需要在不恰當的時間點吸引你的關注。

吵吵鬧鬧的夜間探險

你正躺在床上就要進入夢鄉，突然間另一間房傳來一聲巨響。你猛然坐起身，認為自己也聽到馬匹在走廊上奔馳的聲音。到底發生了什麼事？你下了床、開了燈，走到走廊上，發現你的貓咪一臉無辜地站在走廊，身旁的地上散落著當天你先生送你的一打玫瑰花，還有原本用來插玫瑰花的水晶花瓶。

當然，現在這個花瓶已經支離破碎地散落在一灘水裡。你的貓咪眨了眨眼，輕輕甩了甩尾巴，若無其事地走開。那個聽起來像馬匹奔馳的聲音，只是你那約 3.6 公斤的貓咪開始興奮起來準備展開夜間玩樂所發出的聲音而已。有些人可能很幸運，他們飼養的貓咪願意慈悲地配合飼主的作息調整生活，但有些人的運氣則沒那麼好。為了保障自己的睡眠，你的睡前準備工作必須再新增幾個事項。

如果你採取定時制餵食貓咪，請將她的餐點分出一部分留到睡前行為矯正活動時使用。在你上床睡覺前，我是指前一刻，可以和貓咪進行 10～15 分鐘的互動式遊戲，然後餵她吃當天的最後一餐。這個練習可以釋放貓咪累積的精力，而且吃完這一餐很可能會讓貓咪開始想睡覺。

在遊戲尾聲放慢活動，讓貓咪放鬆下來。不要犯下突然結束遊戲的錯誤，以免貓咪覺得自己還有許多精力可以發洩，導致你必須應付她。如果做了放鬆活動和吃過飯後，貓咪還是堅持在你打算睡覺時把你的肚子當成蹦床，可以準備一些益智給食器或活動玩具讓她打發夜晚時光。請將比較吵的玩具放在家裡較遠的地方，以免自己被玩具聲吵醒。

如果情況允許，可以保留一扇窗不拉上窗簾。將貓跳台放在窗前，以便貓咪夜間活動時可以眺望窗外。離我臥房較遠的起居室百葉窗都沒拉上，因為我家後院的隱密性很好。我的貓咪喜歡坐在貓跳台上觀察昆蟲和青蛙的夜間活動。

　　你也可以專門準備一套玩具和益智給食器，只有在晚上才拿出來。這樣可以讓你的貓咪覺得這套玩具格外特別。晚上的睡前活動要維持一貫，且應該讓貓咪覺得刺激與滿足以便貓咪釋放精力，並在活動結束後覺得放鬆。

**貓咪
小常識
KNOW**

> 不要在床上進行夜間互動式遊戲。你不會希望貓咪把床鋪當成她跑、跳、埋伏攻擊的降落跑道。

流理台上的貓掌印

　　家裡寂靜無聲，似乎沒有人在做有趣的事情，因此貓咪走進廚房四處張望。地上沒什麼好瞧的，於是貓咪優雅地一躍，跳上了流理台。突然間飼主出現了開始大聲斥責貓咪，拿著噴水瓶對著她，然後朝她的臉猛噴水。

　　驚慌之下，渾身溼透的貓咪急忙跳下流理台，在家裡狂奔衝進床底下。接下來整整一小時這隻飽受驚嚇的貓咪都會躲在床底下。而她的飼主則是將噴水瓶放回架子上，回到自己的小窩裡繼續看電視。這位飼主的想法是：我要好好訓練那隻貓！而這隻貓咪的想法則是：我的主人是個瘋子！最重要的是，這個訓練方法爛透了。

　　要防止貓咪跳上流理台、桌子或任何你決定不讓貓咪上去的家具，最好的方法就是牢記「像貓咪一樣思考」的技巧。了解貓咪看中流理台的哪一點，提供替代選項，在貓咪選擇較佳的選項時給予獎勵。我們也可以降低流理台對貓咪的吸引力，藉此增加一點鼓勵。

　　請記住，對於禁止貓咪進入的地方，一定要保持一貫的原則。不要在沒用餐時允許貓咪跳上桌子或流理台，但桌上、台面上有食物時又不准她上去，搞得貓咪一頭霧水。貓咪不會明白其中的差別，期望她明白這點對她也不公平。為了創造更合

適、更具吸引力的替代選項，你必須了解貓咪為何喜歡跳上流理台。

- 是因為想吃流理台上的食物？如果是，那就準備益智給食器提供更合適的替代方案。此外，請將所有食物收好，用餐時間過後不要將食物放在流理台上。
- 是因為上面有植物可以讓貓咪咬，或有其他可以玩耍的有趣物品？請將流理台上的植物搬走，將小東西收進抽屜和櫃子裡。
- 是因為貓咪想看窗外？在另一扇可以看到戶外動靜等有趣景觀的窗前設置窗台架或貓跳台。我在做諮詢時發現，家裡如果沒有設置其他挑高選項，貓咪往往就會跳上廚房流理台。我曾經看過有的人家裡的桌面上擺滿了許多物品，沒有一點空間讓貓咪可以坐在上頭看窗外。這種家庭也大多不會準備貓跳台或窗台架。
- 流理台是否是貓咪偏愛的睡覺地點？也許她喜歡能在流理台上伸懶腰這點。該是時候為貓咪打造其他空間夠大的挑高休息場所了——也許可以用有大片跳板的貓跳台，或甚至在靠窗的桌子上放一張大寵物床或舖條毛巾。
- 貓咪在流理台是否比較有安全感？打造其他的挑高地點。另外，如果貓咪與其他寵物不合，請設法修復他們的關係。你的貓咪必須在家中覺得自己擁有安全的處所。如果貓咪覺得在流理台上安全，或許是因為她想擁有最大視野警戒時間，觀察是否有敵人靠近，同時確保沒有人能從她背後偷偷靠近。有些貓咪也會為了逃離孩童或其他家庭成員而跳上流理台尋求安全。如果是這種情況，除了打造其他的挑高場所外，也應該改善貓咪與這些人的關係，以便貓咪保持平靜。
- 貓咪是否想要吸引你的注意？可以保持規律的互動玩耍時間並提供獨玩活動以豐富環境。如果貓咪跳上流理台的原因是想找你，就連你將她抱起來或趕走都可能是她想要的互動。我甚至見過有些飼主將貓咪趕下流理台的方式是將貓咪抱起來、和貓咪說話、一面將貓咪放到地上一面拍拍貓咪。你覺得這些舉動對貓咪傳達了什麼訊息？跳上流理台＝獲得主人愛的關注。

我自己避免貓咪跳上的方法是用幾塊塑膠地毯保護墊，可以在當地的居家修繕商店買一小捲這種保護墊。請買下方有突起顆粒的那種。將塑膠墊切成數塊以便配合流理台的大小覆蓋台面，而不需要使用時又便於疊放。將塑膠墊有顆粒那面朝上鋪滿台面，這可以讓流理台表面變得較不具吸引力，貓咪第一次跳上去時會馬上想跳下來，在流理台面或任何你不希望貓咪上去的表面都鋪上這種塑膠墊。

　　只有在你需要接觸表面時才將墊子拿開，用完後立即將墊子放回去。你的貓咪終究會明白流理台其實並不是那麼好的地方。不要太快永久移除塑膠墊。只要能養出訓練良好且快樂的貓咪，多忍受幾天的不方便也是值得的。開始移除塑膠墊時也要一天移走一塊，分成數天完成。最靠近流理台前端的塑膠墊要最後移除，讓你的貓咪以為所有的墊子都還在原位。

　　如果你發現貓咪跳上沒有鋪塑膠墊的表面，但你不希望貓咪待在那個地方，只要將她抱起來，說句「不行」（不必大吼大叫，只要說「不行」就好），然後將她放回地上。不要將貓咪從家具上打下來，或將她丟到地上。

　　另一方面，也不要將貓咪抱起來親她或抱她才將她放回地上。如果貓咪跳上台面是為了尋求關注，將貓咪放回地上時不要和她有目光接觸，只要將她放下就走開。她終究會明白跳上流理台只會讓你走開。

玩耍時咬人及抓人

　　通常我只要看到飼主滿手的抓痕，就可以確定他一定剛養了新幼貓。在試著吸引幼貓注意時，那 10 根手指是多麼方便又有吸引力的玩具啊。但是，幼貓接收到的訊息就是咬人的肌膚是可以的。在可愛的小幼貓逐漸長大後，你就會不太喜歡這種玩法了。最好在一開始就使用互動式玩具和貓咪玩耍，以免貓咪混淆。就像其他的訓練一樣，一致性是很重要的。如果家裡某個人讓幼貓咬他，那這隻幼貓就永遠不可能訓練成功。

　　如果幼貓在玩耍時不小心咬了你，建議用高頻率的聲音叫「好痛」或發出其他驚叫聲讓幼貓嚇一跳，使她明白她弄痛了你，也讓她知道這並不是遊戲的一部分。**如果幼貓的牙齒還咬著你的手，不要抽手。這點非常重要，因為如果你馬上抽手，她的**

直覺反應是更用力咬下去。她會對獵物的動作產生反應，所以要靜止不動。

如果幼貓還是不肯放開你的手指，將手朝她輕推就能自動鬆脫。這個動作也會暫時擾亂幼貓。獵物絕對不會願意朝掠食者的方向前進，所以他會鬆開嘴巴、放開她的牙齒。在你脫離幼貓的掌控後，忽略她幾秒鐘，然後拿一個互動式玩具教她認識可以咬的物品。

如果幼貓在玩耍時不小心抓了你也可以採取相同的方法，因為如果你抽手，指甲的弧度會導致指甲陷得更深。絕對不要在幼貓玩耍咬人時處罰或打罵她。讓幼貓學習最好的辦法，就是使她明白一旦她咬了不適當的物品，遊戲就會停止，然後重新引導她以適合的玩具為目標。

無論如何，絕對不要違反「不准咬人」的原則。如果你在床上將手指藏在被單裡扭動吸引幼貓，結果她咬了你，那麼你必須將訓練過程回溯數個階段，不要向貓咪傳達似是而非的訊息。

奪門而出

不論你是否讓貓咪出門，你一定都不希望她在你開門時從你身旁奪門而出。絕對不要在大門（或任何進出室內外的門戶）前和貓咪打招呼或摸她。如果你一踏進門就立刻叫喚貓咪，她可能會在你快回家時在門邊等你。而你的鑰匙轉動門鎖的聲音可能提醒她趁你開門時溜出去。

不要一進門就跟貓咪打招呼，應該在進門後往前走幾尺，把這個地點當成和貓咪正式打招呼的地方。務必走到這個定點才能理會貓咪。如果你重複這個舉動，她可能會開始在屋內的這個定點附近等你，而非在大門口等。

為了避免貓咪在你要出門時跑出大門，請在特定的地點向貓咪道別（例如在她的貓跳台）。你可以在出門前將裝滿零食的活動玩具放在那個定點，以便她有事情可做。如果你的貓咪在你要出門的當下對食物沒興趣，可以朝大門反方向扔個玩具。如果各種轉移焦點的方法都失靈，你的貓咪還是時常奪門而出，還有最後一招可用。不過在使用這種威嚇方法前，請確認你已經試過其他方法。請某個人站在門外，將門打開一條縫（讓貓咪無法鑽出去的程度）。如果貓咪走到門邊，就請那個

人朝貓咪噴水或用空氣壓縮瓶朝貓咪稍微噴氣讓她嚇一跳。

不要對著貓咪的臉噴水或噴氣，由於貓咪會面朝前方，因此請對著貓咪的胸口或前腳噴。記住不能讓貓咪看到那個人，才能讓她以為是大門在朝她噴水或噴氣。

乞食絕對不是貓咪的魅力

我是個很隨和的人，但在我家還是有幾項絕對不容違反的原則。不准邊吃邊拿桌上的食物餵動物——絕對不准。我受邀到朋友家吃飯時，發現他們家的狗狗直流口水猛盯著我瞧，狗狗面前的地板上積了一灘口水，這種情景實在讓人難以下嚥，我也不喜歡吃飯時貓咪跳上餐桌或用爪子弄我的腳。

邊吃邊拿餐桌上的食物餵貓往往會擾亂貓咪的營養均衡，造成貓咪挑食、肥胖，導致健康風險，因為我們吃的許多食物對貓咪來說口味都太重也太辣。如果你的貓咪開始出現乞食行為，可以給她活動玩具、益智給食器或將貓咪的用餐時間安排在你用餐的時間。

攻擊性

· ·

這是個可怕的主題，許多貓咪飼主都不想去思考自己可愛的小貓咪可能變成愛咆哮、咬人、抓人的攻擊性貓咪，但如果忽略警訊，可能對你和你的貓咪都會造成悲慘的後果。有攻擊性的貓咪並不是性格惡劣、叛逆或喜歡看到你害怕退縮。貓咪之所以表現出攻擊性是因為她覺得別無他法。

出現攻擊行為的貓咪會覺得自己被逼入絕境、無法逃脫，單純將貓咪歸類為「有攻擊性」對她並不公平，這種標籤對任何人都沒有好處（不論是對貓咪或是與她互動的人類）；因為任何動物在合適的情況下都可能會發動攻擊。比較具有正面意義的做法是找出引發攻擊行為的原因，以便給予合適的行為矯正。進一步了解觸發攻擊行為的原因以及行為的種類，在許多情況下都能讓你避免攻擊行為發生。

在野外，攻擊是貓咪生存的重要一環，能讓她捕捉獵物、捍衛領域、交配和存活。對母貓而言，母性攻擊可以確保她的幼貓安全。

貓咪在出現攻擊行為之前往往都會先發出警告——像是低聲咆哮、皮膚抽搐、甩尾、伸出爪子用腳掌揮打。有些貓咪會發出數種警告，有些則只有一個簡短的警告，還有一些貓咪並不會警告對方她即將發動攻擊。如果你發現你的貓咪突然間意外地出現攻擊性，最好的做法便是別去煩她。

任何觸碰、撫摸、安慰或限制的舉動都只會讓貓咪更驚慌，可能會導致你受傷。由於攻擊行為事實上也可能是由許多潛在疾病造成，因此請與獸醫師討論，確認該問題並無潛在醫學上的成因。即使這個問題是由醫學上的因素造成，你的獸醫師仍可能會建議你帶貓咪去給行為專家診斷。以下為貓咪攻擊行為的常見型態：

貓咪間的攻擊行為

這可能是兩隻貓咪間正常的持續性互動狀態之一，你可能養了兩隻貓咪，但她們幾年來一直水火不容。其中一隻貓咪從獸醫院回來時身上的氣味改變，也可能因此與其他貓咪發生攻擊行為。

家中貓咪的密度愈高，爆發貓咪之間攻擊行為的機率也愈高。如果在環境中新增一隻貓咪，也許會發現原本個性友善的貓咪突然對彼此出現攻擊行為。貓咪間的攻擊行為可能是領域威脅造成，也可能是從其他事件轉移來的攻擊行動。

攻擊的型態可能低調，包括防衛、跟蹤和噴尿做記號等舉動，也可能很明目張膽，像是哈氣、咆哮、擊打和直接突襲。解決貓咪之間攻擊行為的方法包括找出背後的原因，做任何必要的環境改變，採用適當的行為矯正方法。

請檢查給食地點的安排、貓砂盆的數量和地點、貓抓柱的地點和數量以及睡覺區域。每隻貓咪都必須有自己的安全區域，並且能在無壓力的狀態下享用資源。

某些情況下必須先讓貓咪分開，然後在假定她們從未見過面的情況下重新介紹彼此認識。在點心或用餐時間讓貓咪保持一段距離共處一室。如果其中一隻貓咪一見到對方馬上撲上去攻擊，可以使用嬰兒柵欄或紗門在接觸過程中提供一點緩衝，或讓其中一隻貓穿上胸背帶和牽繩。你也可以在用餐或點心時間將貓咪分別關進外

出籠裡（外出籠顯然要各自獨立）。在後續的訓練中，隨著貓咪愈來愈放鬆，可以將餐碗的距離逐漸拉近。

響片訓練也可以發揮效用，在貓咪展現出放鬆的跡象或非攻擊行為時就按一下響片給她獎勵。如果攻擊行為很嚴重，可以聯絡獸醫師，請他介紹合格的行為專家。如果攻擊行動都是由某隻貓咪發起，可以讓那隻貓咪戴上有鈴鐺的項圈，預先警告其他貓咪她的所在位置。

玩耍相關攻擊行為

這種對人類的攻擊行為絕對不容許，你毫無戒心的腳踝通常就是這類攻擊行為的受害對象。你經過床邊，突然間雙腳就被一組牙齒和刀鋒般銳利的爪子伏擊。不過這屬於肇事逃逸型的攻擊，因為貓咪一溜煙就跑掉，竄出房間從走廊上銷聲匿跡。多數情況下，貓咪克制的咬法並不會咬破皮，但有時貓咪太過激動可能會導致你見血。貓咪躲起來等著伏擊某個人（人類家庭成員、貓咪同伴或家犬）並不是異常的舉動。貓咪可能會躲在門後、床底下或家具後面。

孤兒貓咪或太早從手足身邊被帶走的貓咪可能會出現這種攻擊行為，因為她沒有經歷幼貓時期的社交玩耍期。這種攻擊也可能是貓咪玩耍或刺激不足所造成，因此她必須對任何她可以找到的移動目標下手，你的雙腳通常是最具吸引力的目標，貓咪可能還沒學會在玩耍時將爪子收起來。

為了矯正這種行為，可以利用互動式玩具與貓咪至少一天玩耍 2～3 次。如此可以幫助貓咪發洩所有精力，同時教導她哪些物品可以咬（玩具），哪些不能咬（你的雙腳）。記得也要定期更換玩具以免貓咪無聊。提供活動玩具與益智給食器讓貓咪獨玩以增加環境刺激。請務必設置至少一座貓跳台或攀爬結構供貓咪使用。

\\\ ///
貓咪
小常識
KNOW

如果你的貓咪時常在你走動時攻擊的你雙腳，請停止所有行動，只要靜靜站著不動就好。她是被你的動作吸引。此外，引導你的幼貓去玩合適的玩具，讓她明白哪些是更恰當的行為。

留意貓咪可能藏身的某些地雷區，手邊隨時準備一些獨玩玩具，以便在貓咪攻擊之前丟出玩具。記住絕對不要讓貓咪把咬你的手指當成遊戲。如果你讓自己的手指變成玩具，她就會認定腳趾和其他身體部位也是玩具。

為了減輕爪子造成的傷害（萬一你的腳踝已落入貓爪中），請定期修剪貓咪的指甲。絕對不要為了這種行為對貓咪體罰，因為這會導致貓咪對你產生恐懼同時鼓勵更嚴重的攻擊行為。

恐懼的攻擊行為

這是貓咪希望盡可能不受人打擾時所展現的行為，貓咪受到驚嚇時無法冷靜思考，會將多數打算安撫她的舉動視為威脅。貓咪展現出恐懼攻擊行為時通常會將身體壓低貼向地面、瞳孔擴張、耳朵平貼。她很可能會哈氣和咆哮，身體通常會側過來，但頭部和前爪則通常面對她的「攻擊者」。

這種姿態表示她的身體準備好要落荒而逃，但她的頭部和前爪則準備好要防衛。恐懼攻擊行為對貓咪而言是一種矛盾的情緒，因為她並不想陷於這種處境，但必要時她還是會戰鬥。如果你向她靠近，她會哈氣和擊打，而如果你不後退，她就會發動爪子和牙齒攻擊。

恐懼攻擊行為對許多獸醫師來說已司空見慣，貓咪被帶進診所時往往會出現這種行為。但飼主可能只有在這時候才會看到自己的貓咪出現如此具威脅性的舉動。如果貓咪的驚嚇程度太大，甚至可能會排尿或排便，有時肛門腺也會露出來。

如果你的貓咪出現這種行為，請不要打擾她。如果你在家，請離開房間，讓貓咪自己冷靜下來。如果你知道造成她恐懼的原因而且有能力消除這個因素，請盡快但冷靜地採取行動。不要打擾你的貓咪，在她恢復吃東西、用貓砂盆或吸引你的注意等正常活動前，也不要嘗試與她互動。如果你的貓咪受傷並表現出恐懼攻擊行為，請用安全的方式送她就醫（參考第 18 章）。

如果你的貓咪時在獸醫院總是會出現恐懼攻擊行為，運送過程中請務必使用外出籠，因為一旦你走進獸醫院大門就可能抱不住她。如果你的貓咪在獸醫院時攻擊性太強讓你抱不住她，可以交由獸醫師及院方人員處理。對於容易在獸醫院出現恐

懼攻擊行為的貓咪，我發現運輸籠類型的外出籠最好用。你可以打開籠子上半部，讓貓咪待在熟悉的籠子下半部，而不必將她抱到檢查檯上。

隨身帶一點貓零食也可以幫助貓咪對診所人員產生正向的情緒連結，如果恐懼攻擊行為是由家中另一隻寵物引起，你可能必須將她們分開，用漸進的方式讓她們重新認識彼此，基本上和介紹兩隻新動物彼此認識的過程相同。不要讓負面循環持續下去，請馬上中止這個循環並從頭開始。有關這個技巧的說明，請參考第 11 章。

恐懼攻擊行為如果與家中另一位人類成員有關，則應該以非常緩慢漸進的方式處理。常見的情況就是貓咪對主人的新婚配偶表現出這種行為，這個行為矯正方法是要讓那位家庭成員變成好人。而達到這個目的的最佳方法是什麼？當然就是正向連結。這位家庭成員應該要成為提供餐點與零食的人，他也應該負責與貓咪互動玩耍。不過有一點必須注意：必須依照貓咪的步調來進行。讓貓咪待在自己的舒適圈裡，不要讓那位家庭成員在建立信任感的過程中操之過急。

貓咪會從安全的距離來了解這位家庭成員對她並無威脅，然後慢慢地他們的關係就會愈來愈好。如果貓咪主動表現出攻擊行為，不要嘗試和她互動。讓她自己在另一個她覺得安全的房間裡冷靜下來，等到貓咪不再激動時再開門放她出來。

如果貓咪時常表現出恐懼攻擊行為，請與獸醫師討論。如果無法找出貓咪恐懼的根源，你可能必須尋求合格行為專家的協助。

**貓咪
小常識**
KNOW

請留意貓咪的姿態和發出的警訊。不要在貓咪表現出攻擊行為時試圖抱她，以免發生危險。

撫摸造成的攻擊行為

這似乎是突如其來的反應，你的貓咪趴在你的腿上，享受你關愛地撫摸她的背部，突然間毫無預警，她轉頭咬了你一口或用貓爪抓了你的手一下。讓我們回顧一下事情發生的經過。你的貓咪正在你的腿上放鬆，你正在撫摸她。這一幕看起來如

此無害。然後，從你的角度來看，她突然毫無預警地攻擊你。

這就是溝通不良的地方，因為她可能已經給了你預警，告訴你她覺得摸夠了。這些飼主往往忽略的預警包括尾巴甩動或敲擊、皮膚抽動或變換身體姿勢。有時貓咪會回頭看你好幾次，試著了解你為何沒弄懂她的意思。等到她回頭抓人或咬人時，她的過度刺激感已經到達臨界點了。

有些貓咪對觸摸的容忍度較低，他們的感受很快便從歡愉轉變為不舒服，某些貓咪被撫摸的歡愉感很快就會變成過度刺激。其他原因可能還包括敏感、疼痛或靜電，撫摸貓咪的特定部位也可能引發這種情況。撫摸貓咪的後腦勺或下巴可以讓貓咪放鬆和快樂，但如果你順著她的背部或尾巴摸得太下面，可能就會讓貓咪生氣，這種情況很常見。

許多貓咪都有特定的偏好，因此如果你的貓咪時常因為撫摸而出現攻擊行為，請留意你的手撫摸她身體不同部位時她的反應。多留意貓咪的肢體語言，才能了解貓咪是否已瀕臨過度刺激。如果貓咪開始發出警告，請立刻停止撫摸。讓她自己待在原地以便恢復冷靜。

最好的做法是在警告階段就不要再伸手。如果你知道貓咪在接受撫摸 5 分鐘後就會開始覺得不舒服，那就在撫摸 3 分鐘時停手。在貓咪開始覺得不舒服之前停手，這樣你們都能更享受這場互動，貓咪也不會把你的手聯想成不舒服的東西。你當然不希望貓咪認為唯一能阻止你摸她的方法就是讓你受傷。

如果你的貓咪連背部被人稍微摸一下都完全無法忍受，那就滿足於讓她趴在腿上或身旁的沙發上就好。透過不試圖撫摸貓咪來建立信任感，在貓咪趴在你腿上時給她吃優質零食作為獎勵。經過幾次練習後，伸出手搔一下貓咪的下巴或後腦勺，貓咪對這兩個地方的觸摸忍受度通常最高。

有些貓咪完全不喜歡背部被人觸碰，但每隻貓咪都有自己的個別偏好。在貓咪喜歡被觸摸的地方很快摸一下，然後給她吃一塊零食。如果貓咪全身的肢體語言都顯示她沒有壓力，就再摸一下，然後再給一塊零食。

請留意貓咪給予的暗示，我曾經養過一隻貓咪很喜歡別人摸她的頭、下巴和肩部四周，但不喜歡人順著她的背部往下摸或觸碰她尾巴附近的區域，因此我會完全避開這些地方。她會讓我知道她喜歡我摸她哪些地方，我也留意她傳達的訊息。因

此，她完全不必擔心我可能破壞規則，我也不必擔心被她抓傷。

　　搓揉貓咪的肚子是飼主撫摸貓咪時常犯的另一個錯誤，搓揉最脆弱的地方通常會引發貓咪的防衛反應，此時她會躺下來露出 4 組貓爪。貓咪露出肚子並不是要人搓揉肚肚。如果你挑戰這個理論，一定每次都輸。

　　透過行為矯正制止撫摸造成的攻擊行為是很重要的，因為一旦貓咪相信咬人是阻止不想要的互動最有效的方式，她很可能會更常使用這個方法。

轉移型攻擊行為

　　所謂的轉移型攻擊行為，是指貓咪被激怒或對某個目標產生反應，卻無法接觸到想要的目標時，就會將她的攻擊行動轉移到原本不打算攻擊的目標上。這可能在各種情況下發生，例如，你的貓咪可能平靜地看著窗外，突然間一隻陌生貓咪出現在後院。

　　你走向貓咪想知道她在激動什麼，但你一到她身邊她就突然大發脾氣開始攻擊你。雖然你並不是她原本想攻擊的目標，但在如此激動的狀態下，由於她無法接觸到真正的刺激來源，因此轉而把氣出在你身上。

　　此外，貓咪就醫時也很容易在飼主嘗試安慰她時對飼主發動轉移型攻擊，或是在她喵喵叫吵著要出去時，趁飼主要將她抱起來時發動這種攻擊。請不要打擾貓咪，讓他自己冷靜下來。如果造成她激動的原因是戶外出現了某隻貓咪，請暫時不要讓貓咪看到窗外，即使必須在窗戶貼上不透明薄膜或用廣告板擋住窗戶下半部也無所謂。此外，也請你盡可能防止陌生貓咪進入自家院子。

　　我知道，說起來容易做起來難，但如果你將窗戶遮起來，或許可以降低外頭入侵的貓咪來這裡閒晃的機率。如果你設置鳥類給食器以便室內貓咪賞樂，或許必須將給食器暫時移走，直到室外貓咪轉移陣地。

　　另一個不讓室外動物靠近住家或院子的方法是利用 Contech 的 ScareCrow Sprinkler。這是由動作啟動的灑水器，可以嚇阻你想阻絕的動物潛入你家院子。只要確保不要將該裝置設在容易被誤觸的地方就好，例如人行道旁、車道旁或大門口附近，這個產品上網就可以買到。

　　在飼養多隻貓咪的家庭裡，轉移型攻擊行為的被害人可能不是你而是其他的寵物貓咪。如果走向激動貓咪的人不是你而是其他貓咪，砰！那隻可憐的貓咪就會毫無預警地被攻擊了。這兩個朋友打了一架之後，可能一整天都會避不見面，除非遇到無可避免的狀況，像是吃飯時間，即使這時候她們也可能對彼此哈氣、咆哮，關係仍舊十分緊張。

　　遺憾的是，在入侵者出現許久之後，有轉移型攻擊行為的貓咪與其他貓咪的關係還是會持續緊張。如果無辜的「被害」貓咪在攻擊她的貓咪出現時開始有試探性或防禦性的舉動，可能會導致一開始發動攻擊的貓咪進入反應狀態，她們變得不再信任彼此。

　　此時最好的做法就是在轉移型攻擊事件發生後立刻將兩隻貓咪分開，在接下來的一整天都將貓咪分別關在不同的房間。不要見到對方她們比較有機會冷靜下來，不會將這個事件與對方做連結。在她們分開冷靜下來後，給她們吃零食並單獨進行低強度的抒壓個別玩耍，等到隔天她們很可能已經忘了這件事。

　　貓咪分開的時間長短視攻擊的嚴重性而定，在兩隻貓咪完全冷靜下來和放鬆之前，不要嘗試讓她們重新見面。這個過程沒有固定的時間長短，因此如果貓咪還沒準備好，就給她們更多時間。在攻擊事件發生後太快讓貓咪重新見面，結局一定會很慘。在多貓咪的家庭中，如果轉移型攻擊行為是由長期宿怨造成，請將貓咪分開，從頭開始訓練。讓貓咪分開數天或甚至數週，把兩隻貓咪當成新領養的貓咪，讓她們重新開始慢慢認識彼此。

　　轉移型攻擊行為是最常被誤判的攻擊類型之一，由於事出突然，大多時候會被視為無端攻擊。請記住，貓咪在最初事件發生後可能保持高度反應狀態長達數小時，因此你可能無法找到任何證據解釋貓咪當下為何出現這種行為。

　　如果你知道自己的貓咪曾經有過轉移型攻擊行為，必須注意貓咪肢體動作或叫聲的變化，這些變化可能表示他被激怒了。如果可以，請運用去敏感與反制約的訓練方法幫助貓咪降低對特定觸發誘因（例如戶外出現其他動物）的焦慮感。不過最重要的是確保自身、家中其他成員及寵物的安全。

領域型攻擊行為

　　對貓咪來說，領域型攻擊行為在戶外貓科世界中極為重要。你的室內貓如果覺得自己的領域受到威脅，也可能出現相同的行為。貓咪在有新貓咪進入她的生活環境時通常會表現出領域型攻擊行為，在同伴貓咪從獸醫院回來時，貓咪也常出現這類型攻擊行為。

　　貓咪可能會對任何對象展現出領域型攻擊行為，包括人類、貓科動物或犬科動物，但其他貓咪是最常見的目標。甚至在你家的寵物貓咪之間也可能爆發地盤爭奪戰。室內領域之爭可能是為了家中的大片區域，也可能是為了家中的某些較小地方。例如，貓咪可能會爭奪飼主床鋪的領域所有權。有採光的窗戶、舒適的椅子、貓砂盆或餐碗也可能一直是貓咪爭奪的地盤。領域型攻擊行為可能以明顯的方式進行，也可能以貓咪守衛某個地方這種低調的方式發生。

　　如果你家中爆發地盤之爭，可以試著在爭奪地區打造一些喘息的空間。例如，擺放一個以上的貓砂盆，讓貓咪不必在這麼脆弱的時刻還得面對面。每隻貓咪都應該要有自己的餐碗，如果某隻貓咪在用餐時會霸凌另一隻貓咪，則讓她們在不同房間進食。讓攻擊者帶上有鈴鐺的項圈，以便受害者預先得知攻擊者的位置。

　　利用互動式遊戲幫忙抒解逐漸累積的壓力，請多觀察貓咪的肢體語言以及一天之中領域衝突發生的時間或在家中發生的區域。如果你發現問題即將浮上檯面，請轉移攻擊者的注意力。例如，如果看到某隻貓咪正在椅子上睡覺，而另一隻貓咪走過來要將睡覺的貓咪從椅子上推下，請用互動式玩具讓打算發動攻擊的貓咪轉移注意力。這會引發她的狩獵本性。

　　如果你在她對那隻睡覺的貓咪實際發動攻擊前便轉移她的注意力，通常可以用玩具將她引開。如果你能抓準時機，上述方法的成功次數愈多，兩隻貓咪之間伺機攻擊的行為模式會愈快淡化。

　　如果兩隻貓咪共處一室開始怒目相視，請用一些正面的方法轉移她們的注意力。朝不同方向各丟一個玩具，以免貓咪在追玩具的時候相撞。用正面的方法取代責罵，她們就會開始把對方與更多正向經驗做連結。

　　在某些情況中，貓咪必須完全分開，然後運用食物及零食等正向連結讓她們重

新認識彼此。響片訓練在這種情況中也能發揮作用。只要貓咪展現出任何放鬆或非攻擊性的姿態，便立刻按響片、給零食。

　　如果情況一直沒有改善，可以將攻擊者關進外出籠或籠子一小段時間，讓受害貓咪可以自由走動。如此一來，她們可以在安全、受控的情況下開始習慣彼此。如果你擔心攻擊者會立刻突襲受害者，導致受害者只想一直躲著，這個方法就十分有用。進行這種接觸訓練時，請給貓咪零食。

　　你可以利用家裡的環境來彌補貓咪彼此的關係，請確保有數個挑高跳板供較霸道的貓咪使用，而較不霸道的貓咪也有中間區域及一些藏身地點可用。如果去獸醫院是導致貓咪出現領域型攻擊行為的原因，請將從醫院回來的貓咪先與其他貓咪分開，讓她有機會自己理毛並再度沾染家中熟悉的氣味。

疼痛導致的攻擊行為

　　如果你造成某隻動物疼痛，根據常理推斷，這隻動物一定會自我防禦，這也是體罰只會讓你想矯正的情況更惡化的另一個原因。如果你不小心造成貓咪疼痛，例如在梳毛時拉扯尾巴或糾結的毛球，貓咪也可能出現這種攻擊行為。貓咪的身體十分敏感，如果你造成她疼痛，她就會有反應。

　　另一種情況也可能發生疼痛導致的攻擊行為，就是貓咪打架後身上出現膿瘍，飼主在不知情下摸到那個地方。如果你觸碰到貓咪身上極為疼痛的地方，她可能會對你發脾氣。

　　如果平時喜歡撫摸和抱抱的貓咪突然間有激烈的反應，請火速，不要再拖延──帶她就醫，因為她身上很可能有膿瘍或其他傷口。粗暴的抱法，例如小孩子拉貓咪的尾巴或扯耳朵，也可能導致貓咪出現疼痛引起的攻擊行為。

　　年紀較大的貓咪如果原本喜歡被人抱，現在被抱起來時卻出現攻擊行為，可能是因為關節炎造成不舒服。請務必讓貓咪接受獸醫師檢查，以排除導致這種攻擊行為的潛在醫學原因。

無端或自發性攻擊行為

　　如果你的貓咪毫無緣由地變得具有攻擊性，請與獸醫師討論，可能是某種潛在的醫學原因造成。除了判斷是否有醫學原因外，也必須排除其他所有潛在的攻擊行為類型。不要自己判斷，請立刻帶貓咪去找獸醫師。

　　這類型的攻擊行為很罕見，獸醫師也許會將你轉介給合格的行為專家。由於貓咪在轉移型攻擊事件發生後情緒可能持續激動長達數小時，因此有時也會被誤認為是自發性攻擊行為。

如果需要外在協助

　　你可能一輩子都不會遇到貓咪無端生氣發動攻擊的情況，但如果真的遇上，請向合格的行為專家尋求協助。除非你已經做好準備面對貓咪的攻擊性問題，也知道自己該怎麼做，否則想單靠自己解決這種行為問題可能會導致嚴重的後果。

　　不要與你的貓咪搏鬥，也不要想霸凌她，看在老天爺的份上，也不要聽天由命，讓自己活在害怕自家寵物的恐懼裡。先找你的獸醫師諮商。一旦排除所有的醫學原因，獸醫師可能將你轉介給合格的行為專家。

　　我接過的攻擊行為案例，幾乎都能找到觸發的誘因。飼主也許看不出原因，但根據獸醫檢查、環境、情境及飼主向我轉述的過往情況，通常就能理解貓咪出現攻擊行為的原因。不要放任自己或你的貓咪忍受攻擊行為。

小心所謂的馴貓師

　　隨著動物行為研究的意識抬頭，以及電視節目《報告狗班長》（The Dog Whisperer）的流行，愈來愈多人自稱為馴貓師、貓咪行為專家、貓咪行為治療師和貓咪心理專業人員。

　　問題在於，在這個沒有法規規範的領域中，任何人都能架個網站自稱為專家或馴貓師，但你如何知道他們的專業是真的？除非你先做功課進一步了解他們，否則根本無從判斷。如果你的寵物有行為問題，你的家庭生活因此遭遇危機，你也許會被「保

證成功」之類的宣稱吸引，但如果沒有明智地選擇，可能會冒著破壞貓咪健康與幸福的風險。

如果你覺得自己需要專業人士協助解決貓咪的行為問題，要如何選擇合適的專家？正如我先前提過，請先與你的獸醫師商量。

請詳細並誠實地向獸醫師說明貓咪的行為，有時獸醫師詢問貓砂盆多久清理一次，或貓咪在哪些情況下咬人時，客戶會不好意思說出實情。但這對飼主及貓咪都沒有幫助，因此在獸醫師提問時，請盡可能誠實並詳細回答。

行為矯正是有效的工具，如果運用得當，也能有效改變不良行為。行為矯正是有科學根據的，並沒有運用神奇的魔法。合格的專家可以向你說明行為矯正的過程、原因及背後的科學原理。合格的專家不會「保證」成功，因為行為矯正成功與否主要取決於客戶的遵從度及個案的特定情況。

保護自己不被許多所謂的專家和自稱的馴貓師欺騙，最好的辦法就是請獸醫師轉介合格的行為專家。「合格的應用動物行為專家」是由動物行為協會（Animal Behavior Society）認證。「動物行為專家」則由美國動物行為學院（American College of Veterinary Behaviorists）認證。「合格動物行為諮詢師」則是由國際動物行為諮詢協會（International Association of Animal Behavior Consultants）認證。你可以到這些機構的網站取得詳細資訊並了解住家附近合格專業人士的所在地。如果你家附近沒有這類人士，許多合格專業人士也會提供電話諮詢服務。

由於任何人都可以掛個招牌或架個網站發表各種好得不像真的宣言，舉出可能是真也可能是假的「推薦」，因此保護自己最好的方法，就是選擇具有符合該領域的教育、經驗及道德標準證明資格的人。

行為問題的藥物治療

我們很幸運，如今已有數種有效的精神科藥物可用於行為矯正。這些藥物的效果遠優於過去多年來用於治療行為問題的藥物，不但副作用較少，也更適合用於治療特定問題。如果你以為服用藥物的貓咪會整天睡個不停，走起路來步履蹣跚，那你就太不瞭解獸醫學了。

話雖如此，我還是要提醒你藥物治療並非魔法，不會讓問題馬上消失。在獸醫師的嚴密監督下，藥物治療可以與行為矯正法併用。精神科藥物並非一體適用，也不是用來逃避行為矯正的方法。你的獸醫師／動物行為專家必須充分了解貓咪的行為史及病史，才能在必須用藥時判斷哪種藥物最合適。

精神科藥物在獸醫學中算是「標籤指示外用藥」（extra-label），意思是該藥物並未獲得美國食品藥物管理局許可用於動物，或只許可用於某個品種而非另一品種，或用於治療的病症並不在美國食品藥物管理局許可的範圍內。雖然行為治療藥物可能十分有幫助，在某些情況中也絕對必要，但你的獸醫師必須十分了解這種藥物的用途。請確實了解可能的副作用、藥物的作用機制、應該留意的變化以及貓咪應該用藥多久。

具攻擊性的貓咪是否應該安樂死？

身為合格的貓咪行為諮詢師，我通常是許多飼主忍耐極限、決定將貓咪送到收容所前訴諸的最後方法。許多貓咪因為原本可解決的行為問題而被安樂死。不要太快放棄你的貓咪，她也是家中的一員，應該給她機會。和我合作過的飼主，有許多如今都已經與他們的貓咪恢復正常關係——這些貓咪都曾經差點被送去安樂死。

我從事這個行業這麼多年來，曾見過有幾隻貓咪因為嚴重的攻擊行為（在這些案例中，攻擊行為都是無法治癒的疾病所造成）而被安樂死。這不應該是倉促下做出決定，貓咪的生死取決於你健全的判斷。請與你的獸醫師約診，坐下來好好地討論你的感受與恐懼。多年前，與行為專家諮詢這個選項對一般貓咪飼主而言並不普及，但如今你有更多其他選項可以獲得需要的專業協助。

將室外貓轉變為室內貓

不論是因為你搬到交通更繁忙的街道或你的貓咪年歲漸長、氣候愈來愈差，還是你不想再讓貓咪暴露於戶外的危險，你都必須幫助你的室外貓改變生活方式成為一隻室內貓。你可能認為這是一項艱鉅的任務，但其實比你想得容易——只要你能「像貓咪一樣思考」。

首先要做的就是看看你的居家四周，重新評估貓咪的生活環境，試著以貓咪的視角將家裡巡視一遍。現在貓咪即將失去許多樂趣，像是追捕活獵物、觀賞昆蟲、在樹幹磨爪子、曬太陽，你要怎麼補償她？她的室內環境能會像戶外一樣刺激嗎？只要有你幫忙就可以。

在戶外，貓咪可以找到最佳的磨爪子地點，這都要感謝大自然。而在室內貓咪能有什麼享受？請為貓咪設置一座高大穩固、表面粗糙的貓抓柱，以同時滿足她磨爪子和伸懶腰的需求（參考第 9 章）。如果你留意過貓咪在戶外偏好的磨爪子表面，可以將她的室內貓抓柱表面塑造成類似的質感。例如，貓咪偏好的是樹皮還是你家後院陽台的木欄杆？

替貓咪購買一座多層貓跳台當成室內版樹木以便她攀爬，如果你的手很靈巧（跟我不一樣），甚至可以自己打造一座貓跳台。你可以根據現有的空間及預算，打造出一座貓咪叢林運動場。不過不必弄得太精緻，只要有兩座簡單的貓抓柱跳台，頂端各有一個跳板就好。但這兩座跳台必須一高一矮，以便行動較不敏捷的貓咪爬到最頂端。我家的貓跳台柱子分為裸木與纏了繩子的，可以迎合每隻貓咪的不同磨爪子偏好。將貓跳台放在有陽光照射的窗前，你的貓咪不僅可以在那裡賞鳥，也能窩在那裡小睡片刻。

多采多姿戶外世界中的無限獵物（對於比較沒那麼厲害的獵手而言，至少也有無限的潛在獵物）及其他新鮮玩意兒都會讓剛開始室內生活的貓咪覺得自己彷彿被關進貓咪惡魔島監獄。規律的互動式玩耍不僅能為貓咪提供運動機會與樂趣，也能防止不良、具破壞性的行為。習慣整天活動的貓咪不會立刻變得能優雅坐在窗邊數小時。如果你的貓咪習慣在一天的特定時間被放出戶外，她一定不會明白為何你

突然間不再遵守規矩。她可能會站在門邊，盯著門把彷彿要用念力開門。

　　如果低調的提醒還無法引起你的注意，她可能會開始在你身後跟進跟出，不斷地喵喵叫，試著將你拉回現實。最後她可能會對你徹底斷念，決定靠自己的力量逃獄，挖地毯和抓門是最常見的越獄計畫。

　　這隻聰明絕頂的貓咪可能會表現得彷彿已經放棄掙扎，願意當隻室內寵物，但其實她正在盤算等某個人開門時立刻奪門而出。為了避免你的住家持續受到破壞，也避免你抓狂，你必須運用轉移注意力的技巧來將貓咪從門邊引開。

　　在你工作或無法進行互動式玩耍時，利用活動玩具讓貓咪保持忙碌。習慣戶外多變環境的貓咪，會喜歡意外發現給食玩具、可以鑽進去玩的敞開紙袋或紙箱、自製的紙箱或紙袋貓隧道、在意料之外的地方發現的隱藏食物，以及愛她的飼主為她設計的其他轉移注意力創意遊戲。

　　如果你的貓咪都在戶外解決大小便，從未接受過貓砂盆訓練，先將她關在較小的區域內，直到你確定她已經學會使用貓砂盆再放出來。使用無蓋貓砂盆及無味貓砂。這種柔軟的凝結砂觸感更接近貓咪習慣的土壤或沙子，因此會比礦物砂或其他替代型貓砂理想。

CHAPTER 8

貓砂盆生存守則

....

- 從放置貓砂盆到疑難排解的各項必要資訊
- 教貓咪使用貓砂盆
- 厭惡貓砂盆
- 如果你的貓咪已經去爪
- 搬新家
- 三步驟再訓練計畫

Think Like a Cat

CHAPTER

從放置貓砂盆到疑難排解的各項必要資訊

貓砂盆是最容易遭到貓咪飼主誤解的主題，如果貓咪好好使用貓砂盆，家裡就平安無事。但若貓咪開始排斥使用貓砂盆，這家人的生活就會完全天翻地覆。緊張情緒高漲、飼主頻繁處罰貓咪，許多時候貓咪甚至會被送進收容所或安樂死。一旦親密的人貓關係轉變為壓力重重的日常戰鬥，所有人都是輸家。

如果你把這件事當成一場戰鬥，你絕對「贏」不了──你應該從貓咪的角度來了解貓砂盆，明白貓砂盆在貓咪生活中扮演的角色。如果你腦中曾經浮現這種念頭：貓咪一定是故意不用貓砂盆來惹我生氣，那你就是沒有站在她的立場看這件事。不要從飼主的角度思考，如果你認為那只是一個放在洗衣房角落、裝滿貓砂的塑膠盆，就太小看它對你貓咪情緒的影響力了。

了解如何在正確地點設置貓砂盆，提供恰當的維護，並解讀貓咪傳達有關貓砂盆的訊息，很可能就能避免將來發生問題。這其中並無祕訣，飼主不斷希望設法避免家中瀰漫著貓砂盆的臭味，遺憾的是他們往往便宜行事，反而因此受害。要減少貓砂盆的臭味，最佳和唯一的解決辦法就是保持乾淨。

我們認為貓咪的主要優點之一就在於她們會使用貓砂盆，但許多飼主卻不明白這個本能的由來。貓咪掩埋自己排泄物的本能，源自於比飼主方便更重要的需求。生存就是掩埋排泄物這個習慣背後的動機。貓咪的尿液濃度極高且具有強烈的氣味，在野外可能會被掠食者察覺。野外的貓咪會在遠離自己巢穴的地方排尿與排便並將排泄物掩埋，以免掠食者循跡發現幼貓。為了安全起見，貓咪不會在進食、睡覺、玩耍或養育幼貓的地方排泄。你的室內貓也有同樣的本能。

該選哪種貓砂盆？

我很訝異有些貓砂盆的設計居然如此複雜又精緻，相信你已經看過電視和雜誌廣告，有些貓砂盆只要翻過來就能過篩和清理，更理想的是能自動清理的貓砂盆。製造商不斷推陳出新，努力設計出不必動手清理的貓砂盆，讓飼主幾乎感覺不到它

的存在；但我對這類貓砂盆的問題包括：

1. 如果飼主不常動手清理貓砂盆，也不會時常監控貓咪的排泄習慣。例如，如果你沒有每天清理貓砂，可能不會知道你的貓咪拉肚子了。
2. 根據我多年來的經驗，貓砂盆的設計愈複雜，貓咪真心使用這個貓砂盆的機率愈低。

　　你需要的只是一個簡單、基本的貓砂盆，你在商店貨架前盯著數十款貓砂盆時，請考量自己貓咪的年齡、體型和健康狀態。如果你養的是嬌小的幼貓，當然不會一開始就買個可能高得讓幼貓爬不進去的巨大貓砂盆。一開始可能必須買個小貓砂盆，等貓咪長大後再換個大一點的。另一方面，如果你養的是體型偏大的貓咪，貓砂盆則必須有足夠的空間讓她在裡頭舒適地活動。

　　基本款貓砂盆就是個長方形的塑膠盆，尺寸從籠子大小的小貓砂盆到適合多隻貓咪同時使用的超大型都有。我發現飼主常犯的錯誤就是為了讓貓砂盆剛好塞得進某個角落而買了太小的貓砂盆。

　　請根據自家貓咪的體型挑選貓砂盆，讓貓咪有足夠的空間在數個地點排泄後仍有乾淨的地方可站。一般準則是貓砂盆的長度應為成貓身長的 1.5～2 倍，寬度應大約與貓咪身長相當。

　　如果家裡養了不只一隻貓咪，且每隻貓咪的體型差異極大，請以體型最大的貓咪為選購的尺寸依據。這是貓咪生活中很重要的一環，因此不要為了能將貓砂盆塞進小空間而刻意挑選較小的尺寸。

　　購買貓砂盆時請以貓咪的需求為重。如果在寵物用品店裡看過所有展示品後，你還是沒看到適合自家貓咪需求的款式（例如，如果貓咪的尿液常會噴到普通型貓砂盆的邊框外），可以到生活百貨店找找看塑膠整理箱。

有蓋貓砂盆

　　有蓋貓砂盆具有兩種功能：避免味道外洩，並確保尿液與貓砂不會掉出貓砂盆外。理論上，這種設計聽起來極具吸引力且實用，問題在於吸引的是你而非貓咪。**有蓋貓砂盆的確能防止臭味外洩——因為所有的臭味都被關在貓砂盆內，因此你的貓咪每次進去排泄時都得忍受濃厚的臭味。**貓砂盆的蓋子也會妨礙空氣流通，因此貓砂得花更長的時間才能乾燥，形成發臭的絕佳環境。

　　有蓋貓砂盆對貓咪而言也不舒服，她在尋找舒服的姿勢時可能會覺得空間狹窄。個子較高的貓咪可能必須低頭以避免頂到貓砂盆的上蓋。如果你考慮使用有蓋貓砂盆以減少貓砂撒出或尿液噴出的機率，買個四邊較高的開放式貓砂盆其實也能解決問題，不但具有同樣效果，也能讓貓咪較為舒服。

　　在多貓家庭中使用有蓋貓砂盆，若有另一隻貓咪進來使用，也會導致原本在使用貓砂盆的貓咪覺得自己受困。

貓砂

　　如果你覺得貓砂盆的款式很多，等你開始選購貓砂時會更有感。貓砂的種類多到會讓新手飼主覺得手足無措，其實就連有經驗的飼主也有這種感覺。

　　市面上的每一種貓砂都宣稱可以滿足貓咪飼主的終極需求：抑制臭味。有些貓砂宣稱幾乎不會揚塵，有些則強調超強吸收力。該選哪一種好？貓咪飼主該怎麼做？以下是幾項基本重點：

　　首先要做的決定是你想要普通的非凝結型礦物砂、凝結砂或其他許多種替代型貓砂。礦物砂是最基本的類型，但控制臭味的效果不太好。這是最早上市的貓砂類型，由愛德華・羅威（Edward Lowe）發明，當時的飼主只用普通的沙子。凝結砂則是類似沙子的質感，但遇到液體便會凝結成球，以便於飼主用鏟子清除，留下其他乾燥無味的貓砂。

　　也有多種品牌的其他替代型貓砂，舉例來說像是小麥、玉米或報紙等。有些可以用鏟子清除，有些不能，而有些可以倒入馬桶沖掉，有些則不行。

選購貓砂時，請選擇無香味的種類，如果你一定得選擇有香味的，請選擇香味最淡的品牌。有香味的貓砂對我們來說香氣宜人，但對貓咪的鼻子而言往往味道太濃。**貓咪希望能夠在貓砂中辨認出自己的味道，濃重的香氣其實反而讓貓咪避之惟恐不及。如果你時常清理排泄物，即使不用特別添加香氣貓砂盆也不會有臭味。**

基本上從貓咪的角度而言，貓砂應該符合以下條件：

1. 必須是貓咪不介意站在上頭的物質。
2. 質地必須夠鬆軟，讓貓咪能在排泄後挖洞掩埋。
3. 不能有強烈的臭味。

如果你才剛領養或購買新幼貓或貓咪，一開始最好使用前任飼主或繁育者使用的貓砂類型。如果你之後決定更換貓砂，應該採取漸進的方式，以免貓咪排斥。

我的貓砂哲學是堅持用貓咪在野外會自然選用的類型（當然會有一點改變），我建議使用質感與沙土類似的凝結砂，這是貓咪自然會選擇的類型。這種貓砂的凝結特性便於飼主清理，而由於能清除吸收髒污的貓砂球，因此可以大幅減少臭味。許多貓咪似乎也偏好這種材質，對於某些被去爪的貓咪而言，這種鬆軟的質感也比較舒服。

凝結砂的另一項優點在於飼主能看到凝結塊的數量增加或減少，便於飼主監控貓咪的排尿量變化。凝結砂一直具有某種爭議性。有些人始終會擔憂這種貓砂如果被貓咪吞下肚，會在腸道內如水泥一般凝固。目前並無獸醫回報貓咪因吃下貓砂造成這類腸道損傷的案例。如果你有任何疑問，請與獸醫討論。

你會發現有好幾種不同的凝結砂，包括無痕配方、無香、超香和保證貓砂可以凝結成石頭般的硬塊而不會散開的超強效等配方。如果你家有一隻以上的貓咪共用一個貓砂盆，可以考慮使用較強效的多貓咪適用貓砂配方。

市面上也有許多替代型貓砂，每隻貓咪對貓砂都有自己的偏好與需求，就和每位飼主一樣。因此如果你的情況特殊，一般常用的貓砂對你不適用，可以從許多替代型貓砂中選擇。

除臭劑

這些產品通常對貓咪沒有益處，而且強烈的香氣往往會導致貓咪不願意靠近貓砂盆，這並不是你想要的效果。

貓砂的用量

控制臭味的一大重點在於貓砂盆中的貓砂量，我在做居家諮詢服務時，發現許多飼主都太過極端，不是用太多就是根本不夠。如果用太多凝結砂，只會浪費而且最後會被貓咪踢出盆外。

另一方面，貓砂量太少會導致貓砂盆臭氣沖天，因為如果沒有充分的貓砂顆粒提供足夠的吸收力，尿液就會直接流到貓砂盆底蓄積成一灘尿。

理想的原則是在貓砂盆裡鋪一層約 7.5～12.5 公分的貓砂，以便貓咪挖掘和掩蓋。留意貓咪的挖掘習慣，據此調整貓砂的用量。多貓咪家庭需要準備的是多幾個貓砂盆，而不是在貓砂盆中放更多貓砂。

除了清除吸收尿液而結塊的貓砂外，請每隔幾天在貓砂盆裡加一些貓砂，以維持一定的貓砂高度。

貓砂盆放置地點

地點、地點、地點，這個原則不但適用於房地產，也絕對適用於貓砂盆。貓砂盆的放置地點比許多飼主以為的還要重要，即使你買了最完美的貓砂盆，倒入全世界品質最好的貓砂，但只要放的地點貓咪無法接受，她就完全不會使用。

有一項原則貓咪飼主無論如何千萬不要違背：不要將貓砂盆放在貓咪的食物和水附近。許多飼主誤以為將貓砂盆放在貓咪的食物旁，可以提醒貓咪使用貓砂盆。不幸的是，這個計畫只會讓飼主反受其害，導致貓咪開始拒絕使用貓砂盆。

記住，貓咪會在遠離巢穴的地方排泄，如果你將貓咪的食物和貓砂盆放在一起，會向貓咪傳達非常混亂的訊息。她會被迫決定要將這個地方當成進食區還是排泄地點。由於她只能在這裡取得食物，因此她會尋找另一個地方解決她的排泄需

求。如果你不得不將貓咪的餐碗和貓砂盆放在同一個房間，至少讓兩者距離愈遠愈好，以避免貓咪感到混亂。

飼主最常選擇的貓砂盆放置場所就是浴室，如果空間足夠，浴室的確是個理想的地點，可以讓清掃工作更容易，也便於你定期清理貓砂。不過請記住，如果時常有人洗熱水澡，浴室裡的溼度就會很高，可能會因此延長貓砂乾燥的時間。

另一個熱門地點就是洗衣房，洗衣房和浴室一樣通常沒有鋪地毯，因此容易清理。缺點是如果貓咪在使用貓砂盆時洗衣機剛好進入脫水模式，突然發出的聲音可能導致貓咪受到驚嚇，不敢再使用這個貓砂盆。

在家裡選一個避開人來人往的地點，給貓咪隱私與安全感。不過不要選擇太偏僻的地點，以免自己忘記每天檢查。我曾經遇過一名飼主將貓砂盆放在家中二樓的「垃圾」房，由於那裡不太有人進去，因此貓砂盆也被遺忘，變得滿是排泄物且骯髒；最後貓咪再也受不了，開始在起居室的地毯上尿尿。**不論你將貓砂盆放在哪裡，請務必記得一天檢查兩次。**

兩層樓的住家應該在每一層樓都放置一個貓砂盆，如果你的室內／室外貓不用貓砂盆而偏好在戶外解放，還是在屋內準備一個貓砂盆，以免貓咪在天氣不好不想出門時憋出病來。

多貓咪的家庭必須準備一個以上的貓砂盆，不僅因為共用一個貓砂盆會髒得很快（這的確是事實），也因為有些貓咪不願意分享，而且有的貓咪可能太膽小，不敢從另一隻貓咪面前經過前往貓咪解放區。因此貓砂盆守則就是：家裡有幾隻貓就準備幾個貓砂盆。

多貓咪家庭可能面臨貓砂盆放置地點的問題，如果家中的貓咪之間有領域爭端，或如果貓咪相處不太和睦，各個貓砂盆應該隔得愈遠愈好，如此一來即使其中一個貓砂盆被貓咪霸住，其他貓咪也可以輕鬆使用其他貓砂盆。

請花時間留意每隻貓咪在家中最常待的區域，將貓砂盆分別放在每隻貓咪平時偏好的地點，也許就能避免未來發生問題。將貓砂盆分散放置於家中各處，會比集中放在同一個地點裡想。集中放置貓砂盆或許一開始你會覺得似乎很便利，但相信我，將來不必為了貓咪討厭貓砂盆地點而處理隨地大小便的問題，會更方便得多。

多貓咪家庭設置貓砂盆時要考量的另一個潛在問題，就是貓科動物的好惡。塞

在角落的貓砂盆會讓貓咪覺得受困。如果貓咪覺得自己沒有足夠的逃跑空間或害怕受到攻擊，她可能會拒用貓砂盆。本章後文會更詳細探討這個問題。

清理貓砂盆

你需要一把有狹長孔洞的勺子或鏟子篩出貓砂中的固體排泄物，如果你使用凝結砂，這個工具也能讓你將吸收尿液而結塊的髒貓砂與乾貓砂分開。

如果你用的是非凝結型貓砂，也會想用有狹長孔洞的鏟子清除固體排泄物。沒有長型孔洞的長柄湯匙也很適合用來移除溼貓砂堆，未能適時清理貓砂盆中吸收尿液的髒貓砂，是造成臭味的主因。

不要攪動溼貓砂，否則最後只會將整盆貓砂弄髒，我希望你能重新考慮是否要使用非凝結型貓砂，逐步替換讓貓咪習慣較便利的凝結砂。你會發現貓砂盆的臭味大幅減少，在清掃上也能更有效率。

將貓砂鏟收在容器裡，放在貓砂盆旁邊以便使用。有好幾家業者都生產貓砂鏟及收納盒組，不但更方便也更乾淨。一天至少要鏟除及篩貓砂兩次，每次只花幾秒鐘，控制臭味的效果就會大為不同。如果你的貓咪必須爬過幾天前就已經吸飽貓尿而結塊的貓砂才能找到乾淨的一角，那使用凝結砂就沒有多大意義了。

多數的凝結砂，尤其是超強效配方，都無法倒入馬桶沖掉。礦物砂絕對不可倒入馬桶。我認為處理髒貓砂塊最便利的方法，就是在貓砂盆的旁邊準備一個套有塑膠袋並有密封蓋的小塑膠收納箱。我在早上先清理一次貓砂，將所有的結塊貓砂扔進那個收納箱裡然後將蓋子蓋緊，到了傍晚再清一次貓砂，然後將塑膠袋綁起來拿去屋外的垃圾桶扔掉。

市面上也有貓砂處理產品，在寵物用品零售店及網路上都可以買到。這類商品與已經上市多年的尿布處理機類似。不論你採用何種方法，只要夠方便就不會有人找藉口逃避清理貓砂盆的工作。請記住，清理貓砂盆後務必把手洗乾淨。

孕婦清理貓砂盆時務必格外注意，因為可能有感染弓形蟲的危險，這個病症是由一種名為弓漿蟲的原生動物寄生蟲引起，這種寄生蟲會潛伏於糞便中，可能導致胎兒先天性缺損。貓咪糞便中若含有蟲卵便可能傳播這種寄生蟲。

　　如果可以，飼主懷孕期間可以請他人代為清理貓砂盆。每天清除排泄物可以大幅降低感染的風險，因為弓漿蟲的蟲卵必須經過數天的孵育才能達到具感染力的狀態。如果你目前懷孕中又必須清理貓砂，請在貓砂盆旁準備一盒一次性手套。清理完貓砂盆後請立刻洗手，並請家人遵守相同的步驟。

　　一天清理貓砂兩次不僅可以維持貓砂盆的乾淨，也能讓你察覺貓咪潛在的健康問題。定期清理貓砂能讓你熟悉貓咪的排泄習慣，我知道這個工作聽起來不怎麼讓人興奮，但其中的差別就在於養出快樂、無痛苦的貓咪，或是養出因為主人疏忽而必須忍受痛苦疾病的貓咪。你很快就會熟悉自家貓咪的習慣：她一天排泄幾次、每天的尿量多少、糞便的形狀和質地。如果有任何變化你都會立刻察覺，也能及時給予貓咪醫療照護。

　　除了每天清理貓砂，貓砂盆本身也需要定期清理。如果你使用一般礦物砂或非凝結型貓砂，必須至少一星期徹底清理一次，包括將貓砂丟棄，然後刷洗貓砂盆及所有相關工具。如果你使用的是凝結砂，清洗貓砂盆的時間可以拉長到一星期以上。凝結砂的廣告詞宣稱排泄物會被篩除，因此飼主永遠不必刷洗貓砂盆，別被騙了，這不是真的。尿液還是會接觸到塑膠的部分，盛裝凝結砂的貓砂盆應該一個月徹底刷洗兩次並更換新的貓砂。

　　清理貓砂時，請勿使用可能遺留氣味的強效清潔劑。我用的是加水稀釋的漂白水（3/4 的水和 1/4 的漂白水），我也會將所有的貓砂清掃工具及塑膠容器刷洗乾淨。然後將所有的東西晾乾，再將貓砂盆重新裝入乾淨貓砂。

塑膠襯墊

　　理論上在貓砂盆裡鋪一層塑膠襯墊似乎很理想，但事實上，踩進貓砂盆的動物是有爪子的，因此襯墊往往會變成麻煩而無助益。在你拿起襯墊要丟棄時，可能會發現貓砂從襯墊底部被貓咪抓破的小洞漏出來。**塑膠襯墊也可能導致貓砂盆臭味變濃，因為尿液可能蓄積在襯墊的皺褶裡，或是從襯墊的裂痕或破洞外漏，積在貓砂盆底開始發出惡臭。**你的目標是盡可能讓貓咪覺得貓砂盆具有吸引力又舒適，因此當然不會想讓貓咪在挖砂或掩蓋排泄物時因為爪子卡在襯墊上而遇到麻煩。

貓咪馬桶訓練

　　你或許聽過有人訓練他們的貓咪坐馬桶，在 YouTube 上有許多人上傳影片，宣稱貓咪可以和家人共用馬桶。或許你也一直考慮訓練自家貓咪使用馬桶，這樣你就可以一勞永逸，再也不必面對清理和清洗貓砂盆的麻煩了。

　　理論上，馬桶訓練似乎可以省下不少麻煩，但在你嘗試這個方法前，有幾點必須考量。馬桶訓練有幾個嚴重的缺點，許多飼主直到事態嚴重才會考量這些問題。很多來找我諮詢的客戶都是因為慘烈的馬桶訓練而導致貓咪出現行為問題。貓咪最後出現焦慮造成的排泄問題，飼主最終也挫折不已。

　　你可能因為不想處理貓砂盆的髒亂及臭味而對馬桶訓練這個想法產生興趣。但事實上，貓砂盆可以不髒也不臭。貓砂盆之所以變得又髒又臭，是因為清理與清洗的頻率太低。貓砂對液體的吸收力有限，如果你沒有定期清理，貓砂盆當然就會開始發臭。因此如果你想藉由馬桶訓練來逃避貓砂盆的臭味，請你三思，你應該做的是建立更好的貓砂盆清理習慣。以下是我不建議飼主訓練貓咪坐馬桶的理由：

> ・貓咪在馬桶大小便，你就無法精確掌握貓咪的尿量或排尿頻率變化。如果尿液直接排入馬桶而非貓砂盆內，你其實就無法精確判斷尿量的增減。尿量的變化是潛在醫療問題的重要指標，而在你每次清理貓砂盆時，你都會察覺尿液結塊量的多寡變化。

- 馬桶訓練違背了貓咪挖掘、排泄然後掩蓋排泄物的天生生存本能。雖然許多貓咪對於這種改變沒有意見，但也有許多貓咪無法順利調適。

- 如果讓貓咪使用馬桶而非貓砂盆，馬桶蓋就必須隨時保持掀起。如果有人不小心將馬桶蓋蓋上，貓咪就只好在其他地方排泄。想想貓咪要去馬桶上廁所卻發現不得其門而入時，會有多麼困擾且備感壓力。

- 除非你教會貓咪沖馬桶，否則在其他人幫忙沖水之前，固體排泄物的臭味依舊會揮之不去。因此，如果你以為貓咪使用馬桶產生的臭味會比貓砂盆少，那就錯了。而如果你想教貓咪沖馬桶，請記住她最後可能會喜歡上看著馬桶裡的水旋轉消失的「遊戲」，或許會一整天為了好玩而不停沖馬桶。

- 在多貓咪家庭，貓咪可能會不想共用馬桶。

- 即使你可以購買馬桶訓練工具組，最後你還是得停用這個工具組，讓貓咪跨坐在真正的馬桶坐墊上。對於生病、有關節炎或行動不便的年輕貓咪，蹲馬桶可能會讓她不舒服或甚至根本做不到。

- 馬桶坐墊對貓咪而言可能太滑。

- 如果貓咪跌進馬桶裡，雖然她也許能爬出來，但這件事造成的驚慌與壓力可能導致貓咪再也不想坐在馬桶上排泄。若貓咪跌進髒馬桶裡，你還會多了必須替貓咪洗澡的焦慮。如果貓咪獨自在家，在你回家之前，她都必須維持這種又溼又髒的狀態。

- 如果你的貓咪住院或寄宿，她會被關在放置傳統貓砂盆的籠子裡。一旦回到家，你可能必須重新訓練她使用馬桶。

教貓咪使用貓砂盆

第一步就是確定貓咪知道貓砂盆放在哪裡，如果教導的對象是幼貓，可以先將她關在小空間裡直到她成功使用貓砂盆並適應新環境。如果她還搞不清楚狀況，那就在貓咪進食後，將她抱進貓砂盆裡，用手指抓抓貓砂。不過不要強迫貓咪待在貓砂盆裡。

**貓咪
小常識
KNOW**

公貓與母貓都是採蹲坐姿勢排泄，站姿是噴尿時才會採用的姿勢。公貓與公狗不同，不會抬腳撒尿。

如果你打算使用有蓋貓砂盆，在訓練過程中請勿加蓋。學習過程應該愈簡單愈好。在你等待貓咪習慣使用新貓砂盆時，你可以回頭重看本章討論有蓋貓砂盆的部分，以便充分理解這類貓砂盆為何不適合貓咪。

如果幼貓還不理解貓砂盆的概念而在地上大小便，請盡可能將排泄物撿到貓砂盆裡。幼貓自己排泄物的氣味應該會引導她下一次在貓砂盆裡大小便。

厭惡貓砂盆

日正當中，四下無人，幾團毛球緩緩滾過。四周瀰漫著鬼城一般詭異的死寂氣氛，唯一的聲音就是你走進房間時落寞迴盪的腳步聲。一切看似如此無害，但你知道那樣東西就在房間某處等著你。突然間你在房間角落看到被塵封的那個東西，上方的蜘蛛網在陽光下閃閃發亮，那就是被你家貓咪拒用的貓砂盆。

🔍 貓砂盆準備清單

- ·合適的貓砂盆
- ·合適的地點
- ·對貓咪具有吸引力的貓砂材質
- ·有狹長孔洞的鏟子
- ·無孔洞的大杓子，用來清除溼貓砂（使用非凝結型貓砂的飼主）
- ·用來裝貓砂鏟的可水洗容器
- ·用來裝髒貓砂的可水洗有蓋容器
- ·塑膠袋
- ·小掃帚和畚箕或是小吸塵器或貓砂蒐集墊（用來避免貓砂撒得到處都是）
- ·刷子或貓砂盆清洗專用海綿
- 酵素型寵物污漬／臭味清潔劑（發生意外時使用）

「她是故意這樣惡搞的！」

「她知道自己在做壞事！」

「她懶到不肯用貓砂盆！」

「我的貓咪好笨，居然在地毯上尿尿！」

「她是生我的氣才這樣做！」

以上只是我在電話答錄機中聽到的一小部分，我當然可以理解飼主的挫折感，但以上這些有關於貓咪的言論全都不正確。只要你不再將自家貓咪的行為解讀為惡意、恨意、愚蠢、故意或懶惰，你就有機會解決問題。

了解自家貓咪的行為屬於哪種類型十分重要，無差別撒尿通常是對水平表面，例如地板、地毯或浴缸；至於噴尿則通常是對著垂直表面，例如牆壁、家具或窗簾。不過有些貓咪也會出現水平噴尿做記號的行為，這些貓咪可能是自信不足才不

敢垂直噴尿。首先你必須確認自家貓咪是無差別撒尿還是噴尿，貓咪也可能在貓砂盆外排便，我們將在本章後文討論這點。

　　如果你的貓咪還沒做過結紮手術而且出現噴尿行為，現在或許是預約做結紮手術的好時機。公貓大約 7 個月大時會達到性成熟，此時可能會開始出現噴尿行為。幾乎所有公貓在結紮後都不會再出現噴尿行為。

噴尿做記號：貓咪的名片

　　如果你的貓咪已經結紮但仍出現噴尿行為，他可能是覺得自己的領域受到侵犯，對某件事感到焦慮而試圖自我抒解，或是試著以安全的方式與另一隻貓咪交換訊息。很多事情都可能導致貓咪噴尿，像是屋外突然出現另一隻貓咪，或家中有新貓咪報到等等。如果你家上演領土爭奪戰，應該將貓咪分開，開始進行個別行為矯正（本章也有討論），然後再讓貓咪慢慢重新認識彼此。請把兩隻貓當成互不相識的貓咪第一次見面一般。有關這個技巧的詳細說明，請參考第 11 章。

　　貓咪做記號時會四肢僵直站著，臀部及後腿正對著目標，豎起尾巴一邊發抖一邊做記號。她可能在中途或完成時閉上眼睛，有些貓咪在噴尿時會同時用前腳原地踏步。有些貓咪也會在床單或布料等物品上水平噴尿，尿液會呈現細流狀而非無差別撒尿時的一灘尿。

　　矯正噴尿行為的重點在於找出造成貓咪恐懼／焦慮的原因，進而消除該原因，或努力改變貓咪對這個原因的聯想。噴尿做記號在貓科世界中是一種重要的溝通形式，因此如果你家裡出現噴尿貓，表示他有話想告訴某個對象！不論是有自信或沒自信的貓咪都可能出現噴尿行為，因此如果家中有多隻貓咪，不要擅自認定犯貓。

　　如果噴尿的地點靠近門或窗戶，很可能是因為對室外出現的貓咪產生反應。對家裡的包包或箱子等新物品或新買的家具噴尿，可能是因為這些物品上的陌生氣味進入了這隻貓咪的領域。當然，貓咪噴尿最常見的原因通常是因為家裡出現新貓咪或與其他寵物貓之間發生衝突。

　　如果貓咪不再使用貓砂盆，首先你該做的就是帶貓咪就醫。**無差別撒尿是一種名為貓下泌尿道疾病（FLUTD）的常見病徵，貓咪若罹患貓下泌尿道疾病會出現頻尿的**

症狀，但每次只能排出少量尿液。隨著症狀惡化，膀胱發炎會導致貓咪出現急尿的情況，必須立刻排尿以舒緩不適。有時貓咪會把排尿時感受到的痛苦與貓砂盆本身做連結。如果尿結晶阻塞尿道導致貓咪無法排尿，貓下泌尿道疾病可能會變得十分嚴重，甚至可能致命。若貓咪不再使用貓砂盆，請立刻帶她就醫。有關貓下泌尿道疾病的詳細資訊，請參考「醫療附錄」。

**貓咪
小常識
KNOW**

> 許多人以為貓咪噴尿單純是為了占地盤。但噴尿做記號遠比這個複雜，而是一種具有多重目的的複雜溝通形式。

🔍 貓咪噴尿的潛在原因

- 性成熟
- 院子裡出現陌生貓咪
- 家中出現新寵物或家庭成員
- 巡視領域
- 飼主的衣物或鞋子上有陌生貓咪的氣味
- 伴侶動物之間關係緊張或互相攻擊
- 家中貓咪數量太多
- 家中翻修或整修
- 搬新家
- 為了冷靜及自我安慰
- 出現陌生的訪客
- 衝突後表示勝利
- 祕密攻擊行為
- 傳達資訊

糞便做記號

又稱為堆糞（maddening），也就是指貓咪留下糞便記號。有時貓咪會在其他貓咪時常經過的通道上留下糞便記號。貓咪也可能透過這種方式留下視覺及嗅覺記號。這種行為較常見於室外貓，室內貓則較不常出現堆糞行為。如果貓咪在貓砂盆外排便，這通常並非做記號的行為。

也有其他醫學上的症狀可能導致貓咪改變貓砂盆使用習慣，例如糖尿病或腎臟病等。如果貓咪的貓砂盆使用習慣或食量/喝水量有任何改變，都應該帶她就醫。

如果家中有多隻貓咪，或許很難判定犯貓是哪一隻。無差別撒尿行為可能是貓下泌尿道疾病造成，不要浪費時間守株待兔抓現行犯貓。如果你發覺任何可疑跡象，請先帶嫌疑最大的貓咪就醫。

🔍 無差別撒尿的潛在原因

- ・醫學上症狀
- ・貓砂盆太髒
- ・貓砂盆有蓋或尺寸不合
- ・貓咪不喜歡貓砂材質
- ・貓砂或貓砂盆放置地點突然改變
- ・貓咪不喜歡貓砂盆放置地點
- ・貓咪討厭貓砂盆清潔產品或有香味貓砂的氣味
- ・焦慮／恐懼
- ・對貓砂盆有負面聯想
- ・被飼主處罰導致害怕接近貓砂盆
- ・飼主不在貓咪身邊的時間變長
- ・與其他寵物之間出現緊張關係或攻擊行為
- ・多貓咪家庭中貓砂盆數量不足
- ・需要更多逃脫的可能，讓貓咪對現有的貓砂盆有更多選擇

- 貓砂高度不一
- 老化造成的問題

Q 貓下泌尿道疾病的部分病徵

- 頻尿
- 排尿量少或排不出尿
- 血尿
- 在貓砂盆外排尿
- 在貓砂盆內哭叫
- 食慾降低或毫無食慾
- 表現出憂鬱或煩躁
- 頻繁舔拭生殖器
- 在貓砂盆裡的時間變長

在多貓咪家庭裡，你可以將貓咪各自分開隔離，以判斷哪一隻貓咪不使用貓砂盆。但這個方法的問題在於，貓咪也許是因為與另一隻貓咪的關係緊張才在貓砂盆外排泄。如果貓咪不在一起，也許就不會出現這種不當的排泄行為。錄影也是判斷哪隻貓咪在貓砂盆外排泄最可靠的方式。

追本溯源（貓砂盆）

請花時間好好地認真仔細檢視貓砂盆，我是指現在，就在這一刻。貓砂盆實際上看起來如何？你是否有維持貓砂盆的清潔？你是否嚴守一天清理兩次及定期清洗的原則？如果你沒做到，那麼貓砂盆的惡劣狀態很可能就是導致貓咪尋找更乾淨、

比較不臭的地點排泄的主因。

　　即使你一天清理兩次貓砂並定期清洗貓砂盆，對某些貓咪而言可能還是不夠乾淨。有些貓咪希望自己每次踏進貓砂盆時，貓砂都是全新未使用過的狀態。在某些天候下空氣中溼度升高（尤其如果你沒有開空調），你可能必須增加清理貓砂盆的頻率。此外，如果你將貓砂盆放在時常有人洗熱水澡的浴室裡，溼度也會升高，導致貓砂需要更長的時間才能乾燥。如果你使用有蓋貓砂盆又放在潮溼的浴室裡，請至少將貓砂盆的上蓋拿掉。另外，洗澡時請將浴室的抽風機啟動以減少溼氣。

　　請檢查你倒入貓砂盆內的貓砂量，確認貓砂至少有 7.5～12.5 公分，以便貓咪有足夠的貓砂可以挖洞和掩埋排泄物。如果你使用的是凝結沙，應該在清除結塊的髒貓砂時定期補充乾淨貓砂以維持一定高度。

　　突然更換貓砂也足以導致貓咪不再使用貓砂盆，貓咪踏入貓砂盆內時必須熟悉一切才能安心，她要感覺腳掌下踩的是她已經習慣的相同材質，聞到的是她習慣的相同氣味（或沒有氣味）。

　　貓砂材質改變或氣味明顯改變都可能讓貓咪困惑，請記住貓咪的感官感覺是十分敏銳的，更換貓砂品牌對你而言或許微不足道，但對貓咪而言可能是唐突的改變。貓咪也是非常注重觸覺的動物，腳掌下貓砂的觸感可能十分重要。突然從柔軟的沙質觸感變成細粒貓砂可能足以讓貓咪厭惡，導致她另尋更柔軟的材質，而她看上的可能就是你家浴室的地氈或臥房的長毛地毯。

　　如果你打算改變貓砂的品牌或種類，請讓貓咪有時間調適。一開始先將一點新貓砂與現用的貓砂混合放入貓砂盆內，在大約 5 天的期間內逐漸提高新貓砂的比例同時降低舊貓砂的比重。

　　如果你覺得貓咪可能不喜歡目前使用的貓砂品牌，或可能討厭目前貓砂的質感，可以在她現用的貓砂盆旁擺放第二個貓砂盆，並填充不同的貓砂來測試貓咪。我在做這種實驗時發現如果讓貓咪在礦物砂、水晶砂、替代型貓砂或凝結砂之間選擇，許多貓咪似乎都偏好凝結砂柔軟的觸感。不過每隻貓咪都是獨立的個體，因此如果你不清楚該買哪一種貓砂，可以設置不同類型的貓砂做實驗，就像自助餐館的形式，讓你的貓咪自己做決定。

　　做這個實驗你不必花大錢買貓砂盆，只要買幾個短期使用的一次性箱子就好。

這種貓砂盆「自助餐」可以讓貓咪自己做選擇，如果是多貓咪家庭，你可能會發現有的貓咪喜歡某種類型的貓砂，而另一隻貓咪又偏好不同類型或質感的貓砂，如此一來你就知道應該在每隻貓咪的區域用她們各自偏好的貓砂來設置貓砂盆。

　　如果你不確定自己的貓咪是否真的討厭她的貓砂，她可能會給你幾個線索。貓咪站在貓砂盆裡時可能會將兩隻前腳放在盆緣，或是待在貓砂盆的最邊緣。為了盡量減少與貓砂的接觸，她在嘗試掩蓋排泄物時也可能會把貓砂盆外的區域，或甚至她根本不想掩蓋排泄物，在上完廁所後就直接衝出貓砂盆（不過也並不是所有貓咪都會掩蓋排泄物）。

　　這隻貓咪甚至可能會在貓砂盆旁邊的地板或地毯上排泄，這些行為也可能與潛在的疾病有關（例如貓下泌尿道疾病），但也可能單純因貓砂盆太髒導致。重點就在於貓咪正在告訴你有問題需要你立刻解決。

　　有些人毫不介意將貓砂盆放在地毯上，但有些人則認為這根本是在醞釀災難。有些貓咪會將地毯柔軟的觸感誤以為是貓砂。有時被貓咪踢出的少許髒貓砂如果掉在地毯上太久沒清，也會產生臭味問題。另外，如果貓砂盆沒有達到貓咪的乾淨標準，地毯在貓咪眼中也會開始變得格外具有吸引力。如果你決定將貓砂盆放在地毯上，請在貓砂盆下方加一塊貓砂落砂墊或強韌的塑膠墊。貓砂落砂墊可以蒐集被貓咪踢出來的貓砂顆粒，同時保護你的地毯。

　　即使貓砂盆放在堅硬的表面，也建議墊一塊貓砂落砂墊，以免貓砂散落得到處都是。不過在選擇貓砂落砂墊時，請留意自家貓咪的材質偏好。表面有突起顆粒的墊子或許能有效抓住貓砂顆粒，但你的貓咪可能不喜歡腳掌踩在上頭的觸感。

　　有些貓咪不論你多勤快清理貓砂盆，只要貓砂盆一髒她就不肯再用。如果你家的貓咪屬於這種類型，請在房裡準備兩個貓砂盆，如此一來，即使你來不及在她下一次上廁所前清掉排泄物，貓咪也隨時有乾淨的貓砂盆可用。

　　你可能也是幸運飼主之一，家裡的貓咪拒絕在她排尿用的貓砂盆裡排便。請為你家的貓皇準備第二個貓砂盆，讓她自行決定小便用貓砂盆及高貴貓便便專用貓砂盆。清理兩個貓砂盆或許看似不便，但我寧願多刷洗一個貓砂盆也不要清理地毯上的貓尿。多數情況下這兩個貓砂盆可以放得很近，但不要近到讓貓咪認為那是一個特大貓砂盆（這樣就完全失去準備兩個貓砂盆的意義了）。對某些貓咪而言，大

便及小便用的貓砂盆必須相隔很遠，可能得放在房間的兩端才行。

失蹤的貓砂盆

在努力尋找全家人都許可的放置地點時，有時貓砂盆被移動的頻率會太高。此時預先計畫就是十分有效的辦法，在實際設置貓砂盆之前，請先想想你選擇場所的優缺點。你的貓咪愈難找到貓砂盆，在她尿急時你的地毯就愈有吸引力。

如果你必須改變貓砂盆的放置地點，在移動原本的貓砂盆之前，請在選定的地點放置第二個貓砂盆，並確保貓咪能接受新的放置地點。接著用漸進的方式，每天將原本的貓砂盆朝新地點移近幾十公分。一旦兩個貓砂盆都放在相同的地點，你就可以丟掉其中一個。如果你不想花錢買第二個臨時用的貓砂盆，則必須用極為緩慢的方式移動貓砂盆；一天移動的距離不要超過 60 公分，並確定最終地點是貓咪可以接受的地方。

監控剛改變放置地點的貓砂盆

有一次我接到一個諮詢的案子，原因是飼主 4 歲大的母貓亮亮突然間拒絕使用她的貓砂盆，這家人也養了好幾隻狗。根據飼主提供給我的貓咪相關情報，這隻貓咪非常健康，個性活潑又友善，喜歡和狗狗待在一起，是一隻完美的貓咪，但兩個月前她突然不再使用貓砂盆。

根據我的調查，我發現飼主近期才改變貓砂盆的放置地點。原本貓砂盆放在一間沒人使用的空房間，現在則改放在浴室裡，因為飼主打算將那間空房改成辦公室。這 6 個月以來亮亮對於貓砂盆的新放置地點接受度都不錯，但後來她突然開始在貓砂盆原本的放置地點排泄。為什麼她 6 個月後行為才突然改變？最後我發現，在最初的春夏季 6 個月裡，狗狗都一如往常養在屋外。然而，兩個月前天氣轉冷後，狗狗開始睡在屋內。

這些狗狗絕對禁止進入家中那間空房所在的區域，飼主還加裝了一個嬰兒安全柵欄防止狗狗進入。但是亮亮則可以自由進出家中任何區域，只要跳過柵欄就能使用她的貓砂盆。但現在貓砂盆改放在家裡的中央區域，這裡是狗狗可以進出的地

方，牠們發現跟著亮亮到貓砂盆、在她打算解放時推擠她是一個好玩的遊戲。

顯然，自從狗狗移進室內後，牠們就迫不急待等著貓咪排便，好讓牠們「吃點心」。沒有飼主願意相信自家的狗狗會出現吃糞便這種行為，然而這在犬科動物中其實還頗為常見。

飼主告訴我常看到狗狗在浴室門口閒晃時我就明白原因了，由於所有寵物都相處融洽，飼主根本沒想過會發生問題。在我追問之下，兩位飼主都想不起來最近兩個月何時清理過貓砂盆中的糞便，他們都以為是對方已經清掉了。

可以想見，亮亮很不喜歡辦私事的時候被打擾，因此回到老地方解放，因為那裡讓她比較有安全感。從「像貓咪一樣思考」的角度來看，這個舉動完全合乎邏輯。對亮亮的飼主而言，解決問題的方法就是將貓砂盆移回家中狗狗無法進入的區域，或是在浴室門口安裝一道嬰兒安全柵欄，並在柵欄靠近浴室那一側加裝一個挑高的小盒子，讓亮亮可以輕鬆越過柵欄。

如果你打算變更貓砂盆的放置地點，請事先仔細考量貓咪在新地點可能遭遇的問題與障礙。此外，新地點是否便於你定期清理貓砂？舉例而言，如果你覺得貓砂盆放在家裡顯得礙眼而將它移到地下室，你是否還會記得一天下樓兩次清理貓砂盆？將貓砂盆移到新地點後，記得監看家中每個人的反應與行為，以便察覺初期警訊（以亮亮的飼主為例，就是要察覺狗狗們老愛在浴室門邊逗留）。

如果你的貓咪已經去爪

去爪手術後的最初 10 天對貓咪來說最痛苦，某些貓咪即使過了一般復原期許久後，腳掌上的傷口還是十分敏感。在復原期間貓咪的貓砂盆需要使用特殊貓砂，以保持傷口乾淨。你的獸醫也許會建議使用碎報紙或顆粒狀貓砂。但請盡量不要使用碎報紙，因為這種材質控制臭味的效果很差而且會弄得很髒。

不只傷口疼痛會導致貓咪不想使用貓砂盆，碰到奇怪的貓砂材質所造成的突然衝擊也會讓貓咪不安。不論是上述哪一種情況都可能導致貓咪討厭貓砂盆。

如果你決心要讓貓咪去爪（在做這個決定之前請參考第 9 章），請事先做好規劃，在手術前便開始將顆粒狀貓砂混入普通貓砂中。然後在 10 天的復原期過後，可以再重新使用貓咪原本的貓砂。如果你先前使用的是一般礦物砂，但現在似乎會讓貓咪不舒服，請逐漸從顆粒砂改為凝結砂，柔軟如沙一般的觸感對貓咪的腳掌比較溫和。

搬新家

　　第一次搬新家對我來說是難以忍受又痛苦的經驗，我完全可以理解貓咪在這種時候的感受。我所熟悉的一切突然間消失，而且我還得建立新的領域。由於我記得當時的感受，因此未來我搬家時都會預先做好充分計畫，讓我的貓咪更輕鬆適應變化。真希望當初也有人像我寵愛貓咪一樣疼愛我。

　　如果你才剛搬家，那麼貓咪不再使用貓砂盆可能是因為陌生的環境造成。請記得貓咪是仰賴習慣的動物，喜歡待在讓她安心、熟悉的領域。避免貓咪驚慌的最佳方法就是在貓咪認識新環境時先為她設置一個小區域。

翻修／新家具／新地毯

　　翻修時發出的可怕聲響及許多建築工人的陌生面孔都可能被貓咪視為對她的領域的威脅，導致她出現噴尿行為。如果貓砂盆離噪音太近或貓咪太過害怕不敢靠近貓砂盆所在區域，她也可能在遠離貓砂盆的地方撒尿。

　　有些貓咪也會將新地毯或新家具視為威脅，必須對這些物品噴尿以便沾上自己的氣味，才會認為這些物品是屬於自己領域內的東西。

　　最好盡可能讓貓咪遠離建築工事發出的噪音，如果家裡有比較安靜的房間（最好是沒有新家具或新地毯的房間），讓貓咪待在這個房間並將她的貓砂盆移進房裡，播放輕柔的音樂掩蓋一些遠處傳來的敲擊聲和電鑽聲。

添購新家具時，如果擔心貓咪的反應，可以用擦過自家貓咪的毛巾將新家具擦一遍。另一種做法是用床單或毯子蓋著家具一天，用你睡過的床單可以加快貓咪接納的過程，因為貓咪會在新家具上發現有你身上令人放心的氣味，務必盡快讓新家具沾染上家中熟悉的氣味。

家人的來來去去

不論是新沙發墊還是新伴侶，改變就是改變，而多數貓咪都不喜歡改變！即使從長遠的角度來看這個改變可能是好的，但家中狀態有任何變化都可能造成貓咪停用貓砂盆。

飼主通常擔心的是貓咪對新生兒的反應。答案是，如果你沒有事先讓貓咪做好心理準備，她很可能會不喜歡這個改變。

新婚可能是造成貓咪喪失良好貓砂盆禮儀的原因，尤其如果你的新家人還包括另一隻貓咪或甚至狗狗。請記得幫助貓咪度過新增家人這種讓她極為混亂的變化。究竟改變能順利且毫無意外地度過還是徹底轉變為家庭危機，差別就在於有無事先規劃。有關貓咪與家庭成員的關係，詳細資訊請參考第 11 章。

偷窺狂（貓版）

貓咪看著窗外鳥兒時如果發現另一隻貓咪進入自家院子，這幅平靜的畫面很可能會整個變調。比較好的情況下，你的貓咪可能會豎起耳朵，用尾巴敲擊。她甚至可能會哈氣一、兩下。而比較差的情況下，她可能會將那隻貓咪的存在視為領域威脅，開始忙著在自己的領土做記號或尋找發洩焦慮的對象。

如果你的貓咪可以外出而且她噴尿的對象僅限於後院的樹木、灌木叢或圍籬，那你可以不用擔心。但如果你的室內貓覺得威脅大到足以讓她噴尿，那麼「休士頓，我們有麻煩了」。你可能會在窗戶下方的牆上發現一條條尿漬。另一個常見的噴尿區域就是大門四周。

如果你的貓咪看到不請自來的貓咪出現在陽台或露台上，那門口或四周的窗簾

很可能會被貓咪做記號。有噴尿問題的貓咪可能會繼續使用貓砂盆也可能不會再用，或是她也可能只在貓砂盆裡排便。

如果不請自來的訪客時常出現，請釐清這隻貓咪是否有飼主。如果是流浪貓，請盡可能抓到那隻貓，因為她也許沒有注射過疫苗或做過結紮手術，可能會對其他貓咪造成重大健康危機。你可以聯絡當地的地方貓咪救援團體尋求指導與協助。

如果你知道那隻貓咪有飼主，但無法說服這位飼主將貓咪關在室內，那麼你也許需要設置遏止裝置。Contech 的 ScareCrow 是一種由動作啟動的灑水器，這種裝置也許會有效果，不過得視你的情況而定。這個裝置可以向網路零售商購買。

檢查所有門窗的外側，看看是否有陌生貓咪噴尿的痕跡。如果有，你的室內貓可能會聞到氣味，因此請將住家附近的尿味清乾淨。

凡是可能讓貓咪看到戶外貓咪的窗戶都請遮起來，你可以用廣告板、不透明薄膜或任何可以在窗戶上貼牢的東西。只要遮住窗戶的下半部就好。我知道這樣會看起來很怪，但我寧願在窗戶上貼不透明薄膜也不要讓貓咪在我的牆上噴尿。請依循本章「三步驟再訓練計畫」一節的說明。

惡意佔領

在多貓咪的家庭裡，請先將新貓咪單獨關在另一間房隔離，之後再讓她見其他貓咪家人，這可以減輕貓砂盆爭端。有關讓新貓咪融入家庭的詳細資訊，請參考第 11 章。萬一你已經採取所有的正確步驟讓新貓咪融入家庭，但仍發現有貓咪不用貓砂盆怎麼辦？即使家裡沒有新貓咪也可能發生這種問題。家裡 3 隻與你長期作伴的貓咪可能有其中 1 隻突然間開始在貓砂盆外排泄。

現在你明白在多貓咪的家庭裡，必須準備足夠的貓砂盆（「像貓咪一樣思考」原則：貓砂盆的數量要與貓咪一樣多）。這些貓砂盆也必須：

- 保持乾淨
- 放在適當的地點
- 大小適中
- 有逃生路線
- 裝入貓砂，而且是要貓咪喜歡的材質

等等……貓砂盆還得有逃生路線？當然！請從貓咪的視角來看。她走進貓砂盆，而這個盆子可能塞在浴室的角落，也許甚至還是個有蓋的貓砂盆。假設這個貓砂盆的出入口並不是朝向浴室門口，如果另一隻貓咪進入浴室接近貓砂盆，不論她是來找麻煩的還是只是習慣性進來逛一下，貓砂盆裡的貓咪都會嚇一跳。

　　她會真心覺得自己被困住了，因為只有一條路可以出去，而她的潛在敵人正擋在那條路上。如果是兩隻不對盤的貓咪在貓砂盆狹路相逢，被困在貓砂盆裡的貓咪可能會覺得備受威脅。即使是開放式貓砂盆，只要塞在角落，貓咪就可能只有一條路能出去。

　　對任何有貓咪的家庭而言，從貓砂盆逃生的可能性很重要，但如果你正在努力解決無差別撒尿或噴尿問題，這一點就成為最重要的考量了。

　　請從貓咪的角度檢視貓砂盆，調整貓砂盆的位置以避免貓咪被逼到絕境的可能。如果貓砂盆有蓋子，請將上蓋拿掉。如果貓砂盆放在角落，請將它拉出來一點。如果房內有更開闊的空間，請將貓砂盆移到那裡。

　　另一個創造逃生路線的方法，就是讓貓咪有更多的預警時間。確認貓砂盆可以讓貓咪處於有利的位置，能看到房間入口。如果正在使用貓砂盆的貓咪看到另一隻貓咪接近，她也許有幾秒鐘的預警時間——足以讓她逃離火線。

　　我常建議客戶將貓砂盆放在房間門口的正對面，讓貓咪有最大的預警時間。如此一來，她可以看到整個房間以及房間的入口。也許家裡的家具擺放方式讓你無法做到這點，但你可以將貓砂盆擺得離房門口愈遠愈好。

　　在家中不同區域擺放一個以上的貓砂盆是降低貓咪焦慮感的必要方法，如此一來可以確保即使其中一個貓砂盆被占走，貓咪還是有其他替代選項。這也表示貓咪不必非得經過另一隻貓咪的領域才能使用貓砂盆。因此，雖然你可能喜歡將貓砂盆藏在不起眼、不擋路的地方，但貓咪可能覺得那個地點會讓她容易受到突襲。

　　如果你家有多隻貓咪，而且目前正在處理貓咪不當排泄問題，請看看貓咪選擇排尿或排便的地點。你可能會發現這些目標區域能為貓咪提供貓砂盆沒有的條件：就是逃生路徑。

　　貓咪也許會在客廳的椅子後面排泄，這裡能讓她有隱私與掩蔽，而開闊的空間也能讓她看到整個客廳的情況，一但察覺威脅，她也有好幾條逃生路線可以選擇。

我發現如果目標地點位於只有一個出入口的房間裡，則通常是在離門口最遠的牆邊，以便貓咪能看清楚門口的情況。

請留意貓咪前往貓砂盆的必經路線，在有領土爭奪戰的家庭裡，這段路可能充滿緊張與憂慮。如果比較霸道的那隻貓咪站在通往貓砂盆的狹長走道中，地位較低的貓咪就會避免和她碰面。

在貓咪之間充滿敵意的家庭裡，你可能會同時發現噴尿與無差別撒尿的行為。噴尿可能是新貓咪為了建立自己的領域空間或在如此不安的環境中留下個人資訊，也可能是地位較高的貓咪用來提醒其他貓咪她的地位或在衝突後表示勝利。彼此不熟悉的貓咪為了要蒐集對方的資訊又不想與對方實際發生衝突，也可能會噴尿做記號。請確認是哪隻貓咪有這種行為，她的行為屬於哪一種類型（噴尿還是無差別撒尿），因為這是解決問題的關鍵。請記住，犯貓可能不只一隻，而且真正的兇手可能是你認為嫌疑最小的那隻貓咪。

三步驟再訓練計畫

首先來談談哪些事情不該做，不要因為貓咪在貓砂盆外排泄或噴尿而處罰貓咪。**如果有人建議你硬逼貓咪聞她在貓砂盆外的排泄物，無論如何都不要這麼做，這個方法不但無效還極不人道。**逼貓咪聞她的排泄物只會告訴她排尿與排便的行為是錯的，她每次上廁所都會被處罰。她不會知道你只是在氣她選錯上廁所的地點，而會以為只要她上廁所就會被處罰。

這只會加重貓咪早已存在的焦慮感，不論是什麼原因，她的貓砂盆對她來說就是不夠舒服，因此她很快就會找到更隱密的地點上廁所以逃避你的責罰。她也許會變得怕你或在你出現時採取防衛姿態。

接下來千萬別做的事情就是：不要打貓咪。再次重申，貓咪會把排泄的行為與處罰聯想在一起，她會變得怕你或甚至防衛心更重。

另一個常見但無效的再訓練方法就是在貓咪噴尿時把她抓起來，硬將她趕進貓

砂盆裡。如果你以為在貓咪尿到一半時將她放進貓砂盆會有用，那你就大錯特錯了。相信我，她並不是忘了自己的貓砂盆在哪裡。

　　有時會有人建議採用監禁的方法，但這個方法並不能幫助你判斷這個行為的潛在原因。如果你沒有解決造成這個行為的真正原因，等到監禁結束後，不當排泄行為還是可能再度出現。這個方法只對正在適應陌生環境或正在學習貓砂盆實際用途的貓咪有效。

　　那你該怎麼做呢？首先你要降低貓咪將地毯或家具當成貓砂盆替代品的動機。請開始清掃、中和臭味，讓這個地方看起來比較不適合當成貓咪廁所。一般的家用清潔劑或許可以去除污漬，但只會掩蓋臭味。地毯上或沿著牆壁踢腳板散發出的貓尿味可能導致貓咪一再回到相同地點上廁所。

　　請徹底去除臭味，讓貓咪靈敏的鼻子也無法帶領她一再回到原地。你需要使用的是寵物污漬及臭味中和清潔產品。

　　我在下文概略說明了再訓練貓咪使用貓砂盆的基本三步驟計畫，即使你的獸醫判定你的貓咪是因為貓下泌尿道疾病或其他疾病而隨地小便，你還是必須遵照下列的步驟訓練。貓咪可能因為排尿時的疼痛而對貓砂盆產生負面聯想，因此你可能也必須採用行為矯正法。至少你也得清掃所有被貓咪弄髒的地方並去除異味。

步驟一　清理

　　在你清除污漬、去除異味之前，必須先找出所有被弄髒的地方。有些位於你可以看到的明顯地點，但也有些是隱密或許久前留下的髒污。你也想確保自己清除所有污漬，此時特殊的偵測燈就是必要工具了。

　　有一種紫外線燈只要在距離物體表面幾英寸的地方照射，就能看到尿漬發出螢光反應。如果你認為自家貓咪會在數個地方大小便，這種燈就是很值得做的投資，準備一捲紙膠帶在待清掃的髒污地點做記號，寵物用品店及網路上都有數種品牌的紫外線燈可供選擇。

　　你也會需要寵物污漬及異味中和清潔產品，選購這類商品時，請確認商品標籤上註明該商品專用於清除寵物尿液／糞便污漬及異味。不要使用一般的家用清潔

劑。使用前請先詳閱說明書，各產品的清潔方式可能不同。另外，也建議先在較不顯眼的地方試用。

如果是貓咪剛留下的污漬，請先用廚房紙巾輕輕將尿液擦乾。注意不要太用力，以免將尿液壓進地毯深層或家具軟墊的布料中。盡可能將尿液擦乾後，可以用紙巾壓按，將殘餘的水分吸乾，請持續更換溼掉的紙巾。接下來，用寵物污漬及異味中和清潔劑清潔髒污處。

如果是清潔地毯，讓寵物污漬與異味清潔劑在地毯上停留夠久，以深入所有髒污地區。如果尿液滲入地毯襯墊中，寵物污漬及異味清潔劑也必須向下深入滲透。請依照清潔用品使用說明中指定的時間讓清潔劑在污漬上停留，然後用紙巾擦拭到再也吸不出液體為止。有些產品必須用水清洗，因此請務必詳細閱讀產品標籤。接著如果有必要，可以用小電扇讓地毯更快乾。

如果用寵物污漬及異味清潔劑清理地毯上被重複噴尿的地方，在使用清潔劑之前可能必須先將舊的尿液殘留稀釋。如果累積的尿液太多，某些清潔用品可能無法清除乾淨。首先用清水處理污漬，用廚房紙巾擦乾。接著再依照清理新尿漬的方式用清潔用品清理這塊地方。產品的使用說明會註明是否需要這個步驟。

要清理地毯上的糞便，首先在手上套個三明治塑膠袋，小心將固體糞便清除。如果糞便形狀完整，應該可以輕易從地毯上拿起來。**我不建議使用報紙撿拾糞便，因為你可能會將糞便進一步壓進地毯內**。如果你決定使用廚房紙巾或衛生紙，力道請盡量放輕。將糞便清除後，用寵物污漬及異味清潔劑依照商品使用說明清理該處。

如果是水狀稀便，用湯匙或薄金屬鏟小心將糞便從地毯表面鏟起，可以避免造成更多污漬。腹瀉是指純液態的糞便，必須要用廚房紙巾吸乾，並以前文提到清除尿漬的方式清潔該處。請記住，盡量不要讓污漬進一步深入地毯。

千萬別使用氨或氨類清潔產品，因為尿液包含氨，這類清潔劑的氣味可能導致貓咪再度於清理過的地點大小便。

步驟二　保護

這個步驟適用於你的地毯與家具，如果你的貓咪鎖定家中特定區域，在重新訓

練階段可以限制她進入這些地點。如果貓咪鎖定地毯的某塊區域，可以用塑膠地毯保護墊蓋住那個地方。如果貓咪尿尿的地方是床鋪，在被子上蓋一塊塑膠浴簾或使用防水寵物床罩。用幾塊塑膠地毯保護墊、塑膠浴簾或防水寵物毛巾／被子將貓咪鎖定的家具蓋起來。

　　如果貓咪鎖定的是整個房間，在你無法在場監督或沒有進行再訓練時，請阻止貓咪進入那個房間（參考步驟三）。

步驟三　新連結

　　如果你有仔細閱讀本書，就會知道要解決貓砂盆問題必須先找出潛在的原因。如果你還是不確定造成貓咪在貓砂盆外排泄的原因為何，請回頭重看本章開頭尋找線索。如果不知道貓咪出現這種行為的原因，光是用寵物污漬及異味清潔劑清理被弄髒的地方絕對解決不了問題。貓咪只會在你清理完畢後再找個新地點故技重施。請從貓咪的角度來仔細檢查環境，答案就在其中。

　　如果你能像貓咪一樣思考，就會明白改變貓咪對特定地點或行為的連結具有多大的影響力。玩耍就是將負面連結轉為正面的一種有效方法，貓咪在狩獵的過程中，大腦會開始分泌「開心」的化學物質。在貓咪過去曾經大小便的地方進行互動式玩耍。你愈常這麼做，貓咪就愈容易將這些地方與正面的經驗做連結。

　　你也可以透過響片訓練改變貓咪對目標區域的連結，如果貓咪經過先前曾經大小便的區域時只是嗅了嗅就走開，就立刻按響片給她獎勵。

　　在貓咪曾經大小便的地方餵食她（但必須先將該處清理乾淨）是改變連結的另一種方式。貓咪不會在食物旁排泄。如果貓咪只在一個地方撒尿，你可以讓她在那裡吃完一整餐。而如果貓咪在多處撒尿，可以在每個撒尿的地點放一小碗食物。不要放一堆食物以免增加貓咪每天的進食量，只要將她日常的餐點份量分成數份分開擺放就好。

　　請用本章前文提到的行為矯正方法解決貓咪之間的衝突，貓咪需要暫時分開一陣子，然後重新認識彼此。每隻貓咪在家裡都必須覺得安心，而且要有安全不具威脅性的管道取用資源，包括餵食地點、貓砂盆、睡覺的地方以及玩耍的機會等，然

後你才可以用正向連結逐步讓貓咪重新認識彼此。

不過，如果你沒有解決資源的問題，重新認識的方法就會失靈。必須共用貓砂盆和冒著可能被突擊的風險或在恐懼下進食的影響力，都會大過所有良好的重新認識過程。如果你想讓噴尿的貓咪覺得再也不需要噴尿，或讓不當排泄行為的貓咪再度在貓砂盆裡找回安全感，那就必須做足整套功課，沒有捷徑可走。

請耐心以待

如果你的貓咪在某個地方曾經有過負面經驗，請慢慢來，讓她來決定步調。例如，貓咪一直很害怕那條通往貓砂盆的狹窄走道，因為有隻可怕的貓咪會躺在走道上等著發動攻擊。

請將霸凌者關進另一間房間，然後開始與被霸凌的貓咪展開低強度的互動式遊戲。讓這隻貓咪待在她的舒適圈裡，由她來決定要在這條走道上前進多遠。可能需要好幾次的玩耍及響片訓練才能提升她的信心。

如果持續性的霸凌或敵意是造成貓砂盆問題的原因，你可能必須將貓咪分開，然後讓她們重新認識彼此，以便一勞永逸解決貓砂盆問題。請參考第 11 章。

在嘗試重新訓練貓咪使用貓砂盆時，還有另一個非常重要的行為矯正面向，就是我們在情況變得艱難時往往欠缺的一點：耐心。許多無差別撒尿或噴尿問題都不是一夜之間突然發生，因此也不可能一夜之間解決。我有些客戶在與我聯絡之前已經和噴尿貓咪共同生活了好幾年。這些問題無法在 48 小時內解決，快速解決法並不管用。

追蹤紀錄

在冰箱上準備一份月曆，紀錄貓咪不當排泄或噴尿的時間與地點。也記錄可能引發這些不當行為的潛在事件及發生時間（如果知道）。追蹤紀錄有助於你看出貓咪的行為模式，讓你更了解行為矯正的進度。

聯繫合格的行為專家

看到本章相信你已經明白貓砂盆問題有多複雜、給人多大的壓力、讓人有多難過。這可能是決定貓咪能留在家裡還是被送出家門、遺棄、送進收容所或安樂死的關鍵。如果你無法成功解決貓砂盆問題，還有其他選擇可以考慮。請與你的獸醫師討論轉介合格的行為專家給你。詳細資訊請參考第 7 章。

貓砂盆問題的行為藥物治療

有時行為矯正仍不足以解決貓咪可能具有的所有問題，問題的嚴重性、持續的時間以及貓咪極度恐懼或壓力過大都可能導致當下無法使用行為矯正方法。如今已有十分有效且副作用很少的動物行為治療藥物，正確的診斷加上適當的用藥，或許就能讓有行為問題的貓咪免於接受安樂死。

不過在此要先提出警告：無論在何種情況下，千萬不要自行決定拿自己服用的藥物給貓咪使用。必須由獸醫師或動物行為專家做出正確的診斷，並由他們開立合適的藥物與劑量。

雖然精神疾病用藥對有行為問題的貓咪可能效果顯著，但這些藥物並非一體適用也不是解決問題的捷徑。在你和你的獸醫師決定採用藥物治療前，你們必須詳細討論這項治療的各個面向，包括對貓咪健康狀況的影響、藥物的費用、潛在副作用以及為確保貓咪安全必須做那些監控工作。

貓咪接受完整的醫學檢查前，請勿開始任何藥物治療。請務必確實了解藥物治療的預期持續時間，以及在治療結束後如何讓貓咪戒除該藥物。

🔍 開始藥物治療前必須考量的事項

- ・貓咪的醫療健康狀況
- ・診斷的準確度
- ・目前為止行為矯正法無效

- 目前為止環境矯正法無效
- 藥物可能的副作用
- 費用
- 飼主為貓咪投藥的能力
- 藥物對行為的影響
- 貓咪必須服藥多久

藥物治療一定要與行為矯正並用，否則你很可能在貓咪停藥後看到問題再度出現。這是完整行為矯正計畫的一部分，而不是讓你藉此逃避幫助貓咪必須做的工作。如果你認為貓咪必須接受藥物治療，請先與獸醫師約診，詳細討論各種選項。獸醫師覺得應該給予貓咪藥物治療前，可能必須先將你轉介給合格的行為專家。不要圖省事，要當個做足功課的飼主，這點攸關你家貓咪的性命。

異常的排泄偏好

貓咪大多喜歡能讓他們抓、挖和掩蓋排泄物的柔軟材質。不過偶爾也有貓咪偏好在堅硬的表面大小便，對任何貓砂都不屑一顧。由於在浴缸、水槽或地上排尿是貓下泌尿道疾病的常見病徵，因此請務必先帶貓咪就醫接受檢查。如果確定是行為層面的問題，那就該釐清貓咪偏好哪種材質。

如果你的貓咪只在光滑、平坦的表面大小便，可以在她經常大小便的地方放一個低邊的空貓砂盆。如果貓咪開始在這個貓砂盆裡大小便，你可以慢慢開始在盆子裡加入觸感柔軟的凝結砂。如果此時貓咪又再度在地上大小便，那通常表示你太快放太多貓砂了。

而如果不論你如何嘗試，貓咪就是不願意在任何類型的貓砂盆內排泄，那就在她的排泄地點放一塊吸水墊（與幼犬尿墊類似）。墊子裡的吸水材質必須時常更換，但總比讓貓咪尿在地上來得好。

有些貓咪具有另一種偏好，只在地毯、毛巾或布料上大小便。如果你的貓咪已

經接受過醫學檢查,請嘗試行為矯正法,提供貓咪各種貓砂(貓砂自助餐),或在貓砂盆內放置柔軟的布料而非貓砂,例如毛巾或小塊地毯,視你家貓咪選擇撒尿的材質類型而定。

如果貓咪願意使用貓砂盆,則用乾淨的布料替換弄髒的布料,然後逐漸開始在布料上加入少量的凝結砂。慢慢將地毯或布料愈換愈小塊。只要你進行的步調夠慢,應該可以讓貓咪重新適應貓砂。

\\\| / / /
貓咪
小常識
KNOW

> 在認定貓咪是因為觸感偏好才在地上大小便之前,請記得先運用你「像貓咪一樣思考」的偵查技巧。確認貓咪的這種行為並不是由醫學上的問題造成,也不是因為她需要更多逃跑的可能,或討厭貓砂盆的大小、類型,或貓砂的清潔度不符合貓咪的標準。
>
> 此外,也請確認你已經提供過各種貓砂,像自助餐一般任貓咪選擇,以確定對貓咪而言是否有更具吸引力的材質。

植物與貓尿

如果貓咪大多時間都待在戶外,在盆栽裡大小便的情況會更常見。如果貓咪發現盆栽裡的土壤觸感比目前貓砂盆的貓砂更讓他喜歡,他也可能在盆栽裡大小便。如果你使用傳統礦物砂或其他欠缺柔軟觸感的貓砂,請準備第二個貓砂盆盛裝柔軟的凝結砂,看看貓咪喜歡的是哪種觸感。

在盆栽設置嚇阻裝置防止貓咪將盆栽當成貓砂盆,Fe-Lines 生產的 Sticky Paws for Plants 可以像九宮格一般架在盆栽土壤上。至於大型坐地盆栽,可以在土壤表面鋪一層石塊,但這些石塊必須夠重,以免被貓咪推開。另一種方法是用園藝網蓋住土壤。上述所有方法都能讓你持續輕鬆澆水。

老化相關的貓砂盆問題

　　隨著貓咪老化，生理或精神狀態惡化可能導致貓咪出現在家中大小便的問題。關節炎可能導致貓咪難以進出貓砂盆，上下樓梯也可能過於疼痛。有些貓咪可能隨著年齡增長而逐漸喪失方向感，會記不得貓砂盆的位置。糖尿病、腎臟病及其他疾病也會導致水分攝取量及排尿量增加，可能也造成貓咪難以及時到貓砂盆內排尿。

　　請準備數個便於貓咪進出的低邊貓砂盆，如果已經使用邊緣最低的貓砂盆，但貓咪依舊有進出困難，可以改用塑膠托盤。如果你的貓咪會在睡覺時失禁，可以在她的床上鋪一塊吸收墊。請包容貓咪的大小便意外事件，在家中放置多個貓砂盆盡量讓貓咪過著便利的生活。有關老化相關問題的進一步討論，請參考第 16 章。

CHAPTER 9

貓抓柱、沙發……
貓咪會選擇哪一個？

···

- 沒錯，貓和高級家具可以兼得
- 磨爪子的需求
- 去爪的影響
- 一般貓抓柱
- 貓跳台

Think Like a Cat

CHAPTER

沒錯，貓和高級家具可以兼得

到養貓的朋友家拜訪時，你會看到原本是窗簾的破爛布條。你也會試著不去注意看起來彷彿被小錬鋸千刀萬剮過的破沙發。現在你自己家裡也養了可愛的小幼貓，她會不會也造成同樣程度的破壞呢？這會不會是你家高級家具的末日呢？該不該將貓咪去爪呢？

在你決定將貓咪去爪之前，請回到那些朋友家裡仔細了解情況。你在他們家裡有看到任何貓抓柱嗎？如果有，這些貓抓柱是否過短且搖晃不穩定？你的朋友用哪些方法嘗試將貓咪的磨爪行為重新導向更恰當的物品？你的朋友是否認為處罰是訓練貓咪唯一的方法？

如果你已經看完本書前幾章，你認為處罰的成功機率有多高？根據你目前為止看到的內容，你是否能夠理解，如果貓咪亂抓家具，可能表示貓抓柱沒有達到她的要求，或更糟糕的是，根本沒有貓抓柱可用？你有機會成為這隻小幼貓準備充分的飼主，並採用有效的訓練方法。

貓咪去爪是極為嚴重且永久的狀態，因此請看完本章，確定自己已了解貓咪磨爪子的原因、偏好某些材質的理由，以及我多年來成功運用的訓練方法。

磨爪子的需求

磨爪子是貓咪的本能行為，在貓咪的一生中具有多種功能，最明顯的功用就是維持指甲的健康。貓咪會藉由抓耙粗糙表面來去除前肢的外層指甲莢。貓咪指甲劃過粗糙材質時，無用的外層指甲莢會脫落，露出新長出的指甲。

磨爪也是留下視覺及嗅覺記號的方式，貓咪用指甲抓過表面，可以留下視覺記號能讓其他貓咪在安全距離外看到。如此一來，接近的貓咪可以看到這個記號而決定不要再更靠近，因此大幅減少肢體衝突的頻率。

貓咪磨爪子時也能透過前腳掌肉墊的氣味腺體留下嗅覺記號，如此一來，如果接近的貓咪決定進一步靠近，會透過氣味溝通取得更多關於留下這個爪痕的貓咪的資訊。雖然磨爪子也是一種領域記號方式，但更可能是貓咪獲得安全感及熟悉感的重要方法。

如果你曾經看過貓咪在飼主回家時跑去她的貓抓柱磨爪子，就知道磨爪子也是貓咪發洩情緒的一種方式。貓咪被主人責罵或無法做自己想做的事情時（例如無法捕捉她看到的窗外小鳥），也會用磨爪子來發洩她的挫折感。

磨爪子能讓貓咪伸展肩部及背部肌肉，貓咪喜歡在以蜷縮的姿勢睡覺醒來後或飯後做個全身伸展。

去爪的影響

許多飼主還不明白去爪的後果便倉促做了這個決定，幸好，現在有更多獸醫師會教育飼主，讓他們明白去爪應該是萬不得已才施行的手術。

去爪又稱為除爪手術，是以手術的方式鋸掉動物趾頭末端的骨頭，藉此去除動物的爪子，相當於將你每根手指的第一指節切除。獸醫師切除貓咪的趾節後會在貓咪腳上纏上壓力繃帶並讓貓咪住院一晚。貓咪麻醉清醒後會覺得疼痛，在接下來幾天也會持續感覺疼痛。如果貓咪無法服用止痛藥，復原過程甚至會更艱難。

傷口需要大約一星期癒合，而在復原期間不可使用一般貓砂，因為敏感的腳掌會覺得疼痛，且貓砂可能會沾在傷口上。去爪的貓咪無法用爪子抓傷敵人，也無法在逃離攻擊時爬上樹木或圍籬，幾乎毫無防禦能力，因此絕對不能讓她到戶外。

去爪有時也會影響貓咪的平衡感，如果手術做得不好，可能會有一根或更多根指甲長回來，導致貓咪不舒服。

去爪的貓咪變得愛咬人的機率是否較高，對於這點仍持續有爭議。許多專家認為沒有支持性的證據能證明去爪的貓咪較可能咬人。我見過有些貓咪變得愛咬人，或出現個性上的轉變。但我也見過有些貓咪在去爪後個性仍然和去爪前一樣溫和，

但很不幸的是，如果使用恰當的方法，這些個性溫和的貓咪可能也是最容易訓練成用貓抓柱磨爪子的貓咪。

去爪極為疼痛，會導致貓咪不必要的痛苦，也剝奪貓咪用爪子抓東西的天性，而這個能力對她的身心健康而言都很重要。對我而言，去爪就是將貓咪弄殘，可以說是一種虐待動物的行為，在許多國家如澳洲、巴西、奧地利、英國、芬蘭、瑞士及許多歐洲國家以及最近在美國加州的西好萊塢，這種手術都不合法。

如果你養了一隻幼貓，請等到嘗試過訓練她使用貓抓柱後再考慮是否將她去爪。我知道幼貓的爪子似乎隨時都會伸出來，但她遲早會更了解自己的身體如何運作，明白她可以更常將爪子收起來，不必像現在這樣。

讓幼貓習慣定期修剪指甲也有助於她長大後習慣腳掌被人抓著。定期修剪貓咪的指甲可以降低貓爪對家具的破壞力，對你和貓咪都有好處。

一般貓抓柱

貓咪飼主想做對的事情，因此去當地的寵物用品店買根貓抓柱。貓抓柱通常表面包覆著五顏六色的地毯材質，甚至頂端還吊著可愛的小玩具。這位飼主帶著滿懷的善意回家想滿足貓咪的需求，將這根貓抓柱放在客廳的一角。

而貓咪只要家裡有任何新東西都一定會覺得好奇，因此走過來瞧瞧這根貓抓柱。她嗅了嗅貓抓柱，甚至用腳掌輕輕拍了上頭吊著的玩具，飼主露出笑容，滿意家裡新增的這項無害物品；但貓咪卻轉身朝沙發走去，繼續將爪子陷入沙發中開始磨爪子，於是這位飼主皺起眉頭。

這隻貓咪是固執而且熱愛破壞嗎？故意違抗主人的意思？完全不是。她只知道這根貓抓柱無法滿足她天生、正常且健康的磨爪子需求。那麼這根一般貓抓柱究竟哪裡不對呢？首先從表面的材質談起，多數貓抓柱表面包覆的地毯材質都太軟也太毛茸茸。貓咪需要的是觸感粗糙的材質，才能將爪子陷入表面，以便去除不要的指甲莢。如果你家的貓咪在家具上而非貓抓柱上磨爪子，請比較兩者的材質差異。用

手摸摸看貓抓柱，然後再摸摸家具，一定是家具勝出。

接著來探討下一個問題，就是一般貓抓柱通常都不夠堅固。許多貓抓柱的底座都太小，因此在貓咪將全身重量靠在貓抓柱上磨爪子時，貓抓柱就會翻倒。有些貓抓柱做得不牢靠，沒有緊緊固定在基座上，因此會搖晃。由於家具比較堅固，因此貓咪才會想用你的沙發磨爪子，她知道沙發不會搖晃。

多數貓抓柱都太短，磨爪子也是貓咪完全伸展背部的方式。伸展的感覺很舒服，因此貓咪會回到她確定一定能讓她伸展的地方——就是你的家具。

選擇合適的貓抓柱

選購貓抓柱時請牢記三個原則，貓抓柱必須：

1. 表面包覆合適的材質
2. 堅固且做工牢固
3. 高度足以讓貓咪完全伸展

對多數貓咪而言，只要表面包覆的材質是瓊麻，應該就不會出錯。這種粗糙的觸感對貓咪極具吸引力。你可以用手摸摸看貓抓柱，感覺愈粗糙愈好。想想指甲銼刀，你不會想用一把又鈍又光滑的銼刀對吧？你的貓咪也一樣。

有些貓抓柱表面包覆著地毯，如果材質夠粗糙且地毯上的纖維圈不會害貓咪爪子卡住，貓咪也可以接受。

如果你找不到表面包瓊麻的貓抓柱，也可以上網訂購。有好幾家業者都有生產高大堅固、高品質且表面包瓊麻的貓抓柱。

自製貓抓柱

準備一根 10×10 公分的木條（實際的寬與高大約是 9 公分，但基於某個怪理由，市面上都叫這種木材是 10×10 也許是木匠對我們這些外行人開的玩笑。）木條大約 75 公分長。底座用一塊長寬約 40 公分、厚約 2 公分的三甲板就可以。請

選用西洋杉、紅衫、冷杉木或松木製作貓抓柱。橡木為硬木，會比較難鑽孔。

在店內你或許會發現有經防腐處理及未經防腐處理的木材，不要選擇經防腐處理的木材，因為這種木材會有明顯的氣味，你和你的貓咪都不會喜歡。如果當地木材公司或居家修繕材料店只有經過防腐處理的 10×10 木條，你可以改買未經防腐處理的 5×10×20 公分一般木材，裁成兩塊約 75 公分長的木條，再將兩塊木條用螺絲鎖緊，就是一根 10 公分寬、10 公分厚、75 公分長的木柱了。

如果你不打算在基座表面包覆任何材質，請務必用砂紙將表面磨過，以免你在半夜要去上廁所時踢到貓抓柱，腳趾被上頭的小木刺扎傷。

將木柱固定於底座時，需要用到 5 根 8 號 2 吋半牆面用螺絲釘。在底座預定要放木柱的那一面作記號，從斜對角畫兩條對角線。將木柱放在對角線交叉的中心點描出一個正方形。在正方形的中央及每一條對角線上各鑽一個洞，對角線上的洞離中央的洞都要有一寸的距離。用肥皂或舊蠟燭在螺絲表面塗一層，鎖螺絲的時候會比較不費力。

將底座翻過來、木柱固定好位置，將中心點的螺絲從底座底部鎖進木柱裡。將剩下的螺絲鎖進底座前，先再次確認木柱是否已固定在你標記於底座表面上的位置。如果螺絲都鎖好之後你還是覺得貓抓柱不夠堅固，可以在木柱底部與底座相接的四邊加裝小金屬角鐵。

許多飼主挑選貓抓柱表面材質時常會犯一個錯：他們會用鋪地毯剩下的材料。地毯材料和多數商店販售的貓抓柱一樣，通常都太毛茸茸也太軟。即使你的貓咪基於某種理由決定接受在貓抓柱表面包覆這種毛茸茸的柔軟地毯，這也會對貓咪傳達一種混淆的訊息。她不會明白為什麼她可以在包了這種地毯的貓抓柱上磨爪子，卻不能在鋪了這種地毯的地板上磨爪子。

我發現最簡單的貓抓柱包覆材料就是繩子，購買繩子時，請買比你預計的用量再多一些，因為繩子必須嚴實纏繞在貓抓柱表面。你也可以拿被貓咪冷落的地毯表面貓抓柱用繩子再包一次。用堅固的地毯釘或地毯平頭釘將繩子固定在貓抓柱的上下兩端。為了保護自己的雙手，纏繩子時請戴工作用手套。

有些貓咪喜歡用舊木板磨爪子，如果你的貓咪在壁爐旁堆放的木柴上磨爪子，你可能就會發現這點。如果是這種情況，最簡單的做法就是立一塊木頭當成貓抓柱。在這種情況下，大自然已經提供了理想的表面包覆材質。如果你的貓咪喜歡用裸木磨爪子，你可以將木頭的樹皮剝掉，或用一根 10×10 的木頭。

🔍 製作貓抓柱所需物品

- 一塊寬 10 公分、高 10 公分、長 75 公分的木材
- 長寬約 40 公分、厚約 2 公分的三夾板
- 貓抓柱表面包覆材質
- 底座表面包覆材質（非必要）
- 砂紙（磨平底座表面用）
- 5 根 8 號兩吋半長牆面用螺絲釘（如果使用高 5 公分、寬 10 公分的板材，則需要更多螺絲釘）
- 四個小型金屬角鐵（非必要）
- 地毯釘或地毯平頭釘
- 電鑽
- 肥皂塊或蠟
- 安全護目鏡
- 貓薄荷（用來塗在完工的貓抓柱上）

貓咪對磨爪子的對象可能各有不同且獨特的偏好，因此請發揮創意做出理想的貓抓柱。不要放棄！

貓抓柱的放置地點

別犯了想把貓抓柱藏起來的錯，它或許並不是最適合搭配你家裝潢的美觀新物品，但你家貓咪必須知道家裡有這樣東西。將貓抓柱放在便於貓咪靠近的地方也會是一種視覺上的提醒，讓貓咪在適當的地方磨爪子。

許多貓咪喜歡在睡醒或飯後磨爪子和伸展，由於磨爪子也是發洩情緒的方式，因此許多貓咪在飼主回到家或焦急地等待放飯時也會想使用貓抓柱。

給幼貓使用的貓抓柱應該放在他的房間或活動區域的正中央，以免幼貓找不到。如果你的幼貓可以在家中各處走動，請準備一座以上的貓抓柱。不要期待貓咪在想磨爪子時還能壓抑這股衝動，走過一間又一間房尋找她的貓抓柱。請給小貓咪一個方便。如果是多貓咪家庭，請在每隻貓咪最常待的地方都準備貓抓柱。有些貓咪可能不喜歡與其他貓咪共用貓抓柱。

訓練貓咪使用貓抓柱

對幼貓而言，磨爪子其實是爬到高處的一種方法。對新手貓咪飼主而言，看著幼貓爬上家具、窗簾、床鋪和衣櫃裡掛著的衣物，會覺得她的腳掌上彷彿有魔鬼氈。請深呼吸拿出耐心，這個階段遲早會過去。雖然目前貓抓柱對你的幼貓而言，除了能讓她爬到頂端似乎沒有其他用處，但很快她就會出現磨爪子的行為，屆時你會想要做好準備。

不論是幼貓或成貓，訓練方法都相同：把過程當成一種遊戲。在貓抓柱旁掛一根孔雀羽毛或其他吸引貓咪的玩具。貓咪在努力抓玩具時，會發現貓抓柱令人難以抗拒的觸感。用自己的指甲在貓抓柱上輕輕抓一抓，通常這個聲音也能吸引貓咪加入。如果你的貓咪不清楚貓抓柱的作用，可以將貓抓柱側倒放置，拿著玩具在貓抓柱四周晃動。在貓咪跳上貓抓柱或用腳掌揮向玩具時，就會發現貓抓柱的觸感。接下來她也許會開始激動地在貓抓柱上磨爪子。等到貓咪明白貓抓柱真正的用途，你就可以重新將貓抓柱豎直。

千萬不要抓著貓咪的腳掌放在貓抓柱上逼她磨爪子，不論你的動作多輕柔，貓

咪都不會喜歡這個經驗，也會導致她混淆。她會把注意力集中在脫離你的掌握，這個舉動除了讓貓咪對貓抓柱產生負面聯想外，根本毫無效果。

　　讓幼貓習慣固定在貓抓柱四周玩耍，訓練方法必須貫徹一致，以免幼貓產生混亂。不要在被子下、衣物下方或在窗簾後拖拉玩具，這只會鼓勵貓咪在伸爪子抓玩具時用這些布料磨爪子。不要拿著玩具在裝有軟墊的家具表面上下滑動，這會導致幼貓伸出爪子爬上家具。千萬不要對貓咪傳達讓她混淆的訊息。

讓貓咪從家具轉移至貓抓柱

　　這是可以做得到的！不過首先你必須準備合適的貓抓柱，請確實遵照我的指示購買或自製合適的貓抓柱。如果你家裡已經有塵封多年的閒置貓抓柱，除非高大堅固又耐用，你可以嘗試用更好的材料重新包覆表面，否則別想重新訓練貓咪使用那座貓抓柱，不過你或許應該直接把舊貓抓柱扔掉。

　　接下來，請留意貓咪目前磨爪子的地方，如果是沙發或椅子，你必須降低這些地方對貓咪的吸引力。如果貓咪在家具上磨爪子的地方僅限於某些區域，可以在上頭貼幾條 Sticky Paws（一種專門用來防止貓咪亂抓家具的透明雙面膠帶）。一般紙膠帶可能會在家具上留下殘膠。但根據製造商表示，Sticky Paws 有壓克力底層，因此從家具上撕起時不會留下殘膠。這個產品也是水溶性，不過請勿黏貼於皮革或乙烯表面，也不要將 Sticky Paws 長期貼在有軟墊的家具上。

　　如果貓咪磨爪的區域包含整張椅子，可以用床單將椅子蓋起來。仔細將床單邊緣摺好，用膠帶固定在椅子底，以免貓咪鑽進床單下爬上椅子。在椅子的數個地方貼上幾條 Sticky Paws。如果是大面積的有軟墊家具，也有特大號 Sticky Paws 可供選購。現在你已經把貓咪喜歡的磨爪子表面變成她不喜歡的表面，接下來就是要將新貓抓柱放在已經被遮蓋的家具旁。這樣一來，貓咪去老地方磨爪子時，就會發現她平常磨爪子的地點不見了，然後察覺旁邊有更理想的磨爪子目標。

　　你也可以拿玩具在貓抓柱四周晃動吸引貓咪的注意，進一步引誘貓咪使用貓抓柱。另外，用貓薄荷摩擦貓抓柱也能確保贏得貓咪的歡心（僅限於對成貓有效）。

拿出響片，在貓咪用貓抓柱磨爪子時便按響片給她零食。給貓咪獎勵讓她知道自己做對了。

　　如果你在重新訓練期間逮到貓咪想在家具上磨爪子，請不要處罰、責打或大罵她。可以在家具上多貼一些雙面膠帶，甚至在家具表面黏幾塊塑膠地毯保護墊（顆粒面朝上）。

　　在貓咪習慣使用貓抓柱且不再嘗試用家具磨爪子之前，家具都要保持覆蓋的狀態。然後逐漸將貓抓柱移到你想固定放置的處所。不過，建議你可將貓抓柱放在離這個區域相對較近的地方以便提醒貓咪使用。如果你覺得貓咪已經重新訓練好，會直接走向貓抓柱，對家具連看都不看一眼，那就可以拿掉床單或撕掉雙面膠帶。

　　如果貓咪會在大門旁或房間門口四周磨爪子，她的目的可能在於做記號而非修指甲。在門口旁放一座貓抓柱，用 Sticky Paws 貼住她原本磨爪子的地方。在狹窄的走道或其他無法放置貓抓柱的地方，可以在牆上或門把上貼上表面包覆瓊麻的保護墊。在寵物用品店及網路上都可以找到許多這類產品，甚至可以自製這種保護墊。

　　一旦設置好貓抓柱，可以觀察底座追蹤貓抓柱的使用率。如果貓咪有在使用貓抓柱，應該會在底座看到小新月形狀的指甲笅。

　　在重新訓練期間，一星期用貓薄荷在貓抓柱上擦一遍當成一點小暗示（僅限於對成貓有效）。等到重新訓練完成，可以定期用貓薄荷擦貓抓柱當成獎勵。

飼主該不該讓步？

　　這是我最常聽到飼主提出的疑問之一，他們絕望之際乾脆放棄，任憑貓咪破壞椅子，因為他們已經打算遲早要買新椅子。這種想法的問題在於，貓咪不會明白為什麼主人允許她用舊椅子磨爪子，卻不准她用新椅子磨爪子。請不要對貓咪傳達混淆的訊息，買一個優質貓抓柱放在理想的地點，透過訓練吸引貓咪開始使用它吧。

水平式磨爪

　　並不是每隻貓咪都會向上拉長身體磨爪子，有些貓咪偏好在平坦表面上磨爪子。你或許留意到自家貓咪在地毯、門氈、戶外陽台地板或家具扶手上磨爪子。也有許多貓咪喜歡水平式及垂直式磨爪。如果你發現貓咪都是在水平面上磨爪子，或許這就是訓練她使用垂直貓抓柱一直不成功的原因。

　　市面上有許多貓抓板可供喜歡水平式磨爪的貓咪使用，也有許多用瓦楞紙做成的平價貓抓板。另外，如果你覺得你家貓咪喜歡用傾斜姿勢磨爪子，也有用瓦楞紙做成的斜坡式貓抓板。

貓用假指甲

　　市面上有賣小塑膠指甲套，可以套在貓咪現有的指甲上。在指甲套裡擠入永固膠再套上指甲，大約可以維持一至兩個月。貓咪的指甲會變長，因此沒有掉落或被貓咪咬掉的指甲套也必須剪掉。貓咪即使戴著這些指甲套還是會想磨爪子，但顯然她的指甲無法穿透任何東西。對於完全無法訓練貓咪使用貓抓柱但也不想讓貓咪去爪的飼主，這些指甲套就是一種選項。

　　我並不喜歡這類產品，因為一旦套上指甲套貓咪就無法完全收起指甲，我不確定這種情況長期而言有多舒服。此外，指甲套也讓貓咪無法享受自然的磨爪行為；雖然我不喜歡指甲套，但我寧願你用這種產品也不要你將貓咪去爪。

　　第一次應該由獸醫師或獸醫技術人員替貓咪戴上指甲套，以免你的貓咪有任何負面反應。指甲套件組也可以在家使用，有各種尺寸可選擇。如果你的貓咪具有攻擊性，不要嘗試在家自己幫她戴指甲套。即使貓咪沒有攻擊性，在幫貓咪戴指甲套時你也會需要助手幫忙抓住貓咪。

　　我發現許多貓咪在戴上指甲套後馬上啃下至少 1～2 個，因此你不能戴上指甲套之後就忘了這回事，必須定期檢查確認所有指甲套是否還在，因為即使只有 2～3 根指甲露出，也會對你的家具造成破壞。如果你對指甲套有興趣，可以和獸醫師討論。

貓跳台

每個家庭應該都至少要有一座，這些跳台不僅提供高大堅固的磨爪子表面，也能讓貓咪攀爬和棲息在自己專用的家具上。市面上有各種貓跳台可選擇。你可以買多層的貓跳台以便 2、3 隻貓咪共用，這類跳台有許多不同的結構和高度。

貓跳台的支撐木柱可能有繩子、樹皮、瓊麻包覆，也可能保持裸木的狀態。有 2、3 根支撐木的多層貓跳台可以有數種表面包覆材質，完全就是貓咪的天堂！

由於貓咪可能會從最高的跳板直接飛躍至地上，因此這種跳台必須有寬闊的底座以維持穩固。可以買品質優良的支撐柱。請選擇有 U 型跳板而非平板跳板的貓跳台，貓咪喜歡背部靠著東西，這樣才有安全感。

貓咪用舊的破爛貓抓柱是否應該換掉？

多年來你的貓咪一直認真地使用她的貓抓柱，以至於如今這座貓抓柱只剩下破爛的繩子掛在傷痕累累的木柱上。你把舊貓抓柱扔掉，滿懷愛意的買了全新的貓抓柱想給貓咪一個驚喜。結果呢？她很可能不喜歡。她好不容易把舊貓抓柱整頓成她想要的樣子，在上頭留下滿滿的視覺與嗅覺記號。那是完全屬於她的東西！但突然間她驚恐地發現，她的貓抓柱不見了⋯⋯消失了。

不要將貓咪深愛的貓抓柱丟掉，而是另外買個新的放在舊的貓抓柱旁，以便貓咪有更好的磨爪新選擇。**請記住，貓咪磨爪不只是維持指甲健康，也是做記號和發洩情緒**。如果她真的拋棄了破爛的舊貓抓柱而喜歡新的貓抓柱，你就可以將舊貓抓柱扔掉。我們家裡有 3 座大型貓抓柱和 2 座貓跳台，全都已經破舊不堪，因此我知道我的貓咪很喜歡它們，最受歡迎的那座貓抓柱其實已經用了 10 年了。

CHAPTER 10

貓咪大廚

....

Think Like a Cat

CHAPTER

挑嘴的食客並非生來如此

身為貓咪的新飼主，你無疑會非常關心如何為成長中的幼貓提供最好的營養。你的貓咪會不會在用餐時間開心地跑往食盆，還是厭惡地盯著餐碗（和你），你在食物裡放了什麼、放在哪裡，其影響之大令人訝異。重點就在於怎麼拿給她吃。

在選擇貓咪的食物和水碗的時候有好幾個選項，在你出門砸大錢去買鑲滿珠寶、量身定做的盤子，或是翻遍閣樓找出你 8 年前從德國牧羊犬口中救出來的水碗之前，先評估你貓咪的需求吧。

你說：碗就是碗啊？但是你要找的是對你的貓咪來說最棒的碗。碗通常是用塑膠、玻璃、陶土或是不銹鋼做的。下列是你在選擇的時候要考慮的一些事。

塑膠：用塑膠做的碗可能比別的都多，塑膠不貴、重量輕，而且不會破。但有些貓用塑膠碗吃東西會過敏，這種過敏會出現掉毛或下巴長粉刺的症狀。有些貓咪甚至會出現相當嚴重的傷害。

不管你多努力清洗，這種碗盤還是會有味道殘留。塑膠碗也比較容易刮傷，造成殘餘的食物和細菌堆積在這些刮痕裡。刮傷的塑膠表面也可能磨傷貓咪敏感的舌頭，刮傷的碗就要換掉，就算你一開始覺得塑膠好像不貴，但反覆更換的成本會讓這些碗變得沒那麼划算。

最後，我不喜歡塑膠碗，因為太輕了。我的貓咪不喜歡碗會在地板上滑動，被迫在廚房裡追著碗到處跑。你或許覺得這樣可愛又好笑，可是在有敵意的多貓家庭裡，用餐時的距離非常重要。朝著敵人方向滑動的餐碗可能會造成大麻煩。

玻璃和陶器：是種好選擇，因為比塑膠重，所以不會在廚房到處裡亂跑。不過這種碗會打破，所以清洗的時候要小心，因為碎屑或裂縫可能會傷害貓咪的舌頭。此外，有些陶碗會有瑕疵，造成粗糙的質地。這可能會刺激舌頭。選擇陶器時，要找到在產品上標示「不含鉛」的製造商。

不銹鋼：幾乎不會損壞，這是很棒的選擇。不過因為不銹鋼碗重量輕，要找底部邊緣有防滑圈的碗。為了保持清潔，如果橡膠的防滑圈可以拿下來的話，別忘了清洗下面，細菌可能會藏在那裡。

餐碗的尺寸和形狀

選擇適合你貓咪的尺寸，如果你給小小的幼貓一個大碗，猜猜看會發生什麼事？她最後會踩進她的食物裡，你可以把大碗留到她再長大一點再用。

窄小的深碗會讓貓咪的鬍鬚嚴重地擠在一起，不是個好主意。對長毛貓來說，深碗會讓她臉部周邊的毛弄髒。對波斯貓或喜馬拉雅貓這些鼻子較短的品種來說，也不建議用這種碗。他們需要的是寬口的淺盤。

共同餵食的碗

如果你養了兩隻貓以上卻只買了一個大碗，那你可能就是在製造問題了。有些貓用餐的時候身邊需要比較大的空間，讓貓擠在一起吃，可能會鼓勵比較有自信的貓咪來威嚇別的貓。比較沒有自信的貓就會太過害怕，要等到第一隻貓吃完了才敢靠近餐碗，到那時候可能食物都沒了。

如果可以的話，兩個碗之間至少要相隔一些距離。在某些狀況下，餐碗可能得擺在房間的兩頭，甚至可能要在另外一間房間設置額外的餵食點。

雙口碗

有些人會用雙口碗，一邊放食物，另一邊放水。由於一些理由，我會建議你不要這樣做。有些貓不喜歡她們的食物離水那麼近。結果可能造成貓挑嘴不吃，或是去別的來源弄水來喝（例如馬桶）。我不喜歡用雙口碗擺食物和水的另一個原因，是食物的碎屑最後常會掉進水裡，弄髒了水，這樣對貓咪就很沒有吸引力了。

自動餵食給水器

如果你的貓喝水量大，你又擔心一天結束你回到家的時候碗裡的水會喝光，那麼自動重力給水器會是個好主意。對多貓家庭來說給水器也很棒，可以確保給水量足夠。你唯一要小心的事，就是如果水放在重力給水器裡太久了，喝起來來可能走

味。就算給水器的水足夠，你也知道自己幾天前才把給水器裝滿，還是該常常倒空水箱，重新加入新鮮的水。

在飼主得外宿一兩夜、或是家裡有一隻貓以上的家庭，重力乾飼料餵食器很受歡迎。不過要記得，如果你是為了旅遊時的方便而使用餵食器的話，你還是得找人到家裡來，看看貓的狀況、清理貓砂。

自動餵食給水器沒有按時經常清理的話，可能會讓貓咪不想去吃喝。一定要固定把餵食器完全倒空，好好清理才可以。

也有些自動餵食器可以用計時器，在預設的時間釋出特定份量的乾飼料。這是個好方法，就算你整天都去工作，也能讓你的貓咪按時用餐。如果你的貓吃濕食，也有些計時的餵食器裡面附有冷卻包，可以為食物保鮮。蓋子會在預設的時間打開，讓貓咪能看見新鮮的餐點。如果你要離家好幾天的話，不要依靠自動餵食器（就此而言，自動貓砂盆也一樣）來做你該做的事。電子產品會故障、被撞翻，電池可能會沒電。

清洗餐碗和水碗

不管你決定用哪一種碗，都要每天保持碗的清潔，依據製造商的指示來用洗碗精手洗或用洗碗機。如果用手洗，就要確定連一點點的洗碗精的都有全部沖乾淨，任何殘留都會刺激貓咪的嘴巴和舌頭。有時候在貓咪任食的家庭裡，這些碗會定時重新裝滿，但是沒有洗過。這樣最後會造成食物吃起來不新鮮，碗裡也會佈滿細菌，水碗也是一樣。

食物和水的放置

如這本書前面所述，你家裡絕對不能擺放食物的地方，就是貓砂盆附近。我可以聽到腳步聲了，因為你們有人跑去貓砂盆那裡看看到底有多近……喔喔，在這裡，餐碗和貓砂盆並排在一起。

為什麼這樣很糟糕呢？要了解這點，我們就要回到貓咪的生存本能。在戶外的環境裡，貓會在遠離巢穴區域的地方排泄，以避免吸引掠食者回到她住的地方。食

物跟貓砂擺得這麼近的時候，貓就會覺得衝突了。會產生的行為問題可能是貓咪會選擇在那個地點吃東西，因為只有在那個地方找得到食物，然後選擇別的地方排泄。我跟你保證，她所選的排泄地點不會是你很喜歡的那種。

其他放置食物地點的糟糕選擇包括嘈雜、恐怖，或是無法預測的區域。如果你的貓咪膽小、緊張不安，你又把食物放在洗衣間，猜猜看洗衣機從清洗進到脫水的時候會發生什麼事？你的貓咪會嚇跑的。如果你養了狗，貓食對他又非常有吸引力，那麼把碗放在讓狗可以吃得到的地板上，可不是什麼好選擇。

放置食物和水最顯而易見的地方就是廚房，但是根據你的特殊情境來看，也許你做不到。如果你的貓很膽小，廚房的活動又多得不得了，那就把她的食物放在家裡比較安靜的區域。飼主在滿足貓咪需求的時候可以非常有創意。只要記得，用餐時間應該是讓貓咪感覺安全的時間，這樣她才能享用晚餐。

你決定好放置食物的最佳地點之後，如果貓咪喜歡，就別再更換地點了。貓咪是種很重習慣的動物，不喜歡去到餵食點的時候卻發現食物已經不見了。

高齡貓咪的餵食習慣或地點可能需要調整，如果你一直把貓咪的食物放在高處，就要確定她還有能力跳上跳下。你可能得把她的食物拿下來放在地板，或是弄出一條路讓她可以輕鬆爬到那個地點，例如包了地毯的小樓梯，或是寵物坡道。

對於吃東西吃得狼狽不堪，或是喜歡打翻水碗的貓咪來說，你可以找到邊緣加高的地墊，可以擋住水，免得弄壞你的地板或毯子，這些地墊在寵物用品店或是網路上都買得到。

令人困惑的寵物食品世界

除非你一直與世隔絕，不然你大概已經注意到商店的架子上有多少空間在放寵物食品，種類也多得令人訝異。然後有經由獸醫販售的治療用和處方食品，在有機商店和網路上販賣的特製和有機食品，最後，還有生食。

寵物食品業是門非常、非常大的生意，寵物食品廣告訴諸於我們對食物的印

象，很可能讓人誤解。有些公司製作的食物看起來彷彿我們自己都能吃──一片片的牛肉，醇美的肉汁、豌豆、迷你紅蘿蔔等等。

你覺得這些東西對貓咪來說真的重要嗎？如果你的貓咪真的擔任起你家裡的大廚，那麼坐在餐桌前的你盤子裡會是一隻小老鼠，配菜是蝴蝶或蚱蜢。明天的菜單可能會包括貓咪風鳥肉餐，用一點貓薄荷做完美調味。

喔，這兩份菜單裡還有另一項重要的材料⋯⋯主菜可能還在呼吸呢。餓了嗎？我也不餓，但是貓咪們可就要大排長龍了呢。這一章會指導你了解貓咪的營養需求為何，以及如何提供。我不希望你只因為食品的廣告打得好就花了冤枉錢，但我也不希望你往後車廂裡塞進 20 公斤便宜的牌子，卻無法幫助你的貓咪成長茁壯。完整的營養可以給你的貓咪最好的健康、閃亮的毛皮，還有充沛的活力。她對疾病會更有抵抗力、行為問題更少，更有可能延年益壽。

蛋白質

貓咪的成長和能量，還有讓身體的組織得以運作，都需要蛋白質。貓咪的飲食所需的蛋白質比狗更多。幼貓需要的蛋白質甚至比成貓更多。

蛋白質是由胺基酸（amino acids）組成。胺基酸有兩種：必需胺基酸與非必需胺基酸。非必需胺基酸可以由身體合成。在至少 22 種的胺基酸中有 11 種被稱為必需，是因為貓無法合成，必需從食物中攝取。

其中一種胺基酸：牛磺酸（taurine），對貓咪來說特別重要。很多年以前，貓咪食品裡這種東西的份量不夠，因為缺乏牛磺酸而造成了健康問題。**飲食中牛磺酸補充得不夠，會造成失明和心臟病這兩種極為嚴重的病症。**

幸運的是，寵物食品製造商在食品裡加入更多的牛磺酸來回應這種需求。由製造商來添加牛磺酸是必要的，因為罐頭食品在裝罐的過程中會發生各種變化，所以牛磺酸的含量要更高。

添加牛磺酸後就比較少看到營養缺乏的狀況，餵食狗食的貓咪還是有危險，因為狗對牛磺酸的需求不同，拿狗吃的食物給貓吃可能會造成營養缺乏。

貓為何不能吃素？

貓是食肉動物，就這樣。她們必需從肉裡攝取維他命 A 和其他必需的營養。貓的身體跟我們不同，沒辦法把 β-胡蘿蔔素（beta carotene）轉換成可使用的維他命 A。你可能只吃素，甚至可能強烈反對在任何狀況下食用肉類。我完全尊重你的信念，但是你的貓咪必需要吃肉，不然她的健康會急遽惡化。

脂肪

現在大多數人聽到脂肪這個字都會害怕，我們花了那麼多的努力想把脂肪從我們的飲食中去掉。從另一方面來說，貓咪對脂肪的需求比人類高。她們對肉類的需求也是一樣的狀況，我們必需了解我們和貓咪的營養需求有何不同。

脂肪富含能量，來自動物的脂肪提供身體所必需的脂肪酸。脂肪酸匯聚即在一起形成脂肪。脂溶性維他命（A、D、E、K）必須靠脂肪才能順利吸收、傳送到全身。即使貓咪所需的膳食脂肪比我們多，但也不是什麼脂肪都可以。貓咪就沒辦法轉換多元不飽和脂肪（Polyunsaturated fat，來自於植物油），所以必需的脂肪酸：花生四烯酸（arachidonic acid）就必需從動物來源攝取。

脂肪也會增加食物的適口性。這點我們跟貓咪確實有共通之處，我們都喜歡脂肪讓我們的食物更好吃。

碳水化合物

碳水化合物包括糖、澱粉和纖維素，除了是能量和纖維的來源之外，碳水化合物也有助於消化脂肪。碳水化合物中的纖維素不會消化，而是做為纖維來吸收腸子裡的水分，幫助促進正常的排便。

維他命

　　維他命不是水溶性的（例如維他命 B 群、菸鹼酸 niacin、葉酸、泛酸 pantothenic acid、生物素 biotin、膽鹼 choline 和維他命 C）就是脂溶性的（A、D、E、K），只要你餵食貓咪符合年齡、高品質、均衡的食物，就沒有必要補充額外的維他命。

　　沒有獸醫的建議就補充，可能會造成中毒。沒有使用到的水溶性維他命會隨尿液排出，但是脂溶性維他命會在身體裡堆積到危險的程度。有些貓咪由於年齡或生命會需要額外的維他命，你的獸醫會決定需不需要這樣做。

　　如我前面所說的，貓咪沒辦法把 β-胡蘿蔔素轉換成可使用的維他命 A 的形式，所以必需從其他肉類來源去攝取，把紅蘿蔔棒留給你自己當午餐吧。

　　以礦物油或是凡士林為基底的防毛球產品會干擾脂溶性維他命的良好吸收，如果你的貓咪常受毛球之苦，要小心不要過度使用這些預防產品。也適用於過度使用礦物油或凡士林，更多有關預防毛球的內容，請見第 12 章。

礦物質

　　跟維他命一樣，你的貓咪也需要適量的礦物質來維持健康。礦物質鈣和磷必需維持在一定的比例。如果嚴重失衡的話，貓咪可能會遭受令她元氣大傷的併發症。**餵食全肉的貓咪鈣量不足，可能會有骨骼的疾病，含鈣量太高的飲食可能會干擾甲狀腺的正常運作。**要確保你的貓咪得到所需要的所有礦物質、份量又要正確，最好的方式就是餵食她適合她生命階段、高品質的均衡食物。

水，被低估的營養素

　　生命的每個階段都要仰賴水，貓咪的身體幾乎有 70% 是由水組成的。所以思考如何為你的貓咪提供最佳的營養時，別忘了這種被忽視的營養素：水。

　　你的貓咪必需要能隨時得到乾淨、新鮮的水。然而你的責任不僅止於每次水碗空了的時候就重新裝滿，你的責任包括監控你的貓咪喝的水有多少。要注意飲水量

的任何變化，因為這可能顯示出健康問題（例如糖尿病或腎臟病）。貓咪碗裡的水必需每天更換，碗也要洗過，以免污染你重新加入的新鮮飲水。不要弄個大碗，以為這樣你就只要一星期裝一次就好。水會走味，而且貓咪喝得出來。

如果你注意到水裡有一點點的食物或是塵土，就要清洗水碗，再加入新鮮的水。要盡量讓你家貓咪飲用的水充滿吸引力，有些貓咪會挑剔水碗的形狀和大小。你的貓咪可能偏好比較淺的碗，不要深碗。如果是這樣，那要記得更常加水。

如果你的生活中不是只有貓咪，還有狗的話（尤其是大狗），貓咪可能會不想共用一個大水碗。對體型小的貓來說，大狗的水碗看起來可能比較像是座游泳池。如果是這種狀況，就在高處再放一個比較小的碗，給貓咪專用。

有些貓咪偏好一次結合兩種活動：玩樂和喝水。她們喜歡，而且有時候堅持要喝水龍頭滴下來的水。你一開始可能覺得這樣很可愛，但相信我，沒多就這樣就不會可愛了。你很快就會發現，自己被貓訓練成只要她坐在水龍頭附近大叫就會去打開水龍頭，或是更糟糕的，你會放棄，就讓水龍頭開著滴水。這兩種選擇都不好。

如果你有幼貓，那千萬不要讓她毛茸茸的小腦袋想到滴水的水龍頭是個很棒的遊戲。如果你的貓咪已經執著於水龍頭了，那有些產品可以滿足她的需求，讓她玩流動的水，遠離你的水槽。寵物用品店和網路上有好幾種品牌。

要讓某些貓咪喝到足夠的水也會是種挑戰，所以寵物飲水機可能也是個好選擇。有些貓咪罹患下泌尿道疾病，或是腎衰竭的貓咪，就需要喝大量的水。對這些貓來說，飲水機就不只是種娛樂的來源——而是成為寶貴的工具了。

如果要避免你的貓咪去喝馬桶的水，就要把馬桶蓋一直蓋著，用來清潔馬桶的清潔劑和化學物品對寵物來說可能會致命。

如果你的貓咪常往外跑，那就要確定她在外面都能得到乾淨、新鮮的飲水。只吃乾飼料的貓咪必需要喝更多的水。罐頭食品含有至少 70% 的水分，所以吃濕食的貓透過飲食可以得到更多的水分。

你的貓咪不是狗，不要餵她吃狗食

聽起來蠻基本的，對吧？然而許多飼主還是有錯誤觀念，覺得狗食和貓食可以

互換。你看過幾次貓咪把鼻子伸進狗飼料裡，還是狗狗得把貓咪推開免得她偷吃了幾口好吃的食物？不幸的是，這種作法對兩種寵物來說都會造成嚴重的併發症。

如果你的貓咪吃狗食，她生病的風險就很高，因為缺乏維他命和礦物質。另一方面，可以吃貓食的小狗吃下的蛋白質遠超過他所需要的，對他也會造成健康問題。此外，貓食中蛋白質含量較高，也會造成狗兒肥胖。

我知道用餐的時候很難當裁判，確定大家都有把鼻子放進自己的碗裡，但是不去監控的代價實在太高了。對狗狗來說不幸的是，貓食的脂肪含量高，讓貓食嚐起來更有吸引力，所以小狗要是嚐過了小貓的晚餐，那只要你沒看著的時候，他就會更有決心去換個碗吃看看。

什麼食物才適合你的貓

外面的選擇多得嚇人，每一家公司，從小型的家庭工廠到知名的大型企業，都宣稱可以滿足你貓咪的營養需求。你怎麼決定呢？有機的嗎？超市品牌？冷凍？生肉？頂級？自製？夠讓飼主頭疼的了。以下是一些基本的原則，可以幫助你。

學會閱讀標籤

雖然你不可能辨認出每一種成分，但至少你比較有辦法比較不同牌子。到這一章後面你會學到更多。不過標籤也會騙人，所以如果你對某個牌子的營養宣稱（nutritional claims）沒有把握，就打電話給公司，也跟你的獸醫談談。

餵食貓咪適合她生命階段的飲食

成長中的幼貓需要成長配方的食品，懷孕或泌乳期的貓通常也會採用成長配方，因為她們肩負額外的營養需求。隨著你的貓咪走過生命的各個階段，你要知道她們的飲食要做什麼調整。

如果你不確定你的貓咪需不需要吃特殊配方的話，就諮詢你的獸醫。例如你的貓咪過胖，就可能需要吃限制熱量的配方食品。外面有許多不同的配方食品可以處理特殊的需求，例如毛皮沒有光澤、毛球、控制體重、腸胃敏感、食物過敏等等。

是不是只要餵一種食物，就要看你的貓咪現在在吃哪一類的食物。如果她因為某些特殊因素在節食，就必需持續只吃那種食物。對沒有健康問題的貓咪就要餵食各種食物，以免你最後得到一位挑嘴的食客。

飲食要變換不同的口味，或許你也想在幾家製造商之間變換。如果你從一開始就有變換飲食，你養出來的貓咪就比較不會只對某類食物上癮。你剛開始變換的時候，要慢慢在舊食物裡加進新的食物。這樣你就可以避免她排斥這種食物，還有可能的腸胃問題。

如果你在一種以上的口味和一家以上的製造商之間變換，那要是某個口味停產了，或是你固定買的牌子缺貨了，你就不必大為恐慌了。

處方食物的話，要遵循獸醫的指示。如果你的貓咪需要吃特殊食品，就要確定你明白是為了什麼、她該持續吃多久。**我有很多次發現，飼主不是真的瞭解獸醫為什麼要開處方給特殊的食物，所以他們也不瞭解不遵守規定食譜的風險為何。**如果你的貓咪在吃腎衰竭的飲食，那你在她的餐點裡加進剩下的火腿就沒有幫助。等你完全弄懂獸醫給的指示之後，再帶著那些瓶罐或是那袋食物離開獸醫的辦公室。

如果你決定要餵食自製食物的話，要照著你的獸醫認可的食譜來做。

濕食（罐裝與袋裝）

罐頭食品在貨架上的時間比乾飼料更長，貓咪通常會喜歡濕食的味道，而且根據製造商的不同，口味的組合幾乎無窮無盡。

濕食的碳水化合物比乾飼料低，含水量則高得多。平均來說，濕食含有百分之70～76 的水分。濕食的低碳水化合物食譜對貓這種食肉動物來說是有好處的。這樣說吧，花一樣的錢，對貓的好處更多。

濕食通常比乾飼料更貴，如果你有好幾隻貓咪，只要大家都可以接受同一種口味，那大罐裝會比較經濟。

如果你決定要採任食制，那麼濕食不是個好主意。食物在大約 20 分鐘內就會乾掉，一點都引不起胃口。我很確定，你上班一整天回到家，最不想做的事就是把硬得像石頭似的貓食從碗裡刮掉。

沒吃完的罐頭食品冷藏過的話，要先回到室溫才能給你的貓咪吃。冰冷的食物不止會讓她腸胃不適，一整塊冰冷、放了一天的食物也很有可能讓貓咪拒吃。食物存放的時候要緊緊蓋好。罐頭食品一打開，就要在一兩天內食用。

貓咪
小常識
KNOW

你的貓咪需要的飲食：

1. 蛋白質高（動物性）
2. 有適量的脂肪
3. 碳水化合物含量低

乾飼料

乾飼料含有的碳水化合物比罐頭食品多，乾飼料的含水量大約在 10% 左右。如果你要採任食制，那乾飼料是比較好的選擇。你可以早上把碗裝滿，到傍晚還是會引起貓咪的食慾。然而乾飼料的碳水化合物多，有時候會造成肥胖和其他健康問題。不要看方便就餵食某類食物。要因為對你的貓咪最好，才去選擇那一類食物。

乾飼料通常沒有罐頭貴，有各種大小的袋裝和盒裝。打開後如果存放在密封容器中的話，一袋飼料可以保鮮好幾個月。

半濕食

這算是橫跨罐頭和乾飼料的食物。這種食物形狀像是乾飼料，但是卻很軟。半濕食的糖份比其他食物都多。我覺得這些食物做出來比較是要吸引我們，而不是貓咪。這些食物塊都以可愛的小形狀出現，通常色彩繽紛（不過我還沒遇過哪隻貓咪會看顏色選食物的），氣味沒有罐裝食物重。

閱讀標籤

美國飼料管理協會（Association of American Feed Control Officials , AAFCO）的創辦，是要發展及維持寵物持品業一貫的標準，來自各州的飼料管理人員組成的諮詢委員會針對寵物食品製造商的營養宣稱建立規準，管理協會會依據他們測試的需求來界定產品標示的準則。

雖然管理協會沒有權力執行這些準則，但是食品藥物管理局接受他們的規定，比較好的寵物食品公司也會遵守。這些公司會在標籤上聲明食品是否符合或超越管理協會的標準、用什麼方式檢測。

製造商有兩種方式證明他們的宣稱，他們可以根據管理協會的規準進行飼養試驗，或是可以依據營養分析來證明（也是要依據管理協會的規準）。飼養試驗比較好，因為你知道貓咪是真的吃了這些食物，而食物符合製造商聲明的營養宣稱。購買貓食的時候，一定要在標籤上找找看管理協會的飼養試驗聲明。

灰分（ash）

灰分指的是進行營養分析時，把食物中的蛋白質、水、脂肪、纖維和碳水化合物燃燒之後留下來的礦物質成分。灰分含量越高，食物中可用的部分就越少，裡面的礦物質就越多。過多的礦物質對貓咪的健康來說不一定是好事，可能會造成貓咪的泌尿問題。

產品名稱

美國飼料管理協會的規定指示了產品名稱中該怎麼使用原料名稱，例如說，要命名為「雞肉貓食」的食品，那雞肉必需佔所有原料（扣除加工用的水）總重量的至少95%。

根據管理協會的規定，如果雞肉佔不到 95%，只要佔至少 25%，名稱就還是可以用雞肉，但必需稱為餐或其他描述性的字眼，因此若看到產品名稱是「貓食雞肉餐」，就代表雞肉低於 25%。

如果名稱裡的原料超過一種，就必需依照重量的順序排列。還有，如果名稱中使用了原料的組合，那每種原料必需佔產品重量至少 3%（扣除加工用的水）。

原料表

　　原料表是依比例排列的，清單上的前幾樣原料是主要的蛋白質來源，罐頭食品的水是第一項列出來的原料。

　　你看原料表的時候，可能會看到副產品（by-product）這個詞。飼料管理協會的準則規定某些原料不得做為副產品使用。這些包括有羽毛、腳、牙齒、頭、毛髮、蹄、角、胃的內容物或是腸子。產品中添加的維他命和礦物質，還有防腐劑也都應該要列出來。

營養適足宣稱

　　這個會告訴你這種食品是要給那個生命階段使用的，製造商必須要展現標籤上聲稱的「完整而均衡」要怎麼保證。他們就是在這裡解釋，這些宣稱日如何使用飼料管理協會的規準來進行飼養試驗。要記得，飼養試驗比只有營養分析來得好。

餵食說明

　　體重幾公斤應該要餵多少份量，通常會列在這個表格內。要記得，這只是大略的準則，請視自家愛貓的實際情形餵食。

保證成分

　　這裡顯示保證會有的最低或最高份量，例如說，最低保證就表示食物裡某樣成分最低會有多少，但是總量沒有上限。

製造商名稱與聯絡資訊

標籤必須包含這項資訊，以利辨識哪家公司要為這樣產品負責。大多數製造商都會附上免付費專線還有網址，給顧客提問還有評論。如果你對產品或其成分有問題、評論或是申訴，就聯絡他們，不用遲疑。製造商都會想取悅你，所以就聯絡他們，讓他們知道你在想什麼吧。

品牌是迷思，還是真有價值？

頂級食品

頂級貓食會在寵物用品店和獸醫診所販售，一般來說品質穩定，蛋白質和脂肪的含量最高。**頂級食品的營養含量高，這表示貓咪不用像吃到像一般或無牌食品那麼多的份量，就可以得到同樣的營養。**罐頭或飼料都有多種配方可選，適合各種生命階段，而且大多數的貓都覺得頂級食品味道相當適口。

一般或標準

一般或標準貓食就是你在寵物用品店和超市找到的那種，這些食物是由你常看到廣告上看到的那些大型寵物食品公司製造，有各種配方、適用於各生命階段，口味彷彿無窮無盡。就罐頭食品來說，許多製造商在主菜的硬度和質地上提供了各種選擇，例如切片、泡肉汁、燉煮、切絲、小薄片，或是一口大小。

一般或標準貓食沒有頂級食品那麼貴，但還是提供了貓咪所需的營養，讓她可以過著長久而健康的生活。餵食標準貓食的時候要變換口味和品牌，以免養出挑嘴的食客。

自然或有機

這些產品會在有機食品店、寵物用品店和網路上販售，不使用任何非自然的成分，只使用自然油脂的防腐劑。所有的自然或有機貓食都有各種類型：罐頭、乾飼料，甚至有冷凍的。

自然產品看起來可能非常誘人，但你要小心自己買到的東西。只因為那是自然的，不代表那就符合你貓咪的營養需求。如果你對與某個特定廠牌是否適合你的貓咪，就閱讀標籤、跟你的獸醫談。還有，看看標籤上怎麼證明他們的營養保證。

無牌

這可以在超市、量販店和折扣商店買到，評估無牌食品的時候，我會非常小心。**營養品質和硬度的變化非常大，要記得，貓咪能不能活得長久健康，營養的品質扮演著關鍵的角色。**

低價的無牌食品常常看起來很吸引人，因為你覺得自己是花得更少、得到更多，但是你可能會注意到，你在貓砂盆裡清理出來的廢物更多。這就表示貓咪吃下去的食物大部分都成了廢物。

你付的錢少了，但得到的也少了。你的貓也可能得吃更大量的無牌食品，得到的營養份量才會跟她吃高品質食品一樣。這樣會累積大量空熱量，因為她吃了更多不需要的東西，這可不划算。

存放貓食（讓貓咪拿不到）

節食中的貓咪會很有毅力，所以得要確定你有把沒吃完的食物安全地儲藏好。乾飼料應該放在密封的容器中，我比較喜歡有按扣式上蓋的塑膠容器。我也會在裡面放個小量杯，這樣對所有負責餵食的人來說都很方便。他們可以輕鬆地分配適當的份量。一袋乾飼料一開封，就不能只有把頂端折起來、把袋子塞進櫃子裡去而已。這樣一定會加速腐壞，也會引誘你的貓咪（或狗）偷吃，更別說引起其他生物的覬覦，像是螞蟻或齧齒動物等。

罐頭食品一打開就應該存放在冰箱裡。把食物從罐子裡拿出來，存放在密封容器中。如果你決定要把食物存放在那罐頭裡，那就找個按扣式上蓋。不要只是用保鮮膜蓋住罐頭頂部，因為內容物會加速腐敗，更別提你每次打開冰箱時，食物的香氣都聞得到。

上菜（用餐注意事項）

該餵多少

飼主常常問我這個問題，但是該問這個問題的人往往從來不問。這些人把他們的貓咪塞得飽飽的，像是感恩節火雞一樣。我會看著蹣跚踏進房間的那團毛皮，因為貓咪飼主覺得這樣很正常而極為震驚。

我問他們的時候，他們的回答常常就是他們只是照著食物包裝上的說明來給。**就因為標籤上說餵半杯，不表示你的貓咪就需要那樣的份量，必須依照你自己貓咪的特殊條來做個別的調整。**在思考你的貓咪需要多少食物的時候，有幾件事必須考慮：

- 年齡
- 體型
- 活動程度
- 是否懷孕或哺乳中

- 健康
- 體重
- 食物種類

包裝上的說明只是大略的標準，依照上述的因素，每隻貓咪可能會需要多一點或少一點。你的獸醫應該能給你建議要調整多少份量，看看你的貓咪，檢查一下，應該可以判斷你做得對不對。你應該要知道你貓咪的理想體重範圍為何、為她定期

量體重。

　　要在家這樣做的話，可以先量自己的體重，然後抱著你的貓咪量你的體重，減掉差距就是你貓咪的體重了。如果你對要餵多少有任何疑問，詢問的最佳人選就是你的獸醫。你也可以帶著你的貓咪去看獸醫，量正確的體重。

　　如果你還是相信古老的迷思，覺得貓咪絕對不會吃到過量，那很明顯你最近沒有四處去看看──外面有好多肥貓呢。

任食制

　　餵食貓咪最流行的方法叫做任食制（free-choice or free-feeding），你只要在碗裡一直放著乾飼料就好，這樣貓咪只要餓了就可以吃個幾口。如果你離開時間比較長，這樣效果不錯。不過對濕食沒有用，因為食物會乾得太快，變得沒有吸引力。

　　雖然這是最受歡迎的餵食方法，但是肥胖的貓數量太多，讓我相信這個方法未必對所有的貓咪都是最好的。如果你的貓咪採用任食制但體重符合標準、身強體壯，那當然可以繼續做有效果的事。如果你的貓咪過胖，那定時制才是該走的路。

定時制

　　對於吃濕食的貓咪、吃太多的貓咪，還有只有一隻貓要吃特殊飲食的多貓家庭來說效果最好。如果要訓練的話，這也是最好的方法。如果食物不是隨時垂手可得，你就可以用食物當成主要的增強物。處理行為問題或是預防可能的行為問題時，這會是很珍貴的資產。

　　如果你想讓躊躇或有困擾的貓咪相信你、跟你建立關係的話，定時供餐可以讓你被視為是食物的供給者，這樣可以加速接納的過程。

　　定時供餐的話，你每天都要提供好幾餐。不建議一天一次或一天兩次，因為這樣貓咪會餓過頭，可能會開始狼吞虎嚥。兩餐間隔 12 小時，對貓咪來說要等很久。貓咪的胃很小，與其吃一兩頓大餐，不如少量多餐比較好。

　　如果你整天不在家，想知道要怎麼提供少量多餐的話，那定時餵食器和益智給食玩具就很有幫助了。定時制也讓你更能掌握貓咪吃了多少。在多貓家庭裡，常常

只有這個方式才能確保大家都吃到應有的份量。

自製貓食

就算你不在乎耗費時間幫你的貓咪製作餐點，願意充滿愛意地把每把菜每塊肉都切成一口大小，但是從營養的觀點來看，如果你不知道自己在做什麼，那麼你造成的傷害可能會超過好處。

如果你決定提供自製貓食，那就要跟你的獸醫合作，確認你選擇的食譜有經過仔細研究，對貓咪現在的生命階段來說營養均衡。

生食食譜

這確實是現在的熱門話題，支持者說，這樣最接近貓咪在自然環境中自然會吃到的：肉類為主、含水量高、低碳水化合物，還有份量適中的脂肪。批評者則主張生食不安全，讓貓面對罹患沙門氏菌、大腸桿菌和其他疾病的風險。支持者聲稱他們不只用生食維持了極佳的健康，光靠飲食還可能治癒了許多健康問題。批評者則主張生食常常不夠均衡。你在論戰的兩邊都能找得到專家。

如果你在考慮將你的貓咪轉為生食，請諮詢你的獸醫。他能夠提供你指導和資源，幫你確保你滿足了貓咪的營養需求。還有，走上這條路之前請先做大量的研究，確定你完全了解你會遇到的狀況。

餵生肉的時候你必須採取預防措施，以確保大家的安全。

- 向有聲譽、受信任的肉商買肉，不要買本地超級市場的盒裝肉品。
- 使用另外的砧板，專門用來切割和處理生肉。
- 砧板、用具和碗盤要徹底清潔消毒。
- 徹底清潔貓咪的水碗，每天至少一次。
- 遵循受信任、經過仔細研究的飲食準則，這樣你就知道該加入什麼營養補充品，例如加入益生菌（probiotics），促進腸胃健康。

・儲存肉品的時候要每份個別冷凍，這樣餵食貓咪的時候才不會不小心去餵到在冰箱裡放太久的肉。

貓咪
小常識
KNOW

不要習慣性地固定給貓咪零食，她很快就會發現，她什麼都不用做就可以拿到零食，這就代表你失去了一項強大的行為改變工具。她甚至只要坐在存放零食的抽屜或櫃子旁開始討食就好。那正是不應該提供獎賞的時候。不要只為了停止她的喵喵叫或是其他不該有的行為而給貓咪零食。結果會發生的狀況，就是你所增強的正是你不想要的行為。

零食

　　訓練剛開始時，大多數的貓咪對零食都會有反應。我常常用零食獎勵貓咪的正向行為，尤其是在她們很可能選擇不該有的行為時。在我們家裡，零食不是任意發放的。零食是努力得來的獎賞，就此而言，零食是效用強大的訓練輔助。

　　即使零食有助於改善行為，但還是要記得，這些是零食而非正餐。你的貓咪不必吃得滿嘴零食才會覺得受到獎勵（不過她或許會想讓你以為要這樣才行）。我常常依照零食的大小將之切成兩半。我的貓咪不知道她只拿到零食的一半或 1/4。她的腦袋裡記住的是：「零食，我拿到零食了！」

要避開的食物

牛奶

斷奶之後，貓咪就不再分泌足夠份量的乳糖酶（lactase），這是消化牛奶中乳糖（lactose）所必需的酵素。諷刺的是貓咪無法消化乳糖——從迷思來看的話。餵牛奶給你的貓咪喝可能會導致腹瀉，如果你偶爾給貓咪一點牛奶當零食，就要仔細觀察有沒有消化問題。

餵食幼貓的奶水跟我們所喝的牛奶不一樣，從母貓得來的奶水，蛋白質和（幼貓所需的）花生四烯酸含量更高。如果你正在親手飼育幼貓的話，要向你的獸醫諮詢餵食什麼幼貓配方才合適。

鮪魚

貓咪很愛鮪魚，但是鮪魚是給人吃的，對你的貓咪來說不是好食物。鮪魚富含多元不飽和脂肪，貓咪無法好好代謝。固定吃鮪魚會消耗身體的維他命 E，造成脂肪組織炎（steatitis）這種非常痛苦的症狀。鮪魚口味的貓食添加了額外的維他命 E 來預防這個狀況，但單純吃鮪魚就不會添加。

鮪魚的氣味強烈，貓咪很快就會上癮。不管你放什麼食物在她面前，你的貓咪都只會想吃鮪魚。要讓她擺脫鮪魚，你就得逐漸混入其他食物。要戒治鮪魚成癮者可不容易，所以盡量別弄出個癮君子來吧。

生蛋

生蛋含有一種叫做抗生物素蛋白（avidin）的酵素，會摧毀身體裡的生物素。生物素有助於將食物轉換成能量。

巧克力

　　只要幾盎司就可以殺死一隻貓，巧克力含有一種叫可可鹼（theobromine）的成分，對貓來說可能會致命。可可鹼會影響貓咪的心臟、腸胃道、神經系統，而由於可可鹼會利尿，所以也可能造成貓咪身體的水分流失。

　　如果你的貓咪吃下了巧克力，要立刻聯絡你的獸醫，如果不是看診時間，就打給急診診所。貓咪的體型、攝取的巧克力種類（例如說，烘焙用巧克力就比其他型態更為致命）、攝取了多少，都是獸醫可以了解的重要資訊。

洋蔥與大蒜

　　洋蔥不管是生的、煮過的或是乾的，都一樣有毒，因為其中含有一種物質會摧毀貓咪的紅血球細胞。結果會造成一種名為海因茲小體性貧血（Heinz body anemia）的貧血症。大蒜也會造成海因茲小體的形成，但毒性不如洋蔥。

　　如果你的獸醫指示過你用嬰兒食品哄你的貓咪吃東西（這是常見的作法），就要閱讀標籤，以確定食物中不含洋蔥或大蒜粉。

剩菜

　　餵貓咪吃剩菜會嚴重打亂她的營養均衡，你餵貓咪吃的高品質貓食營養均衡，蛋白質和脂肪份量恰到好處，加上比例正確的維他命和礦物質。加上了你吃剩的火雞、沒吃完的漢堡或是一小塊培根，就會讓這個天平傾斜。

　　你那鐵打的胃可能會期待那些辣味料理和油膩的甜點，但這些東西對貓咪來說肯定不好。讓你的貓咬一小口你的墨西哥捲餅或是嚐嚐你的義大利麵醬，你就是在冒險，會引起她的腸胃不適，更嚴重的狀況就是腹瀉。

　　拿餐桌上的東西餵食貓咪也會鼓勵她討食，這大概只會可愛 5 秒鐘，你的貓咪在你要吃飯時一直用爪子抓你的腿，這種新奇感很快就會消失了。討食的行為會提升到跳上餐桌，同桌的人不會覺得這樣能增進食慾吧（尤其是那些不愛貓的人）。

　　允許貓咪吃餐桌上食物的話，食物出現時，你也會更難讓她遠離流理台。你可

能也會發現自己有了一隻會在垃圾桶尋寶的貓咪。基本上，等她認定她自己可以找東西吃，沒有理由等你拿食物給她的時候，不管給她什麼她都會挑剔了。

在有小孩的家庭裡，不餵剩菜可能會是條比較難執行的的規則。如果孩子年紀夠大，可以理解，就解釋一下跟家裡貓咪共享人的食物有什麼危險。如果還不夠大，你就得好好利用你腦袋後面的眼睛了——這可是家長的標準配備。

如果你完全無法抗拒那種衝動，一定要偶爾給你的貓咪吃一小塊煮過的雞肉，那做的時候就要遠離餐桌，當成是特定行為的獎勵，這樣貓咪才不會連結到全家人坐下來吃晚餐的時候她就有東西可吃。還有，不要在貓咪討食的時候給她食物，不然你就只是讓她了解到訓練你的方法。動物營養師建議，餐桌上的食物只能佔貓咪日常飲食的 10% 以下。

這些飲食問題的成因？

貓咪挑食的問題其實是我們自己造成的，貓咪展現出對某種食物的偏好時，我們就買上一卡車。吃了這麼多年同樣的食物之後，如果那個口味或品牌買不到了，貓咪甚至可能會拒絕再去嘗別的東西。

我們一再用餐桌上或味道濃郁的食物為貓食加料時，也會養出挑嘴的食客。等她再次面對清淡的普通貓食，她就覺得被騙了。如果她知道只要抗拒、轉身背對食物，就可以得到好吃得多的東西，志老饕貓就此誕生。

要避免養出挑嘴的食客、把日子花在打開數不清的貓食罐頭或袋子給你的貓咪檢查，那就要餵食幾家製造商各種不同的口味。乾飼料跟罐頭食品都要餵，這樣你的貓咪才能適應不同的味道、香氣和口感。我在家裡的做法，是正餐餵罐頭，用益智給食玩具給乾飼料。

味道不是你的貓咪決定接受或拒絕某種食物時唯一的考量，食物的氣味、口感、大小，甚至形狀，對她來說才是重要的議題。就乾飼料而言，有些貓咪偏好三角形在嘴裡的感覺，有些只接受圓形的顆粒。

別笑，這是真的。此外，寵物食品製造商已經花了大錢，評估過貓咪偏好哪些

形狀、大小、味道、香氣和口感。

> 如果你的貓咪拒絕吃東西，不要採取那種「等她夠餓了就會吃東西」的態度。拒吃超過兩天的貓咪可能會有嚴重的併發症。不要試著等她到底，跟你的貓咪槓上，結果可能會要命的。如果你的貓咪停止進食超過兩天，就需要去給獸醫看了。

肥貓的製造

我不知道你的狀況，但每次我在電視上看到講大自然的節目時，從來就沒看過肥胖的獅子或是過重的豹。看看我身邊，我也沒看過肥胖的流浪貓或野貓，但是在各地的家庭裡，我都看到了肥胖的家貓。

有些胖到光是小小動一下都要很用力才行，我們是在用好意殺死我們的貓咪。我們無止境地提供給貓咪過度豐盛的食物正在縮短她們的壽命，我們必須向大自然學習，讓我們來研究一下這個狀況。

荒野中的貓必須要工作才有食物，流浪貓運氣好的話，可能會在一天之中抓到幾隻獵物，但是我可以向你保證，這些獵物可不是自己向著她走來，自願獻身給她吃的，她要大快朵頤之前必須得先狩獵。

然後就是我們深愛、溺愛、寵壞了的貓咪了，她們要用餐的話，基本上只要現身就好了。我甚至還看過有飼主去追蹤睡著的貓咪在哪裡，好拿東西給她們吃，就像是貓咪的客房服務。

貓咪不用狩獵，她們可以跳過這個部分直接飽餐一頓。更糟的是，那還真的是飽餐。我們餵貓咪吃的就是太多了。除非你的貓咪已經找到方法鑽進你的櫃子、自己打開食物容器，不然你就必須為她的狀況負起責任。

身為飼主，我們已經拿走了貓咪生活中極其重要的一個部分，活動。一切可以簡化成這樣：熱量攝取太多＋熱量燃燒不足＝肥貓。

飼主常犯的另外一個錯誤，就是貓咪從活潑好動的幼貓長大成熟，變成久坐不動的成貓時，沒有跟著調整貓咪食物的份量。過度餵食也常常發生在結紮或絕育過的貓咪身上。許多飼主會怪罪這個手術造成貓咪體重增加，但是實際上是因為貓咪成熟了，新陳代謝的需求因而降低，就不需要那麼多熱量了。

　　許多飼主依照寵物食品標籤上的說明餵食，卻沒有依據貓咪個別的體型做調整。這樣就會造成體重問題，因為飼主一直餵食建議的份量，卻不顧貓咪體重增加的事實。肥胖的貓咪比較容易罹患心臟病、糖尿病和關節炎。隨著貓咪的年齡增加，如果她得了關節炎，那麼加諸這些關節上的額外體重會造成更大的痛苦。動手術的肥胖貓咪麻醉的風險也比較高。

　　餵食剩菜、給予太多零食，都很可能造成肥胖。你可能不明白你的貓咪吃進了多少卡路里，因為這是一整天下來一步步在發生的事。或許你早餐時分她吃了培根、早上晚一點又給了貓零食，然後又幫她把空空的餐碗重新裝滿。然後也許你請她吃了午餐時剩下的一點三明治，整個下午又給了更多的貓零食，晚餐也分給她一點，晚上又給了些貓零食，深夜時又給了她一堆你不想吃的冰淇淋，然後你還覺得奇怪，都給她吃低熱量的貓食了，怎麼體重還是沒有下降！

如何判斷貓咪是否過重

　　起步的第一個地方，就是你獸醫的辦公室。要進行體檢，或許要加上一些額外的診斷測試。有些純種貓的體型非常不一樣，波斯貓的理想體型低矮結實，暹羅貓的理想體型卻要纖細，兩者大不相同。如果你不確定你的貓咪理想體重該是多少，就諮詢你的獸醫。

　　站在貓咪上方由上往下看著她，她身體兩側看來如何？臀部以上看得出任何的腰線嗎？理想體重的貓咪在肋骨上有一點點的脂肪（要記得，我說的是一點點），肋骨之下到臀部之上看得出微微地凹了進去。如果她看起來比較像顆毛絨絨的橄欖球而不是貓咪，那她就過重了。

　　把一隻手放在她身體的任一側。用點力氣撫摸她的體側，應該就能感受到她的肋骨（如果你真的看得到她的肋骨的話，那她就過輕了）。如果你要施加很大的

力量才摸得到肋骨的話，那她就過重了。

　　如果你摸不到她的肋骨，她的胸部摸起來軟軟的、堆著脂肪，或是你沿著脊骨可以摸到一塊塊脂肪，那她就不只是過重，而是肥胖了。

　　把貓咪的尾巴提起來檢查她的肛門部位，看起來是否清潔、打理得乾乾淨淨，還是骯髒而疏於整理？有些貓咪太胖了，再也沒辦法回頭碰觸到這個部位、正常理毛了。你的貓咪會打呼嗎？有時候肥胖的貓咪呼吸會作響、睡覺時會打呼，因為增加的脂肪會對肺部造成更大的壓力。

讓貓咪節食

　　你的獸醫可以讓你知道貓咪的理想體重應該是多少，又該如何安全地達到那個數字。**我強調「安全」這個字，是因為如果你試著讓你的貓咪快速節食減肥，或是太過嚴苛的限制她的熱量，可能會造成嚴重的併發症。**所以你必須在獸醫的監督下這樣做。貓咪的肝臟無法應付嚴重的熱量受限，會有脂肪肝（hepatic lipidosis）的風險。貓咪太多餐沒有進食的話，脂肪會囤積在肝臟裡，造成肝臟衰竭。

　　你的獸醫會判斷該餵你的貓咪吃多少份量、食物最好用哪一類。依據她過重的狀況、還有一直以來吃的食物有多少，獸醫可能會指導你單純減少她固定吃的份量。飲食份量減少不超過 1/4，在醫學上通常是安全的，也比較不會讓貓咪不適。

　　在別的狀況下，改吃處方食品可能會有必要。不管你的獸醫判斷那個選項是否有必要，都要靠你遵守指示才會成功。**這就表示，不能因為你有罪惡感，就偷偷餵貓咪吃零食。**你必須要堅強，身為節食貓咪的飼主其實不好玩，這會是你做過最困難的事情之一。但是我要事先警告你，你的貓咪會竭盡所能。她會坐在你的腿上，用最可憐的表情望著你的眼睛。她會躺在空蕩蕩的餐碗邊，彷彿在哀悼那消失已久的餐點。她會哭喊，會喵喵叫，甚至會跟著你從這間房間走到那間房間，堅信著你是發了瘋，忘了去廚房的路怎麼走。要避免「可憐可憐的我」這種行為的話，就使用益智給食玩具，好讓你的貓咪多花點時間才吃得到東西。

　　你必須避開的另外一個陷阱，就是試圖讓貓咪節食的食物變得更有吸引力。有時候獸醫開出處方的節食飼料而貓咪不怎麼喜歡，飼主就會試著在食物裡加上一點

好吃的東西來誘惑她，不要用愛的名義破壞她的節食。

　　如果你的貓咪要節食，就必須停止任食制。堅守規劃好的餐點，你才能監控他每日的攝取量。餵食份量較少的餐點，但更常餵食，這樣你的貓咪就會誤以為她吃到的比她所受限的份量更多。這樣也可以避免你的貓咪一口氣吞掉整天的份量，再向你抱怨空空的餐碗。

「喵金斯」飲食法

　　這種飲食法是以羅伯特・阿金斯博士（Dr. Robert Atkins）介紹的知名人類飲食法為基礎，獸醫界戲稱為「喵金斯」（catkins）飲食法。阿金斯博士宣稱，肥胖主要是過度攝取精製糖和碳水化合物的結果。有些動物營養師則是建議，貓咪這種仰賴蛋白質的嚴格肉食動物不需要那麼大量的碳水化合物。

　　碳水化合物在寵物食品中很多，尤其是乾飼料，用來當成填充劑和黏合劑。貓咪不用靠碳水化合物提供能量，她們身為肉食動物，用的是蛋白質和脂肪來滿足能量的需求。過度攝取碳水化合物的結果，貓咪就會變胖。但是要記得，有問題的不僅止於碳水化合物而已——份量的控制也是很大的因素。熱量真的很重要。

不要忘記運動的重要

　　人類如此，貓咪也一樣：運動和活動對於成功的減重計畫來說極為重要。現在，如果想到要讓貓咪跑跑步機或為她報名貓咪有氧課程會讓你很擔心的話，放輕鬆吧。對你的貓咪來說，最好的運動就是以她愛做的事為基礎——遊戲。當然了，在某些貓咪的狀況中，就要看她在變得這麼胖以前喜歡做的事是什麼。使用你貓咪身為掠食者的天然本能，來讓她投入日常的互動式玩耍時間。詳情請參見第 6 章。

使用益智給食玩具

　　把那些玩具在家裡四處放，給你的貓咪玩樂。從你的貓咪每天要吃的食物份量中分出來，你才不會反而增加她正常該吃的量。用了益智給食玩具，貓咪就得努力

才能得到食物，這樣可以讓她保持忙碌，她則可以享用食物作為獎賞。

設計來給予乾飼料的空心球，例如遊戲給食球（Play-N-Treat）和貓糧復活蛋（Egg-Cersizer），對貓咪來說不只能提供娛樂，更是減重的重要工具。把給食玩具打開，裝進半滿的乾飼料。再把玩具扣回去的時候，你就會看到飼料是怎麼經由那些孔洞隨機掉出來的。遊戲給食球只有一個洞，但是貓糧復活蛋有好幾個洞，你還可以改變難度。我的貓咪很愛貓糧復活蛋，我想她們會偷偷地期待我整天不在家，因為她們知道所有的貓糧復活蛋都會裝滿給她們玩。

少量多餐的餵食

如果你的貓咪過重，那麼任食制的方法通常不會有效。你一把食物放進餐碗，她就會通通吃光，然後整天餓著肚子。這不是個好計畫。你應該改為在一天內依照規劃好的時間餵她好幾頓少量的餐點，來控制她的體重。

不要增加她食物的份量，只要把要給的份量分成幾次就好。她就不會那麼餓，你也能讓她擺脫大吃大喝的習慣。使用益智給食玩具是少量多餐餵食的好方法，但你也可以單純地把食物放進碗裡。給食玩具的目的是讓貓習慣在適當的時間內吃到比較少的份量。

食物過敏

食物過敏反應可能會以各種形式出現，包括腹瀉、嘔吐，或其他消化問題。食物過敏也可能以發癢的皮疹出現在身體的任何部位。食物過敏也會引起行為改變，例如焦慮、不安，或是攻擊行為。

諷刺的是，食物過敏可能是由你的貓咪已經吃了好幾年的東西所引起的。如果你的獸醫懷疑是食物過敏，他可能會開低敏感性飲食。這種飲食所含的食物來源通常在貓飼料裡找不到，也不會含有常見的成分，例如牛肉或雞肉。如果疹子消退了，就恢復正常的飲食，來確認診斷是否正確。

如果又起了疹子，就能相當肯定，是貓食中一種以上的成分造成的。如果要判

斷哪種成分才是明確的原因，可能會很困難也很昂貴，要進行皮膚敏感度試驗，因此通常會建議讓貓咪繼續吃低敏感飲食。

轉換到更好的營養方案

如果你一直在讀這章，發現到你一直餵食貓咪低品質或不符合她生命階段的食物，影響到了貓咪的健康，也不要突然就做改變。轉變要慢慢來，原因有二：1. 避免造成消化上的不適；2. 避免抗拒。

如果你一直餵食低品質的食物，現在要轉換到高品質的食物，你就得讓貓咪的身體有調整的時間。你得在舊的食物裡面加上一點點新的食物，來逐漸轉換。用大約 5 天的時間逐漸增加新食物的份量，同時減少舊的食物。

如果你的貓咪開始抗拒新食物，就放得更慢一點。要有耐心，不管要花多少時間。等你看見貓咪的健康、體態、性情都有所不同的時候，一切都值得了。

餵食幼貓

高品質的蛋白質和營養素在幼貓的成長過程中扮演重要的角色，因為她的身體就要經歷巨大的轉變。她在短短的時間內（不過幾個月）體型就要加倍好幾次。

斷奶之後，幼貓一天要吃 4 餐，直到 4、5 個月大為止。到那時候你就可以縮減成 3 餐。如果你用任食制，那就讓她隨時能吃到成長配方的食物，直到幼貓滿 1 歲為止。到那時候，你就要換成成貓配方。

如果你是任食制，就要確定所有的幼貓（如果你有超過一隻的話）都可以成功吃到東西而不會遇到問題，體重也都適當地增加了。要經常更換食物、清洗餐碗，讓食物保持新鮮而有吸引力。

CHAPTER 11

各種關係：
其他的貓咪、狗、小孩，
還有你那不喜歡貓的誰

....

- 你的貓咪可以接受你有別人嗎？
- 帶第二隻貓咪回家
- 為你的貓咪引見狗狗
- 克服對陌生人的恐懼
- 讓貓咪準備好迎接寶寶的到來

Think Like a Cat

CHAPTER

你的貓咪可以接受你有別人嗎？

　　大家一直誤以為貓咪很孤僻，但事實上，他們很喜歡同伴關係，而且真的喜歡社交。**生活在戶外的時候，母貓會養育、照顧彼此的幼貓，這種事不算罕見。**大家常常說貓咪喜歡孤獨，這種誤解或許來自於貓咪常常獨自狩獵，而這點跟他們追捕的獵物體型有關。

　　對大多數狗飼主來說，為家裡加入第二隻狗，讓人想到的畫面是隨著他們逐漸熟識，兩隻寵物一起快活地嬉戲著。不過對於貓咪的飼主來說，把第二隻貓帶進家裡時，一開始那種一起快活嬉戲的畫面很快就會因為哈氣聲、嚎叫聲，還有貓咪版的核子戰爭這些現實而破滅。

　　這是否表示你不該冒險，帶第二隻貓回家呢？絕對不是。許多單獨的貓都會因為增加了同伴而獲益，雖然一開始可能會引起相當多無謂的麻煩。事前做好準備、知道怎麼樣用壓力最小的方式帶進新貓咪，就可以創造奇蹟，讓兩隻貓咪給彼此一個機會。藉著了解他們對領域安全和個體舒適圈的需求，你就可以讓這個過程進行得更順暢。

　　每隻貓咪都會喜歡這樣嗎？有些貓咪地域性強，從來就沒辦法接受任何競爭者。然而不幸的是，許多飼主看到家裡的貓咪對新來的貓咪一開始的敵意反應，解釋成這貓咪沒辦法跟別人共享她的家，就放棄了。反過來說，有些貓被人以陪伴的名義強迫他們共用領域，她們只好日復一日彼此威脅。你可以說是處得不好或是性格不合，但她們就是日復一日看彼此不順眼。有些飼主不夠留心貓咪的性格或脾氣，然後就帶進了第二隻貓咪，造成了競爭而非陪伴。

　　什麼樣的貓咪可以因為有了貓咪伴侶而獲益呢？如果你的貓咪很寂寞，因為你工作忙造成她要長時間獨處，那再來一隻貓咪可能會是很棒的朋友。如果你常常旅遊，把貓留在家裡給人照顧，那你不在的時候兩隻貓咪就可以彼此安慰。非常活潑似乎永遠都停不下來的貓咪，最有可能喜歡有個朋友可以讓她繞著跑。家裡再養一隻貓咪可能會為久坐不動或是過重的貓咪生活重新然起火花。有許多理由讓你為貓咪提供一個同伴。

那何時不應該考慮第二隻貓咪呢？你現在的貓咪身處危機之中的時候，絕對不要試著帶進新貓。例如說，你的貓咪剛剛失去了她長久以來的同伴，就不要試著轉移她的注意力，讓一隻幼貓突然到來。她才剛開始哀悼，現在不是時候，別讓她被這種壓力過大的經驗打亂。**我建議貓咪的飼主，不要在已經壓力很大的情境上再加上另一個壓力情境。要確定你的貓咪的心境合適，可以應付帶進新貓這樣的過程。**如果你的貓咪生病了，再增加另一隻貓會增加壓力，讓她的復原變差。

整體來說，你要知道貓咪的個性。有些貓咪就是沒辦法容忍任何其他的貓。為她選擇友伴的時候，要從她的角度來看事情，再用這樣的觀點來做對她最好的事。

帶第二隻貓咪回家

引進新貓這件事，你處理得是好是壞，可以促成或破壞這兩隻貓咪間的關係。對，全都要你一肩扛起。這就叫壓力！所以，我們就事前先把一切都規劃好，好讓事情可以順利進行（嗯，相對來說啦）。

我希望你記住的第一件事，是你即將要把一隻動物帶進另一隻動物已經確立的領域之中。把一隻新來的貓咪直接丟在客廳中間，保證會引起敵意、恐慌、驚懼、攻擊行為，甚至或許會有傷害。所以，我們就把這一點從清單上劃掉，好嗎？

你要怎麼帶新貓咪呢？一次一種感官。讓兩隻貓咪一次用一種感官見面，讓她們可以跨出每一步，又避免過度反應，也給你機會調整每個階段的速度。要預防貓咪電路超過負荷，一次一種感官對兩隻貓咪來說威脅都低了很多。你不止要關心家裡的貓感受如何，還要關心新來的貓咪。要記得，她可是身在不熟悉的地域之中。

任何新來的貓咪都要經過獸醫檢查，絕對不要帶沒有打過疫苗的貓回家跟現有的貓相處。貓咪的寄生蟲也要檢查。你一定不會想帶跳蚤還是耳疥蟲之類的不速之客回家吧。把新來的貓帶進來之前，先為她設好一間避難的房間。裡面要有好幾個藏身之處（可以是鋪了毛巾的箱子）、貓砂盆、一些玩具，還有一碗水。食物要不要拿掉，就看你計畫要用任食制還是按時餵食。

在房間裡放個貓抓柱或是瓦楞紙的貓抓板，對成貓來說，如果她覺得自己可以標記出一些領域的話，可能會有幫助。對幼貓來說，這是馬上開始適切訓練的好方法。避難室的房門要保持關閉。

用外出籠把新來的貓咪帶進家裡，只要輕鬆地直接把她帶進她的房間就好。把外出籠安放在房間的角落，打開門，在外出籠外面的地板上放點零食，然後就離開。你離開房間之後，她就可以初步勘查這個房間，選擇自己的藏身處。

你該迫切關心的是家裡的貓咪，她可能完全沒發覺家裡剛剛發生了什麼事，也可能就在門外，用嫌惡的眼神看著。你要故做輕鬆，關上房門，走過你的貓咪身邊。如果你還有零食，就可以丟在你身後。

在這時候你可以跟家裡的貓來一段互動式玩耍，餵食她，或是留下活動玩具或是益智給食玩具來讓她分心。不過如果除了關上的房門後面的東西之外，她對什麼都沒興趣的話，也別訝異。她可能會在門邊聞來聞去，在門前定點停留，甚至哈氣嘶叫。別嚇到了，這些都是正常反應。**讓她看不到新來的貓，好處在於你家裡的貓咪只有一小部分的地盤會受到侵犯。**

要給你的貓咪大量的注意力，但是輕鬆不黏人，不要去抱她或抓她，來試著安慰她。你的語調和肢體語言都要保持得非常正常，要輕鬆而有安慰效果。讓你的貓咪習慣「門後有別人」的想法，這個過程因貓而異，從一天到一週都有可能。你進去餵食或探看新來的貓咪時，要盡量偷偷進行，以免你家裡的貓咪坐在門外生氣。等你的貓咪吃東西、睡覺，或是在另一間房間的時候，再去探望新來的貓咪。

要讓新來的貓咪跟你建立感情，從藏身處走出來，所需的時間要看她是幼貓還是成貓、社會化狀況如何、還有她之前來自於什麼樣的環境。要用零食、食物和互動式玩耍時間，來贏得她的信任。跟幼貓的話，不必花太多力氣就可以打動——她也會渴望跟你在一起，但是成貓就比較會猜疑。請參考第 6 章的訣竅，來開始建立感情和信任的過程。

引見兩隻貓咪的下一步，會跟氣味有關。你會需要一雙襪子來進行這個步驟。把一隻襪子套在手上，從頭到尾摩擦新來的貓咪，讓襪子上沾滿她的氣味。摩擦她的臉部四周，一定要擦過她的嘴巴兩邊。

把沾滿氣味的襪子放在家裡那隻貓咪的領域裡。用另一隻襪子從頭到尾摩擦家

裡的貓咪，再把這隻放在新來的貓咪房間裡。這樣能讓貓咪用控制之中、沒有威脅的方式熟悉彼此的氣味，你可以拿一些襪子這樣做好幾次。

你的貓咪去聞襪子的時候，如果她沒有展現出任何要攻擊的跡象，就用零食獎勵她。如果你有用響片訓練，那貓咪接近襪子的時候（在她有機會哈氣嗥叫之前）就按響片、給零食。

如果你的貓咪對沾了味道的襪子出現負面的反應，不要理她就好。如果你用噓聲趕走她，或是責罵她，都無法幫助她學習怎麼跟新來的貓咪建立正向的連結。單純忽視她的反應會比較好。她離開襪子之後，你可以跟她來一段互動式玩耍時間，讓她不要一直保持警戒。

等交換有氣味的襪子進行順利時，你可以進一步在環境中放進更多新貓咪的氣味。把家裡的貓咪放在另一間房間裡，然後讓新來的貓咪進行一點調查工作。她的調查範圍超越避難室的時候，她在行走、摩擦物體的時候，就會散播她的氣味了。

現在，如果一切都進行得很順利，你家裡的貓咪也沒有宣布第三次世界大戰開打，那你就可以把避難室的大門打開一點點，讓她們相隔遙遠但看得到彼此，再餵食她們。這是按時餵食的好理由，這樣你才能讓貓咪比較專注在食物上，而不是彼此的身上。在這段關鍵時期，食物會是非常有價值的工具，你要盡可能的利用。

要讓每次接觸短暫而甜蜜，最好在食物吃完之前就結束接觸。進行的速度永遠要比你以為自己需要的更慢，以提高你的成功機會，減少接觸時間以負面方式結束的風險。如果可以的話，這些短暫的用餐訓練時間一天要做好幾次。你應該能夠逐漸地把餐碗放近一點點。永遠要用壓力最重的貓所能接受的速度進行。如果避難室的門打開時，有一隻貓咪覺得要藏起部分身體或完全隱藏起來才安心的話，那就從這個程度開始。這不是競速比賽，你也不用按進度表來。

貓咪小常識 KNOW

如果貓咪一見面就立刻進入攻擊模式，你找不到機會的話，可以把一隻貓咪放在外出籠裡。如果有必要，就把每隻貓各放進一個外出籠裡，然後放在房間相對的兩端。如果使用外出籠的話，要確定貓咪離得夠遠，以免她們覺得是受困在外出籠裡，這點非常重要。

如果你家裡的貓咪和新來的貓咪似乎都很有攻擊性、很危險，那你在用餐時間時可以架起兩三座幼兒安全柵欄，擋住開放的房門口這樣的話，貓咪可以看得見彼此，但都沒辦法突然襲擊。

　　我在進行這些接觸的時候，我就坐在門口，這樣如果有必要的話，我就可以立刻把房門關上。我也會在大腿上放一條厚毛巾，這樣我可以遮住門口，讓貓咪看不見彼此，也可以把毛巾丟向發起突襲的貓咪。另外一個選項是安裝一座臨時的紗門。我認識一個繁育者，他想到的是用包裹塑膠的鐵絲網架立起來放置。依照門的大小買一片來，用幾個鉤環就可安裝。

　　如果你正在進行響片訓練，就按響片、給零食（就是這個時候，你要用上貓咪完全無法抗拒的零食），來打斷任何負面的行為。例如說，如果貓咪正在瞪視著對方，有隻貓咪轉頭望向別處了，就按一下響片，拿零食給望向別處的那隻貓咪。

　　如果你已經教會了家裡的貓咪，叫她的時候會過來，在帶進新貓咪的時候這點會非常好用。貓咪間的局勢開始變得緊張時，如果你的貓咪有 1～2 隻都受過訓練，會聽叫喚的指令，你就可以叫貓咪過來，打破敵對的狀態。

　　定向訓練（target training）也有助於緩解緊張，可以訓練貓咪去到特定地點冷靜一下。你會需要響片，還有目標棒（你可以用筷子、鉛筆附橡皮擦那頭，或是定向訓練桿）。定向訓練一開始，要先拿著目標棒離貓咪一兩英寸遠。她用鼻子碰觸目標棒的時候，就按響片、給她獎勵。把目標棒移出她的視線，等著貓咪看著你（這是要幫她把你跟獎勵連結起來）。

　　現在再把目標棒放在離她一兩英寸遠的地方，等她用鼻子碰觸到的時候，再次獎勵她。繼續到處移動目標棒，但是要確定她在空檔的中間有看著你。等她都能用鼻子碰觸目標棒的時候，你就可以給這個行為一個口語指令，例如「碰一下」或是「目標」。只要確定你用的都是同一個口語指令就好。

　　貓咪一熟悉定向訓練，就可以用目標棒來指引她去到特定的地點。放塊小墊子或是小床，拿著目標棒在上面。貓咪把腳掌放在墊子上的時候，就按響片、給獎勵。把零食丟到遠離墊子的地方，好讓貓咪離開墊子。拿起墊子，再次放下，放在她身邊，再把目標棒拿好。

　　你用目標棒所做的是吸引貓咪過來，目標棒只要使用一兩次就好，好讓她開始

明白你希望她去哪裡。在那之後，只要在她身邊放下墊子，等她把腳掌放上去。貓咪都能把腳掌放到墊子上之後，就開始延遲按響片的時間，一直到她把兩隻腳掌放到墊子上為止，接著進行到三隻腳掌，然後四隻腳掌都要放上墊子。你每次獎勵她的時候，都要確定有把零食丟到遠離墊子的地方，讓她得移動才能拿到獎勵。然後再重新擺放墊子。

如果你在貓咪身邊放墊子的時候，她沒辦法理解，你可以回頭使用目標棒來吸引她，但是只能這樣做一兩次。讓吸引物逐漸消失，好讓貓咪專注於爬上墊子這個目標，而不是只跟隨著目標棒。

等你的貓咪可以了解這個行為，都能踏上墊子的時候，就給這個行為一個指令。只要固定不變，用什麼都可以。我用的是「上墊子去」，但我有些客戶用的是「上床去」或是「去冷靜一下」。每隻貓咪必須個別施予訓練，學會「上墊子去」的指令，然後才能試著用來紓緩緊張的局面。

這個作法要發揮效果的話，墊子或小床就得放在貓咪喜歡去的地方。有些客戶會下指令，讓貓上去高處或是跳台上，或是把墊子放在椅子或其他偏好的地點。如果你的貓咪偏好高處的話，那就不一定要放在地板或是地毯上。

貓咪開始共用家裡的空間後，避難室還是得擺著一陣子，好讓新來的貓咪在一開始緊張的碰面時還能有自己的安全空間。在家裡四處擺放貓砂盆也是個讓貓咪維持和平的方法，因為如果她們已經明確地劃分出地盤，那貓咪就不用越界進到另外一隻貓咪的領域裡去了。

仔細看看你家裡，要確定貓咪有足夠的專屬空間。例如說，窗台架是否只有一個？只有一個餐碗嗎？不要讓貓咪處於必須競爭的狀況中。新來的貓咪進到這個環境裡的時候，會讓家裡的貓科居民必須重新協調一些空間上的問題。你可以用增加垂直空間的方式減輕壓力、增加和平共存的機會。為多貓家庭調整環境的時候，好好使用你像貓咪一樣思考的方法吧。

減輕多貓家庭的緊張狀態

現在貓咪都出來在家裡四處活動了，她們重新協調、建立個人空間的時候，必

然會有些緊張的時刻，還有不友善的遭遇。

不管她們是正要認識彼此、剛開始試探過程的兩隻貓，或是長期的同伴，年復一年以來都難以共處，你都可以做一些事情來降低敵對狀態。

第一條規則，是要確認大家所有的東西都夠用。如果貓咪不願意，就不該被迫共用貓砂盆、餐碗、貓抓柱、小床，或是玩具。理想上來說，貓砂盆的數量應該跟貓咪數量一樣，還要有幾個安全的睡覺藏身之處。

如果你沒有貓跳台，那我強烈建議你現在就砸錢買一座。這不是奢侈品，而是多貓家庭的必需品。增加了平面，你就增加了領域。多層跳台可以讓兩隻以上的貓咪佔用同一個空間，卻不會有貓咪覺得個人空間被侵佔了。跳台能讓任何地位的問題維持不變，這樣比較有自信的貓咪和地位較低的貓咪都不會因為被迫共用一個平面而覺得有壓力。

如果你試著要讓兩隻貓咪喜歡對方，那就要幫助她們明白，她們的「對手」在場的時候，她們會得到更多的零食、更多的玩耍時間等等。她們最後會開始對彼此產生比較正向的連結。

分散注意與轉移

轉移這個策略通常要用到玩具，互動式玩具，例如貓舞者（Cat Dancer）很容易捲起來收藏在任何地方。場景是：你坐在沙發上看電視，貓咪平靜地睡在她的貓跳台上，突然間，你從眼角瞄到另外一隻貓咪走進房間裡。

她看起來就像是劍拔弩張的槍手，她盯著那在睡覺的貓咪，你只知道她就要發起攻擊了。安靜且非常快速地拿出你的互動式玩具，來讓攻擊的貓咪分散注意力。貓咪是掠食者，很可能會比較喜歡去追逐玩具。然後她就會以正向的方式做出她的攻擊行為，忘了自己原先的意圖為何。

你用轉移的方法來預防貓對貓的攻擊，阻止次數越多，她們就越有可能開始容忍對方，然後容忍就有可能進步到真正的喜歡彼此。在有敵意的家庭中，要在每間房間裡放一個互動式玩具，這樣你才能隨手拿到玩具。

你使用轉移的時候，重要的是要在實際攻擊發生之前就到達現場。就算你只是

懷疑有事情要發生了，都該轉移注意力。由於你用的是正向的方法，所以就算你錯了，最糟的狀況又會如何呢？你的貓咪得到了意外的遊戲時間。

　　抓對時機在攻擊發生之前使用轉移的另一個重要原因，在於這樣你才不會增強到不想要的行為。我在跟客戶工作的時候，我會確認他們會保留一個特別的互動式玩具專門拿來轉移用。如果你知道那個玩具你的貓咪無法抗拒，那就會增加你成功轉移的機會。如果兩隻貓咪在房間兩端瞪著對方，但是還沒開始打起來，那就用一些有趣的東西來轉移她們的注意力，以避免敵對狀況持續升高。

　　你自己的童年就有過這樣一段小故事，可以幫你用更正確的角度來看這件事：你和你的新朋友（你甚至還不確定自己喜不喜歡他）正在院子裡玩，你們開始為玩具、或是遊戲規則而爭吵。你母親走出來，命令你朋友回家、要你回去自己的房間。你走進房間，坐在床上開始生悶氣，因為你的朋友讓你惹上麻煩。

　　嘿，你真是瘋了！所以就算你的母親阻止了爭吵，你對朋友還是留下了負面的感覺。讓我們回到故事的開頭，你和朋友間正開始逐漸緊張，只是這一次你母親走出來，宣布她剛烤了一爐餅乾，也可能她站在那裡，手上拿著兩支蛋捲冰淇淋。你和朋友暫停了玩耍（還有可能發生的爭吵），因為你們的注意力被轉移到好玩的東西上去了。藉由使用正向的方法，你那睿智的母親阻止了逐漸升高的緊張氣氛，對發展中的友誼也沒有造成任何傷害。

　　如果已經打起來了，那你就不會想要拿出零食或玩具來獎勵這樣的行為了吧。不管怎麼說，打到一半的時候，貓咪可能根本沒什麼機會注意到有零食。

　　在真的打起來的狀況下，要製造噪音，例如敲鍋子、拿兩個蓋子來拍擊，或是大聲鼓掌就好。不管你有什麼，都可以用來製造噪音，讓貓咪嚇一跳。

　　不要試著用肢體去分開這場打鬥，因為你非常可能會受傷。你一旦嚇到貓咪了，她們很可能就會走向不同的方向。不要去摟抱或是撫摸任何一隻，因為她們還是會非常激動。要確定她們能分開一段時間，好讓她們平靜下來。

為你的貓咪引見狗狗

不管你過去相信的是怎麼樣，但貓狗是相處得來的。有些貓咪沒辦法容忍領域裡多了另一隻貓，但加入了狗狗卻可能比較容易接受。貓狗放在一起的好處是他們的領域規則通常不會像貓對貓那樣的衝突。貓狗放在一起的壞處，則是他們的語言不同，你得幫助他們找到共通之處。

狗狗跟貓咪可以成為絕佳的同伴。為了讓他們可以成為好搭檔，也為了貓狗都能安全，做好功課就很重要，這樣你才能試著創造可以共處的伴侶。你選好了同伴之後，你就必須小心而漸進地介紹他們接觸。如果你只是把貓狗一起放在房子裡，你會造成危險甚至可能致命的情況。

成為好搭檔

想想你貓咪的個性和性情，如果你是從收容所或是其他家庭把狗狗帶回來的，而這隻狗是受允許可以追逐松鼠、貓咪、鳥類兔子等等，有很強的獵物驅動力（prey-drive），那把他加入你的家庭裡可能不是什麼好主意。如果你有所遲疑，就算經過適當的訓練也不確定他能不能成為好搭檔，那就諮詢有資格、有執照的狗狗訓練師或行為專家，以求專業的評估。如果你從以往的經驗了解到這隻狗曾經對貓咪展現出非常具攻擊性的行為，那也是種徵兆，說明這樣的搭檔可能太危險了。

如果你從以往的經驗了解到，你的貓咪曾經對狗狗展現出非常具攻擊性的行為，或是看到狗狗的時候展現出極端的恐懼，那你增加一隻狗，就有可能給她的生活添加了太多的壓力。如果有疑慮，就諮詢合格的動物行為專家，或是先從徵求獸醫的建議開始。

試著讓性格搭配可以互補，不要把膽怯的貓咪配上沒規矩的狗狗。不要把神經質的狗狗配上蹦蹦跳跳的小貓。就算狗狗是社會性的動物，還是要小心興奮過頭，還有玩樂的意圖在某些狀況中可能會失控。

過去曾經玩得太粗暴或太過興奮的狗狗不只會嚇到貓咪，還可能會對她造成非

常嚴重的危險。如果有一隻以上的狗狗要進到貓咪的生活裡的話，一隻狗的興奮會感染其他狗狗，造成高度興奮的局面，你必須注意任何危險的可能。

做好準備

狗狗要來到你家了，就必須做一些環境上的改變，以捍衛你貓咪的領域。在幼犬到來之前就逐步進行，可以讓你的貓咪輕鬆自在地調整過來。例如說，如果貓咪的餐碗通常都留在地板上讓她可以任食，那你就得重新擺到高處的餵食點，或是讓她轉換成按時用餐。

貓砂盆要仔細考量，貓咪最不需要的東西，就是在貓砂盆裡辦她的大事時，被頑皮的狗狗突襲。還要避免狗狗去接觸到貓砂盆，以免他也吃了貓大便，雖然對許多狗狗來說那可是佳餚。使用有蓋的貓砂盆可能無法阻止下定決心的狗狗（而且也限制了貓咪逃跑的可能），所以最好的安排，是把貓砂盆放在禁止進入的區域。

如果狗狗體型小，你可以在放置貓砂盆的房門口安裝幼兒安全柵欄。在房間裡面、柵欄旁邊放張椅子、箱子，或是小凳子，好讓貓咪有個地方可以起跳或降落。如果狗狗體型大，就用比較高、有鉸鏈的嬰兒柵欄，底部開有寵物出入口。這種柵欄在寵物用品店跟網路上都買得到。

如果你要改變貓砂盆的位置，那就要逐漸移動到最終的地點，這必須在狗狗到來之前完成。不要突然改變，因為你的貓咪也受不了這樣。如果有必要，貓砂盆就每天移動一點點，這樣你的貓咪就不用處理那見首不見尾、消失的貓砂盆了。

家裡要有狗到來時，要提供你的貓咪安全的藏身處。貓咪如果被新來的小狗追得到處跑，那貓跳台就是真正的避難所了。狗狗體型越大，跳台就要越高（如果你預算夠的話），這樣你的貓咪就有個可以攀爬的地方，可以不受打擾地小睡一番。就算狗狗只是在玩耍時追逐，對貓咪來說也會覺得尷尬不安。狗狗也應該訓練好，知道貓跳台是禁區。

在介紹他們見面之前，要確定大家都健康、沒有寄生蟲。你不會希望室內的貓咪從新來的狗狗身上感染到跳蚤。在見面之前要處理好任何的問題。更多跳蚤的資訊請參見第 13 章。

如果你和你的貓咪要移到狗狗的環境裡，那就要為貓咪安排一間避難室，這樣她才可以有時間適應新環境。等她適應了避難室裡的新環境後，在你打算把狗帶進來之前，先放她出來探索這間新的房子，熟悉一切。如果在你搬家之前，有可能把狗狗帶到貓咪的家裡，逐漸讓他們認識的話，這樣可以幫助她更容易地接受狗狗。她身在熟悉的領域裡，知道她去到哪裡可以感到安全。你要引介見面的動物，依據其年齡不同，這個過程應該稍做調整。

**貓咪
小常識
KNOW**

不要試著把未受訓練的狗狗引見給貓咪，如果你沒有辦法用口語控制狗狗，就報名訓練課程，或是跟合格的個別訓練師一起工作。

帶成犬見貓咪

在介紹見面之前，先讓狗狗發洩完精力。帶他去好好遛遛，或出去玩。事先修剪貓咪的指甲，以免發生任何難以想像的傷害。

狗狗必須要繫上牽繩，把貓咪放在房間裡，加上幼兒安全柵欄，以免狗狗溜出你的掌握時可以接觸到她。跟狗狗坐在房間外，用零食獎勵他，並且在他專注在你身上而不是貓咪身上時給他讚美。

在這個狀況中，響片訓練的效果也很好，這樣你就可以對狗狗按響片、給零食，讓他做出放鬆的身體姿勢，或是把注意力轉向你身上。如果狗狗緊張起來，開始盯著貓咪，就轉移他的注意力。等他不盯了，就按響片、獎勵他。

最好是訓練狗狗在你下達「看著我」的指令時，能聽命把注意力轉向你身上。把手指放在你的鼻子上（一開始的幾次要拿著零食），等狗狗看著你的時候，就按響片、給獎勵。加上「看著我」的指令。這種重新聚焦的行為可以幫他放鬆，把注意力放在該放的地方。

如果狗狗不自在，就移到離貓咪的安全空間更遠的地方。隨著狗狗逐漸放鬆，你就可以再移近幾英寸。

要從壓力最大的動物覺得自在的距離開始，如果貓咪被狗看見會覺得太害怕，就把她放在避難室裡的外出籠內，把外出籠的一部份蓋著，讓她覺得有隱藏起來。這樣她就可以看著狗狗放鬆的肢體語言，不管在任何狀況下，你或任何人都不應該試著把貓咪抱在懷裡。這樣她不只會覺得更受威脅和拘束，抱著她的人也有很大的機會會受傷。

讓動物們習慣在這個非常安全的距離下看見彼此，你也可以帶著狗狗在房間裡四處走走，並且在走過柵欄卻沒專注在貓咪身上時，按響片給他零食。不過要在貓咪覺得自在的距離這樣做──不要就在柵欄的旁邊給。狗狗的身體姿態逐漸放鬆，你就可以走得更接近柵欄一點。

跟狗說話的時候，要使用安慰的語調：拉長你的字句（狗──狗──乖──），結尾時聲音要下降。不要用興奮的語調，或是像對幼兒說話那樣。狗狗會從你身上得到線索，所以如果你很興奮，狗狗也會興奮起來，而這樣可能會令貓咪驚慌失措。

兩隻寵物見過彼此一陣子之後，就把他們分開。這種漸進的介紹一天要持續進行好幾次，讓兩位習慣彼此。如果他們看來很自在，你就可以讓他們更接近一些，狗狗用牽繩繫著，讓貓咪可以在這個區域任意通行。拿掉幼兒安全柵欄，好讓貓咪能去到她想去的地方。

如果狗狗試圖要跑走，或是扯緊了牽繩，就把他移往相反的方向，好讓他明白拉扯只會讓他遠離想去的地方。他必須明白，他必須以緩慢而放鬆的方式接近貓咪，只要他這樣移動，牽繩就會鬆弛下來，他也會得到獎勵和讚美。

貓咪所需的私人空間比狗狗大，所以狗狗必須學會尊重這一點。如果猛然衝向貓咪，一定會碰上到一連串的貓掌攻擊和哈氣聲。貓咪願意分享多少個人空間，這個速度必須由貓咪自己決定。

把幼兒安全柵欄放在貓咪房間的另一端，好讓她可以依自己的需要進出房間，好擁有一些遠離狗狗的時間。就算是大型犬，你也可以訓練他不要跳越或是推擠安全柵欄，你的貓咪知道這屋裡有間房間是專屬於她的，這樣會給她安全感。你不在場監看的時候，不能倚靠幼兒安全柵欄來分隔這兩隻寵物。要把貓狗放在不同的房間裡，大門要關上鎖好。

> **貓咪小常識 KNOW**
>
> 在你確定兩隻寵物對彼此都感到自在之前，不要讓狗狗離開牽繩。這一步急不得，因為犯了錯就可能造成悲劇性的結果。

帶幼犬見貓咪

讓貓咪在家裡可以自由通行，把幼犬關在房間裡，讓貓咪不至於被這活潑的幼犬突擊。如果貓咪覺得自己的環境只有一小部分被這個小小外來客入侵的話，對這個過程也有幫助。

貓咪可以自在面對家裡有隻幼犬這件事的時候，你就可以開始用板條箱裝著幼犬，開始引介他們見面。最糟糕的狀況就是讓頑皮又精力充沛的幼犬去追逐貓咪。幼犬可能是在玩，但是貓咪會認為這是敵意的行為。

等貓咪跟裝在箱子裡的幼犬可以自在地共處一室之後，就開始進行這一章前面說明的基本引見技巧。

帶幼貓見成犬

一開始先將幼貓放在外出籠或板條箱裡，或是關在有幼兒安全柵欄的房間裡。這樣可以讓狗狗安全地看到幼貓。幫狗狗繫上牽繩，開始進行這一章前面說明的基本引介過程。

有所進展

在兩隻寵物開始適應、對彼此感到自在的過程中，要持續觀察任何可能發生的問題。在用餐時間觀察他們，對任何攻擊或威嚇的徵兆保持警覺。還有，由於玩耍的方式有所不同（狗狗會追趕，貓咪則是踱步接近），所以要確定沒有發生溝通上的錯誤。

如果你的環境還做沒有適當的調整，那現在就要完成，才能讓貓狗在無人監看

的狀況下共處。調整包括提供貓跳台、高處空間，還有藏身之處。

在引介的這些時間（而且要進行好幾次訓練），如果有任何時候，狗狗會追逐貓咪嘗試攻擊的話，那他們就不是安全的搭檔。如果你不確定這種狀況能不能改善，就聯絡專業的訓練師，或是合格的動物行為專家跟你一起合作。

就算你確定大家已經成為朋友了，還是要持續監控，以確保安全與和平。

克服對陌生人的恐懼

門鈴響了，你的貓咪就從眼前消失了。要幫她克服這種常見的恐懼的話，請參見第 7 章。

為什麼你的貓咪堅持要坐在討厭貓咪的客人大腿上

這點屢試不爽，你邀請了幾個朋友過來，你的貓咪忽視所有的愛貓人，只把注意力放在那個不只不喜歡貓、甚至極為厭惡貓的客人身上。不過如果你從貓咪的觀點來看的話，這完全是合理的。

貓咪是領域型的動物，主要以氣味作為審查和辨認他人的方式。所以如果貓咪在自己的範圍裡突然面對一群味道不熟悉的陌生人，她就得檢查他們一番，確認他們有沒有問題。貓咪都還沒有時間評估他們了，但愛貓的人通常會直接走向她伸手撫摸，或更糟糕的，想要抱她。

唯一不會向她表示友好的，就是討厭貓的人。這個人就坐在沙發上，完全忽視你的貓咪。這樣的行為讓貓咪得以進行她的調查。她就可以靠近、聞聞客人的鞋子，或甚至跳上沙發，進行更仔細的檢查。貓咪連看客人一眼都不用，就可以完成這一切。所以這不是什麼神祕的事──只是隻在用常識判斷的貓咪而已。

貓咪討厭你的新伴侶時該怎麼辦

我覺得這個主題很有趣，這些年來，我遇過好多飼主，如果配偶得不到貓咪的認可，他們就會盡快擺脫他們的配偶。我單身的時候有過一隻貓叫阿爾比（Albie），他是我的「約會氣壓計」。

我發現，如果阿爾比不喜歡我的約會對象，他就會坐在咖啡桌上，直接坐在那傢伙面前瞪著他。如果我的約會對向試著要摸他，他就會快速上下左右移動，不讓他碰到。我很快就發現，阿爾比會坐下來瞪著的人通常都是混蛋。我學會信任他的評估，而如果他沒有跟我未來的老公開始進行瞪眼比賽的話，我就會鬆一口氣。

從貓咪的觀點來看，家裡意外多了一個人是很嚇人的事。如果新的配偶進到你家裡，那貓咪面對的不只是新來的人闖入，還有他們奇怪的親密關係。貓咪習慣上就是領域型的動物，就看著她的環境天翻地覆。

家具通常會被重新安排，行程被打亂，更糟糕的是她在床上常常睡的那個位置成了她的禁區。現在再加上她得到的關注可能會不夠，因為圍繞著婚禮和蜜月有各種忙碌的活動。可憐的貓咪很容易就會迷失在這些忙亂之中。

如果你的貓咪離開你家，搬進了你配偶的家甚或是新家，那想像一下這會是多大的變動。對你來說也是段會焦慮的時間，但是你是自願走進去的，而你的貓咪沒有選擇。所以她就到了這裡，在新家裡，跟陌生人（可能還有其他寵物甚至孩子）在一起，而她唯一熟悉的只有你。14 章的技巧可以幫助她適應這個新環境。

你說貓咪討厭你的配偶，或看起來在吃醋的時候，其實她是焦慮、迷惑、害怕。她在短短的時間內必須做出許多巨大的調整。

如果你的貓咪看起來不自在，或甚至對你的新配偶有攻擊性，你就必須要慢下來，用比較舒適的步調給她調整的機會。在這過渡時期，她需要的是盡可能照她熟悉的日常生活過日子。把她從床上常待的位置趕走只會增加她的困惑與焦慮。她必須是家庭裡的一份子——而不是被排除在外的寵物。所以大家都在變動的時候，還是要一直從貓咪的觀點來看這個情況。

會造成貓咪焦慮的東西之一，是新配偶讓她不熟悉的聲音和動作。只接觸過女性飼主的貓咪可能需要時間來適應男性比較沉重的腳步聲，還有他比較低沉的聲音

或是更大的動作。如果你可以要求配偶在前幾天走路說話輕柔一點的話，也會有幫助。對於男性飼主的貓咪來說也需要同樣的調整，她現在得適應更快的動作和音調更高的聲音了。家裡新來的女性必須要努力讓聲音不要太高、動作不要太快。

　　幫貓咪跟飼主的新配偶建立關係，最好的方式之一就是用玩耍時間。配偶使用互動式玩具可以幫助貓咪發展正向的連結。教會你的配偶怎麼使用玩具，讓他來進行遊戲的時間。重要的是你的配偶在玩耍的過程中要保持靜止、不帶威脅。如果你的貓咪不肯玩，可以由你開始互動式玩耍，最後把玩具交給你的配偶。

　　要看著，確定你的配偶用你貓咪習慣的方式進行遊戲──要讓她多次成功、常常抓到。即使你的配偶不是愛貓人，但我發現，會有這種感覺大多是因為沒有跟貓相處，讓他們沒辦法認識貓咪。藉由玩耍時間，你的貓咪和配偶相處起來就會開始放鬆。看到你的貓咪在玩耍的時候有多優雅、敏捷而有趣，你的配偶也會開始以不同的眼光來看待你的貓咪。

　　你的配偶也應該負起餵食的責任，就算你平常是用任食制，也該由你的配偶來做，這樣會在餐碗上留下他們的氣味。零食也應該由你的配偶來給。

　　讓你的貓咪來決定事情的步調，給她很多的機會來檢查你的配偶，而不用害怕被抓起來、被撫摸，或是被抱著。你的配偶或許想展現友誼，而迫不及待地要擁抱或撫摸貓咪，但是貓咪可能沒有準備好要接受這些。如果你的配偶急著進行建立信任的過程，反而會讓一切進行得更慢。貓咪一旦覺得夠安全可以開始的時候，關係的進展會好到讓人驚嘆。

　　有個貓咪禮儀小祕訣可以提供給你的配偶，就是做人貓版的鼻對鼻互聞。不用擔心，你的配偶不用真的跟貓咪鼻子對鼻子。我確定你的配偶跟貓咪聽到這個都鬆了口氣吧。其實這是修正版，是讓人類用食指當成代用的貓咪鼻子。如果貓咪接近的時候，你伸出食指、放到她的高度，她可能會過來稍微聞一下。

　　在貓咪的世界裡，鼻子對鼻子打招呼等於是貓咪版的握手。如果貓咪想要進一步互動，那她可能會用臉頰摩擦手指，或繼續向你前進。如果她覺得不夠自在，不想進一步互動，可能就會後退走開，或站在那裡等著看你的下一步是什麼。

　　重要的是，在做這個練習的時候，要抗拒撫摸、甚至搖動手指的衝動。如果貓咪擺明了她還沒準備好，就輕鬆而緩慢地抽回手指，下次再試。把這些指示交給你

的配偶，希望貓咪版的握手對建立信任的過程會有所幫助。

最後，藉由伴隨著玩耍時間、用餐和零食的正向連結，你的貓咪很可能會跟你一樣，看見你配偶身上那些美妙的特質。

讓貓咪準備好迎接寶寶的到來

在過去錯誤迷思影響下，不少女性發現自己懷孕時，常常會開始驚慌，不知道貓咪要怎麼辦。好意的朋友和鄰居會警告她貓咪有多危險。許多貓咪曾是備受珍愛的家庭成員，卻很快就發現自己住在收容所的籠子裡，再也見不到她們的飼主了。有些貓咪雖然沒有被丟到收容所，卻被趕到戶外去——這種事對於曾經只住在室內的貓咪來說創傷極大，而且可能致命。

現在我很確定，你不會相信貓咪會吸走嬰兒的呼吸。或許我們現在所知的嬰兒猝死症曾經因為沒有其他解釋，而怪罪在無辜的貓咪身上。不過懷孕的女性應該要注意的，是跟弓形蟲感染症相關的事。只要把貓砂盆維護得好，再加上你這一方的一點點教育，你就可以避免這個危險。**這絕對不表示你必須拋棄你的貓咪！**請參考醫療附錄，裡面會解釋弓形蟲感染症是什麼以及如何避免。

有些貓咪連鬍鬚都不用動一下就可以接受新寶寶的到來，不過有些其他的貓咪似乎把寶寶當成無毛發臭吵死人的外星人終極的入侵。要明白，讓你的貓咪哈氣或是舉止不友善的原因不是嫉妒，而是焦慮。

不要因為貓咪憂慮不安就懲罰她，或是把她趕去車庫。相反的，要用耐心、愛，還有正增強，來幫助她走過這段，讓你們成為一個快樂的家庭。

除非某些無法預知的因素，家裡突然有了個孩子，不然在懷孕期間或是領養過程會有很多的時間，讓你幫貓咪準備好面對他們的到來。花時間讓你的貓咪放心走過過渡時期，你就會有隻平靜的貓咪，準備好面對新寶寶在家裡造成的改變。

如果你打算把房間重新裝潢成育嬰室，要重新粉刷、新壁紙、地毯和家具，那就要逐步進行。早點開始，一次只做一點點，讓你的貓咪有適切調整的機會。**要記**

得，貓咪是習慣的動物，所以如果家裡的某間房間在一陣喧鬧的活動後突然改變，那她可能會有點擔心。

　　一次只做 1～2 件事，讓你的貓咪有調查的機會。如果你要改建，而貓咪對於正在進行的事似乎感到焦慮，那就要暫停，去跟貓咪玩耍。如果家裡有工人，等他們結束之後要花時間跟你的貓咪互動，以協助她適應這些改變。在新的地方跟她玩，或是給她一點零食。

\\\ ///
**貓咪
小常識**
KNOW

> 在寶寶來到之前，不要給貓咪過量的關注，因為等家裡有寶寶之後，你有可能沒辦法持續這樣的安排。
> 如果你的貓咪習慣了這種彷彿無窮盡的感情，9 個月生產之後就完全被遺忘，那會造成她更大的焦慮。在寶寶來到之前，要保持正常的行程。

　　在寶寶到來之前就要先買好嬰兒床，好讓你有時間訓練貓咪遠離床邊。我最喜歡的方法是在嬰兒床裡裝滿搖搖罐或塑膠瓶。搖搖罐是空的汽水瓶罐，裡面裝了一點零錢。在嬰兒床放滿搖搖罐，讓她在那裡找不到地方可以安靜舒適地小睡。

　　把搖搖罐留在裡面，直到寶寶帶來為止。如果寶寶來了以後貓咪還試圖要攀爬嬰兒床，那可以買個床帳掛在嬰兒床上方。如果你真的決定要用床帳，要選擇堅固的，才不會最後成了貓咪的吊床。

　　嬰兒發出的聲音會讓貓咪覺得不安（父母也一樣），你可以在網路上找到寶寶在哭的音效，或者你可以錄下朋友的嬰兒在哭的聲音，在你跟貓咪玩的時候用較低的音量播放。

　　如果你有床邊音樂鈴，或是其他會發出聲音的嬰兒玩具，那就在貓咪進行遊戲或是吃東西的時候放出聲音，這樣等寶寶到來的時候，所有這些噪音對貓咪來說都已經是老東西了。這點特別適用於所有大型的玩具、嬰兒座椅、安撫搖椅（motion swing）、跳跳學習椅（exersaucer）或是任何會讓貓咪感到驚訝的東西。

　　如果你的朋友有寶寶，可以邀請他們來拜訪，這樣你就能漸漸讓你的貓咪習慣

看到和聞到寶寶。朋友帶寶寶來的時候，就跟你的貓一起玩。貓咪在嬰兒身邊出現放鬆行為時就按響片、給零食。

氣味對貓咪來說非常重要，所以在你的寶寶出生之前，未來的媽媽就應該開始使用嬰兒爽身粉、乳液，或是任何會使用在新生兒身上的其他產品。這樣可以幫助貓咪把這些氣味跟她的飼主連結起來，等她在寶寶身上聞到這些，就會覺得熟悉。

盡可能讓貓咪生活如常，不要跳過任何玩耍的時間，就算這代表母親在照顧寶寶的時候要另找一個家人來陪她玩也一樣。讓貓咪成為整件事的一部份。如果媽媽在照顧嬰兒，沒有理由不能讓貓咪睡在她身邊。要注意的是，到你家來看寶寶的人數增加，可能會讓人有點受不了。

要進行玩耍，而且在貓咪展現出放鬆的行為時，要按響片、給零食。如果你發現貓咪對寶寶太著迷，你寧願她離幼兒房遠遠的話，你也許會想在房門入口處安裝紗門。我給你最好的建議是：放輕鬆。貓咪和寶寶在一起會是很美妙的事。我很愛看著我的貓咪和孩子彼此認識。我事先做好了準備，用警戒的眼光注視著，確定我在貓咪和孩子身邊的行為舉止平靜而放鬆。

幼童

讓你的貓咪感到最恐怖的景象之一，就是學步的小孩沿著門廊朝著她過來，手張開準備好要抓下她一大把的毛。唉唷！請監督貓咪身邊的幼兒，孩子們無意識地去抓住貓咪的尾巴或拉著耳朵都太容易了。當貓咪覺得自己被學步的小孩困住，就很可能會以抓咬來回報。

要教會小孩貓咪是家裡的一份子，應該用溫柔和尊重來對待。貓咪不是拿來玩弄、裝扮、束縛的玩具。讓你的小孩看到怎麼張開手掌來撫摸貓咪。教導他們只用一隻手來摸，以免讓貓咪覺得行動受限。孩子一旦夠大，就要教他們怎麼理解貓咪的肢體語言還有溝通的方式，好讓他們開始明白貓咪什麼時候比較喜歡獨處。

我盡快教會了我的孩子貓咪的名字，反覆跟他們分享貓咪是備受寵愛的家庭成員。我也示範了我希望孩子做到的溫柔行為。如果家裡有有大人或是年紀較大的孩子用不恰當的方式對待貓咪，或是用侮辱的方式說話，那幼兒很快就會學起來的。

> 用填充玩具當教具，示範給幼兒看該怎麼撫摸，也展示哪些區域是禁區、會敏感。如果你的幼兒太過熱情，或是貓咪太膽小太緊張，那這招會特別有幫助。

貓砂盆、餵食點，還有貓咪睡覺的地方，這幾個地方應該禁止幼兒接近。你或許會想在放貓砂盆的房門口裝上幼兒安全柵欄。市面上有些柵欄上有小開口，讓貓咪可以通過。另一種選擇是在柵欄的另一邊放張椅子、箱子或是凳子，讓貓咪跳過柵欄的時候，有地方可以起跳或降落。如果貓咪運動能力沒有那麼好，就用有小開口的那種柵欄。

你的孩子想跟貓咪玩的時候，就給他們安全的互動式玩具，例如貓舞者。別給他們使用雷射光筆。長竿子上的互動式玩具只能由年紀夠大的孩子使用，他們才明白怎麼避免戳到貓咪的臉。

不管孩子有多負責任，在使用互動式玩具的時候都要有成人在場監督。要教會孩子玩具正確的使用方式。除了看著孩子別讓他們意外用玩具戳到貓咪的臉之外，你也不會希望他們捉弄貓咪，老是讓她碰不到玩具。要跟你的孩子解釋讓貓咪成功抓到玩具可以讓她感覺很棒，就像他們在運動或比賽中表現良好時自己也會比較開心一樣。

我常常看到家裡的貓咪被孩子到處拖著走，身體只有一小部分受到支撐。她最後是掛在孩子的手臂上，腋下幾乎沒有支撐，前掌幾乎是向著天空直直舉起。要教會你的孩子怎麼樣適切地抬起、抱著貓咪。如果他們不夠大，撐不住貓咪全部的體重，就根本不應該抱著她。

你要負責貓咪的福祉

你的孩子夠大的時候，要他們幫忙負起照顧貓咪的責任當然是個好主意。他們可以加滿餐碗和水碗，你可以為他們示範如何幫貓咪刷毛，或者他們可以鏟貓砂，

但是孩子不可能處理照顧動物的全部責任。

　　你必須監督，確定貓咪得到她所需的一切。孩子不會注意到貓咪最近沒有在貓砂盆裡尿尿，或是沒有固定吃東西。貓咪如果拉肚子或便祕，孩子也可能不會注意到。因為貓咪屬於你的孩子而忽視貓咪的話，這樣誰都不會學到教訓——只會讓貓咪受苦而已。不幸的是，在某些家庭裡會發生兒童虐待動物的狀況。

　　任何粗暴對待貓咪的狀況都不能容忍，而且要留心各種跡象，所謂「意外」可能是故意的。如果你懷疑有虐待，就立刻把貓咪移到安全的環境，並且跟孩子的醫師聯絡。

　　不熟的孩子來訪，想跟貓咪玩的時候，要監看著你的貓，也給她一間避難室。就算孩子不是故意要傷害到她，但他們常常看不懂貓咪的警告訊號。像生日宴會這樣的活動對孩子來說很有趣，但是對家裡的貓來說未必如此。身為負責任的飼主，就要運用你良好的判斷力，永遠都要照顧貓咪的安全。

CHAPTER 12

耀眼美貓

....

Think Like a Cat

CHAPTER

怎麼讓理毛成為愉快的經驗

貓咪生活中的各種活動完成時，她幾乎都會理毛修整一下，或是全面保養毛皮。貓咪都是理毛大師。理毛在貓咪的生活中有許多重要的功能，雖然不喜歡貓咪的人會告訴你，貓咪理毛唯一的目的就是把毛球吐在床上，但這完全不對。

貓咪用粗糙的舌頭舔過自己的毛皮時，她就能把廢毛拔下來。她的舌頭也能清除塵土、食物殘渣、污垢，以及毛皮上的其他微粒。她會用舔咬的方式盡量去除跳蚤之類的寄生蟲。

她會張開腳趾清理趾縫，還有每根指甲的下面以及周邊。等她滿意，覺得自己完成了充分的清潔工作後，她的舌頭就會把每根毛舔順，以發揮隔絕冷熱的最大功效。舔毛也有助於讓毛皮裡的自然油脂平均分布，這樣可以給她帶來一點防水的功效，也增添耀眼的光澤。

貓咪被撫摸之後，你會注意到她立刻在你剛剛摸過的地方理毛。她是在加強毛皮上自己的氣味，也是在享受你的氣味。另一方面來說，在負面的遭遇之後（例如被獸醫抓著），貓咪一回到家就會進行一次仔細的理毛儀式。他是希望洗掉任何「壞」氣味，重新加上讓她自己舒服的氣味。

狩獵之後，貓咪用完餐會用理毛當結束，以去除獵物的所有氣味，還有任何的食物殘渣，這樣可以幫助她不讓其他獵物或掠食者警覺到她的出現。

同伴間社交性的理毛會使她們的氣味混合，是另一種建立情感的方式。理毛也被用來當成一種轉移行為，貓咪想做什麼卻被阻止的時候，常常就會理毛，以減輕自己的焦慮。你的貓咪看著外面的小鳥時，你可能就會注意到這個狀況。她碰不到小鳥，所以必須用她的能量來做點什麼事。

你為什麼必須幫貓咪理毛

就算貓咪極為講究她們的個人衛生，但是你的貓咪還是需要你幫助她們維護耀眼的毛皮。長毛貓的毛皮看起來很耀眼，但是育種以求美化毛皮就會有種不幸的副

作用：貓咪沒有能力靠自己保養毛皮。就算是你的短毛貓，幫她刷毛她也能獲益。雖然你不用像對長毛貓那樣那麼常幫短毛貓刷毛，不過你對貓咪理毛越是講究，貓咪的毛皮就會越美麗、越健康。

貓咪一年有兩次主要的換毛季節：一次是準備過冬，一次是準備過夏天。接觸室內乾燥暖氣的貓咪一年到頭都在換毛（不過速度較為和緩），所以定期刷毛對她真的有好處。

幫貓咪理毛有非常大的幫，如果你幫貓咪刷毛，不只能減少最後掉落在你家具上的毛量，更能減少貓咪自己理毛時吞下去的毛量。這樣也相對能減少毛球發生的機率，對於吃進太多毛髮的貓咪來說，這會是個嚴重的問題。

對於赤腳在家裡行走的飼主來說，這也是個問題，因為貓咪總是會努力把毛球吐在你一定會踩到的地方。定期刷毛，加上其他定期的貓咪保養，就能幫助患有過敏的家人。

固定為你的貓咪理毛也能給你進行健康檢查的機會，我在理毛的時候，我的手會摸過貓咪身體的每一寸，我可以早期發現任何疙瘩、腫塊、痛處，或是紅疹。我可以感覺到體重是減少還是增加，我清理貓咪耳朵時會檢查看有沒有跳蚤，我也會尋找是否有感染或發炎的跡象。幫貓咪刷牙的時候，我會尋找牙齦腫脹發紅的跡象。

不幫貓咪理毛的飼主可能要到貓咪身上的小疙瘩或傷口進一步惡化了才會注意到，對住在戶外的貓咪來說，理毛讓飼主可以檢查有沒有蝨子藏在平常不會注意到的地方──例如趾縫、耳摺處、或是尾巴底下。

最後，如果你幫貓咪理毛的時候沒辦法讓她覺得舒服，那你有必要餵她吃藥的時候可能就會有問題。貓咪不習慣耳朵被人碰觸，試著要幫她點耳藥時就常常會把更多的藥滴到你衣服上或牆上，而不是她的耳朵裡。

你所需的工具

把所有的東西放在一個收納箱裡，這樣你會比較方便。這樣你就不用理毛理到一半，還得離開你的貓咪去拿你放在別的地方的東西。你需要什麼樣的工具，要看你的貓擁有的毛皮是什麼種類。這裡提供的指南只是一般的理毛準則，用來維護貓

咪的毛皮清潔、健康，沒有雜毛。如果你是為了表演比賽，或是有特定的健康目的而理毛，就要跟頂尖的專業寵物美容師合作，或是請繁育業者傳授技巧，他們會很了解表演的要求。

長毛貓

針梳像是裝了把柄的針插，效果最好。梳齒是直的，可以穿過濃密纖細的毛皮。你也會需要寬齒、中齒和細齒的梳子。遇到你刷不過、梳不了的亂毛時，你可以去買貓毛專用的特製的順毛噴霧劑，或是你可以在毛皮上灑一點玉米澱粉。用噴霧比較不會那麼髒亂。有些長毛品種的眼睛下方常會弄髒。要去除這些的話，要使用對貓咪安全的淚痕清潔液。結束的時候，我也會用軟毛刷刷亮毛皮。

短毛貓

軟針刷是種小支的軟刷，刷毛是細鐵絲，尖端彎曲，對短毛皮效果最好。如果貓咪的毛很短很濃密，你可以用軟毛刷代替軟針刷。為了鬆動廢毛，給你的貓咪一場值得享受的按摩，你可以用橡膠製的馬梳（currycomb）——這種刷子上是橡膠的突起物而不是真正的刷毛。如果你的貓咪反對被刷毛，你可以從理毛手套開始，以幫助她習慣這個過程。

這種手套上有小小的橡膠突起，可以在你撫摸貓咪的時候捕捉廢毛。這沒有馬梳那麼有效率，但如果你的貓咪目前只肯讓你這樣做，那總比沒有好。梳齒極細的梳子，例如蚤梳，可以讓你梳過毛髮時不只刷掉跳蚤，也刷掉牠們的排泄物（乾掉的血液）和蟲卵。這真的可以維持皮毛清潔。而短毛貓的刷毛程序，結束時用軟皮或是絨布順著毛髮生長的方向來摩擦，這樣再好不過了。

福美家（Furminator）出品的除毛梳（FURminator），是另一種好用的理毛工具，可以有效的去除鬆動的廢毛。使用這種產品時，你用力要非常輕，不要耙梳到骨頭多或是敏感的區域。

幼貓

不管幼貓毛髮長短，都要先用嬰兒刷讓她開始熟悉讓人理毛。

特別的毛皮

如果你擁有的是硬毛貓或捲毛貓，那你需要的工具就跟用在短毛貓身上的一樣。如果貓咪的毛非常稀疏，就改用軟毛的嬰兒刷。你也會需要一隻蚤梳。斯芬克斯貓的話，用橡膠馬梳就可以按摩，以及去除覆蓋在皮膚上的細絨毛。斯芬克斯貓的皮膚會變得很油，皺摺處容易沾染塵土。

基本美容準備
....

一塊橡膠的浴室防滑墊，讓你放在桌上，防止貓咪滑倒，如果你幫貓咪洗澡也可以使用。就算貓咪已經去爪了，你也會需要指甲剪（後腳的指甲需要修剪）。要買專為貓咪指甲設計的指甲剪，狗用的指甲剪太大，會有傷到貓咪的危險。一般人類用的指甲剪不是為貓咪指甲的形狀設計的，所以如果你用這個的話，結果可能會參差不齊。你手邊也要有點止血粉，以免你剪了太多，讓指甲流血了。

要準備一些棉花球，用來在幫貓咪洗澡的時候保護貓咪的耳朵。這也可以用來清潔耳朵和眼睛下方。如果你不習慣用牙刷，那麼用紗布片包裹手指幫貓咪刷牙也很方便。紗布片也可以用來清潔耳朵，你的理容用品中也該包括對貓咪無害的耳朵清潔劑，你的獸醫可以推薦你該用哪一種。

手邊也要準備好棉花棒，用來敷上止血粉。**我不推薦用棉花棒清潔耳朵，因為你很容易就會刺破貓咪脆弱的耳膜。**清潔牙齒可以用紗布、寵物牙刷、指套牙刷，或甚至嬰兒牙刷。你也會需要專為寵物設計的牙膏。不要使用人類用的牙膏，因為那會灼傷喉嚨、食道和胃。

開始進行

你一得到貓咪，就是要開始讓她習慣被理毛的時候。先讓她對被觸碰覺得自在。如果她被撫摸時常會覺得不舒服，那就在觸摸她的時候按響片、給零食。一開始要慢慢帶入理毛工具，跟你的貓咪坐在一起、撫摸她，把刷子放在你身邊。如果貓咪去聞刷子的話，就按響片、給貓咪零食。其他的刷子和理毛工具也要這樣做。

在你真的開始刷毛之前，先用手輕柔地摸過她的身體，這樣你才會注意到有沒有痛處、結痂或腫塊。這樣你就會事先知道，接近這些地方就會小心。這樣也會讓你的貓咪因為受到撫摸而覺得舒服。

你的貓咪可以自在接受上述步驟之後，就拿起刷子，輕輕刷過她的後腦（這通常是貓咪最喜歡被撫摸或刷的地方）。按響片、給零食，讓刷毛成為撫摸的延伸，要讓這樣的經驗正向、輕鬆、簡短。你的貓咪一旦建立起理毛很舒服的連結，那這個過程對你們兩個來說都會成為樂趣。

理毛還有一些你必須遵守的規則，第一條規則：不要弄痛你的貓咪，很多貓咪討厭理毛的原因之一就是那真的變成了一種折磨。無論如何不要硬拉硬扯、太過粗暴。貓咪的身體非常的敏感。她的皮膚很容易就會扯破。還有，由於皮膚很薄，所以梳子梳過脊椎或其他幾個骨頭多的地方都會很痛。

你弄痛貓咪的時候，她會緊張起來，開始不喜歡理毛。我的貓咪在讓我理毛的時候不會掙扎著要逃走，因為她們信任我──我保證自己絕對不會弄痛她們。你在使用任何刷子或梳子之前，先拿來刷刷你的前臂內側，感受一下你該刷得多輕。

貓咪不喜歡被理毛的另一個原因在於進行的時間經常長到難以忍受，有些長毛貓的飼主只有想到或發現貓毛打結的時候才會刷毛，結果讓貓咪得承受 30 分鐘以上的理毛，每天刷毛的飼主不用 3 分鐘就可以全部完成。

如果你擁有長毛貓，你就必須每天為她刷毛，只有這樣才能預防糾纏打結。就算你擁有一隻貓毛不打結的長毛貓，每天刷毛也可以維持毛皮健康，減少掉毛以及毛球的風險。每天花一點時間刷毛，可以讓這件事成為貓咪生活中熟悉而舒適的例行公事。短毛貓一週刷個一兩次就可以讓毛皮看起來不錯，如果你的貓咪有毛球的問題，那你或許會想更常刷毛。你不用每次都清理耳朵和剪指甲，指甲通常大約一

個月需要修剪一次。貓咪的耳朵可很能乾淨，只需要每隔幾週擦一擦就好，有些貓咪則要每週擦，請觀察自家貓咪的體質。重點是，藉著每次都檢查耳朵，你可以早期發現問題。

牙齒應該每天刷，這個過程很快（本章後面會說明），你一上手之後，10 秒鐘之內就能完成。但是既然我說了這件事應該每天做，那我也要告訴你，大多數的飼主都沒有遵守這條規則。

不幸的是，許多飼主根本不幫貓咪刷牙。這樣大錯特錯，因為如果你做好預防保養的話，你的貓咪可能就不用那麼常接受麻醉，去讓獸醫進行專業的牙齒清潔。在許多狀況下，你也可以預防牙齦炎和牙周病，貓咪的口氣也可以常保清新。能每天刷牙最好，但如果你沒辦法，那一週至少要刷 3 次。不要忽視你貓咪的牙齒。

該在哪裡理毛

如果你在餐桌或高處的平面上理毛，對你的背一定好得多。把橡膠地墊放在桌子或櫃臺上，好讓你的貓咪有東西可抓。比起讓她到處亂滑、掙扎著維持平衡來說，這樣她會覺得比較安全。桌子或櫃臺必須是貓咪平常可以上去的平面，這樣你才不會給她混淆的訊息。如果你擁有的是長毛貓，那值得考慮去買張寵物美容桌。

如果你比較喜歡把貓咪擺在你大腿上，那就在你腿上鋪條厚毛巾來接住毛髮，在她把指甲戳進去時也可預防你受傷。我發現，貓咪在飼主腿上理毛會比較沒有耐心，因為她們會覺得熱。貓咪蜷曲在你腿上時，也比較難接觸到毛皮的各個地方。

讓貓不排斥的美容技巧

短毛貓

　　先用橡膠馬梳畫圓圈，鬆動毛屑及廢毛。你的貓咪非常可能會喜歡。接著拿軟針刷從後腦在脊椎兩側輕柔地、長長地刷過去。不要用刷子去耙梳凹凸不平的脊椎。身體的部分，刷的動作就要短，每次你放下、舉起刷子的時候，都要非常輕柔。

　　處理貓咪的胸部和肚子可能會很麻煩，方法之一是把貓咪抬起來，好讓她用後腳站立。我這樣做時，會讓貓咪背對我，我則有點靠在她身上，讓她覺得我靠近她的背後，得到額外的支持。我會輕輕地支撐著她的前腳下方，把她舉起來。如果你的貓咪比較喜歡坐著，就一次抬起一隻腳，已接觸著腋下和下方的部位。不要扭到貓咪的腳，只要抬高到可以碰到下方的部位就好。

　　在跳蚤季節期間，就拿細齒梳梳過毛皮，以捕捉跳蚤及其排泄物（順著毛的方向梳）。等你刷完的時候，拿軟皮或是一塊絨布，把毛皮擦亮，要順著毛髮生長的方向做。如果你的貓咪毛皮非常短，離皮膚很近，那就不要用橡膠馬梳，改用軟毛刷。不要用軟針刷。用軟皮收尾。還是要用細齒梳來找出跳蚤。

貓咪小常識 KNOW

> 先梳理貓毛的前端，再逐漸接近皮膚。這樣你才不會扯到長毛貓可能糾結成團的地方。

長毛貓

　　先用寬齒梳，從尾巴底部開始，一次處理毛皮的一個部分。拉起一塊毛皮，以梳下面的區域。要梳理到全部濃密的毛皮、找到隱藏的毛團，這是最好的辦法。

一路往上梳到貓咪的頭部。仔細注意麻煩的部位，例如腋下、耳後，還有鼠蹊部，因為這裡的毛團很容易就會沒看到。

要非常輕柔，因為你可能會碰到打結處。如果你遇到打結或是毛團，要輕輕用手指拆開。不要拉扯到貓咪的皮膚。如果你很難分開毛團，就使用順毛噴霧劑，或在毛髮裡灑點玉米澱粉，一直梳開毛髮。別忘了要梳頸部周圍、胸部和肚子。

舉起貓咪的方式跟短毛貓那節裡敘述的一樣。有些飼主覺得貓咪側躺伸展時比較容易梳理下面。你和貓咪會在進行的時候明白怎麼做最好。你用寬齒梳完成之後，再用中齒梳輕輕慢慢地移動。這種梳子能幫你測試你可能漏掉的毛團。

你在理毛時可能會注意到貓咪的尾巴在動，這可能表示她對整個程序已經失去了耐心。要快速而輕柔地進行。喔，說到尾巴在動，你試著要刷她的尾巴時，一樣要輕柔而快速，貓咪不喜歡尾巴被人束縛住。

無毛貓

如果你的斯芬克斯貓很油，那你可能每 7～10 天就得幫她洗一次澡。不過這種貓需要保暖，所以要確定浴室的溫度舒適。把貓咪包裹在溫暖的毛巾裡，一直用溫暖乾燥的毛巾替換濕掉的毛巾。毛巾可以事先在烘衣機裡加熱。

如果在兩次洗澡之間出現油脂堆積的問題的話，就用濕紙巾去清潔皮膚的皺摺處。如果你的斯芬克斯貓因為油脂過度分泌造成毛孔堵塞，你可以請獸醫推薦安全的收斂劑，用在這些地方。

修剪指甲

一開始先觸碰貓咪的腳掌，然後按響片、給零食。對每隻腳掌都這樣做。接著撫摸腳掌，然後短暫地抬起。要有耐心，根據貓咪放心程度的不同，這個要進行好幾次。為了讓你的貓咪在未來修剪指甲的時候可以合作，進行這種訓練是值得的。

接下來，把你的大拇指放在腳掌上方，其他手指在下方作為支持，然後輕壓，指甲就會伸出來。只能修剪指甲最前端的部分，仔細看你就會看見指甲開始生長的粉紅色區域，這裡有血管，意外剪到的話會痛會流血。

如果你的貓咪指甲是黑的，就不可能看見血管，所以只能修剪指甲的前端，不要超過那弧線的起始點。如果你完全不確定要怎麼做，就要求獸醫示範給你看。也別忘了修剪前腳掌的懸趾，那些看起來像是小小的拇指。多趾貓是長了額外腳趾的貓咪，如果你有一隻這樣的貓，別忘了要修剪那些額外的腳趾上面的指甲。

　　如果你真的不小心弄到指甲流血，就在指甲尖端塗一些止血粉。如果你沒有止血粉，就拿一點玉米澱粉輕輕地壓著腳趾，要記得，能修剪的比你以為該修剪的更少。如果你一直剪到指甲的嫩肉，貓咪就會抗拒讓你剪指甲，因為你每次都會弄痛她。這樣也會造成腳趾感染的風險。

**貓咪
小常識
KNOW**

　　如果你有幼貓，那你抱著她靠在你身上時，她會覺得比較安全。用你的手臂支撐著她可以形成完美的姿勢，讓你用支撐的那隻手臂抬起腳掌、把爪子推出來，你的另一隻手就可以操作剪刀了。拿著指甲剪對好爪子的時候，要再次確認，以確定刀刃沒有接近嫩肉。如果貓咪掙扎，就不要繼續。

　　剛開始的時候，不要試著一次剪完所有的指甲。磨光她的耐心，還可能被你剛剛努力修剪過的指甲抓傷，這樣不值得。剪完一隻指甲，然後就按響片、給零食。逐漸增加到一次剪好幾隻指甲。

　　為了讓你的貓咪對這個過程感覺熟悉而輕鬆，一開始要每 2～3 週修剪一次。不是每隻指甲都會需要修剪，但是這樣你就只需要修剪幾隻指甲最前端的地方。用這樣的過程你可以讓貓咪覺得自在，這樣也會讓你們兩個的日子好過一點。她一接受讓人剪指甲，你或許就可以依據貓咪指甲生長的速度，改成一個月安排一次。

幫貓咪刷牙

　　要幫貓咪刷牙的話，你可以使用指套牙刷、寵物牙刷，或甚至嬰兒牙刷。如果

你用牙刷不習慣，你甚至可以在手指上包一塊紗布（如果用紗布的話，不要摩擦得太用力，不然會有牙齦發炎的危險）。至於牙膏，要使用特別為寵物製造的牙膏，這些牙膏會有寵物喜歡的各種口味。絕對不要使用給人類用的牙膏，因為那會灼傷她們的嘴巴、喉嚨和胃。

你試著為貓咪清潔牙齒的第一次，應該要是場短暫的訓練，好讓她習慣你操控他的嘴巴。沿著嘴巴的兩側觸摸她，逐漸進步到輕輕地把牙刷就放在她的嘴唇內側，靠著她的牙齒。如果她接受這樣，就用你的響片按響後給他零食，如果你沒有進行響片訓練，那只要用零食、讚美、撫摸或玩耍時間來獎勵她。要讓刷牙變得快速而輕鬆，你動作越快，她就越不會反抗這個過程。

如果你沒辦法幫你的貓咪刷牙，市面上也有去除牙菌斑的產品，可以擠在嘴巴裡。這種的效果不如刷牙，但總比什麼都不做好。

如果你刷牙有問題，就跟你的獸醫要液體式或噴霧式的產品。要讓這些產品發揮效果的話，就要確實仔細遵守標籤上的指示。例如說，使用漱口水之後至少一個半小時不能餵你的貓咪。

清潔耳朵

在你開始清潔之前，先看看貓咪耳朵的內部，檢查看看有沒有感染、傷口或是耳疥蟲的跡象。如果耳朵裡看得到黑咖啡色易碎的東西，那就是耳疥蟲的跡象。你的貓咪就得去看獸醫，必須用耳藥（耳疥蟲詳見醫療附錄）。

如果耳朵看起來紅腫、對觸摸敏感，或是有味道，那貓咪就需要給獸醫檢查。這種狀況下不要清潔耳朵，只要讓她接受檢查就好。如果你嘗試清潔紅腫或疼痛的耳朵，你會讓發炎更嚴重。

如果貓咪的耳朵很健康，但裡面有污垢或耳屎，就在棉球上滴一點耳朵清潔劑，擦拭耳朵內部。不要用棉花棒，因為你可能會傷害到脆弱的耳膜。最後再進行耳朵清潔，因為這會讓貓咪的耳朵發癢，如果她還得安靜坐好進行其他動作的話，她可能會變得有點沒耐性，

貓咪
小常識
KNOW

為了幫助你的貓咪習慣清潔耳朵，你要輕輕地碰觸她的耳朵，然後按響片、給零食。再逐漸進展到更多的耳朵碰觸。

容易讓貓咪感到不舒服的幾種情況

跳蚤和其他會發癢的東西

抓……抓……抓……，你晚上想睡覺時就聽到這個。白天你注意到貓咪正準備撲向玩具時突然停住、坐下，開始瘋狂地抓著她的脖子。那可能單純是項圈讓她不舒服，也可能是讓各種年齡的貓咪受苦的各種皮膚問題。過敏、黴菌病，還有寄生蟲，都會讓貓咪抓狂。

引起皮膚搔癢最常見的原因之一就是討厭的小跳蚤，如果你的貓咪對跳蚤過敏，那只要一隻就可以讓她（還有你）晚上難以入睡。如果你的貓咪看起來有皮膚的問題，像是起疹子、發炎、皮膚過乾或過油、腫塊，或任何看起來摸起來很可疑的東西，就給獸醫檢查。

除了口服藥或局部用藥以外，也可能需要特製的藥用洗毛精。由於貓咪理毛理得很勤，所以有了跳蚤和虱子，你也可能看不到這些寄生蟲，不過你也許能看到他們留在貓咪皮膚上的排泄物。

有效的局部跳蚤防制產品很容易買到，你的貓咪真的不用承受跳蚤孳生的不適。要更了解為你的貓咪和她的環境全面防治跳蚤和虱子的話，請見第 13 章。

油脂腺過度旺盛

種馬尾是油脂的過度分泌，通常出現在公貓（大多未結紮）尾巴末端的油膩部位。你可以用去油洗髮精來清洗尾巴末端來控制油膩，如果狀況惡化，造成掉毛或

發炎，就要去看獸醫了。

貓粉刺（feline acne）是下巴油脂腺加班工作的結果，會以深色硬脆的黑頭粉刺出現。那也會造成更為嚴重的膿疱。要清理輕度的粉刺，可以用紗布片或是洗臉巾加上溫水。如果問題持續，你的獸醫會推薦比較明確的治療法，種馬尾和貓粉刺的更多資訊請參見醫療附錄。

毛球

由於貓咪舌頭上有倒刺，所以她理下來的毛髮一定會吞下去。吞下去的毛有些會毫無困難地通過消化系統。如果她吞了太多毛，那貓咪可能會吐出管狀的濕毛團，我們這些最後會踩在上面的人就稱之為毛球。不過不是所有的毛球都吐得出來，或是跟著大便拉出來。有些吞下去的毛最後纏繞在腸子裡，造成阻塞。如果你注意到貓咪排出的大便硬得像石頭，或是根本不排便，那可能就是因為部分或完全的毛球阻塞。請馬上打電話給你的獸醫詢問或帶貓咪檢查。

有些貓咪從來不會有這些問題，但是毛球不只專屬於長毛貓，短毛貓也有她們的一份。解決之道呢？刷毛。對於有毛球問題的貓咪來說，除了你的勤勞之外，還有預防毛球的產品可用。

基本上都是管裝凝膠的通便劑，通常都是麥芽口味。這些產品以礦物油為基底，這樣才不會被身體吸收，只是用來當潤滑劑。不過一週使用不可超過兩次（除非你的獸醫建議你這樣做），因為礦物油會抑制身體對脂溶性維他命的吸收。你可以在手指上擠出 2.5 公分的長條，拿給你的貓咪。

很多貓咪喜歡這種口味，會從你的手指上把凝膠舔掉。如果你的貓咪不會這樣，那你可以打開她的嘴巴，把手指沿著他的上排牙指滑進去，把凝膠堆在她的口腔頂部。有些飼主的貓咪會抗拒，就會試著把通便劑塗在腳掌上，他們知道貓咪理毛的時候就會吃下去。不過我看到的毛球通便劑灑在牆上的比較多，因為貓咪決定把這玩意甩下來，而不是用舌頭。

沾到毛上也可能會很髒，所以如果你覺得你必須採用這個手段，那在貓咪的腳掌上就只放一點點的量，讓你確定她會舔掉。如果一週吃一兩次毛球通便劑的劑量

不夠，那就跟獸醫談談要不要增加貓咪飲食中的纖維份量。市面上有防治毛球配方的商業飼料，你的獸醫可能會建議你的貓咪改吃這種飲食。也有防治毛球的零食。

幫貓咪洗澡

　　我一定是在開玩笑，對吧？或許光是想到這樣就會讓你笑得歇斯底里了。你就坐著，搖著頭想著：不可能，不是我，我才不要幫貓咪洗澡！你是不是想像著一隻濕透的貓咪，身上蓋滿泡沫，尖叫著衝過屋子，你則緊追在後？

　　你很可能永遠都不用幫貓咪洗澡，是我在幻想，還是我剛剛聽到你鬆了一口氣？有些長毛貓必須常常洗澡，因為她們的毛皮會變油，而短毛貓則要看她們的毛皮狀況，或是看她們碰上了什麼東西，偶爾洗一次就好。這可以是相當簡單的過程，也可以是累死人的硬仗，讓你搞得比貓咪還溼，而她最後撕碎了浴簾，然後逃出你的魔掌，衝出浴室。

　　用簡單的方法，對你、你的貓咪、你的浴室、你的家具，還有你跟配偶的關係，都會比較好。一開始先把你會需要的一切都放在同一個地方。貓咪濕身以後，就不是回想你把洗毛精忘在哪裡的時候了。選擇專為貓咪製造的洗毛精，依據貓咪的個別需求來做選擇；有特別設計來美白、控油等等的洗毛精。不要用洗碗精，因為會洗得太過乾澀。

　　就算你不打算幫貓咪洗澡，手邊也要放瓶洗毛精備用。長毛貓也需要潤絲精，好讓毛髮柔順。要幫貓咪洗澡的話，你也會需要可以接在水龍頭上的蓮蓬頭或是手提式沖水器、嬰兒浴巾，還有很多毛巾。如果你的吹風機吹起來的風力跟音量都是工業用等級的話，那得買一隻聲音較小、速度較低的。

Q　提醒清單

- 貓用的洗毛精
- 幾條吸水毛巾
- 刷子
- 蓮蓬頭
- 嬰兒浴巾
- 潤絲精（長毛貓用）
- 棉球
- 橡膠浴墊
- 透明眼藥膏
- 吹風機

　　在第一滴水碰上貓咪的毛皮之前，你必須先幫她刷過，刷開所有糾結和毛團。如果你幫貓咪洗澡，而她的毛皮裡有毛團的話，毛團就會緊縮，你就得用剪的。洗澡前先花時間好好刷一刷，可以幫助你跟貓咪在等一下的行程感到順利且舒服些。

　　你可以在水槽裡接上水管幫貓咪洗澡，也可以在浴缸裡用蓮蓬頭。在廚房水槽或洗衣槽裡洗幫貓咪洗澡，你的背部會比較輕鬆，但在浴室可以關門，你可能會覺得比較能夠掌控。讓小間的浴室溫暖起來也比較容易。我幫貓咪洗澡時會弄得一團糟，所以我無從選擇，只能在浴室裡幫貓咪洗澡，不然會弄得到處都是積水。

　　把橡膠浴墊放在水槽或浴缸的底部，這樣讓你的貓咪有東西可以伸爪子，她會覺得比較安全。有些寵物美容師會在浴缸裡或沿著水槽的邊緣放一面小紗窗，讓貓可以用爪子抓。只要讓你的貓咪覺得安全，什麼都可以用，這樣可以讓你不用造成太大焦慮就完成工作。

　　把貓咪帶進來之前，我會先沖水，以溫暖浴缸和浴室。打開你的洗毛精瓶，這樣等一下才不用摸索著開瓶子。我也會拿著洗毛精瓶沖溫水來加熱。輕輕地在貓咪的耳朵裡放進一塊或 1/4 塊棉球。不要塞進耳朵——只要穩穩地放進那裡，以免水沖進耳朵裡。我也會在附近額外放個幾塊，以免我的貓咪把棉花弄鬆脫了。

　　在每隻眼睛裡點一滴透明眼藥膏，以保護眼睛不會弄到洗毛精。不過就算有眼藥膏，還是要格外小心，不要把洗毛精弄到貓咪的眼睛了。把貓咪放進浴缸的時候，要確定有穩穩抱住她。控制她時不能超過必要的程度，但要是你緊握的手放鬆了，我保證貓咪一眨眼之間就會跑出去了。

用水管把毛皮完全打濕，不要讓你的貓咪浸到水裡。水的溫度應該要溫暖舒適，用你的前臂內側檢查，確認不會太冷或太熱。絕對不要把水潑到貓咪的頭上，如果你必須清理清理或是弄濕頭上的毛髮，就用濕毛巾來擦。你也要避免把水弄到貓咪的耳朵、眼睛、鼻子或嘴巴裡。

幫貓咪全身打上肥皂，從脖子開始，如果你從背部先來，而貓咪身上有跳蚤，她們就會衝到她的頭上，爬進耳朵、眼睛、鼻子和嘴巴裡。脖子周圍的洗毛精可以預防這點，如果她臉上有跳蚤，就用嬰兒浴巾擦拭這個區域——不要用水潑她。幫身體和腿搓出肥皂泡。別忘了要處理尾巴下面，還有腿部以下全部。不要用力刷洗毛皮，尤其是對長毛貓，不然會弄得混亂糾結。

用濕毛巾擦拭整張臉，對於有淚痕的貓咪，要特別注意眼睛下面的部位。徹底清洗毛皮，拿著噴水器對著皮膚噴起貓毛，這樣有助於去除下面的少許肥皂。如果貓咪非常骯髒，你可以再上一次肥皂。清洗、清洗、再清洗。貓咪擦乾之後，任何殘留在皮膚上的洗毛精都會造成發癢，也可能發炎。

清洗完成之後，用手輕輕地壓毛皮，以去除較大量的水，接著拿掉貓咪耳朵的棉球。用毛巾包裹你的貓咪，輕輕拍她，以吸收水分。不要擦乾貓咪全身，對長毛貓來說，摩擦會造成打結，反正貓咪也不怎麼喜歡被用力擦身體。

繼續輕拍，用乾毛巾替換濕毛巾，然後繼續這樣做，一直到你吸乾了大部分的水為止。**如果你要用吹風機，就要用低速，而且要一直移動吹風機。不要對著貓咪身體的同一個地方吹，因為這樣很容易會燙傷她。**絕對不要把氣流對準貓咪的臉部。不要覺得得要吹乾每一根毛髮，尤其如果你的貓咪失去耐性的話。她會自己弄乾的。

擦乾的時候，要用軟毛刷來弄鬆、拉起貓毛。處理長毛貓的話，弄乾時要小心，不要造成糾結。如果你的貓咪受不了吹風機，就把她在溫暖的房間裡放到乾。要看著她，確定她不會冷到，如果有必要，就調高室溫到她乾了為止。完成的時候，要獎勵你的貓咪，然後等她離開自己理毛，把毛皮弄回她喜歡的樣子時，你就可以去清理排水口的毛髮了。

乾洗澡

如果你的貓咪受不了洗澡，狀況又不夠好，你就可以用乾洗澡。產品有好幾種，粉末狀已經出現很久了，還有泡沫狀產品，我覺得效果比較好。雖然這些產品的效果確實不如洗澡，不過沒辦法洗澡時卻很方便。

我的貓咪被臭鼬攻擊了！

我最好的建議是把她放在外出籠裡，以免她在家裡到處亂跑。你可以自己幫貓咪洗澡，或是帶她去受醫院。他們通常有專人可以幫你洗。我強烈建議你送貓咪去診所或寵物美容，因為他們手邊會有去除臭鼬味道的洗毛精。

如果你要在家裡幫貓咪洗澡，就要穿你丟掉也不在乎的舊衣服，因為那味道會去除不掉。你也會需要舊毛巾。先用貓咪慣用的洗毛精幫她洗澡，再用番茄汁或是去臭鼬味溶液洗（寵物用品店或獸醫處可以找到）。接著用慣用的洗毛精再搓一次肥皂泡。還有，你自己也得洗個澡。

你需要專業協助的時候

不，我不是要轉介你去看精神科，雖然努力要幫不合作的貓咪洗澡的你可能會覺得你有需要。我在說的那種專業是指寵物美容。如果你有的是長毛貓，而且沒辦法保持毛皮不打結，你就會需要專業寵物美容的服務。如果貓咪打結嚴重，她甚至必須得剪毛。

有些飼主固定安排美容時間，讓專業寵物美容師來洗澡。請你的獸醫或是其他貓咪的飼主推薦哪位寵物美容師最棒。把貓留在美容師那裡之前，先仔細檢查一下。要確定你的貓咪不會被關在狗狗附近。美容師用什麼來清潔桌面和器材？美容師有要求貓咪要定期施打疫苗嗎？

如果沒有，這樣會讓所有的貓咪都有危險。你是不是到處都看到寵物的毛髮？如果美容師看起來沒有樂在工作，或在貓咪身邊似乎沒有耐心，那就抓起你的貓咪，趕快離開那裡。貓咪要的是溫柔的碰觸，所以去找會這樣做的美容師吧。

CHAPTER 13

驅逐害蟲

....

- 跳蚤虱子咬不到
- 局部跳蚤防治產品
- 虱子

Think Like a Cat

CHAPTER

跳蚤虱子咬不到

....

　　跳蚤是貓咪身上最常見的寄生蟲，往往造成大麻煩。成蟲動作快、跳得高，你用手指非常難抓得到。由於貓咪是快如閃電的理毛家，所以常常在飼主知道感染到跳蚤之前，就把證據都舔掉了。

　　跳蚤靠吸食宿主的血液為生，牠們一輩子都活在貓咪身上，一直重複著進食、排泄、繁殖的循環。雌蟲在貓咪身上產卵，這些卵很快就從貓身上掉下來，落在地毯、寢具、地面或家具上，完成孵化。在 10 天內，這些卵就會孵化，定居在地毯絨面深處，或是你的家具之下。牠們在那裡靠各種碎屑為生，主要是成蟲的糞便。

　　大約一週之後，幼蟲結蛹進入蛹期，成蟲就是從其中破蛹而出。依據環境的不同，成蟲可能會留在蛹裡，等到條件有利才破蛹（就算要花上好幾個月）。成蟲一破蛹，就開始尋找宿主。

　　有些貓咪會對跳蚤唾液裡的抗原敏感，造成過敏反應。紅腫發炎的皮膚、結痂、禿塊（通常在臀部接近尾巴的根部）是幾種能顯示跳蚤過敏性皮膚炎（flea allergy dermatitis）的跡象。對於對跳蚤過敏的貓咪來說，只要有一隻跳蚤，這些反應就會開始。跳蚤是條蟲的中間宿主，所以貓咪試著要除掉跳蚤的時候，可能會吞下含有條蟲的跳蚤。嚴重的跳蚤感染，由於大量失血，可能會造成某些貓咪貧血。幼貓、因病虛弱的貓、較年長的貓特別容易受到影響。

　　如何檢查跳蚤：把貓咪毛皮的毛分開，找找有沒有小小的、褐黑色跳蚤的蹤跡。**由於牠們移動非常快速，所以你可能不是真的看到跳蚤本身，而是看到牠們的糞便。**跳蚤的排泄物是消化過的血液，看起來像是一小點的胡椒。你甚至可能會看到一些白點，那是跳蚤的卵。檢查你貓咪臀部、尾巴、脖子和鼠蹊部周圍。

　　對深色毛髮的貓，就把她放在白色的毛巾或是一一張白紙上。幫她刷毛，你可能就會發現白毛巾或紙上有很多小黑點。如果用蚤梳的話，你可能會找到受困的跳蚤和碎屑。

　　治療：要有效治療跳蚤的話，你必須對家裡的所有寵物都治療。某些飼主常犯的錯誤就是只治療會出門的寵物，卻不明白跳蚤也很容易侵襲任何室內的貓咪。完全避

免感染跳蚤的祕密在於及早開始，要在跳蚤有機會跳上你的貓咪或進到你家之前就進行。幸運的是，我們現在的跳蚤防治產品真的很有效。不過如果你沒有正確使用的話，還是不會發揮功效。

開始跳蚤治療計畫的時候，我會勸你先聯絡你的獸醫診所，討論可能的選項，還有怎麼做對你的每一隻貓會最好。你的獸醫或是獸醫技術員會依據貓咪的年齡、健康、感染的嚴重程度、你的經濟狀況，還有他對特定產品的經驗做出建議。

不要只是跑到附近的雜貨店、寵物用品或折價商店去買你不熟悉的產品。毒性因產品而有所不同，最後你造成的傷害可能超過好處。如果你有幼貓，對於你選擇的產品更要特別小心。要記得，任何你放在貓咪身上的最後都會因為貓咪自己理毛而進到她肚裡。市面上也有些產品完全沒效用，只是浪費錢。獸醫診所的員工可以幫你規劃有效而安全的跳蚤治療計畫。

成功防治跳蚤的另一個層面在於治療持續多久，依據你所住地區的氣候，你可能全年都要執行跳蚤防治。在冬天比較溫暖的地方，跳蚤整年都會成長茁壯。就算會經歷寒冬的地方，如果你沒有根除家裡孳生的跳蚤，那麼不管室外的溫度掉到多少，牠們都會在你溫暖美好的家裡紮營。

局部跳蚤防治產品

局部跳蚤防治產品有很多。在你選定某種產品之前，先徵求獸醫的建議。免處方的產品對你的貓咪可能不安全。獸醫會針對你的貓咪建議你適合的產品。有些產品也能防治虱子和體內的寄生蟲。

長效型的局部產品（持續大約 1 個月）非常有效，而且容易施用；這點你和你的貓咪都會喜歡。這些產品都是小瓶裝，打開後擠到貓咪的後頸。在 24 個小時的時間內，跳蚤防治產品就會散佈到貓咪全身。你只要記得 24 小時內不要去摸貓咪後頸就好。若高品質局部產品的效果很好，便會讓髒亂的洗毛精、噴霧劑、粉末的需求都大為降低。

蚤梳

這是從毛皮上去除跳蚤、排泄物和蟲卵的絕佳辦法，你在梳理的時候，跳蚤會被困在間隔極窄的細小梳齒上。不過，梳掉跳蚤在防治跳蚤上效果不佳。這方法是用來檢查你的貓咪是否有跳蚤，還有清理掉毛上的跳蚤殘骸。

處理室內環境

除非你的跳蚤感染很嚴重，不然你可能只需要局部跳蚤防治的產品就好。對於重度感染，先塗上局部跳蚤藥之後，用吸塵器清潔是必要的，這方法可以減少環境中的跳蚤數量。

我很討厭用吸塵器，常常找藉口不做這個工作，但在環境跳蚤防治上，這是很棒的一步。你從地毯、家具底下和椅墊上吸出來的蟲卵和蟲蛹越多越好。常用吸塵器有助於減少跳蚤的數量。要毫不留情地把這些小生物吸上來，把袋子丟到戶外的垃圾桶去。如果你吸完卻沒有好好丟掉袋子，所有那些被吸起來的蟲卵就會在吸塵器裡孵化。

吸塵的時候，要仔細清理家具下方，還有任何墊子的下面，因為蟲蛹會深藏在椅子和沙發上。別忘了寢具、貓跳台還有窗台。要清掃到有如你的岳母要戴著白手套來訪一樣。

虱子

由於貓咪經常會理毛，所以你可能不會真的在她身上看到虱子。如果真的看到了，通常會是在頭部、頸部或耳朵裡，因為貓咪沒辦法碰到這些區域。連趾縫裡都找得到虱子。

虱子會附著在皮膚上，把頭鑽進皮膚下面。牠們在還沒進食前，還沒附著在皮膚上，很像小小的蜘蛛。不過虱子附著上了皮膚之後，看起來常像是皮膚上的疣。

虱子吸飽了血，身體就會膨脹。通常這時候飼主才第一次看到或感受到貓咪身上有寄生蟲。

　　要去除虱子的話，就滴一滴酒精或礦物油蓋住牠。等幾秒鐘讓虱子鬆口，然後用去除虱子的工具小心抓住。這些產品在寵物用品店找得到，看起來像是塑膠湯匙，中間切出個切口。你也可以用鑷子，但是要非常小心，因為很容易就會讓虱子身首異處，結果還是牢牢固定在皮膚下面。如果用鑷子的話，要放置在虱子的頭部附近。

　　把虱子拿下來之後，就丟進裝有酒精的小杯子裡，確定牠會死掉，然後好好送這個討厭的小東西一程，把牠沖進馬桶。不要用熱火柴來去除虱子，因為傷到貓咪的機會太大了。如果你去除虱子有困難，或是覺得頭部還是埋在裡面，就去看獸醫。如果你的貓咪會到戶外去，就要用局部的跳蚤或虱子預防藥來保護她。

CHAPTER 14

準備出遊

Think Like a Cat

CHAPTER

無痛旅遊

　　旅行在貓咪的字典裡是個下流的字眼，如果貓咪統治了世界，那放假應該包括：跳上台面毫無限制、優先使用餵鳥器、老鼠無限供應、7 天不用刷牙清耳朵，還有，當然啦，舒舒服服在主臥室的大床上睡 18 個小時的美容覺。

　　這個假期計畫裡根本不會考慮到旅遊，大多數的貓咪都寧願留在家裡。她們也比較喜歡你也留在家裡。我們喜歡冒險，貓咪喜歡一成不變。我們喜歡新奇的新地點，貓咪喜歡熟悉的地方。

　　如果你有幼貓，就讓她小時候就習慣旅行，這樣可以幫你減少很多痛苦。這不是說等她長大了，看到你從衣櫥拿出行李箱就不會玩起捉迷藏，但如果你一年只冒險帶貓咪出門一次，在每年該打疫苗的時候踏上前往獸醫診所的恐怖之旅，這時會容易得多。

　　對成貓來說，讓旅行經驗沒那麼嚇人還是不算太遲。她可能永遠無法喜歡旅遊的冒險，但你有希望大為降低她的焦慮，更避免長期的負面結果。不管喜不喜歡，旅行對貓咪來說都是必要的——不管是前往獸醫院、搬到新家，或甚至是約了寵物美容師。

為什麼每隻貓咪都需要外出籠

　　不管你的貓咪訓練得多好、多習慣旅行，她都會需要外出籠。用外出籠運送貓咪是確保她安全唯一的方法。不管你是要帶她跨越整個國家，還是只是越過那條街，她都必須在外出籠裡。外出籠給了她藏身之處，提供了她安全感。

　　如果她變得害怕或有攻擊性，那你可不想在懷裡抱著一隻嗥叫著掙扎的貓咪。在車輛裡放著貓咪亂跑，試著要開車旅遊，這樣（對你和貓咪來說）極為危險，會造成車禍。把外出籠當成貓咪最重要的安全物品之一，就算你從來都沒打算要去任

何地方、你的獸醫到家診療、你剛好也討厭度假，你還是需要擁有一個。

　　擁有外出籠可以在緊急狀況時讓你安全地把貓咪帶出家門，火災時如果我得快速地逃出我家，那我絕對沒辦法處理我那 3 隻貓咪，她們毫無疑問會極為恐懼，除非她們身在外出籠裡。我都把外出籠整理好，隨時可用，這樣我才一直有所準備。我在這個國家所居住的區域龍捲風相當常見，所以把貓咪的外出籠準備好，也是我標準防災計畫的一部份（有關制訂防災計畫，更多資訊請參見第 18 章）。

選擇外出籠

　　外出籠應該要給你的貓咪安全感、提供安全、容易清潔，讓你可以不必讓任何人受傷，就能讓你的貓咪進出外出籠。

鐵絲製

　　這大概是貓咪旅遊最恐怖的方式了吧，她被困在籠子裡，卻覺得完全暴露在外。等你到達目的地，想把她從籠子裡移出來時，她很可能會相當不安。不安的貓咪可不好處理。

軟殼

　　這種外出籠很像你自己會用的那種軟殼的行李箱，軟殼外出籠重量輕，如果你要帶貓上飛機的話，這些籠子大多經過核可，可以空運。不過這些外出籠的壞處是，如果旅途過程中有東西掉在上面的話，就沒什麼保護力了。如果你的貓咪有什麼意外，這些外出籠也比較難清理。如果你選擇軟殼的外出籠，要找堅固的，底板要結實，結構良好，籠面才不會陷進去壓到貓咪。

籐編

　　看起來很可愛，卻是種糟糕的選擇。你試著清理籐編外出籠裡的屎尿看看。我也覺得籐編籠可能對貓咪來說沒有那麼舒適，也比較容易受到爪子的損壞。

塑膠外出籠

全方位的最佳選擇，這種籠子堅固、容易清潔，有各種不同尺寸。大部分都有金屬或塑膠格柵的前方入口門。有些也有天窗出入口。許多都經航空公司許可，較小的外出籠通常還可以帶進機艙運送（唯一可以的方式）。塑膠外出籠幾乎不會壞，大概能讓貓咪用一輩子。

就算你希望貓咪在旅遊途中可以舒舒服服的，也不要買太大的外出籠。她在裡面不需要太多移動，而且事實上，貓咪如果能感受到外出籠的側邊就在身旁，會感覺比較安全。你處理貓咪用一般用途的大型外出籠會很彆扭，因為貓咪最後會從這一端被推擠到另一端。不過如果旅途漫長，貓咪就會喜歡比較多的空間。

帶害怕的貓咪去看獸醫時，塑膠籠也是很好用的工具，可以增進安全。你不用把她拖出或是推進外出籠，只要拆下上半部，讓她留在下半部裡就好。用毛巾鋪在籠底，讓她更舒服些。在許多狀況中，貓咪只要留在外出籠的下半部裡，獸醫就可以進行整個檢查過程。

對於在獸醫診所行為有攻擊性的貓咪來說，這種外出籠效果可能比其他的更好：上半部拿掉之後，技師或獸醫可以用毛巾蓋住貓咪。

紙箱

紙箱非常便宜，有時甚至免費。如果你認養收容所的貓咪，可能就會給你一個紙箱帶她回家。如果你的貓是幼貓，那紙箱可以，但對成貓來說不夠耐用。

有決心的貓咪可以在一眨眼之間抓穿或咬穿紙箱跑出去。就算紙箱內部有上膜，但貓咪要是尿尿或是嘔吐了，這箱子就差不多沒用了。

看到飼主試著要把非常不開心的大型貓咪放進已不成形快散開的紙箱裡，我會嚇到。在動物醫院裡，我看過破敗不堪的紙箱被扯爛，飼主努力想保持箱子的完整，卻讓貓咪衝到地板上，或更糟糕的——停車場裡。

不過紙箱的外出籠有幾點確實讓我很喜歡，由於紙箱可以拆開，完全攤平存放，所以可以成為很棒的額外緊急外出籠。如果你有十隻貓咪，買不起十個外出

籠，或是沒有空間，就留幾個塑膠的，剩下的用紙箱。這樣的話，萬一你必須把所有的貓咪從家中移出去，那每隻貓都可以有個外出籠。

讓你的貓咪習慣外出籠

不把貓咪訓練好，讓她能在外出籠裡自在地待著，結果就是你必須把你那哈氣嗥叫的貓咪從床底下拖出來，努力把四隻伸開亂揮的貓腿折起來放進外出籠內，同時還要避開出鞘的爪子以閃電般的速度朝你揮過來。你緊抓的手只要放鬆一下下，貓咪就會爬到你頭上、跳到地板上、衝回床底下。一邊在流血，身上都是貓毛，穿的衣服現在展示著無數的拉扯和小洞，你躡著腳走回臥室，整個冒險又要從頭來過一次。你的另一個選擇是訓練你的貓咪，讓你能輕鬆把她放進外出籠，而不必換衣服、包紮傷口，再把一簇簇的貓毛從嘴裡拿出來。

訓練過程一開始先把外出籠放在房間的角落，把所有格柵門拿掉，或至少固定好，讓門保持在開啟的位置，用毛巾鋪在外出籠的底部。如果你的貓咪對於這種安排極為猜疑，那只要做你平常做的事就好，把安放好的外出籠放著一兩天，不要進到下一個步驟。最後她就會習慣外出籠的存在，即使她可能完全不會去冒險接近。在外出籠周圍的區域進行互動式玩耍，但不要讓玩具太靠近外出籠。

現在放一點零食在外出籠前面，但還是要跟外出籠保持安全距離，好讓你的貓咪感覺自在（如果貓咪緊張的話，就一天進行一兩次，做個幾天）。等她可以自在地在外出籠附近吃零食，下次的零食就擺得更靠近一點。你可以把零食分成小塊，這樣才不會干擾到貓咪正常的營養計畫，不然你也可以拿幾塊她的飼料。

如果你餵濕食，就用小碟子放一點點在那裡，外出的兩邊都要放零食，前面也放一點。不要急著把零食放得離外出籠太近。慢慢進行，你的貓咪就不會猜疑，或覺得受到威脅。如果你的貓咪選擇這時候不吃零食，就把零食放著，因為你不在的時候，她可能會回到那個地方。如果就算你不在附近，她看起來還是非常緊張的話，那你這一步可能走得太快了——只要把零食移得離外出籠遠一點就好。

等你的貓咪可以自在地直接在外出籠前面吃零食，接下來就把零食放在外出籠入口的邊緣。每次都把零食移得更進去外出籠一點。現在要讓貓咪只能在外出籠裡得到零食，或是正餐的一部份。

　　既然你的貓咪可以自由進出外出籠了，也知道這沒什麼，你就可以把門裝回去，但固定在開啟的位置。接著，等她進去吃零食的時候就關上門，數到 5，然後打開。把玩具準備好，等她從外出籠裡出來就跟她玩互動式遊戲。這樣做幾次，好讓她習慣關上的門。

　　訓練的另一個選項是讓她在打開的外出籠裡用餐，先把碟子放在外出籠前面。等她覺得安全了，就開始把碟子放在外出籠後面。到最後，你應該可以在她吃東西的時候把門關上（不拴上）。

　　貓咪待在外出籠裡也可以自在之後，下一步就是在貓咪進去的時候，把零食丟進外出籠裡，關上門，拿起外出籠走個幾步，再放下來。打開門讓貓咪出來，進行玩耍時間。**差不多每天都要進行上述的步驟，要讓這個經驗保持正向，用安慰的語氣對貓說話，外出籠要盡可能拿穩。她會從你身上找線索，所以整個過程都要平靜而輕鬆。**如果你需要倒退一點點，回到只是把零食丟到靠近外出籠的地方，那也不用擔心。只要用貓咪最自在的步調進行就好。有些貓咪在很短的時間內就可以接受外出籠，有些則需要比較多的時間來調整。

　　接著努力教貓咪接受口語指令進去外出籠，只要每次說籠子這個字，你就把零食丟進籠子裡。讓你的聲音保持愉快正向，她進去外出籠裡就給她零食。你也可以用響片訓練，來協助貓咪把籠子這個字跟你想要的行為，以及食物獎勵的好處連結起來。下一步是讓你的貓咪在外出籠裡進入停好的車子裡。要做很多次，好讓你的貓咪可以非常自在。她在車裡行為平靜就給予獎勵。接下來試著發動引擎。到這時候，車子都還沒離開車庫或車道呢。

　　真的要進行行駛這部分的時候，一開始要帶她開幾趟短程。一開始只要繞附近一圈，第一次嘗試時不要超過這樣的範圍。以後進行再逐漸增加距離，輕鬆走過這一段，這樣好得多。

　　為了預防貓咪只把外出籠連結到不怎麼開心的看獸醫經驗，你需要帶她去獸醫那裡單純做社交性的拜訪，好讓她知道不是每次去到那裡都會發生壞事。

在幼貓的成長過程中請定期帶她去獸醫診所，就算單純見工作人員、給他們摸。都可以幫助她比較不害怕醫院或診所的味道、景象或是聲音。

把最不合作的貓咪放進外出籠的緊急程序

要是你的貓咪還沒有受過外出籠的訓練，而你「現在」就得把她塞進去，你怎麼辦？根據過去的經驗，你知道她會用牙齒和指甲跟你對抗。以下是速度最快、傷痛最少的方法。

把塑膠外出籠立起來，讓開口朝上，用一隻手抓住貓咪的頸背，用用另一隻手托住她的後腳（抓頸背是指抓住貓咪頸部後方鬆弛的皮膚，來抓起貓咪）。快速而小心地把她往下放進外出籠裡，下半身先進去。她一進去，就趕快放手、關上門。要小心別讓門敲到她的腳掌或耳朵。

趕快把門栓上，以免貓咪有機會衝撞門栓。呼，任務完成——貓咪進了外出籠，人類沒有傷亡。

貓咪
小常識
KNOW

> 不可以沒有托住貓咪的後腿支撐她的體重就抓起她的頸背，絕對不要只抓著頸背把她吊在空中。此外，抓頸背把她放進外出籠的這個方法，是在她沒有受傷時緊急使用的，不能替代適當的外出籠接受訓練。

貓咪應該旅行嗎？

就算你已經訓練過貓咪接受外出籠，也不表示她就該跟著你到處旅行。要考慮她的性情、年齡，還有你要進行的旅行種類，以及當時的時節。全家人到喜歡的主題公園度假時，很容易覺得有壓力的貓咪最好還是留在家裡，要考慮你的目的地是

不是真的對貓咪好。

就因為你喜歡每個週末去海邊，不代表你的貓咪也想去。把貓咪拖去討厭貓咪的親戚友人家裡跟全家人共度佳節，最可能的結果就是大家都倍感壓力，從貓咪到那位不喜歡貓的人都是。

如果你要搭機旅遊，那我會把貓咪留在家裡，除非她可以進機艙跟你共同搭乘（見本章後面的「搭機旅行」）。搭貨艙的經驗可能會非常恐怖，甚至危及生命。

波斯貓、喜馬拉雅貓、異國短毛貓，以及其他短鼻的品種不應該在炎熱的天氣中旅行，除非你會在有空調的環境裡。如果你有疑慮，不知道貓咪想不想去旅行，還考慮對她施打鎮靜劑，拜託仔細的跟獸醫討論這一點，大多數的貓咪不用鎮靜劑旅行會好得多。如果你從來沒有對貓咪使用過特定的藥物，那在路上或空中可不是什麼好時機，來找出她對這種藥有沒有不良反應。

如果最後你的獸醫建議對貓咪施用比較溫和的藥物，就請教獸醫能不能在旅程之前先施用一次，讓你可以警覺到有沒有任何不良反反應，有必要的話也可以讓她立即得到醫療協助。你最不想處理危機的地方就是在路上或是飛機上。

搭機旅行

航空公司一直都有限制在極端炎熱或寒冷的天氣中把動物當成貨物空運，但是現在這些限制已經變得更加嚴格，以確保動物的安全。每家航空公司對於一年中的某幾個月份能不能准許動物上機都有自己的規定。

空運貨物也有特定的戶外溫度限制，所以你也必須知道你旅行的那天氣溫會是幾度。有些航空公司完全不允許空運寵物。

有些航空公司允許把小動物當成隨身行李登機，但必須放在航空公司核可的外出籠裡。你可以使用塑膠外出籠（要確定有標示經航空公司核可）或是軟殼的。有些航空公司整個機艙內只准有一隻寵物，所以你必須事先打電話，在訂位的時候也幫貓咪訂位。讓貓咪登機更你一起旅行常常會要收費。如果可能的話，盡量讓貓咪作為隨身行李搭機。

向航空公司了解一下會需要什麼文件，例如健康證明。健康證明必須在出發日

前 10 天內核發。不要把貓咪的健康文件收到托運的行李裡——帶在身上，需要的時候你才拿得出來，要搭機旅行的動物至少必須有 8 週大。

在外出籠上跟貓咪身上都掛上名牌，外出籠上應該有個標誌寫著「活體動物」。就算她在旅途中可以跟你在一起，名牌是用在萬一有什麼意外的危機發生讓你們分開的時候。外出籠跟貓咪身上的名牌都應該要有你的手機號碼。

在家裡把貓咪放進外出籠之前，先檢查確認外出籠的狀況良好。塑膠外出籠要鎖好所有的螺絲。軟殼外出籠要檢查縫線和紗網有沒有裂縫，並重新檢查所有拉鍊。打包準備空中旅行的時候，去看看搭車旅行那一節，那裡列出了要打包的必需品。雖然你一定沒辦法像在道路旅行一樣打包那麼多東西，但是許多重要的物品還是不該忘記。

如果你的貓咪必須當成貨物空運，就必須放在航空公司核可的運輸籠裡。箱子上必須有「活體動物」的標示，還有指示方向朝上的箭頭，以標示箱子直立的位置。你的名字、地址和電話必須緊緊貼在或寫在箱子上，柵門上也要附上食物和飲水。起飛前 24 小時再次確認訂位狀況，早點到機場，以完成你必須通過的所有程序。跟航空公司確認，看你需要多早到達機場搭機。

國際旅遊的話，要提早幾個月打電話給目的地的國家，確定是否允許寵物入境，如果可以的話，那檢疫期要多長、需要哪些額外的文件？出境前 4～6 週聯絡該國官員，確認一切都沒有變化。

搭車旅行

搭車旅行的時候，如果你要在汽車旅館或旅社過夜，那要事先找出可以接受寵物的住宿處。為了預防你不在的時候，房務人員打開你的房門讓貓咪跑出去，就要確定櫃臺知道那裡面有寵物，他們可以安排在你在場的時候完成房務整理。

此外，也建議可以在門上掛上「請勿打擾」的牌子。如果你有疑慮，不知道貓咪是不是會安全，就把她關在浴室裡，寫張大大的字條貼在浴室門上，請房務人員不要進去。許多旅館都有告示牌給你掛在門上，以提醒房務人員裡面有寵物。如果沒有，就在門上留下你自己寫的字條，當作額外的預防措施。

外出籠的重要性

你的貓咪在整段旅程中都必須待在她的外出籠裡，長途旅行的話，你可能要弄個大箱子，好讓你在後面擺個小貓砂盆。如果你沒辦法在箱子裡放進小貓砂盆，那只要你停下車伸伸腿時，就要讓你的貓咪有機會用到貓砂盆，但是要確定車輛的門窗都關好、她有綁上胸背帶和牽繩。

不要把貓咪的外出籠放在前座，安全氣囊是為成人設計的，不是寵物。不要把貓咪抱在腿上，外出籠裡是她搭車旅程中最安全的地方。

使用外出籠的時候，要用安全帶把籠子固定好。如果你用板條箱放在車後，要用彈性繩固定好。這樣可以降低貓咪在車禍中被甩來甩去的機會，轉彎和急停的時候，也可以限制碰撞程度和暈動症。

胸背帶、名牌、牽繩

就算你從來沒打算帶貓咪綁著牽繩外出散步，你也應該進行牽繩和胸背帶的訓練，為旅行增加安全。旅途中胸背帶要一直留在貓咪身上，還要確認貓咪身上掛著名牌。你讓她離開外出籠的時候，就要為她綁上牽繩。你進到旅館或是其他目的地的時候，就拿掉胸背帶、戴上項圈（上面有名牌）。要確認她一直戴著名牌，上面要有你家裡電話行動電話，還有你度假地的電話。

貓咪
小常識
KNOW

在旅行之前，如果你還沒幫貓咪打晶片，就先打，作為額外的預防措施。你的獸醫可以進行這個快速而簡單的程序。如果你要搬到新家，要確定你有提供更新的資訊給註冊的單位。

貓砂盆和貓砂

你可以買一包拋棄式貓砂盆，那是用塗層紙做的。比起還得洗刷的塑膠盆，這

個簡單多了。如果你車上有空間，又會在度假的地點待一陣子，就帶個普通的貓砂盆。這樣對貓咪來說可能會比較舒適，尤其如果她體型較大的話。

帶上貓咪平常用的貓砂品牌，因為在你的目的地可能會找不到。如果你的貓砂買來是包裝在袋子裡的，你可能要換裝到塑膠製的儲存箱裡，加上可以緊緊蓋上的蓋子。我試過，在開封的貓砂倒出來之後用吸塵器把貓砂從車裡吸出來，那可不好玩。帶個塑膠杯來幫貓砂盆裝滿貓砂。

別忘了至關重要的貓砂鏟，如果你使用的是縮小版的貓砂盆，你就得非常勤勉，常常鏟貓砂。把鏟子裝在可重複密封的塑膠袋裡。帶一盒塑膠垃圾袋，這樣你鏟完才有地方倒髒的貓砂。

如果你在汽車旅館或旅社過夜，你就得把髒貓砂倒進可封口的塑膠袋裡，不能直接把貓砂丟在房間的廢紙簍裡。對房務人員也要客氣一點，要把那袋髒貓砂拿到外面的垃圾箱裡，這樣幫你打掃房間的人才不用處理任何跟髒貓砂有關的東西。

開車旅行的時候，要帶一小瓶手部消毒液，你鏟完貓砂之後才能把手弄乾淨。如果有流出或是意外狀況，也會需要額外的毛巾。貓咪在旅途中如果弄髒自己的話，溼紙巾也很方便。

食物

如果你餵濕食，就買尺寸最小的。如果罐頭不是易拉罐，就要記得帶開罐器跟塑膠湯匙。比較大的罐頭就需要帶個保冷箱，用來儲存開過的罐頭。帶個罐頭用的塑膠蓋，或是另一個有蓋的容器，來儲存吃剩的食物。

帶一瓶水，這樣車程中你才能按時給貓咪一點水。為了防止飲水改變造成胃部不適，要帶個塑膠水罐，裝滿你家平常喝的水，或是給貓咪喝瓶裝的礦泉水。等你抵達目的地的時候，就在貓咪的碗裡注滿家裡的水，再逐漸加入新水。

別忘了把她的碗打包，還有，趁你打包的時候，也把一包零食和響片丟進你的行李箱，以免你需要做些響片訓練來幫她克服一些難過的地方。

其他的必需品

如果醫生有開藥給貓咪吃，那一定要帶著。事先檢查份量，以免藥不夠用，這樣你才能在旅行前領好藥。如果你的旅行正好在是獸醫診所會關門的時間（這樣你就沒辦法把病歷傳真到臨時找的診所了），就帶一份貓咪的醫療記錄。

如果你有長毛貓，你會需要帶著理毛的用品。別忘了帶上一些玩具，不然對貓咪來說就真的不會是假期了。每次我們旅行的時候，我也會帶一點貓薄荷、幾個益智餵食玩具，還有瓦楞紙製的貓抓板。帶著貓咪的照片，以免發生什麼事，她走失了。這樣你就可以製作傳單和海報了。

別放著你的貓無人照顧

別在溫暖的天氣裡把貓咪單獨留在車上，就算只是很快地在餐廳停一下，也會讓貓咪有生命危險。只要幾分鐘，溫度就會到達危及生命的程度。

把貓咪留在家裡

寵物保姆

比較起來，在你旅行的時候，對貓咪最理想的安排是讓她留在自己的家裡。寵物保姆可以是你的夢想成真，但如果你沒有仔細研究，也會變成終極的惡夢。

寵物保姆的安排，可以從請鄰居一天來兩趟餵貓清貓砂，到聘請專業的寵物保姆，甚至你不在的時候請人真的搬進你家裡。

如果你有養貓的朋友，願意一天過來兩趟，我覺得這樣會比較順利，因為你可以信任他們，他們也能接受所要求的任務。你的貓咪可能也會覺得比較自在，因為那會是她熟悉的人。

告訴你朋友互動式玩具收在哪裡，示範你怎麼跟貓玩。提議說等你朋友有需要

的時候就來還這個人情，這樣最後應該會是很省事的安排。

專業的寵物保姆也是個選項，除了照顧你的寵物之外，還可以幫你收信、開關燈、幫植物澆水。如果你認識運用過保姆的寵物飼主，就問問看名字，請他們評論服務的品質。你也可以額外請獸醫介紹。對於貼在網路上可能的寵物保姆可以確認別人的評論。更多寵物保姆的資訊請參見資源指南。

在聘用專業的寵物保姆服務之前，先問他們下列的問題：

· 你在這一行多久了？

你可不想當第一批的客戶。

· 你有介紹人嗎？

如果沒有，就找別的保姆。若有，則要跟所有的介紹人確認過。

· 你有簽約和保險嗎？

專業的寵物保姆就該如此。

· 天氣惡劣的話，你有什麼計畫？

（為了安全起見，給附近的鄰居一把額外的鑰匙以防萬一）確認他們有哪種交通工具，他們對壞天氣的應變計畫為何。就是這樣，聘請住在附近的寵物保姆才會是個好主意。

· 到家裡來的都會是你嗎？

有些比較大型的公司會根據當天誰在工作，派遣不同的保姆前來。你面談的這位就應該是到家裡來的那位。

· 你是否提供書面的協議書或合約？

所有的東西都要寫下來。

· 到家裡來會提供什麼？

再一次，要寫下來。

> ‧ 你會不會餵藥？
>
> 如果你的貓咪在服用處方藥物的話，這點很重要。確認保姆受過什麼訓練、能不能保證貓咪得到所有必要的藥物。

　　要仔細地跟寵物保姆服務確認，畢竟你是要把寵物和你家都交給他們。你應該要寵物保姆到你家來親自面，這樣你就可以讓保姆看到到底需要完成哪些事。你也可以感受一下貓咪對這個人的反應如何。如果有什麼事需要警告寵物保姆的話，要主動提出。例如貓咪會咬人、有衝出大門的習慣等等。

　　大多數寵物保姆一天會到家裡來 1～2 次，他們依照到府次數收費，所以要確定你明確知道你會需要他們到家裡來幾次。

　　把所有必要的資訊都留給寵物保姆，以防有緊急狀況。除了你的手機號碼以外，還要寫下所有其他的聯絡資訊，包括你會住在哪裡，還有你信任的鄰居電話，以免保姆需要緊急的協助。也要寫下獸醫的姓名、地址和電話。詢問保姆是否知道你的獸醫所在的位置。

　　此外，打電話給獸醫診所，通知他們會有保姆來照顧你的貓，並同意進行任何必要的治療，也把你的手機號碼給獸醫。給保姆看貓咪的外出籠在哪裡，以免他們需要帶貓咪去獸醫診所。

　　如果你出門的時間比較長，要確定你留下的食物和貓砂份量足夠，還有任何貓咪服用的藥物也是。把寵物保姆的電話號碼帶在身邊，以免你的旅程有所延誤。我在機場過夜的次數多到我明白我一定要有備用的計畫。

　　萬一你沒辦法準時回家，要確定你的寵物保姆可以延長服務。等真的回到家了，就打給保姆，讓他知道你安全到家了。

讓貓咪寄宿

　　就算在最棒的寄宿機構也可能造成貓咪的焦慮，所以如果你的貓咪會害怕、反應很大，最好還是留在她自己熟悉的環境裡。不過對某些飼主來說，唯一的選擇就

是把貓咪放在寄宿機構。我不了解你那邊的寄宿機構，但在我住的地方，有好幾家真正對貓咪友善的寄宿機構。有些寵物旅館的老闆知道怎麼樣讓貓咪離開家的時候盡可能感到舒適，不幸的是，有些人則把貓咪當成小型狗，不會創造任何特殊的環境來處理情緒安全感的問題。

要親自去察看寄宿機構，住宿的房間裡應該要通風良好。走進去的時候，如果那味道讓你覺得自己踏進了一個巨大的貓砂盆，那想像一下給貓咪聞起來會有多恐怖。所有的寄宿機構都應該要求你出示疫苗證明，如果這機構沒有要求你的貓咪要按時施打疫苗，就表示他們也不會這樣要求其他貓咪。這樣會讓所有的貓都有危險。還沒有打完疫苗的幼貓不應該寄宿。

寄宿機構從簡單的幾排籠子，到豪華的多層個別房間都有，有的甚至還加上電視或觀景窗可看。雖然一開始似乎很愚蠢，但是把貓咪放在那些像是華麗旅館房間的豪華設施裡一定是有好處的。工作人員常常會提供更為個別化的照顧，貓咪有更多躲藏的空間，還有固定個別玩耍的時間。如果你住的區域有一家這樣特別的寄宿機構，我會鼓勵你去了解一下。

你把貓咪帶去寄宿機構的時候，要帶她平常吃的食物、貓砂和藥品。不過別把貓咪的貓砂盆帶去，那放不進籠子裡，你也不會希望貓咪回家時跟貓砂盆培養出負面的連結。還要提供貓咪一件你穿過的 T 恤，因為上面有可以安慰她的氣味。

寄宿最令人害怕的部分，就是貓咪沒有地方可以躲，所以在所有地點中，她們最常蹲踞在貓砂盆裡。嚇壞了的可憐貓咪要多大的壓力才會到那裡避難啊，打開的紙袋平放著就可以給貓咪創造藏身處，足以給她安全感（要帶足夠的紙袋）。

工作人員可以在袋子裡放條毛巾，給她額外的慰藉。對非常害怕的貓咪，紙袋要放置在某個角度，讓貓咪不會覺得自己暴露在外。要讓紙袋不要塌陷的話，可以把袋口捲起 2.5 公分。如果你的貓咪壓力過大，可以由一位工作人員在籠子前面蓋上一張報紙。

貓咪
小常識
KNOW

寄宿機構在假日很容易被訂滿，所以要早點預約。

搬新家

從貓咪的觀點來看，最糟的大概就是這樣了。首先，出現的是她害怕的外出籠，然後是一段車程，這一切還要加上抵達一個不熟悉的地方，飼主說這是「家」。家？你瘋了嗎？我們幾小時前才離開家的。我們調頭回去那裡吧，我還要賞鳥、要抵擋老鼠，還要小睡呢。

再一次，如果貓咪統治世界的話（我知道很多人覺得她們早就在統治了），那你什麼地方也去不了，不能去工作、不能去度假，當然也不能看獸醫。搬去新家？提都別提了。

既然搬新家是是大多數飼主到某個時候都得做的事，那讓你的貓咪盡量不會痛苦，也會讓你少痛苦一點。如果你的貓咪會出門，那在搬家前大約一週就得停止讓她出去。搬家前一週對大家來說通常是關鍵時刻：打包變得更密集、睡眠被剝奪，壓力破表。

你的貓咪向來敏銳，也會察覺到有些東西正在進行中，可能選擇晚上不回家，來躲藏一陣子。你最不需要的事情就是被迫在搬家當天出門尋找你的貓咪。在很多悲慘的案例中，飼主必須放棄，丟下他們的貓咪，因為搬家工人早已經離開，還有行程要跑，不然到新家就沒人開門讓工人進去了。

等貓咪回到家，發現沒有人在家等她，她一定感到恐懼而困惑，想到就讓人覺得悲慘。除非有鄰居認出她，而且能捉到她，不然她就會從備受寵愛的家庭成員淪落成無家可歸的流浪貓。如果我聽起來很誇張，那是因為飼主常常忽略這種事先計畫的預防措施，而他們的貓咪真的會在搬家之前消失。為了她的安全，在搬家那週不管你的貓咪怎麼抱怨都是值得的。

打包的過程繁重乏味，不過對貓咪來說，這是種強烈的經驗。她們通常很喜歡，選擇在箱子裡鑽進鑽出，以為你創造了這個室內遊樂場給她們玩——或者她們會因為害怕在她們曾經平靜的領域裡發生的混亂，而躲藏起來。

不管你的貓咪有哪種反應，都必須採取預防措施，免得她被裝進箱子裡。別笑，這種事真的會發生。在箱子裡玩耍的貓咪可能決定在其中一個箱子裡小睡一

下。她鑽進了你放進去的墊材裡。你不知道她在那裡，就把箱子蓋上，搬上搬家的卡車走了。你打包的時候，要把貓咪放進另一個房間裡，或至少確定，在你蓋上任何箱子之前，你知道她在哪裡。

在你搬家的前一週，先跟獸醫拿一份貓咪的醫療記錄（如果你有要換診所的話）。如果你在新的地點已經選好了獸醫，就要求你現在的獸醫診所把記錄轉到那裡。還有，搬家前一週也是個好時機，可以製作貓咪項圈上面的新名牌，放上你新的地址電話，你要在搬家當天掛在貓咪身上。

在搬家當天，要把貓咪所有的食物、藥品等等，放在獨立的箱子裡，跟著你上你的車。你不會想要到了新家才發現你不知道把食物裝到那個箱子裡去了。搬家當天也是段忙碌不堪、壓力極大的時間，所以要不就把你的貓咪關在小房間裡，不然就讓她當天外宿。

如果你家有多的浴室，就把她跟她的貓砂盆、一碗水和寵物床放進去。在裡面放台小收音機，調到古典或是輕音樂頻道，來濾掉她門外正在發生的一些騷動。在門上掛個大牌子，警告大家不要進去。我也會把貓咪的外出籠放在浴室裡，這樣才不會被放到搬家的卡車上。

你抵達新家的時候，貓咪應該要有一間小小的避難室。臥室就很理想。擺好她的貓砂盆、貓抓柱、寵物床、水和食物，還要在那裡丟些玩具。除非你選擇浴室當成避難室，不然就擺些家具（就算沒有要固定擺在那裡），讓她有地方可躲；有她熟悉的家具來安慰，會對她有幫助。

有些貓咪幾分鐘就能適應，但其他的可能需要避難室裡待上一天到一週。不要急，你的貓咪準備好要視察家裡其他部分的時候，她會讓你知道。

在開箱期間撥點時間看看貓咪，陪她玩。一整天下來偶爾玩個 15 分鐘不會破壞你的行程，你卻能給貓咪極大的安慰。也可以打開貓薄荷，讓你和貓咪可以優雅地慶祝喬遷之喜。她被限制在避難室裡，不能像是在坐牢。**要記得，她是塊小小的情緒海綿，所以如果你保持正向而輕鬆的態度，她就會察覺到這點，這樣可以幫她減輕一些對這個不熟悉的環境所感受到的恐懼。**

你的貓咪重拾正常行為的時候，例如進食、使用貓砂盆、到櫥櫃外冒險、不再躲藏等等，你就知道她準備好要離開房間了。你打開她房門的時候，別強迫她出

來，讓她決定怎麼樣的速度她會覺得最自在，你也可以在門外散放一些零食。

避難室的布置要為她保留，因為如果她太過焦慮的話，可能會選擇回到那裡。如果你的貓咪在你之前的家裡是可以出門的話，那這就是讓你把她變成室內家貓的絕佳機會了。房子裡就有全新的領域給她探索，夠她忙的了。戶外的領域不熟悉，你也不知道外面有哪些貓，她們可能會覺得這個地區沒有足夠的空間給新的貓咪。

如果你真的下定決心要把貓咪放到戶外，那至少要等一個月，好讓她對室內的領域建立堅定的舒適感，也完全適應搬家這件事。你真的要放她出來的時候，要用牽繩和胸背帶。畢竟這個院子對她來說沒有連結，所以她有很大的機會會跑走。

每天帶她出門在家附近散步，讓她反覆建立連結。如果天氣好，就陪她在外面的平台或門廊坐坐，在那裡餵她吃晚餐，讓這裡開始成為她的基地。讓她從門口進出，好讓她建立連結，知道家裡的入口在哪裡，她也必須知道等著讓人放進來的時候要在哪裡停留。

除非貓咪打完了疫苗、掛上名牌，而且受過訓練，叫喚時會過來，不然不要讓她去戶外。我知道最後一點許多飼主來說難度很高，但這是做得到的（見第 5 章）。

再一次，請嚴肅的重新考慮讓她成為室內的家貓。靠著你到目前為止在本書中所學到的一切，包括讓環境更豐富、玩耍時間，還有安全設施，你也可以創造出刺激、有趣、安全又舒適的室內環境。

走失的貓

雖然飼主盡力了，但不幸的是這種事還是會發生。萬一你面對這種危機的話，以下有一些準則。

製作傳單

傳單的頂端要放「家貓走失」，下面應該是張貓咪的清晰照片。傳單要印彩色

（不要用黑白），這樣才明顯，而且貓咪的毛色和花紋才容易辨識。

照片下面要加上說明，寫明任何獨特或可供辨認的特徵。寫下走失的日期、最後是在哪裡看到貓咪，加上你的日間和夜間或者行動電話號碼。提供報酬來增加更多的誘因，報酬要夠大，這樣鄰近地區的每個小孩才都會出門找你的貓咪。

用粗體、容易辨認的字型來製作傳單。如果你必須用手寫，就要確定你的電話號碼清晰可讀。傳單要盡量到處張貼：獸醫診所、十字路口、超市，還有寵物用品店。只要可以合法張貼傳單的地方，就把你的傳單貼上去。

四處走訪

立刻打電話給本地的收容所，讓他們知道你的貓咪走失了。接著要親自拜訪，在那裡留下傳單。盡可能把傳單帶到各個獸醫診所去，大多數獸醫診所都有「走失寵物」的公佈欄。如果他們沒有空間放傳單，你至少可以貼張照片，加上一張寫明資訊的小卡片。

網路或刊物

在分類廣告網站刊登廣告，並使用你本地報紙或社區刊物來張貼「貓咪走失」的啟事。

通知你的鄰居

帶著你的照片或你的傳單到你家附近到處拜訪鄰居，很有可能你那嚇壞了的貓咪就躲在某家人的樹叢或車庫裡。

如果貓咪找到了，就到各處去拿掉所有的傳單。打電話給收容所、獸醫診所等等，讓他們知道，好讓他們把照片拿下來。移除你在分類廣告網站上的廣告，你不會希望有人花時間去找一隻已經找到了的貓咪。

如果找到貓咪的人拒絕報酬，就考慮用他們的名義把錢捐到本地的收容所。這樣做的話，其他一些走失的貓咪或許也能再次找回她們的家。

CHAPTER 15

當貓咪生育

....

Think Like a Cat

CHAPTER

如果貓咪要讓你當祖父母了怎麼辦

　　這不太像是羅曼史小說的題材，貓科動物的交配是個粗暴而危險的過程。如果有隻母貓在發情，這個區域的公貓都會彼此打起來，以求有機會跟她交配。

　　公貓緊張地來回踱步，等著母貓發出可以接近的訊號。接著他用牙齒咬住她的後頸，跨在她身上。母貓弓起背，把尾巴甩向一邊，然後公貓開始衝刺。

　　一旦射精了，母貓會就發出尖叫，掙扎要擺脫公貓的掌握。如果公貓撤退得不夠快，母貓可能會相當激烈地攻擊他。接著她就開始翻滾、伸展，舔舔生殖器。

　　這一對可能會馬上又開始交配，或者可能要花一點時間，母貓才會準備好再次接受公貓。接下來幾個小時內他們可能會交配很多次。等著她可以再次接受交配的這段時間，他會保持警戒，以免其他公貓試圖佔據他的母貓。

　　如果有別的公貓在場的話，他們可能會挑戰他，以求也有機會跟她交配。結果通常會是猛烈的搏鬥，結果常常是一隻以上的貓咪被咬傷或抓傷。公貓打架會造成非常嚴重的傷害，有時甚至會死亡。如果有更多公貓得到跟這隻母貓交配的機會，她生出來的幼貓就可能有一個以上的父親。

　　如果你還有那種過時的幻想，覺得讓你的孩子見證出生的奇蹟會是種學習經驗，你就錯過重點了。他們該學會的訊息是如何當個負責任的飼主，這就表示貓咪應該要絕育或結紮。比起看著 4 隻以上的幼貓來到這個寵物過度繁殖的世界來說，負責任地愛護寵物很多年，對他們的人生來說會是更為珍貴的一課。

**貓咪
小常識
KNOW**

未絕育的母貓每年通常有 3 次以上的發情期，公貓則一年到頭任何時間都可以交配。

貓咪為何應該要絕育或結紮

　　如果你家是混種貓，而你在考慮要繁殖的話，請你三思。我知道你很愛你的貓咪，她會生出漂亮的幼貓，但事實是，數百萬隻「漂亮」的幼貓無家可歸，或只因為數量太多而遭到撲殺。大家最後就只是站在超市外面，拿著裝滿幼貓的箱子，拚命地想把她們送走，因為很難幫她們找到一個家。

　　不要成為一個後院繁育者，只因為你擁有純種貓，不代表你就可以靠著讓她跟同品種的公貓交配來賺錢。有經驗有聲譽的繁育者對於品種的遺傳學知識非常豐富，沒有這種知識卻想幫你的貓咪繁殖，通常會造成先天畸形的幼貓。

　　如果你相信你可以靠繁殖貓咪賺錢，那你會嚇一大跳。所有的繁育者都會告訴你，這是樁昂貴的買賣。好的繁育者會花很多時間和金錢來創造良好的環境、照顧成貓、養育幼貓。好的繁育者會在這一行是因為他們愛這個品種，想要維持水準，而不是快速致富。

　　就算你沒打算讓貓咪繁殖，但如果你讓沒有絕育的貓咪出去戶外的話，還是會「意外」發生的。你或許有打算讓她絕育，但是你還沒有機會這樣做之前，她可能已經懷孕回家了。

　　如果你的公貓沒有結紮，也別因為你不用照顧幼貓，而覺得你佔了便宜。你可能得照顧一隻受傷的貓，一次又一次，因為他會跟其他公貓打架。**身為貓咪的飼主，你也有責任不要讓你沒有結紮的公貓四處遊蕩、任意交配，而造成過度繁殖。**

　　除了過度繁殖的問題之外，讓你的貓咪絕育或結紮還有醫療和行為上的原因。在貓咪第一次發情之前絕育，幾乎可以免除乳癌的危險，公貓結紮也可以去除他未來罹患前列腺癌的危險。

　　貓咪有沒有絕育，差別就像黑夜和白天。在貓咪性成熟之前結紮，幾乎可以完全去除噴尿和遊蕩的狀況。就算你的貓咪已經是成貓了，幫他結紮還是可以大幅減少這些不受歡迎的行為。

　　對母貓來說，沒有絕育會讓你陷入絕境，你得忍受她沒完沒了的叫春和煩躁不安。同時也吸引鄰近地區的每一隻公貓。我不知道你的狀況，但我寧願不讓本地的

公貓在我前門附近的樹叢上噴尿。

　　幫貓咪絕育並不會讓她變胖，這可能跟你聽到的相反，造成肥胖的是過度餵食。公貓要結紮，這種手術包括切開陰囊，摘除貓咪的睪丸。

　　不需縫合，手術後的照顧則包括密切監看，以確定癒合的切口保持清潔乾燥。如果你的貓咪可以去到戶外，那就要讓他留在室內幾天，到他完全癒合為止。

　　母貓要絕育，這種手術要做的比結紮多，包括經由腹部的切口去除子宮、輸卵管和卵巢。在貓咪刮了毛的肚皮上縫幾針，大約 10 天內就可以拆線了。

　　有關手術後的照顧，你的獸醫會給你明確的指示。你必須監看縫合的傷口，確保傷口保持清潔乾燥。你也需要確保貓咪不會去啃咬縫線。如果你固定會幫貓咪洗澡，就得等拆線了才能洗。在癒合的過程中，要把貓咪留在室內限制她的活動，不要讓她做跳躍或費力的動作。就算結紮和絕育手術可能比任何其他的醫療程序做的次數更多，但在選擇前往低收費的絕育或結紮診所之前，還是要做功課，手術不管多「平常」，都還是有風險。

　　如果你計畫利用收費低的診所而不是你平常看的獸醫，就要仔細調查那個地方。一切有關過程如何進行、麻醉如何使用、手術過程中與之後有沒有手術助理來監看，都要盡可能找出來，不只要知道用了哪種縫線，連獸醫平常會縫多少針都要知道。如果你對獸醫有信心，談到手術的時候就不要比價了，你的獸醫對於貓咪的長期健康會認真著想的。

照顧未來的母親

　　雖然你可能沒有這樣打算，可是你可能還是發現自己有了一隻懷孕的貓咪。或許是你在決定什麼時候要去絕育時等得太久了一點，或許是有隻懷孕的流浪貓走進了你的生活。

　　貓咪的懷孕期大約 65 天，在前幾週，除了體重增加以外，你可能不會察覺到她有懷孕。有些貓咪會在懷孕第 3 週左右經歷孕吐，她可能會嘔吐，沒有辦法好好吃

東西，這通常只會持續幾天。

如果你懷疑貓咪是否懷孕，就帶她去看獸醫，這樣如果確定了，你就可以開始進行產前照護了。你的獸醫會提供你建議的時間表，依據貓咪個別的健康狀況看你需要來幾次，還會建議營養怎麼改變。除非獸醫建議，不然不要給任何營養品。

通常獸醫會指示你餵食成長配方飼料，因為除了其他營養之外，還會額外需要蛋白質和鈣。在懷孕的後半，你的獸醫可能會建議你增加餵食的放量。這要看貓咪的體重和健康。貓咪懷孕的時候你要避免讓她超重，這樣會讓分娩更加困難。

貓咪離分娩不到一週的時候，可能要少量多餐的餵食。由於她肚子大了，可能沒辦法吃到平常一餐的份量。這個時候你可能要再去看一次獸醫，做最後的產前檢查。獸醫會指示你怎麼準備分娩、會有什麼狀況，還有怎麼照顧新生的幼貓。

為大日子作準備

大約在分娩前一週，貓咪看起來會很煩躁，你可能會注意到她對腹部和生殖器部位理毛的份量增加了。她也可能會開始搔抓衣物堆，或是在櫃子周圍挖掘，因為她準備要做窩了。雖然你可能會為貓咪製作最精美的住處給她生產，不過她還是會比較喜歡黑暗、安靜、溫暖的地方。拿個堅固的紙箱，在一邊剪個開口，然後用乾淨的報紙或毛巾鋪在裡面。

你可能會想要使用有蓋的箱子來給這位膽小的女王更多的隱私，但還是可以輕鬆地清理箱子、監看裡面的活動。箱子要夠高，好讓貓咪可以站起來四處走動，還要夠大，好讓她可以躺臥好舒適地哺乳。把餐碗和水碗放在箱子附近。貓砂盆也要很容易就能接觸到，但是不能太接近。

到懷孕後期就不要讓你的貓咪到戶外了，因為她可能會在某個人的車庫裡就分娩生產幼貓了。讓她留在你選來生產的房間裡是個好主意，這樣她就不會出去，在家裡選個別的地方生了。

在她準備生產的前一天，貓咪的體溫會低個一兩度。如果你有幫貓咪量體溫的

經驗，而且她也可以接受這樣做（使用耳溫槍），你就可以量體溫，不過不要造成更多的焦慮。

在大多數的狀況下，你的貓咪不需要人類的干預就可以好好地生下幼貓。你可以幫長毛貓修剪乳頭附近還有尾巴下面的毛，或者讓獸醫來做。以外，萬一需要協助的話，手邊要有一些補給品：

- 額外的報紙　　　　　　　・乾淨的毛巾
- 剪刀　　　　　　　　　　・消毒劑
- 牙線或一捲細線　　　　　・小號針筒

有需要的話，你的獸醫會指導你怎麼使用上面這些東西，但是他手上的物品清單可能有所不同，無論如何都要遵守獸醫的指示。

哈囉，全世界！（生產）

在分娩的第一個階段，貓咪會喘氣、開始緊繃。這可能會持續好幾個小時，她可能會大叫，幾乎要咬到自己的臀部了。如果你太靠近，那她對你哈氣也不奇怪。我們也知道，如果人類干預太多，有些貓咪會吃掉自己的幼貓。

在分娩活躍期，你可能會注意到淺色的分泌物出現，接著是較深色的分泌物。收縮會開始，然後第一隻幼貓通常在 30 分鐘內出生。新生的幼貓會包覆在胎膜之中，由母貓咬開；然後她會開始舔幼貓的臉，來清理口鼻，讓她開始呼吸。她也會截斷臍帶，大致舔過幼貓全身，以促進循環。

除非在母親可以刺激幼貓的呼吸之前又有幼貓出現，不然不要介入。如果她沒有照顧幼貓，你可以輕輕撕開胎膜，用毛巾摩擦幼貓來刺激呼吸。用牙線或細線在離幼貓身體約 2.5 公分的地方綁住臍帶，用剪刀剪掉，然後用消毒劑擦拭臍帶剩下的部

分。要確定幼貓有在呼吸了，才放到母親身邊。如果沒有，就用小號針筒清除嘴裡的任何液體。如果她還是沒有呼吸，就用手穩穩地握住她，撐住她的頭部，把她倒轉過來，非常輕柔地循弧線晃動她，以清除她鼻子或口腔裡的任何液體。她一開始呼吸就把她交給母親，好讓母親可以繼續舔她。

　　兩隻幼貓生產的間隔從 30 分鐘到 1 小時，每隻幼貓的胎盤應該在每次生產後排出。母親會本能地把胎盤吃掉（有時也會吃掉死產的幼貓）。如果她吃了好幾個胎盤，可能會造成腹瀉，所以你應該在她吃掉胎盤還有死產的幼貓之前把這些拿走。不過你要確定有計算胎盤的數量，以確認每隻出生的幼貓都有一個胎盤，因為沒有排出的話會造成嚴重的感染。

　　如果生產不順利，或是你擔心母親是不是遇到困難了，你就需要聯絡獸醫了。有以下狀況立刻打電話：

・貓咪強烈收縮或緊繃了 1 個小時，卻沒有生出任何幼貓。
・貓咪看起還很虛弱或很痛苦。
・出現嘔吐。
・有幼貓的胎盤沒有排出。
・流出鮮血。
・超過或低於正常體溫。
・貓咪一直煩躁不安。
・幼貓持續哭叫。

（註：有關生殖與新生兒疾病的資訊，請參見醫療附錄）

　　幼貓一出生馬上就會開始哺乳，最初的母乳稱為初乳（colostrum），非常重要，因為初乳可以提供抗體，暫時保護幼貓對抗疾病，一直到她們自己的免疫系統開始運作為止。

　　如果一切似乎都很順利，就不要打擾這一家子了。除了必要的清掃、餵食母親

或是一般的監看之外，前兩週就先讓母親不受打擾地照顧她的幼貓。

如果幼貓狀況不好，或是母親不給她們餵奶，就立刻聯絡獸醫，因為她們可能會需要導食管餵食。如果必須進行導食管餵食或奶瓶餵食的話，你的獸醫會給你明確的指示。

生產後的第二天早上，就算一切都很順利也要聯絡你的獸醫，因為必須對貓咪進行檢查，以確認沒有殘存的胎兒。獸醫可能也會檢查，確認泌乳狀況良好健康。把幼貓也帶去，這樣她們才不會跟母親分開。新生的幼貓又聾又瞎，她們藉由母親的體溫和呼嚕聲的震動來確認母親的位置。

她們的時間大多花在吸奶上，而且常常會對特定的乳頭產生偏好。新生的幼貓找到母親奶頭位置的過程中也會展現出用口鼻拱的行為（rooting behavior）。那就像是用前腳游泳、用後腳在推的模式。

前兩週會發生許多變化，出生幾天後臍帶會掉落。幼貓的體重會在 1 週內加倍，眼睛和耳朵會在大約 7～10 天之間打開。

母親會一直留意寶寶的狀況，哺乳之後，她會用溫暖的舌頭舔她們，來刺激她們排泄廢物，而她會吞下這些。貓咪對幼貓的深愛包括維持貓窩的清潔，以保護她們安全，不受掠食者侵犯。

到 3 週大的時候，你就可以開始碰觸幼貓，開始她們的社會化過程了。常常有人類溫柔地碰觸她們，可以幫助她們在人類身邊變得更自在、更有好。不過別做過頭了，因為你會造成母親焦慮。還有在 3 週時，你可以提供幼貓固體食物來開始斷奶。漸進式的斷奶過程對母親和幼貓來說都是最健康的。藉由提供食物，幼貓吃的奶就會隨著一週週的過去越來越少。

要記得，一定要漸進。使用幼貓配方的罐頭，或是用溫水泡軟的飼料。放一點點的食物在你的手上，然後把手指放在幼貓的嘴唇上或鼻子下。

貓咪
小常識
KNOW

吃奶的時候，幼貓會用前掌推揉。這個動作會刺激母乳流出。

貓咪
小常識
KNOW

幼貓是優秀的觀察學習者。看到母貓進行她的動作或行為，幼貓就會學起來。

　　貓砂訓練差不多都由母親來進行，給她們邊緣較低的貓砂盆方便進出。由於幼貓無法在家裡走動找到貓砂盆，所以要把大家都關在同一個房間裡，方便幼貓可以及時找到貓砂盆。

　　到 8 週大時，幼貓就應該開始接受疫苗注射了。繼續經常觸碰幼貓、跟她們玩，以利她們的社會化。她們藉由跟同胎兄弟姊妹的玩耍和互動，也會持續培養她們的技巧。你可能會被人勸說在這個階段就要開始幫幼貓找家，但對她們而言，現在可以跟母親和同胎兄弟姊妹共處，還是段很珍貴的時光。這段時間之所以重要，是因為現在會決定她們長大以後怎麼跟其他貓咪互動。在 12 週大以前，不要讓幼貓分開。

照顧孤兒幼貓

　　你遇到孤兒幼貓或整窩幼貓的狀況也可能發生，母親可能死了，或是她拒絕接受幼貓，或許生病了，也或許是乳房感染無法哺乳。

　　孤兒幼貓由於沒有母親體溫帶來的好處，所以在出生前兩週必須放在攝氏 29.5 ～34 之間的環境裡保溫。到第 3 週時，你可以把溫度降個幾度，此後每週逐漸降低一點。你的獸醫會指導你怎麼用紙箱製作自製的保育箱，或是建議你怎麼使用最低溫的電毯。以下為幼貓成長的一些重要階段：

前 2 週

· 出生時又聾又瞎

· 出生體重大約 0.1 公斤

· 出生後 24 小時內，母親會整天陪著幼貓

· 臍帶在出生後 2～3 天會掉落

· 無法調節體溫

· 嗅覺已高度發展

· 第 1 週體重會加倍

· 母親必須用舔的來刺激每隻幼貓排泄

2～4 週

· 大約 10～14 天時眼睛和耳朵會張開

· 乳牙開始出現

· 3 週大時幼貓可以自行排泄

· 母親向幼貓示範如何蓋住排泄物

· 3～4 週大時開始社交性玩耍

· 重要的社會化時間

· 發展翻正反射（righting reflex）

· 開始斷奶、開始吃固體食物

4～8 週

- ·4 週大時可以自行理毛
- ·到 8 週時大致已斷奶完成
- ·到 8 週大時所有的乳牙都已長成
- ·持續重要的社會化過程
- ·隨時間進展，玩耍行為更加粗野
- ·殺死獵物行為的技巧進步

8～14 週

- ·更常進行物品玩耍
- ·到 12 週大時，感官會發展完成
- ·成貓後的眼睛顏色在 12 週左右會確定
- ·恆牙在 14 週大時開始冒出來
- ·開始發展成貓的睡眠模式

6～12 個月

- ·幼貓達到性成熟
- ·持續成長（但速度較慢）

孤兒幼貓應該要立刻帶去看獸醫，獸醫會示範怎麼給予幼貓適合的替代配方食物。整天餵食幼貓是個全職的工作，一開始的時程通常是每 2～4 小時。在換成奶瓶餵食之前，導食管餵食（管子會插進食道直接進到胃裡）是比較好的方法。

　　餵食必須用幼貓替代配方，因為平常的牛奶缺少幼貓需要的蛋白質和其他營養。幼貓必須用直立的方式餵食（跟吸母乳時一樣的姿勢），而如果用奶瓶餵食，就要幫幼貓拍背讓她打嗝。做法是把幼貓抱到肩膀上，摩擦她的背。

　　你要小心不能餵得太多，因為她們的胃還很小，吃得太多腎臟也處理不來。餵得不夠也很危險，所以要確定你有得到獸醫的指導，對你必須做的事沒有懷疑。你的獸醫會示範怎麼抱住幼貓餵食，還有怎麼判斷她何時吃飽。

　　由於幼貓無法自行排泄，所以她們就需要你的協助來促進這個過程。可以用溫暖濕潤的棉球按摩腹部和肛門區域，來促進排尿和排便。每次餵食後都會需要這樣做，直到她們 3 週大為止，那時你就要開始教她們怎麼使用貓砂盆了。

　　做法是吃完後把她們放在貓砂盆裡，如果她們需要額外的協助的話，可以用沾了溫水的手指按摩她們的腹部，會有幫助。用手指在貓砂上四處抓抓也能幫她們理解，放一點她們的排泄物在貓砂盆裡，可以幫助她們建立連結，知道貓砂盆是做什麼用的。如果有幼貓在貓砂盆外排泄，就剷起排泄物，放在貓砂盆裡，那個氣味有助於指引她們下次去到正確的地方。

　　要維持幼貓的清潔，因為在餵食的時候她們會變得很黏很髒。用柔軟的洗臉巾拿溫水沾濕（不要把幼貓浸到水裡）。她們很容易受寒，所以要立刻用毛巾擦乾。如果有需要，你可以用設定在最低溫的吹風機。吹風機要遠離幼貓，以防燙傷。

　　孤兒貓沒有母親初乳的保護，所以 3～4 週大就必須打疫苗了。由於照顧孤兒幼貓的工作非常繁瑣，所以你最好的辦法，就是盡可能從獸醫那裡得到所有的指導。

　　有些診所設有技師，專精於養育孤兒幼貓，會帶她們回家，直到她們可以自行進食為止。有些收容所也有志工對照顧孤兒經驗豐富。帶著孤兒幼貓出現在診所或收容所之前先打通電話吧。

　　單獨的孤兒幼貓沒有跟同胎兄弟姊妹互動的好處，長大的過程中和其他貓咪來往可能會有問題。如果有可能的話，應該要盡力找到另一隻有一窩幼貓、哺乳中的母貓。哺乳中的母貓非常能接受孤兒幼貓加入一窩幼貓之中。母貓甚至可以接受其

他物種的孤兒。

為幼貓找家

小貓到 12 週大的時候，如果你不打算要養她們，就需要幫她們找個好人家了。不管是計畫中的懷孕還是意外的隨機交配，你的責任都不僅止於照顧幼貓，而是要到她們可以讓人領養的年紀為止。這些珍貴的小生命完全要看你投注多少努力，來確保她們可以被有愛心的人家認養。

選擇簡單的解決方式，在超市外面舉牌（或是在分類廣告網站登廣告）免費送貓來「擺脫她們」，你就沒辦法知道她們會不會找到好人家。你應該花時間篩選可能的認養人，畢竟託付給你的是一條生命，而不是一件家具。

去查問未來的飼主有沒有養過寵物，如果有，她們發生了什麼事？如果這家人的寵物曾經被車撞過，我無論如何不會把幼貓送給他們。現在有寵物嗎？他們已經有貓咪了嗎？狗呢？有小孩嗎？如果有，年紀多大？依據你對去爪、貓咪該不該放到戶外活動的觀點，這些都會是你需要討論的議題。

你會想要問清楚他們的生活方式、可以付出多少時間給貓咪、為承擔這個責任做好多少準備，他們知道貓咪需要什麼嗎？

關於疫苗和絕育或結紮也要達成共識，只要他們展現出遵從的樣子，你就可能會同意支付某些費用。這一切都要先解決，而且都要寫下來。

如果你沒有用問問題和確認證明來篩選未來的飼主，對於幼貓來說可能會是死刑。我認識許多人對未來飼主的調查不夠，結果還認為幼貓會去到好人家──最後發現幼貓被拿來當成訓練鬥犬的餌，或是餵了蛇。這世界上有些人真的很噁心，他們回應「免費寵物」的廣告只是為了各種恐怖的目的而取得受害者而已。

負責任、有愛心的人被問問題來了解他們適不適合擁有寵物，他們並不會介意。從你的嚴格和憂慮，未來的飼主就會知道他們得到的幼貓明顯受過良好照顧，她們的生命有個健康的開始。

CHAPTER 16

鬚毛漸白

....

Think Like a Cat

CHAPTER

有關老年貓咪你需要知道的事

貓咪什麼時候才算老呢？嗯，那得看你的貓咪過的是什麼樣的生活？你可以看看第 2 章的表格，大致了解貓咪的年紀相較於我們是多少，但是就像我們的預期壽命一樣，有很多因素會影響這些數字的正確性。大致來說，貓咪到 10 歲就被視為老年了。當然，你必須把生活方式、營養、遺傳和健康都計算在內。

一隻未絕育、沒打疫苗、生活在戶外的貓咪，在我來看，活到 4 歲就算老貓了。跟已絕育、打過疫苗、養在室內，還得到高品質的食物和獸醫照護的貓咪比較看看。這隻貓咪 4 歲時正當盛年，還可以再活個 15 年以上。你給了貓咪愛、良好的照顧、安全的環境、合適的營養、定期健康檢查，還有適當的疫苗，對於貓咪能不能好好變老，你就會有很大的影響。

與老化有關的認知功能障礙的某些跡象

- ・過度叫春（尤其是在夜間）
- ・焦慮
- ・在貓砂盆外排泄
- ・與家中其他寵物的關係改變
- ・異常的迴避或是不喜歡肢體互動
- ・容易發怒
- ・使用貓砂盆的習慣改變
- ・對玩耍失去興趣
- ・迷失方向
- ・不認得家中成員
- ・正常睡眠模式的改變
- ・踱步或焦躁
- ・失去胃口
- ・便祕
- ・失禁
- ・對理毛失去興趣

行為

　　這點很有趣，因為你可能會注意到你那曾經性格急躁、碰都碰不得的貓咪開始變得好相處了。另一方面來說，你那個性甜美寬容的貓咪現在似乎暴躁易怒了。

　　以前習慣閃電般飛奔過家裡的貓咪，現在的活動只限於睡覺、伸展和吃東西了。貓抓柱曾經是家裡活動的中心，現在比較少使用了。有些貓咪比較年輕時不太使用貓抓住柱，現在會定期找貓抓柱來伸展和放鬆僵硬的肌肉。曾經知道環境裡每個角落的貓咪，現在似乎要穿過家裡不迷路都有問難。

　　另一種要察覺到的改變就是與老化有關的認知功能障礙（aged-related cognitive dysfunction）。這類似於人類的阿茲海默症（Alzheimer），但比起腦部只是因為年紀而正常退化，這個比較嚴重。不是每隻貓咪都會受到這種障礙影響，但是如果你懷疑貓咪的行為改變不只是正常老化造成的，就跟獸醫談談。與老化有關的認知功能障礙目前原因不明，但某些貓咪天生較易罹患。

　　與老化有關的認知功能障礙必須要接受正確診斷，因為貓咪的行為改變可能源自於別種潛在的身體病況。例如說，突然不喜歡被人觸摸可能是因為關節炎，貓砂盆習慣的改變可能是因為腎衰竭或是甲狀腺功能亢進，甲狀腺功能亢進也可能是造成性格改變的潛在原因之一。

　　不幸的是，這種病會惡化。醫療可能有助於延緩惡化，你的獸醫會指導你什麼才適合你的貓咪。獸醫可能會讓貓咪吃治療性的飲食，裡面含有已知可以維護認知功能的成分，例如維他命 E、硒、抗氧化劑等等。不過你不要自己補充，獸醫會為你的貓咪個別規劃。

　　要在這段時間幫助貓咪的話，就要讓環境保持熟悉。如果有可能的話，不要重新擺放家具，或在貓咪生活中做出重大的改變（不要有新寵物、整修、新家具等等）。如果貓咪記不得她的貓砂盆在哪裡，就增加擺放貓砂盆的地點。

　　貓咪晚上可能要關起來。如果她在哪間房間裡有可能弄傷自己，那至少要確定這些房間的門都有關上。持續用互動式玩耍和豐富環境來為老化的貓咪提供刺激，以減緩認知功能障礙的惡化。增加去看獸醫的次數，一年至少 2 次，做定期檢查。

與老化有關的認知功能障礙無法治癒，但是你也許有可能減緩貓咪衰退的速度。

貓咪
小常識
KNOW

> 高齡貓咪處理壓力情境通常沒有年輕貓咪來得好。要非常留心你的高齡貓咪容忍力降低了多少。

身體上的改變

　　隨著貓咪進入晚年，她的體重可能會開始改變。她可能會變瘦，也可能會增重。通常比較老的貓會變瘦。其他的貓咪變老時會失去結實的肌肉，看來又瘦又鬆垮。現在你可能會注意到背部的脊椎更加突出了，年紀較大的貓比較容易骨折，因為骨頭變得易碎，密度變低。貓咪的皮膚可能失去了一些彈性，變得乾澀，你的獸醫可能會建議你補充脂肪酸。

　　貓咪的毛皮不再像過去那樣閃亮了，有些貓咪年老時會長出白毛，尤其是在口鼻部周圍，她理起毛可能也沒有那麼仔細了。比較年長的貓咪指甲會變得比較易碎，腳掌的肉墊變厚。如果你的貓咪再也不會固定使用貓抓柱的話，你可能會需要更常修剪她的指甲。

　　你看著貓咪的眼睛時，可能會注意到眼睛不再閃亮，現在有點朦朧了。任何年紀的貓咪都有可能長出白內障，但是對高齡貓咪來說機率確實會增加。她的腳步可能很慢，四肢僵硬，午後小睡可能要花更長的時間才會醒來。現在感冒可能會更常困擾她了，你可能會發現她一有機會就蜷曲在暖氣的出風口或是陽光下。

感官退化

．．

　　有些貓會隨著年老受到感官退化之苦，可能是視力或聽力有點減退，也可能嚴重到全盲或全聾。聽力逐漸減退對你來說可能不明顯，但你要注意任何跟聽力減損可能有關的行為改變。例如說，曾經友善的貓咪，現在你伸手摸她時會迅速逃跑，她可能是覺得突然有雙手碰到她，被嚇到了。

　　她被觸碰時也可能展現出異常的攻擊行為，這種攻擊行為也有可能是因為會痛，所以一定要找獸醫做檢查。如果發現她是被突然接近的東西嚇到了，那你接近她時腳步就要重一點，因為貓咪還是感受得到震動。如果房間昏暗無光，那伸手碰到貓咪之前先把燈打開。你接近時一定要事先發出警示。

　　任何視覺上或眼睛外觀上的改變都應該讓獸醫注意到，這也包括行動能力的改變，你可能會注意到，例如貓咪在房間四處走動時似乎有困難、撞到東西，或是跟不上互動式玩具的移動。

　　貓咪的味覺對她的胃口有很大的影響，如果你的貓咪對食物失去興趣，可能是因為她沒辦法好好聞聞食物。感官退化的貓咪在戶外非常吃虧，所以如果你還沒有開始讓她留在室內，那你一覺得她的感官在退化，或是她展現出任何身體上的衰退，你就應該馬上開始這樣做。

　　視力或聽力減退的貓咪在車輛接近之前、或是街角有隻危險的狗在吠的時候，都無法得到警告。如果你還是希望她可以享受戶外生活，那天氣好的時候你可以用牽繩帶她出門，好讓她可以跟你在陽光下慵懶地度過。

　　你觀察到任何身體上的改變或是疾病症狀時，都要諮詢獸醫。不要認為只是年紀大了——可能有醫療上的問題需要處理。隨著貓咪年紀漸長，依照獸醫建議讓她定期做檢查、好好打疫苗，是很重要的。做更多深入的檢查也是必須的，你的獸醫可能會建議在體檢中加入定期的血液及尿液檢查。如果你很早就開始做，也定期進行，你就能在問題的初始階段發現許多狀況。

　　你也可以更正確地衡量狀況惡化會有多快，你的獸醫也可能覺得老年體檢應該要加入量血壓、心電圖檢查，和胸腔 X 光。有些診所會提供老年寵物套裝體檢，用

優惠的價格加入各種檢查程序。

　　對年紀較大的貓咪來說，我認為不要一年做一次體檢，而是每 6 個月一次，這樣比較好。你比較會有機會早期發現問題。一年在貓咪的生命中是很長的一段時間，而身體病況在幾個月內就可以大為惡化。

你忽略了貓咪的牙齒嗎？

　　如果你一直忽略貓咪牙齒的話，到她進入老年的時候，可能就會有大麻煩了。牙周病會讓貓咪吃東西的時候會痛，她甚至會完全停止進食。萬一細菌進入血液，就會在內臟間移動，造成感染。

　　如果這些年來你一直嚴格地幫貓咪刷牙，必要時還做專業的清潔，那或許不過只是牙齒磨損或裂開這種常見的跡象。她的牙齒可能沒有以前那麼白了，但至少狀況良好，沒有牙齦炎的跡象。

　　另一方面來說，如果你一直忽略了她的牙齒，那不只她的口氣會糟到擋都擋不住，也可能會有牙齦發炎或是牙齒鬆動。

　　你要固定沿著貓咪嘴巴的邊緣掀開她的上唇，檢查她牙齒的狀況。牙齒看起來是不是很黃，甚至是咖啡色呢？牙齦看起來是不是紅腫發炎了呢？這些都是牙齦炎或牙周病的跡象（參見醫療附錄，有更詳細的敘述）。如果你不能接受看貓咪的嘴巴，或是她不讓你看，就讓獸醫來檢查。

　　由於你的貓咪年事已高，你可能會猶豫要不要讓她麻醉做專業的牙齒清潔，然而讓牙周病惡化造成的風險比麻醉更加嚴重。如果你的獸醫覺得應該幫貓咪清潔牙齒，他就會做些診斷檢驗，來確認她麻醉的危險因子有哪些。

　　如果你有過牙痛或牙齒膿腫，你就知道那有多痛。想像一下貓咪承受著滿嘴的潰瘍、感染的牙齦和發疼的牙齒——都發生在她生命的這一段，正需要維持免疫系統正常，保持良好胃口的這時候。

　　如果你的貓咪做了專業的清潔，那在家的照護就要照表操課。每天幫她刷牙

（或至少 1 週 3 次）。如果你就是辦不到，就詢問獸醫怎麼使用口腔衛生噴霧。

🔍 老年貓咪常見的健康顧慮

·厭食症	·眼　盲	·癌　症	·關節炎
·白內障	·便　祕	·耳　聾	·認知功能障礙
·糖尿病	·肥　胖	·心臟病	·甲狀腺功能亢進
·青光眼	·肝　病	·牙周病	·腎衰竭

讓高齡貓咪的餘生可以更過得更輕鬆

　　我的貓咪阿爾比活到將近 21 歲，除了剛出生那幾週以外，他所有的歲月都是跟我度過的。我看著他從笨拙的幼貓長成優雅悄然的成貓，到最後他愛上了在陽光下小睡，我記得當初阿爾比還是我們家裡四隻腳的東西裡速度最快的。

　　他能完成看似做不到的跳躍，跑過我們家具構成的障礙路線卻完全不會減速。在他年老的歲月裡，他主要的活動是在床上曬太陽小睡，他太常這樣了，所以常常我早上起床時整理床鋪會繞過他，而不是吵醒他。

　　他那曾經大膽無懼的跳躍變成要經過仔細計算，而且只限在高度低的地方。不過偶爾他感覺不錯的時候，他會炫耀一些靈巧隱密的動作，但是大多數的狀況下，他的生活整個慢了許多。

　　隨著他老去，我也做了些調整，盡可能讓他可以一直覺得舒適，依然享受他環境中所有的樂趣。阿爾比已經過世了，但是現在我還有另外兩隻年老的貓咪。

　　貓砂盆的邊緣比較低了，家裡四處擺放著可加溫的寵物床，我們也增加了貓抓柱的數量。為了讓瑪莉還能享受高處，我們做了階梯，好讓她可以到達她喜歡小睡的地方。

互動式玩耍的時間還是常有，但強度低得多了。用餐的時間表也改了，瑪莉的腸胃有些問題，每天的餵食就用少量多餐，因為她沒辦法空腹太久，一次卻又只能處理少量的食物。

在你家裡四處看看，看你的環境可以做什麼改變，做好居住安排，讓年老的貓咪可以生活得更舒適。跟你的獸醫討論營養上要不要改變，還有別忘了遊戲時間，你的貓咪或許沒辦法進行許多體能活動，但是遊戲時間不管多少都會有好處。

無障礙

為了讓貓咪還是可以走到她喜愛的那些高處，你可以使用多層的貓跳台，好讓她可以進行一系列的短距離跳躍。如果她連上椅子都有問題，你可以在前面放個坡道或是寵物椅。你可以自己製作，或是買商品，市面上有很多品牌，在大多數寵物用品店和網路上都很容易找得到。

耐受溫度

冷風、冰冷的地板，沒有暖氣的車庫或地下室都會讓貓咪的疼痛更加嚴重。高齡貓咪對寒冷的耐受力也可能降低，如果貓咪睡在地板上的床上，就在裡面鋪一塊絨毛墊。要保護她不受冷風侵襲的話，就使用邊緣較高的圓床。如果貓咪一直在找家裡最溫暖的地方，那你可能會想要使用可加溫的寵物床。

貓砂盆的習慣

年老貓咪對膀胱的控制力也許沒那麼好，尤其當她有糖尿病或是腎衰竭。則需要提供額外的貓砂盆，好讓她有需求時不必走一大段路。每層樓都至少要有一個貓砂盆，如果貓沙盤放在地下室或車庫，對她來說要越過樓梯可能會太過困難。

她可能也不想出去寒冷的戶外，對於不使用貓砂盆、習慣在戶外排泄的貓咪，現在在室內應該要有貓砂盆可用了。確認一下貓咪進出貓砂盆的狀況好不好，或許該是時候換成低邊緣的貓砂盆了。

現在要非常仔細地監看她使用貓砂盆的習慣，如果你注意到尿液有變化，或是她在貓砂盆外排泄，就需要去獸醫那裡走一趟了。便祕在高齡貓咪身上也常發生，原因可能在於活動力降低、喝的水不夠、行走時不舒服，或只是由於腸道現在運作比較慢。不過這也可能是因為潛在的健康因素，所以一定要跟獸醫確認。如果你注意到貓咪排便有困難，或者她最近都沒有排便，她就需要做檢查。

食物和飲水

如果要你的貓咪四處走動有困難的話，就把她的食物和飲水移動到靠近她的床。如果她現在喝的水量比較多（或許是因為身體病況造成的結果），就在每個她喜歡的地點提供水碗。有些貓咪的問題相反，她們喝的水不夠，要一直讓她們有新鮮乾淨的可喝。

不要讓水放到走味，要確定你每天都會清洗水碗。如果你的貓咪似乎脫水了，或是你覺得她喝的水不夠，就諮詢獸醫。

你可以輕輕拉起貓咪背部（肩膀部分）鬆弛的皮膚來檢查脫水。如果皮膚沒有立刻彈回原來的位置，她可能就是脫水了，如果你懷疑就諮詢獸醫。

如果你的貓咪有長期便祕的問題，加上 1/4 到 1/2 茶匙的罐頭南瓜可能有幫助，因為南瓜富含纖維，不過還是要先問獸醫。

不要放任貓咪變得肥胖，等她比較不活躍時，肥胖就成了種危險。肥胖的貓咪比較容易得糖尿病，如果她在那些發疼的關節上還要負擔額外體重的話，關節炎也會比較難以忍受。

不過要把體重留在貓咪身上，對某些飼主來說也可能會是個問題。隨著貓咪年老，味蕾的數目也會減少。再加上嗅覺的退化，就會造成食慾減退。如果她沒有胃口是因為感官退化，就詢問獸醫有什麼方法能讓食物更有吸引力。

如果你餵食飼料，你可能也會想給一點罐頭，味道比較香。把食物稍微加熱也可以釋放更多的香氣，有時候在食物上加一點加熱過的無鹽雞湯也會有幫助。問問獸醫對貓咪特定的狀況來說怎麼做最好。沒有諮詢過獸醫的話，就不要對老年貓咪做任何飲食上的改變。

如果你一直按時餵貓，你可能會發現現在她的胃處理不了平常吃的份量。少量多餐的餵食會比較舒服。至於改變飲食的話，市場上有許多高齡配方，不過高齡飲食不能一體適用。

　　高齡配方降低了熱量、增加了抗氧化劑，這些配方也設計成更好消化。許多配方都增加了纖維以促進腸胃蠕動，不管貓咪需不需要高齡配方，都要是個案狀況決定。懶散的高齡貓咪熱量需求，跟那種停不下來、不知道年老為何物的貓咪就不同。這就是你要請獸醫指導的地方，看哪種食物適合你的貓咪。如果你要更換配方，記得要逐步進行。

理毛

　　你的貓咪在盛年時可能極富魅力，但是現在她的優先事項清單上，理毛的排名可能很低了。維持固定時間刷毛，好讓她的毛皮維持在良好的狀態。

　　刷子的按摩感覺也特別的好，如果你的貓咪皮膚敏感、已經變瘦了，或是毛已經稀疏了，就換成軟毛刷。你可能需要重新評估你過去使用的理毛工具。把你理毛的時間也當成做健康檢查的機會，尤其可以檢測腫塊或突起。

　　要記得，罹患關節炎的貓咪在試著自己理毛的時候可能會覺得不舒服。增加你的理毛行程來幫助他，也要協助她維持肛門區域的清潔。

Q　觀察你的老年貓咪

・觀察貓砂盆習慣的改變

・觀察尿量和尿液顏色

・觀察排便的改變（便祕、帶黏液、顏色改變等等）

・確認貓咪可以輕鬆進出貓砂盆

・觀察貓咪攝取的食物，任何體重的增減都要有警覺

・觀察睡眠模式的改變

- ·觀察攝取的水分
- ·理毛時檢查有沒有腫塊、突起和傷口
- ·觀察行為改變
- ·定期幫貓咪刷牙，檢查是否有牙齦腫脹、過度流口水和難聞的口氣
- ·觀察貓咪的活動力，看是否有關節炎的可能跡象和跛腳
- ·定期看獸醫

家裡的其他寵物

　　就算你家裡所有的寵物都是最好的朋友，你還是要觀察看看高齡貓咪是否有更常發怒的跡象。此外，要確定她的同伴不會因為過去的「一家之王」動作慢了些，就在霸凌她。

　　在多貓家庭裡，貓咪同伴之間一直都有緊張存在，年輕的貓咪把握老貓變慢的機會，提高與她的對抗，這種狀況也不少。要確定你的高齡貓咪不會成為攻擊行為的受害者，或是從她最喜歡的睡覺地點被擠走了。

　　你該不該為你的貓咪弄隻新幼貓來呢？我在做這件事之前用力想了很久。你的高齡貓咪或許不會在她的晚年還想要一隻頑皮、咄咄逼人的小貓。

　　在她最沒有能力處理增加的壓力和混亂的時候，幼貓可能會造成你的貓咪展現某些行為問題，例如拒絕使用貓砂盆，你也不會希望頑皮的小貓必須承受壞脾氣的老貓不斷的拒絕。

　　有些高齡貓咪在見到小貓時表現很棒，我見過年老的貓咪因為這樣而眼神重新燃起火花。我也見過這樣引起緊張不斷，造成貓咪晚年壓力極大。如果年老的貓咪活動力大減，就不要在你家加入幼貓。活動力有限的貓咪可能會試著跳上高處以逃避幼貓，而有受傷的風險。

　　根據你的貓咪看來需要什麼，來運用你的判斷力。**如果她看起來很無聊，對生活失去了興趣，那他需要的可能只是跟你玩耍。**她可能沒辦法做出年輕時那樣不可思議

的招牌跳躍，但是我打賭她還是有些妙招的。

遊戲時間與運動

如果你沒有互動式玩具（真不像話），現在就出門去買一些吧。在本書前面，我討論過遊戲時間和狩獵是身體的運動，更是心智的運動。

所以不管她在身體上受到多少限制，幸好有你互動式玩耍的技巧，她還是可以享受成功狩獵的成就感。雖然她動作沒辦法那麼快了，但是某些形式的身體運動還是極為有益的。

當然，你不會希望她冒著疼痛與受傷的危險而運動過度，但是依據她個別的健康狀態量身打造的玩耍時間，將可以創造驚奇。

這些玩耍時間可以讓貓咪的心智獲益，也能幫助她的大腦健康活躍。除了使用你的釣魚竿玩具之外，也擺放一些益智給食玩具吧。談到年老貓咪的時候別忘了貓薄荷，這是週末下午的一大樂事，也是啟動玩耍時間的好方法。

多包容

這麼多年來她一直是隻很棒的貓咪，所以要多包容她笨手笨腳地試著跳上桌子，結果撞翻了什麼東西。也要包容她偶爾出現貓砂盆的小狀況，不要忽略了要讓她給獸醫檢查。就算她不再為自己理毛，沒發現下巴有食物，她也還是個美女。

只要小心為她擦臉，幫她做理毛的工作就好。如果你叫喚的時候她不過來，或是打擾她小睡的時候她表現得很暴躁，不要覺得被侮辱了或失去耐性。最後，如果現在你家的老鼠覺得比較安全一點的話，別讓你的貓咪知道。

如果你擔心貓咪的生活品質，覺得貓咪看起來好像、或真的覺得她太痛苦了，你需要指導的話，請跟獸醫談談（也參見第 17 章）。

CHAPTER 17

愛的遺產

....

Think Like a Cat

CHAPTER

我們永遠沒有準備好要說的再見

　　我們溫柔地稱之為「讓寵物安眠」，身為飼主，這會是你最難下的決定。我們總是希望萬一我們要面對這種處境，只要知道時候到了就好——希望貓咪給我們明確的訊號表達她很痛苦，或是她的生活品質已經嚴重惡化了。

　　對許多飼主來說，貓咪並沒有給出明確的訊號，而且不是每個飼主都使用同樣的準則。有些人看的是沒有胃口，覺得只要她有在吃東西就還有求生的意志。其他人則是用貓咪沒辦法到處跑，或是貓砂盆的習慣退步來判斷。

　　當然了，沒有飼主會想要看到他們的寵物痛苦。你每天都會發現自己在仔細查看你的貓咪，看著她的眼睛，幾乎要用意志力讓她給你答案了。她是不是很痛苦？你才想到她很痛苦的時候，疑慮就溜進了你心裡，你就批評起自己的決定了。有些飼主不希望他們的貓咪經歷到任何的不舒服，所以他們在絕症比較早期的階段就選擇了安樂死。

　　不幸的是，對某些飼主來說，金錢也是決定時候到了沒的一大因素。長期照護的花費超過某些家庭的預算。獸醫學在進步，延續生命的療程大有突破，但花費卻讓人在財務上無法負擔。

　　每個負責任的飼主都希望他們可以毫不手軟地砸錢，盡一切可能來讓摯愛的寵物活得更久，但在現實上，對許多人而言就是辦不到。

　　你為生病的貓咪提供長期照護的能力也是一大考量，有些飼主沒辦法幫她們的貓咪餵藥、注射，或進行其他必要的照護工作。

　　對於大多數的飼主來說，從來就沒有什麼明確的訊號。你永遠沒有辦法確定地知道，你為貓咪不遺餘力，依據她的病況、精神、你的能力、獸醫的指導，還有你無止盡的反省來做決定。

　　你可以徵詢朋友、家人、其他有類似處境的飼主，還有獸醫的意見，但是真的講到重點的時候——真的能決定的是你。飼主摯愛的寵物卻在受苦，最後能給出的愛的行動，就是安樂死。允許寵物平靜地、帶著尊嚴地離開這個世界，人道地結束寵物的痛苦，這是真正無私的愛的行動。

有些獸醫診所會為動物提供在家安寧照護。

安樂死

··

　　你一旦做了這個決定，就會有其他困難的問題需要處理。你打算在場陪著貓咪嗎？處理遺體，你有哪些選項呢？適合某位飼主的未必適合其他人。花點時間跟獸醫討論有哪些選項。

　　事先打電話到獸醫的辦公室約時間見面。告訴接電話的職員預約的目的，你才不用坐在候診室裡。你到醫院的時候，就會立刻被帶到檢查室裡不受打擾。很多診所都有專用的房間來處理這段非常敏感而難過的時光──房間裡有椅子或沙發，還有感覺比較不像醫院的氛圍。

　　如果你覺得你沒辦法留下來陪貓咪，打電話時就告訴接電話的職員。如果你會感覺不舒服，就不要覺得你非得在那裡經歷這個過程。這是個人的決定，沒有對錯。我在這種時候陪伴過許多飼主去到醫院，有些人沒辦法看著他們的寵物死去。這些飼主對寵物的愛一點都不會少於那些留下來的飼主。目標是要讓貓咪平靜，盡可能讓她可以安詳度過這段時間。

　　我在動物醫院工作的時候，許多從收容所帶來給我們的寵物要安樂死時我都必須在場。這些動物不是受傷太重，就是病情太嚴重，沒辦法留在收容所。許多動物或許從來沒有人愛過、照顧過，甚至觸摸過。我會擁抱每一隻，告訴她們有人愛她們，我也會感謝這些動物以她們的靈魂榮耀了這個世界。諷刺的是，臨終的這段過程或許是她們短暫而寂寞的生命裡最安詳的時刻。

　　安樂死的實際過程非常迅速，安樂死的溶液基本上是過量的麻醉劑，所以這個過程非常類似讓寵物睡著。如果你的貓咪在獸醫診所常常會壓力很大或很激動，那在進行之前可以給她鎮靜劑，好讓她平靜。用過鎮靜劑後，獸醫會剃掉貓咪前腿的

毛髮，好讓血管更清楚可見。

通常會在血管上插入導管，等到要注射溶液的時候會比較簡單。溶液用注射的方式施打，你的獸醫會向你解釋，有時候動物會叫一下，但不是因為感受到痛苦。唯一的痛苦是一開始插入導管時針頭的刺痛，溶液一打進去，貓咪會立刻失去意識，幾秒鐘內就會安詳地死去。

獸醫事後可能會問你要不要獨處幾分鐘，在安樂死後，如果你需要花點時間跟你的寵物獨處，不要覺得不好意思。這是種難以承受的經驗，你需要讓時間讓自己平復。看到你的寵物安息了，可能也有幫助，尤其如果她之前一直很痛苦的話。

有些獸醫會到你家進行安樂死，如果你的貓咪在獸醫診所會太過不安，或如果你寧願她最後的時刻是在家裡這熟悉的環境中度過的話，就跟你的獸醫討論這個選項。你要做的另一個重要的決定，是如何安排貓咪的遺體。事先跟獸醫討論有什麼選擇。服務完整的寵物墓園從個別安葬到火化都有提供。依據你所在區域的法律，你也可能想把貓咪安葬在你的土地上。

處理悲傷

幾乎所有曾經跟寵物共度生活的人都能理解你感受到的失落感，不過還是要做好準備，因為難免有那種人會說：「不過是隻貓嘛」，沒辦法理解你的痛苦有多深。就算你的貓咪已經當了你 20 年的家人，卻總是會有那種人，沒辦法理解人類與他們珍愛的寵物之間那種深刻的連結。我的建議是身邊要有那些真正能了解的朋友和家人。在你真正體驗到失落以前，你都不會知道自己會有什麼反應。我認識一些飼主，他們因為自己的悲傷太深而震驚。失去寵物而經歷到的情緒，可以等同於失去了一個人。

不要試著加速悲傷的過程，你的貓咪曾經是家裡摯愛的成員、是珍愛的朋友、是固定的同伴，付出過無條件的愛。療癒需要時間，但是相信我，療癒真的會發生的。到最後，你就能夠想起那些回憶，卻不會那麼難過又難以承受。當你深情地想

起這位非常特別的朋友時，這些回憶很快就會帶來溫暖的感覺和微笑。

如果你覺得沒辦法面對，或只是需要有人同情地傾聽，那有許多寵物過世支持專線可以使用。我在書末列出了一些。許多獸醫學院都提供這項服務。如果你只願意用電腦溝通，你也可以找到線上的社團，痛苦感受同樣深刻的人會聚集在那裡。也有些書在談怎麼面對寵物的死亡，你可以為孩子、也為你自己找到書。

幫助你的孩子

談到某些人如何幫助他們的孩子走過這段歷程時，我的困擾之一就是他們馬上弄來「替代」的寵物。我們該教會孩子的，不是寵物可以用完即丟、容易取代，而是該幫助他們走過這段難過的時間，不能讓動物生命的價值變得微不足道。

如果你的孩子夠大，可以理解，就誠實而清楚地向他們解釋寵物發生了什麼事。不用鉅細靡遺地講，但也別說出「貓咪跑掉了」或「貓咪睡著了」這樣的話。要先跟孩子解釋不是所有的疾病和受傷都會造成死亡，再告訴孩子貓咪生病或受傷而死了。讓孩子為貓咪規劃紀念儀式，可以幫助他們處理悲傷，還有任何尚未回答的問題。為孩子提供支持，解釋說哭泣和悲傷都是正常的。對於許多孩子來說，這會是他們第一次面對失落和死亡的經驗。

🔍 幫助孩子處理悲傷的方法

- 要求你的孩子為貓咪寫悼念詞。可以是詩、短文、最喜歡的回憶等等。他們可以一起寫一篇作品，或是個別寫悼念詞。把寫好的悼念詞放在雙相框裡，放上最喜歡的貓咪照片。
- 如果你的孩子喜歡畫畫，就讓他們畫貓咪的圖畫。跟他們討論他們的畫作，告訴他們這是多麼特別的悼念方式。

- 為每個孩子跟貓咪合拍最喜歡的照片裝框。每個孩子都可以挑選他們自己特別的相框，或者他們可以裝飾自己的相框。
- 以貓咪的名義捐錢給你喜歡的慈善機構或是動物福利機構。機構讓孩子來選。如果你的孩子有存錢筒，那他們可能也會想要捐一點自己的錢。
- 種一棵特別的樹或園藝植物來紀念貓咪。也在那裡放一塊紀念石板。你的孩子可以幫忙選擇植物和石頭。
- 已經有一些為孩子出版的書討論失去寵物的主題。找一本適合孩子年齡的書，留出一點安靜的時間一起讀這本書，讀完後討論。
- 如果過世的寵物屬於親戚、鄰居或朋友，你的孩子可以畫或寫一張慰問卡。你可以在你家附近的卡片商店找到寵物的慰問卡。

貓咪突然過世的時候

做好準備讓年老或疾病末期的寵物安樂死，已經夠困難了，想到面對突然地過世，可能更難以承受。沒有人想要想到這個，但是突然的意外死亡還是會發生。

貓咪溜出門，被車撞、被其他動物攻擊，或是被殘忍的人殺害。貓咪也會跌出窗戶，意外死亡的時候，你會經歷到震驚、否認和憤怒。你可能會發現自己在責怪那些你覺得要負責的人（獸醫、汽車駕駛、你自己）。如果是疏忽，就要尋求建議，採取正確的行動步驟。

你可能會冒險做出會讓你後悔的事，在這種狀況下不要讓你的情緒勝過你。在情緒極為激動的狀態中，獨自處理問題只會讓悲劇更糟糕。如果你覺得有理由採取法律行動，就跟律師説。

有時寵物意外過世不是任何人的錯，你再怎麼小心，貓咪都可能在訪客進門時

衝出大門。她可能會跑到馬路上被車撞到。這是恐怖的意外，可能所有相關的人之中，你最責怪的就是你自己，但就算是最警戒最小心的人，意外還是會發生。

幫你還活著的寵物處理失落

家裡有人過世時，常常被忽略的家庭成員就是其他的寵物；雖然這不是我們可以明確證實的事，但是動物很可能會經歷到失落、為他們同伴的缺席而哀傷。

事實上，對他們來說或許更加困難，因為他們會被你的行為弄糊塗。看到飼主哀傷、哭泣、沒有像平常一樣跟他們互動，可能會造成他們焦慮，甚至憂鬱。

就算貓咪們不算親近，有貓過世也會造成不穩定的環境。你可能會注意到與焦慮相關的行為；貓咪可能看起來很需要關懷，到處跟著你。還活著的貓咪可能會很不安，沒那麼有耐性。她對家人的互動可能也會表現得比較沒興趣。每隻貓咪都是個體，所以重要的是要觀察行為的改變。

為了幫助你還活著的寵物走過這段難過的時光，你要試著用輕鬆自在的互動來平衡你的情感。貓咪需要知道他們平常的生活大致保持不變。

如果你的表現盡可能接近你平常的行為，那她們要走過這段哀傷的時期會容易得多。雖然你可能不是很想假裝開心地跟你的貓咪玩耍，但這就是她們需要的。如果你通常在每天固定的時間陪你的貓咪玩耍，就為留下來的貓咪維持這個行程吧。

用溫柔、安慰的方式提供情感和慰藉，試著避免緊抱、緊靠和啜泣，因為這些對貓咪來說是會引發壓力的紅燈。你的觸摸應該是安慰，而不是引起壓力。

悲痛的跡象包括：易怒、食慾減退、叫聲增加、遠離家人、焦慮相關的行為、不適當的排泄，還有睡眠狀況增加。在這段艱苦的危機中不要忽視了你的寵物。她們需要你，有關憂鬱的更多資訊，請見第 7 章。

你該再找一隻寵物嗎？

這是另一個只有你能回答的個人決定，如果你已經處理好寵物過世的痛苦，覺得準備好再次敞開心房，外面一定會有寵物需要充滿愛心的家。

什麼時候才適合再找一隻寵物呢？只有你能回答。不過我的建議是，不要試著取代過世的貓咪。找一隻同樣外表或個性的貓咪，對於摯愛貓咪的回憶並不公平，對新來的貓咪無疑也不公平。新來的貓咪永遠無法達到你的期待，因為你把她跟你多年來親愛的同伴做比較。如果你家裡還有寵物，那在你試著帶進另一隻寵物之前，要確定她們已經處理好失落的痛苦。如果她們還在危機之中，那她們對任何新增加的寵物對可能會更有敵意。

為貓咪準備好面對你的過世

就算你把貓咪視為真正的家人，但在法律體系的眼中，她僅僅是個人的財產而已。雖然她可能比你任何親戚都更有資格得到你的財產，你卻沒辦法把財產留給你的貓咪。這不表示你沒辦法為她打算，事實上你應該要這樣做。雖然我們不會覺得我們的寵物會活得比我們久，但這確實有可能發生。

你應該在遺囑中指定某個人，把貓咪跟照顧用的金錢留給他。由於選到的這個人很可能會利用這個狀況，所以很明顯這必須是你真的能信任的人。跟這個人好好商量，確定你們兩個都能接受這件事，然後跟你的律師討論。這必須安排好，這樣這個人才能在你死後立刻獲得貓咪的所有權，而不用等待宣讀遺囑。

你可能會決定要有兩個照顧者，一個是立即的短期照顧（可能在地緣上接近），然後一位是長期的。這樣的話，如果長期的照顧者需要時間來安排才能來接貓咪的話，你的貓咪還是可以立刻有人照顧。跟從事遺產規劃的律師一起工作，如果你沒有正式指示貓咪怎麼照顧，她就會變成你遺產繼承人的財產。這或許不會是

你希望可以照顧貓咪的那個人，所以做正式而依法的安排才那麼重要。

　　不要一次安排一大筆錢給照顧者，要規劃成定期付款。這樣如果照顧者發生了什麼事，還會有錢留給貓咪的下一個照顧者。要確定你這樣安排的時候，你至少有兩個信任的人願意當照顧者，因為個人的情況會有變化，照顧貓咪的意願可能會不復存在。還要思考的一件事就是你能不能當別人貓咪的照顧者，跟信任的養貓朋友互相這樣安排可能很棒。如果你有朋友還沒想到幫貓咪做規劃，那提供一些準則可能會很有幫助。

　　我看過許多悲哀的狀況，飼主沒有為意外狀況做好規劃，而他摯愛的貓咪最後被安樂死、送去收容所，或轉到不適合的親戚手上。

　　此外要跟律師討論，萬一你住院的話，要怎麼安排才能有人可以合法地進來照顧你的貓咪。所有的法律層面都處理好的時候，你就應該花時間確認貓咪的情感需求也都能滿足。坐下來寫指示給要照顧你貓咪的那個人。除了平常的事情，像是吃什麼食物、要餵多少、多常餵、喜歡的貓砂、獸醫聯絡資訊等等，還要加上比較個人的東西。

　　你的貓咪喜歡什麼遊戲？她喜歡被怎麼撫摸？她會不會害怕某些東西？她是不是喜歡在窗戶旁坐上一整天？你怎麼幫她理毛？把所有的東西都寫下來，這樣不只可以幫助新的飼主，也能幫你的貓咪在轉移時不那麼痛苦。把這封信跟貓咪的用品放在一起，也拿一份給那個人。依需要定期更新資訊。

CHAPTER 18

緊急狀況與急救

··

Think Like a Cat

CHAPTER

在醫療危機中保持冷靜

....

　　我加上了這一章，討論急救、處理緊急狀況，還有如何收存一個一般的急救箱，但是要記得，緊急照護最重要的部分，是立刻把貓咪送去動物醫院。不幸的是，還是會出現治療分秒必爭的狀況，例如說，貓咪沒呼吸，或是噎著了，而你如何處理這個危機，可能就會是生死之別。

　　你的貓咪受傷、中毒，或生病時，要能夠立刻反應，因為這樣可能會救她一命，減少她承受的痛苦折磨。你應該要為緊急狀況做好準備，而且事先規劃。

　　現在，我知道你坐在那裡，你可愛的小貓咪就在你的腿上，你最不願意去想到的事就是她有可能中毒、被車撞，或是被別的動物攻擊，但這確實會發生。做好計畫，你才不會浪費寶貴的秒數。

　　首先最重要的是，要知道營業時間外要帶貓咪去哪裡接受緊急治療。如果你那邊沒有寵物急診，就問獸醫緊急程序是如何。如果你的城裡有急診，就要確定你知道怎麼樣到達那裡。

　　開車走一趟，畫出最短的路徑。要確定所有成年可以開車的家人都也都知道怎麼去到那裡。有些急診診所只有在夜間開門，所以要查明營業時間是什麼時候。你的計畫也應該加上備好急救箱，而且要熟悉裡面所有的東西。

　　手邊要有組裝好的外出籠，很多飼主把外出籠拆開收藏，這樣緊急狀況時要使用就太花時間了。至少要有一個外出籠在外面，裡面要有毛巾，或許貓咪可以拿這裡當成另一個午間小睡的地方。

　　痛苦中的貓咪很害怕，反應常常是防衛性的。你那甜美溫順的貓咪嚴重受傷的話，在你試著幫她的時候可能會抓人或咬人。手邊要有條毯子保護，或是準備一雙野外手套。

　　要熟悉貓咪正常狀況下的體溫、脈搏和呼吸，這樣在她生病或危機中時有助於你評估她的狀況。

急救箱

　　沒有什麼可以取代獸醫立即的醫療照顧，但是在生命受到威脅的狀況中，分秒必爭，擁有一個有條有理的急救箱就會大不相同。擁有存放良好的急救箱以及急救程序的知識，可以讓你在運送貓咪到醫院的途中避免進一步的傷害或失血。

　　要讓家庭成員都熟悉急救程序，並且把你的急救箱放在方便的地方。除了要有急救箱之外，還要放個熱水瓶、熱敷墊、毯子，還有一片平的板子。

　　獸醫的電話和最近的急診診所應該貼在電話附近，你可以購買裝好的急救箱，也可以自己收好。我喜歡自己收，用我的獸醫推薦的東西。

　　容器的話，釣具箱或分層工具箱都很好用。箱子打開時，所有的東西都可以整齊地排放好，全都立刻展示出來，你就不用到處翻找比較小的東西。你的急救箱裡東西要足夠，用量不足前就要補充。要檢查到期日，在過期前就要更換藥品。

　　以下是急救用品的一般清單，物品的用法如果有什麼不確定，請跟獸醫確認。他可以依據貓咪個別的需求和你居住的地點，指導你該收存哪些特殊的物品。

🔍 急救箱內容

・獸醫和急診診所的電話號碼	・中毒防治中心的電話
・急救手冊	・耳朵清潔液
・水性潤滑劑	・塑膠滴管
・活性炭	・殺菌清潔液（需對貓咪無害）
・體溫計	・鑷子
・小把的鈍頭剪刀	・無菌的透明洗眼液
・雙氧水	・生理食鹽水
・冰袋	・棉球
・一捲紗布	・紗布片

- 筆形手電筒（換新的電池）
- 壓舌板
- 乳膠手套
- 膠帶
- 毛巾
- 尖頭老虎鉗

處理緊急狀況

1. 最重要的事是立刻趕到獸醫或急診診所。

2. 為了預防進一步的傷害，有可能的話就移除所有造成傷害的成因。

3. 確定貓咪還能呼吸。觀察胸口的起伏。把紙條放在鼻子附近來感受氣流。沒有脈搏的話，就進行心肺復甦術。

4. 檢查脈搏。

5. 貓咪如果還有脈搏，如果你會人工呼吸的話就進行。沒有脈搏的話就進行心肺復甦術。

6. 止血。

7. 盡可能不要移動貓咪，因為還不清楚她受傷的程度。你非得移動她的時候，要支撐好她的身體，以預防進一步的傷害和痛苦。有什麼可以用來支撐都要使用，例如毯子、毛巾、外套、板子或箱子。

8. 如果貓咪看起來無法吞嚥或沒有反應，要把頭部放得比身體低，以防吸進液體。

9. 幫貓咪蓋上東西，為她保暖。

10. 不要驚慌。我知道說得簡單，但你必須夠冷靜才能評估情勢，提供適當的立即照護，並且安全地把貓咪送到醫院。

抓起及約束貓咪

　　你如何抓起和約束貓咪，有一大部分要看她有多平靜、害怕、或具攻擊性，還有她遭受到什麼樣的傷害。以下是一些一般的準則。

　　這些指示適合受傷不重的貓咪，如果你懷疑有骨折，就要採取極端的照護方式，以避免進一步的傷害或痛苦。如果你的貓咪不會害怕，習慣讓人抱，你可以用你平常的方式抓起她，放進外出籠裡。

　　處理生病或受傷的貓咪時，你必須小心進行，以免被抓或被咬。用手臂抱起貓咪可能會造成你的臉部被抓傷。要記得，受傷、生病或緊張的貓咪是無法預測的。

　　如果你的貓咪不習慣被人抱，那要從上方接近她。不要跟她面對面，因為她可能會有防禦的反應。用讓她安心的語調，平靜地跟貓咪說話。輕柔地摸她的頭，撫摩她的下巴，來讓她先習慣你的肢體接觸。用一隻手滑到她的胸口下方，讓她下半身的體重都放在你的前臂上。

　　讓貓咪向你的身體挨近，讓她後腳不能移動。溫柔但穩固地用手指抓住她的前腳。你的另一隻手可以包住她的下巴，如果能讓她平靜的話，也可以溫柔地把你的手放在她眼睛和耳朵上。小心地把貓咪放進外出籠，如果你手邊沒有外出籠，那只要你能確保運送安全，有什麼就用什麼。

處理骨折的貓咪

　　受傷的動物會困惑而害怕，她不知道痛苦的原因，她只知道自己會痛。只要能動，她就可能逃脫。在這危急的狀況下，她很可能認不得你，或是不明白你是在試著幫她。你有很大的機會被抓或被咬，所以要做好預防措施，保護你的臉部、手和手臂。受傷的貓咪可能會在你俯身評估她的傷勢時揮爪攻擊你的臉，所以適當的約束措施很重要。大多數的人手邊都不會有厚皮或麂皮手套，但如果你有的話，就用來保護你的手。

對於有可能攻擊的貓咪，你可以抓住她的頸背處，舉起她放進外出籠裡。用另一隻手托起她的後腳以減輕一些重量。這樣也能防止她亂動。

骨折的貓咪害怕的話，用厚毛巾蓋住她會比較容易處理。給她一分鐘，她就會放鬆一點，因為她會覺得有躲藏起來了。輕柔地把貓咪包在毛巾裡，把毛巾的其他部分塞在下面。不過不要放鬆戒備，因為在這些狀況下的貓咪還是非常危險。

你一把她抓起來就放進外出籠或箱子裡，如果你沒有外出籠或箱子，而是用毛巾或毯子運送，那要確定她的頭部露出的部分足夠讓她呼吸，以避免窒息。

如果你的貓咪太危險，沒辦法在毛巾或毯子裡抓起來，就在她身上蓋個箱子。稍微抬起一個角落，在下面放一塊硬紙板。你現在就可以安全地運送貓咪了。

在危機之中，你必須運用你的判斷力，依據貓咪的狀況和你可以運用的東西，來決定怎麼處理和運送貓咪最好。最重要的，是快速、安全地趕到動物醫院，而且不能讓你和貓咪受到傷害。

如果嘗試運送貓咪的時候造成太大的壓力，她可能會太過疲累，這會造成休克。聯絡你的獸醫或本地的急診診所請他們教你。他們可能有辦法派人過來幫忙。

呼吸窘迫

鼻子、口腔、喉嚨或支氣管裡的異物會阻礙呼吸，也會傷到胸腔或橫隔膜，或是讓肺部塌陷。這些跡象表示有呼吸窘迫，請仔細確認：

黏膜發白或變藍（檢查貓咪的牙齦）、大口喘氣、張嘴呼吸、呼吸淺快、呼吸短促、使用腹部肌肉費力呼吸、失去意識。

如果呼吸窘迫是由噎著引起的，你又看得見異物，就用鈍頭的鑷子或你的手指移除。如果阻塞物深入喉嚨，就讓貓咪側躺，用手掌根放在她最後一根肋骨後方。

用稍微往上的角度用力推 3～4 次以推出異物，不要太用力，以免弄斷她的肋骨。如果你沒辦法讓堵塞物鬆動，就馬上帶貓咪去找獸醫。

如果呼吸窘迫不是因為噎住引起的，就有可能是因為受傷或生病，要立刻帶貓咪去找獸醫。

人工呼吸

如果貓咪沒有呼吸，但是還有心跳，就需要人工呼吸，不要在能自行呼吸的貓咪身上嘗試這個。

・移除貓咪的項圈。

・打開嘴巴，把舌頭拉出來，以免阻塞喉嚨，這樣你才能檢查異物。

・清除口腔中多餘的唾液或黏膜。如果嘴裡有嘔吐物，或是貓咪曾經淹在水裡，就抓著臀部把她倒掛起來，輕輕地搖晃她身體幾次，以移除液體。

・讓貓咪靠著她的右側躺下，身體比頭部略高。頭部和頸部要拉直，以確保呼吸道暢通。

・把貓咪的舌頭往前拉，用嘴巴只有蓋住她的鼻子（不要蓋住她的嘴巴）。把空氣吹進她鼻孔裡，大約 3 秒。你應該可以看到胸腔擴張。多餘的空氣會從嘴巴跑出來。每兩秒就重複這個動作，一直到貓咪開始自己呼吸為止。

心肺復甦術

如果貓咪沒有心跳也沒有呼吸，就必須進行心肺復甦術。如果貓咪還有心跳卻沒有呼吸，就必須進行人工呼吸。不要在還有呼吸的貓咪身上進行心肺復甦術。只要有可能趕到最近的動物醫院就趕過去，因為心肺復甦術很難進行。如果你離最近的醫院都太遠，那你就必須自己進行這個程序了。

- 讓貓咪右側朝下側躺。
- 配合心肺復甦術的節奏持續進行人工呼吸。
- 用一隻手，把拇指放在貓咪的胸骨（sternum）上，其他手指在對側，這樣你的手掌就會包住她的胸部。
- 穩定但輕柔地擠壓胸腔。心肺復甦術必須輕柔地進行，不然貓咪的肋骨可能會斷。速度是每秒鐘壓 1 次。壓 5 次後給予 1 次人工呼吸，但不能停止心臟按摩的節奏。
- 要一直觀察貓咪，看有沒有生命跡象，每過幾分鐘就檢查有沒有脈搏和自主呼吸。
- 一感覺有心跳就要立刻停止。
- 實施心肺復甦術的另一個方法是在貓咪胸腔兩側各放一隻手，就在她手肘後方。用兩隻擠壓胸腔 5 次，然後進行一次人工呼吸，再重複擠壓胸腔。
- 如果心肺復甦術已經進行 30 分鐘，那貓咪就很難活過來了。

噎到

症狀可能包括：咳嗽、用腳掌抓嘴巴、流口水、呼吸困難、眼睛凸出、失去意識。如果你的貓咪夠平靜，就試著去看她嘴巴裡面，以檢查異物。如果有可能，就用鈍頭鑷子或手指移除。

貓咪掙扎或驚慌的話，不要試著移除異物，因為你可能會把東西推到喉嚨更深的地方。只要貓咪沒有呼吸困難，就立刻趕去獸醫那裡就好。如果貓咪沒辦法呼吸，你就得進行緊急的急救了。

讓貓咪側躺，頭部要比身體低，拉出舌頭。把一隻手放在胸骨下方，快速向上推擠四次（向內向上壓）。你的推擠要用力，但是力量不能大到弄斷肋骨。

立刻檢查貓咪的嘴巴，看你能不能移除異物。如果沒有成功，就再快速擠壓四次。如果你沒辦法移除異物，就去找獸醫，同時進行人工呼吸。

止血

加壓法

放一塊無菌或乾淨的紗布片在傷口上，平均施加壓力。你可以在傷口上包上紗布繃帶，觀察貓咪的四肢，看有沒有腫脹的跡象，這表示可能有循環障礙。如果發生這種狀況，就鬆開繃帶。

如果紗布片被血浸透了，就留在原處，在上面再加一片就好。拿掉紗布可能會妨礙可能的血液凝固。**不要在傷口上塗雙氧水，不然會更難止血。流血停止了也不要擦拭傷口，因為你會影響血液凝固，造成再次流血。**

如果直接施壓沒有用，另一種可以嘗試的技術是用力壓住位於前腳內側（在腋窩內）或後腳大腿內側（在鼠蹊部）的動脈。這樣有助於抑制四肢的失血，也是壓力繃帶的輔助。

止血帶

使用止血帶是種最後的手段，在試圖用加壓包紮止血都失敗之後，用來控制四肢上危及生命的出血。止血帶這種極端手段如果留在身上太久，或是綁得太緊，都會造成無法挽回的傷害和損失，除了腿部和尾巴之外，止血帶不能用在身體的任何部位上。

把一段繃帶繞成圈，至少要有 2.5 公分寬，繞在肢體上，大約在傷口上幾公分（止血帶要位於心臟和傷口之間）。把紗布綁上一次（不要打結），在上面放根棍子或鉛筆，然後再綁一次。

慢慢旋轉鉛筆，一直到血止住為止。重要：每過 5 分鐘就必須鬆開止血帶一次（鬆開約 1 分鐘）讓血液流到肢體上。重要的是，你要立刻趕到最近的獸醫那裡，以免對肢體造成永久的傷害。

休克

　　血壓降低時就會發生休克，造成血流沒有充分流到器官和組織，導致缺氧。身體會試圖補償降低的循環，加速心跳，把血流從非維生用的器官轉移出來，試圖讓循環系統維持足夠的液體。但是氧量不足，器官運作就有問題，心臟壓送血液就越來越困難。

　　休克不一定容易辨識，也會被誤認為其他狀況。如果沒有治療的話，休克會導致死亡。一些常見的休克原因包括：一般外傷、中暑、燒傷、中毒、出血、嚴重的疾病，還有脫水（因為腹瀉和嘔吐）。

🔍 休克的跡象包括

- ·體溫下降（貓咪摸起來會覺得冰冷）
- ·蒼白的黏膜部位
- ·呼吸急促
- ·發抖
- ·脈搏微弱（通常很快）
- ·虛弱

治療休克

　　首先如果流血的話就止血，如果呼吸停止就要進行人工呼吸。心跳停止的話就進行心肺復甦術。把貓咪的頭部放得比身體低，但是如果她想要坐起來的話，就不要強迫她擺什麼姿勢。

　　讓她保持平靜，用她覺得最舒服的姿勢安頓下來。不要給貓咪壓力，因為這樣會讓她呼吸更困難。用毛毯把貓咪包起來，馬上尋求緊急的獸醫照護。

清理傷口

這個適用於比較不嚴重的傷口，流血的傷口應該要加壓（見「止血」），立刻由獸醫緊急照護。比較不嚴重的傷口還是要治療，以免感染。不管傷口在你看起來有多微不足道，讓獸醫檢查總是比較好。要在家治療比較輕微的傷口的話，如果可以就找個助手協助，幫你抱住貓咪、讓她平靜。

首先，要確定你的手洗過了、你會用到的所有器材都是乾淨的。最簡單的方法就是在剪毛前先在傷口上塗一點 KY 潤滑劑或是抗菌軟膏，然後再沖洗掉。這樣有助於集中毛髮，以免黏在傷口裡。

接著用剪刀小心地剪掉傷口邊緣的毛髮，如果你沒有任何 KY 潤滑劑或軟膏，那剪毛的時候只要很小心，用手指握住毛髮尾端就好。接下來用乾淨、浸濕的紗布片徹底清潔傷口的邊緣。用清水沖洗傷口，以去除塵土或殘渣。如果傷口裡有殘渣卡住，就用乾淨的溼棉花棒。

用紗布片你就可以加上殺菌清潔劑清理傷口，用紗布片輕壓傷口一次就換一片新的。不要重複使用同一片紗布污染傷口。

要把繃帶留在貓咪身上通常很麻煩，所以如果傷口要蓋起來保持清潔的話，就要把繃帶仔細綁好。要確定繃帶保持乾淨與乾燥；每天換新，需要的話就更常更換。一定要跟獸醫確認，看某個特定的傷口要不要一直包紮著。有些傷口不包紮好得更快，而任何在流膿的傷口都應該保持開放，接觸空氣。

骨折

你可能會注意到貓咪用三隻腳走路，沒辦法在第四隻腳上施加任何壓力。如果她沒有把腳抬起來，那隻腳可能就無用地拖著。另一個骨折的跡象是腿部的角度異常。脊柱骨折的話，如果脊髓受傷，就會造成貓咪無法使用她的腿。不要浪費時間

試著自己接骨或是治療骨折，如果是複雜性骨折的話（斷骨穿出皮膚），就用無菌布料蓋住，送貓咪去看獸醫。不要試著把皮膚下面的骨頭推回去。

除了必要的安全運送之外，要非常小心不要動到貓咪。用墊了毛巾的箱子會最舒服。尾巴是脊椎的延伸，非常容易受到骨折的傷害。**要看的跡象有：尾巴舉起時無力、尾巴彎曲、明顯有受傷的跡象、貓咪看起來很痛苦，或是膀胱或直腸功能的改變。**如果你注意到任何這些跡象，馬上去找獸醫。

中暑

貓咪跟人類一樣沒辦法忍受高溫，如果貓咪被留在停好的車裡，幾分鐘內就會中暑。就算把窗戶留個縫，降低的溫度也不夠。停在陰影下的車子在短短幾分鐘內還是會變成烤箱。對大熱天被關在外出籠的貓咪來說，中暑也是種風險。

貓咪在大熱天被關在沒有空調或任何通風的房間裡也會中暑，像波斯貓這種短鼻的品種特別容易受到中暑的傷害，還有年紀較大、過重或氣喘的貓咪也是。大熱天用力過度或發燒也會導致中暑。

貓咪不會像人類那樣流汗，她們得靠快速呼吸和舔毛皮製造蒸發來努力降低體溫。被高熱影響的貓咪會流很多口水、舔著她們的毛皮，把唾液塗上去，努力讓自己涼快些。隨增氣溫增高，貓咪靠蒸發冷卻的系統運作就不夠力了。

貓咪中暑就會開始喘氣，黏膜和舌頭的顏色變成亮紅色。口水變得非常濃稠，貓咪開始流口水，常常還會嘔吐。

如果沒有阻止的話，貓咪就會變得虛弱、站不穩，可能會拉肚子。這時黏膜會變白色或灰色，貓咪會陷入昏迷，甚至會死。

中暑緊急措施

立刻把貓咪移到比較涼爽的環境，如果她的體溫已經到達攝氏 41 度，就用冷水

（不是冰水）把貓咪弄濕，然後把她放在電風扇前——這樣可以促進蒸發，造成降溫。不要把貓咪泡在冰水裡，因為皮膚會開始急速降溫。感受到冰冷時，皮膚上的血管就會收縮，血液就轉向內流。結果是核心的身體溫度沒有同樣地快速下降。

給她喝冷水，幫她的皮膚和腿按摩，讓她恢復正常的循環。每 5 分鐘就量一次貓咪的肛溫。體溫一降到攝氏 39.5 度以下，就可以停止把她弄濕。由於貓咪的系統很不穩定，所以你會希望確保自己不會幫她降溫太多，而有失溫的危險。

盡快帶貓咪去看獸醫，檢查有沒有內科併發症，且提供額外的支持治療。體溫過高的貓咪常常會休克。事後要觀察貓咪幾天，因為中暑的併發症並非立刻看得出來。出血性腹瀉（因為細胞死亡）及腎衰竭要幾個小時甚至幾天後才會出現。

失溫

體溫降低的時候，就會發生失溫的狀況。這是因為接觸到寒冷潮濕、麻醉後，或是生病；新生的幼貓也有危險。徵兆包括：肛溫低於攝氏 37.8 度、摸起來冰冷、發抖、憂鬱、僵硬、瞳孔張大、焦慮。沒有治療的話，貓咪會倒下、昏迷。

失溫緊急措施

把貓咪用毯子或毛巾包起來，如果她身體是溼的就要弄乾。不要用吹風機幫貓咪取暖，因為有造成燙傷的危險。用熱水袋裝溫水，用毛巾包起來，再貼著貓咪的皮膚放著。

如果你用的是熱敷墊，一定要設定在低溫，而且要在熱敷墊和貓咪的身體之間放條毛巾。為了預防休克，回復體溫的過程一定要慢慢來。每 10 分鐘就檢查一次貓咪的肛溫。持續使用裝滿溫水的熱水袋，一直到貓咪體溫到達 37.8 度為止。

失溫容易造成貓咪血糖偏低。她又開始到處移動的時候，就給她一點點蜂蜜，提高她的血糖值。帶貓咪去找獸醫進行後續治療。如果你沒辦法在 45 分鐘內讓貓咪

的體溫回復正常，就要去就醫了。如果失溫發生在幼貓身上，就把她放在你的衣服下面，用你自己的體溫來溫暖她。不要把她放在熱敷墊上或試圖餵她。帶她去獸醫處立刻就醫。

凍傷

貓咪接觸到極度寒冷的狀況時就會這樣，耳朵、尾巴和腳通常是最會受到影響的地方。循環降低就會造成組織受傷，一開始皮膚會看起來蒼白。等到回溫的時候，皮膚看起來就會紅腫發熱，然後有時會出現脫皮。碰到的話，皮膚也會極為疼痛，所以抱起受到凍傷的貓咪時要謹慎。

凍傷緊急措施

把貓咪移到溫暖的地方，把受侵襲的地方泡在溫水（絕不要用熱水）裡，或是用蓋上濕式熱敷墊，一直到那個部位發紅為止。**不要按摩凍傷的那些地方，因為會有造成進一步傷害的風險。塗上抗菌軟膏，立刻去看獸醫。**

獸醫可能會給口服抗生素以預防感染，也可能會開止痛藥。凍傷的地方以後會比較容易受到寒冷的傷害，天氣很冷的時候要把貓咪留在室內，以防凍傷。如果你在餵戶外的流浪貓，就提供乾燥的遮蔽物給她們使用。

燒燙傷

要是貓咪走過爐子、太靠近爐口，或是你準備餐點時她在你腳邊被熱油或滾水濺到，燒燙傷就會對貓咪尤其危險。由於貓咪會走在發燙的表面上（不管是熱爐子

還是發熱的路面），所以腳掌肉墊是最常燒燙傷的部位。

　　對於淺層的燒燙傷，就在那個部位蓋上一塊乾淨、冰冷、浸濕的布，大約 30 分鐘，以緩解疼痛。然把那個部位輕輕拍乾。剪掉燒燙傷部位的毛髮。確保燒燙傷保持清潔乾燥。觀察看看有沒有起水泡的跡象。**絕對不要使用冰塊，因為這樣會傷害到下面的組織。不要塗上奶油或軟膏。如果需要進一步治療的話，立刻帶貓咪去看獸醫。**

　　二度燒燙傷通常會造成水泡、腫脹，常常有點滲液。皮膚會非常的紅。在傷口上鋪一塊乾淨、冰冷、浸濕的布，然後非常輕柔地把那塊拍乾。不要摩擦，輕輕地在那上面放一塊消毒紗布，小心不要碰到任何水泡。立刻去找獸醫。

　　三度燒燙傷是最嚴重的，下層的組織都毀壞了。皮膚變得焦黑，甚至看起來會是白色的。貓咪可能會休克。把一塊乾淨的布泡在水裡，然後非常輕柔地放在燒燙傷的傷口上。

　　在濕的敷料上面再輕輕地放一塊乾布，立刻去找獸醫急救。不要浪費時間試著在家裡進行任何治療。重要的是你要立刻到獸醫診所去。

化學灼傷

　　噴灑到貓咪身體或眼睛的化學藥品可能會造成嚴重的傷害，貓咪可能會試圖用把化學物品從毛皮上舔掉，讓狀況變得更糟糕，你的快速行動是預防進一步傷害的關鍵。對於皮膚的灼傷，如果你不知道是哪種化學藥品，就用清水沖洗那個部位。如果你有橡膠手套就要使用，因為某些化學藥品真的會侵蝕你的皮膚。

　　如果你知道化學物品是酸（例如漂白劑），就用小蘇打加水的溶液沖洗那個部位（一茶匙的小蘇打加一品脫的水）。鹼的話（例如水管清潔劑）就用同樣份量的醋加水的溶液。

　　如果你有一點點疑慮，就用清水就好。如果你有那個容器，就閱讀標籤，看有沒有額外的說明講到灼傷要用什麼處理，然後立即趕去獸醫診所。

　　對於潑到眼睛的化學藥品，要讓貓咪側躺，把眼皮打開，用微溫的水沖洗眼睛。你也可以用生理食鹽水。你可能要把貓咪用毛巾包起來約束住。如果只弄到一隻眼睛，那就讓貓咪的頭往後仰，沖洗時遠離那隻沒有受影響的眼睛。用無菌紗布

蓋住眼睛，趕快去找獸醫。

觸電與電灼傷

　　觸電通常是因為啃咬電線、接觸到掉下來的電源線，或是雷擊所造成的。如果貓咪正接觸著裸露的電線，那絕對不要碰她，非自主的肌肉收縮可能會使她無法放掉電線。到控制盤關掉電流，然後用木製的掃把柄或是長尺把貓咪推離電線。

　　貓咪可能失去意識或休克了，如果她沒有呼吸，就進行人工呼吸。如果貓咪休克了，要為她保暖，立刻去找獸醫。觸電會造成心跳停止，也會造成肺水腫，這是肺部裡的體液增加。

　　肺水腫的徵兆包括：呼吸困難、張口呼吸、偏好坐或站而不願意躺下。這時需要急救。如果你的貓咪看起來復原了，也需要由獸醫檢查，肺水腫不會馬上發生。

　　你可能不會真的抓到貓咪在啃電線，但是你或許有注意到電灼傷的跡象。通常會出現在嘴角和舌頭上。這些區域的發炎、紅腫、起水泡、出現灰色，都明顯顯示了有過電灼傷。

　　如果你注意到任何這些跡象，要立刻尋求醫療照護。還有，要檢查家裡的電線，找出受損的那條線在哪裡。有關預防電灼傷的資訊，請見第 3 章。

中毒

　　我們每天使用的產品很多都對貓咪有毒，貓咪常常都能輕易地接觸到這些產品。例如說，你有把清潔劑留在流理台上嗎？藥瓶呢？記得車道上漏出來的防凍劑嗎？你知道哪些植物對貓咪有毒呢？煤油、油漆、殺蟲劑這些東西的容器是否有小心封好，不會從旁邊滴漏出來呢？

　　就算貓咪沒打算吃下這些物質，她也會用她的舌頭來從毛皮上把這些東西清理掉。所以就算貓咪通常不會狼吞虎嚥地吃東西，在吃進毒藥的風險上可能比狗狗來

得低，但她們理起毛來仔細挑剔，還是會讓她們有危險。如果那種物質有毒，那只要一點點的量她就會中毒的。

　　戶外的貓咪比室內的貓咪風險更高，說幾個就好：**車庫裡沒有存放好的化學藥品和溶劑、肥料、殺蟲劑、人行道上的鹽（譯註：積雪地區除冰用）、汽油、有人刻意下毒、抗凍劑等，貓咪都有碰到的危險。舉例來說，抗凍劑就很毒，不到一茶匙就會致命。**我們不是故意，卻太常在貓咪身上用了太多或不適當的產品，讓她們中了毒。我們想殺死跳蚤，卻不小心做過了頭，用了太多藥劑，或者我們沒閱讀注意事項的標籤。我們也會給藥（例如阿斯匹靈），卻不知道會有危險而致命的副作用。

中毒的跡象

　　根據毒藥的不同，種種跡象可以從焦慮與痙攣到憂鬱與昏迷。你可能會注意到她流太多口水、虛弱、呼吸時或身體上有異味、嘔吐、呼吸困難、嘴巴出現亮紅色（一氧化碳中毒的跡象）。

　　貓咪也有吃到老鼠藥或吃到中毒老鼠的危險，很多老鼠藥都是抗凝血劑，會造成大量出血。跡象包括：嘔吐物或糞便中出現紅色、黏膜部位蒼白、流鼻血、皮膚瘀血。如果可以的話，你帶貓咪去看獸醫時，也要帶點帶血的糞便和嘔吐物樣本。

　　如果你懷疑貓咪中毒了，就試著去辨認那是什麼物質。閱讀標籤上的指示，或找到植物上咬過的葉子。

化學藥品中毒

　　急救的時候，要看是吃了哪種毒物來決定要不要催吐。酸鹼類的毒物，例如水管清潔劑和溶劑會造成更多的傷害，吐出來的時候會灼傷食道、喉嚨和嘴巴。如果貓咪把煤油吐出來，會造成更多的灼傷。跟你的獸醫還有毒物防治中心確認，不過以下有一些急救的準則：

> ·處理酸：給她一劑鎂乳（Milk of Magnesia，貓咪體重每 2.3 公斤給一茶匙）。
> ·處理鹼：把等量的水和醋混合，最多給到四茶匙。

　　酸、鹼或煤油這些毒物一進到貓咪的胃裡，你唯一的行動步驟就是將之稀釋，以減低傷害的程度。（用針筒給）口服鎂乳、止瀉藥水（Kaopectate），或是一般的牛奶，有助於保護腸道。

　　對於非腐蝕性物質的中毒（抗凝劑、香水、藥丸），你就可以催吐。你必須在有毒物質進到貓咪的身體系統之前就這麼做。如果貓咪在痙攣或是沒有意識，就不要試圖這樣做。

**貓咪
小常識
KNOW**

> 給 0.5～1 茶匙的吐根（ipecac）糖漿（劑量約為每 4.5 公斤體重用 1 茶匙）。如果貓咪沒有嘔吐，20 分鐘後重複一次，只能一次。吐根糖漿的替代品是給予 1 茶匙的雙氧水。10 分鐘後如果貓咪還沒嘔吐，就再重複一次，但是不能超過 3 茶匙。

　　如果你不知道她吃下了哪種毒物，或是沒有指示解毒劑的話，稀釋毒物是最安全的一條路。你可以買液體的活性炭，膏狀管裝的也有，照著標籤上的劑量指示給藥。活性炭有助於阻止毒物的吸收，不要把活性炭跟烤肉用的炭搞混了，這兩個不一樣，活性炭要在藥房買。如果你已經給了吐根糖漿，就不要給活性炭，因為這兩者會彼此中和。就算你的貓咪已經嘔吐了，但如果你已經給了吐根糖漿，就不要給活性炭。

　　你也可以用鎂乳或止瀉藥水（體重每 2.3 公斤給 1 茶匙）來保護腸道、稀釋毒物。如果你沒有這兩種產品，就用一般的牛奶。你需要餵貓咪多少牛奶就餵多少，但是要慢慢餵。

　　不管是哪種毒物，都要立刻找獸醫治療，毒物的瓶子要帶著。如果貓咪嘔吐了，就帶一點嘔吐物。在運送貓咪到醫院的途中，要為貓咪保暖，觀察有沒有休克的跡

象，並且要讓她的頭部保持在比身體低的位置，讓液體或嘔吐物可以排出。

🔍 家庭較常見的有毒物質

· 普拿疼（acetaminophen）	· 抗凝劑	· 阿斯匹靈
· 沐浴油	· 煞車油	· 化妝品
· 體香劑	· 清潔劑	· 抗菌清潔劑
· 水管清潔劑	· 肥料	· 地板亮光劑
· 家具亮光劑	· 汽油	· 染髮劑
· 松節油		
· 除草劑	· 殺蟲劑	· 煤油
· 瀉藥	· 樟腦丸	· 指甲油
· 去光水	· 香水	· 植物
· 處方藥物	· 老鼠藥	· 洗髮精
· 刮鬍水	· 鞋油	· 防曬乳
· 布洛芬（ibuprofen，止痛消炎藥）		

經皮膚吸收的毒物

　　有機磷（organophosphate）製的跳蚤或蚊蟲噴霧可以經皮吸收，除了表皮灼傷外，還會引起新陳代謝的疾病。請見談化學灼傷那節。

植物中毒

．．

　　室內的貓咪沒有什麼事情好忙，可能就會去咬室內的植物。有些貓咪只是偶爾嚼嚼，有些則啃到泥土裡只剩下殘缺不全的枝幹。看她咬到什麼植物，有些就算只咬個幾口都會很毒。有些植物，例如花葉萬年青屬（dieffenbachia），就會引起嘴巴和喉嚨強烈的灼傷和腫脹，造成呼吸困難。有些植物，包括花葉萬年青屬，都會造成灼傷，如果你試圖催吐，還會再造成進一步的傷害。

植物中毒的跡象

　　依據吃下的植物不同，可能會有唾液過度分泌、嘔吐、血痢、呼吸困難、發燒、腹部疼痛、憂鬱、突然倒下、顫抖、心跳不規律、嘴巴及喉嚨潰瘍。狀況可能會快速惡化，造成痙攣、昏迷、心跳停止，以及死亡。

　　治療植物中毒則要看吃下的是哪類植物。如果你可以辨認那種植物，就聯絡獸醫和本地的毒物防治中心，尋求指示。如果他們指示你催吐，就參考前面化學藥品中毒的章節。

　　餵食牛奶可以保護和緩解腸道問題，也可以稀釋毒物。如果你還沒有給吐根糖漿催吐的話，可以給活性炭（要遵守標籤上的用量指示）。如果你已經給了吐根糖漿，就不要再給活性炭，因為這兩者會使彼此失去作用。立刻把貓咪送去看獸醫。為她保暖，觀察有無休克的跡象。

從窗口跌落

．．

　　如果你的貓咪從窗口跌落，不管窗口離地多低，都要送她去看獸醫檢查。就算你沒有看到任何受傷的可見跡象，她還是可能受到了內傷。

預防跌落

　　檢查所有的紗窗，確認其穩固不需要修理。不要讓貓咪接近打開一點、沒有紗窗的窗戶，不管開口有多小、貓咪有多大隻都一樣。就算有欄杆也不要讓貓咪出去到陽台。你的貓咪還沒跳到欄杆頂端，不代表她就不會跳上去。

昆蟲螫咬

　　貓咪對任何會動的東西都很有興趣，結果很容易就會被蜜蜂螫到。蜜蜂、黃蜂、馬蜂、胡蜂螫到都很痛。螫在臉上或嘴巴上會引起危險的腫脹，因為呼吸道會被阻塞。喉嚨附近的腫脹會造成窒息。

　　除了痛苦和危險的腫脹之外，有些貓咪跟人類一樣，對於昆蟲螫咬會有過敏反應。如果持續腫脹，或者貓咪展現出任何呼吸困難、流口水、突然發作或嘔吐的跡象，就要尋求緊急醫療照護。

昆蟲螫咬緊急措施

　　用鑷子移除蜂針，用小蘇打跟水混合，塗上薄薄的一層用來止癢。用冰袋或是冰敷減少腫脹、減輕疼痛。如果你用的是冰袋，要在外面包裹一條小毛巾，再貼到貓咪的肌膚上。觀察貓咪是否有休克的跡象。如果貓咪看起來癢得很難過的話，就詢問獸醫怎麼用可體松（cortisone）軟膏來止癢。

　　對於口腔內部的螫傷，要尋求立即的醫療照護，這樣獸醫才能觀察貓咪有沒有呼吸困難。如果你的貓咪很容易被螫，手邊要備有抗組織胺藥物（Benadryl），更好的方法就是把貓咪留在室內。

蜘蛛

棕色遁蛛（brown recluse）、狼蛛（tarantulas）、和黑寡婦蜘蛛（black widow）都非常危險。被咬到的地方可能會極為疼痛。貓咪可能會發燒、呼吸困難、休克。有些蜘蛛咬到看起來不嚴重，卻會造成壞死或是膿腫，立刻尋求急救。如果你真的看到貓咪被咬了，立刻帶她去看獸醫。

溺水

雖然貓咪有能力短距離游泳，但是在她無法爬上岸的時候，還是常會發生溺水。例如說，貓咪會在游泳池裡溺水，是因為她們碰不到游泳池的池緣。如果你有游泳池，你的寵物又有可能接近那裡的話，就安裝某種坡道，好讓意外掉進去的動物可以安全地爬出來。

溺水緊急措施

把水從貓咪的肺裡弄出來，抓住貓咪的臀部，把她倒著提起來，輕柔地把她的身體來回擺盪大約 10～20 秒，或是到沒有水出來為止。讓貓咪靠右側躺下，開始進行口對鼻人工呼吸。如果心跳停止了，就進行心肺復甦術。

等貓咪自行呼吸的時候，就立刻帶她去獸醫那裡進行治療。她可能嚇壞了，所以要為她保暖。如果貓咪是掉進冷水中，就用毯子把她包起來，在你送她去看獸醫的路上調高車內暖氣的溫度。

脫水

脫水是體液的流失，通常會流失電解質（礦物質）。脫水的原因包括生病、發燒、長時間腹瀉、長時間嘔吐。你可以輕輕拉起上背部的皮膚來檢查脫水，皮膚應該要直接彈回去。如果皮膚慢慢才恢復原狀，或是保持突起，那貓咪就是脫水了。牙齦是脫水的另一個指標。牙齦通常是濕的，在貓咪脫水時會看起來很乾、感覺黏黏的。

脫水緊急措施

需要立刻由獸醫治療。進行靜脈注射可以補充體液，回復電解質平衡。

準備防災

我住在田納西州，很常要面對龍捲風的危險。其實幾年前我們真的遇過龍捲風在我們家附近登陸。幸運的是，我的貓咪都受過訓練，下指令就會進入她們的外出籠，讓我為這個緊急狀況做的準備變得簡單得多。我們這地區也在 2010 年遇到大洪水，我們也準備好萬一需要時可以撤離，因為我們家有防災的準備計畫。

你個人的防災計畫，應該要根據你住的地方還有可能天災危險的種類來量身訂做。請見以下的資訊，以此為大略的原則來開始你的準備之路。你的急救箱應該在手邊。記得過期用品要更換補足。**以下是你撤離用品組的清單：**

・急救箱，以及任何目前服用的藥品
・兩週的飲水和食物

- 手持開罐器和湯匙
- 小型或拋棄式貓砂盆、貓砂和鏟子。
- 小塑膠袋，用來丟棄貓砂。
- 垃圾袋。
- 刷子和梳子（用來移除碎屑，也防止毛髮糾結）
- 手部消毒液
- 紙巾
- 外出籠
- 緊急用現金
- 手電筒加備用電池
- 用電池的收音機
- 貓咪最新的醫療紀錄，還有貓咪近期的照片
- 毯子或是寢具

　　這些用品要放在手邊，這樣在要撤離的情境下，要抓什麼都很方便。依據你儲藏上的限制，你必須自己安排或簡化你的用品，但是重點是要有計畫、有基本的用品。要幫貓咪打晶片，還要有名牌，因為在危機時，貓咪很容易就會跟飼主分離。

　　你車子的油箱油量不能太低，如果你要匆忙撤離的話，就不會因為必須加油而損失寶貴的時間。在某些危機狀況下，加油站可能會大排長龍。如果你的貓咪在戶外，在可能發生問題的徵兆一出現，或天氣預報說天氣惡劣的時候，就帶她進門。

　　在有颶風危險的地方，就預先安排比較內陸的親戚朋友收留你和貓咪。撤離你家的時候不要丟下貓咪，這點很重要，因為如果貓咪被拋下了，她有很大的機會會被殺或走失。

　　建築倒塌、洪水、失火和電擊，都會造成貓咪極高的傷亡風險。嚇壞了的貓咪也會讓搜救人員找不到。你的貓咪安全與存活的唯一機會，是你把她帶在身邊，或是預先安排讓她住到別的地方。

保留一份危險區外的獸醫清單，讓你可以把貓咪留在那裡，或是災害中或災害後有必要的話可以讓她得到醫療照護。你也要留一份對寵物友善的旅館名單，如果災後不安全或需要大規模修復，讓你回不了家，你的貓咪或許可以住在對寵物友善的旅館、獸醫醫院、寄宿機構，或是未受災地區的親戚朋友家裡。關鍵在於做好準備，事先備好這份有各個可能去處的清單。

　　天災未必都會在你在家照顧貓咪時發生，跟鄰居共同擬訂計畫，萬一你沒辦法及時趕回家時，貓咪才有人接手。跟飼養寵物的鄰居交換家裡的鑰匙，擬定防災計畫，好讓你們在危機時可以幫助彼此的寵物。在你家的門上或窗戶上貼張貼紙，告訴搜救人員或消防隊員屋裡有寵物。

Appendix

醫療附錄
貓的內外科疾病
....

- 體內寄生蟲
- 皮膚病
- 皮膚過敏
- 呼吸系統疾病
- 泌尿系統疾病
- 消化系統疾病
- 肌肉骨骼疾病
- 內分泌系統疾病
- 循環系統疾病

- 神經系統疾病
- 生殖與新生兒疾病
- 傳染病
- 口腔疾病
- 眼部疾病
- 鼻腔疾病
- 耳部疾病
- 癌症

Think Like a Cat

Appendix

這份附錄中列出的是一些貓咪可能會罹患的疾病，有些很常見，有些很罕見，但這是個提醒，症狀有多快被注意到、獲得診斷，貓咪的疼痛和痛苦解除得又有多快，這時飼主的知識是否足夠會有很大的差別。

　　問題可能輕微，也或許會危及生命。你對貓咪的熟悉程度、知道她平常看起來如何、動作、感覺、聲音又怎樣，都能讓你在她只是「跟平常不太一樣」的時候察覺到有問題。因為有了這樣的直覺，貓咪的生命才能得救。

　　這本書的目的不是要作為完整的醫療參考，也不是想要替代獸醫個別化的照護。如果你想要閱讀更多的內容，更了解所有這些會侵襲貓咪的疾病，我會勸你為家裡的藏書增添一本獸醫的醫療參考用書。

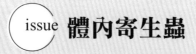

issue　體內寄生蟲

條蟲（Tapeworms）

　　這些蟲住在腸子裡，或許是成貓最常見的體內寄生蟲。條蟲在幼蟲期要有中間宿主才能傳播到貓咪身上。跳蚤是常見的條蟲宿主，而由於貓咪有仔細的理毛行為，很可能就吃下了至少一隻含有未發育條蟲的跳蚤。貓咪也會因為吃下生肉或生的淡水魚而罹患條蟲，固定狩獵的戶外貓咪也會經由獵物而接觸到。

　　條蟲會用頭部的吸盤和勾子附著在腸壁上，蟲身是由各節片組成，每節都含有蟲卵。這些節片斷開後會在貓咪的糞便中排出體外。這些節片大約 0.6 公分長，剛離開蟲體就能夠自行蠕動前進。你可能會注意到貓咪肛門周圍有一兩條會動的節片附在毛髮上。節片乾掉就會像米粒。你也可能會在貓咪的床墊上找到這些條蟲節片。

　　因為會癢，所以貓咪也可能會在地毯上拖著臀部走，或是經常舔舐肛門。如果你注意到條蟲節片，獸醫就會給條蟲專用的驅蟲藥，不是口服就是用注射的。

　　如果貓咪體內有條蟲，那身體上就非常可能有跳蚤。驅蟲時就要加上全面的跳蚤防治計畫，以避免寄生蟲再次出現。就算你在貓咪身上或環境裡沒有看到這些條蟲的小

節片，但如果她有明顯的跳蚤問題，她就很可能也有條蟲。

蛔蟲（Roundworms）

這是幼貓和幼犬身上常常發現的蟲類，蛔蟲幼蟲經由母貓的母乳傳播到吃奶的幼貓身上。有蛔蟲的幼貓會長出典型的大肚子，但身體的其他部位依然保持消瘦。

貓咪因為接觸到被蟲卵污染的土壤、水、糞便或嘔吐物而得到蛔蟲。蛔蟲卵非常的硬，可以在土壤中長時間耐受不利的條件，等到沒有戒心的宿主到來為止。

蛔蟲可以長到 10～13 公分長，活在貓咪的胃部和腸子裡。你可能會在貓咪的糞便或嘔吐物裡注意到蛔蟲。蛔蟲很像義大利麵條（這樣比較讓人不怎麼愉快，我知道，但是不幸的是這是正確的）。症狀包括體重減輕、腹瀉、嘔吐、大肚子、倦怠，還有咳嗽（蟲子到達貓咪肺部時就會發生咳嗽）。

治療：給予驅蟲藥能殺死成蟲和幼蟲，你的獸醫也會建議你持續就診，這樣才能重新檢查貓咪的糞便，確認所有的蛔蟲和幼蟲都已經完全被消滅了。一般蛔蟲在成貓身上較少見，如果你領養了流浪貓，除了檢查她的疾病和施打疫苗之外，也應該要檢查有沒有寄生蟲。

鉤蟲（Hookworms）

這些薄薄的蟲子會附著在腸壁上吃東西。鉤蟲相對較小，長度在 0.6～1.3 公分之間。傳播是藉由接觸含有幼蟲的糞便或土壤，鉤蟲會藉由糞便散播，最後污染土壤或貓砂。另一隻貓咪踩上受污染的土壤或貓砂時，鉤蟲就會進入她們的身體。在幼貓身上則是哺乳時經由母貓受污染的母乳而傳播。對幼貓來說鉤蟲可能會致命。在胎中則不會傳播。鉤蟲的徵候包括：腹瀉、便祕、體重減輕、虛弱、鼻孔發白、嘴唇發白。鉤蟲感染會因為腸子持續失血而造成貧血。

心絲蟲（Heartworm）

　　心絲蟲這種病比較常跟狗連結在一起，雖然在貓咪身上沒有那麼普遍，但是把貓咪保護好還是很重要的。貓咪的心絲蟲預防並沒有得到必要的關注和認知，並未讓飼主警覺到這種危險。

　　心絲蟲是由帶有幼蟲的蚊子傳播的，蚊子一咬了貓咪，就從唾液把幼蟲注射進去。幼蟲成熟變成蟲的時候，就經由循環系統移動，最後前進到心臟或肺部。由於貓咪體型小，所以只要出現幾隻成蟲就會被認為是嚴重的感染，也因此會危及生命。心絲蟲的徵候包括：嘔吐和咳嗽。隨著病情惡化，會造成呼吸的困難。藉由血液檢驗、尿液分析、X 光和心電圖就可以確診。在例行檢查的時候，這種病很容易就會被誤診為氣喘。

　　預防是關鍵，因為沒有藥物可以殺死心絲蟲成蟲（通常手術是唯一的選擇）。 心絲蟲有預防藥可以施用。跟獸醫討論這些選項。如果你的貓咪會去到戶外，你又住在高風險的地區，當地氣候會有蚊子飛過，那麼把貓咪保護好就會是個好主意了。

　　生活在溫暖氣候中的貓咪全年都需要服用心絲蟲的預防藥，在比較寒冷的氣候，只要在蚊子季節開始前給預防藥，持續到季節完全結束就好。你的獸醫會建議你貓咪需不需要全年服用預防藥。

　　對有心絲蟲的貓咪，治療方式要依個案而定。可能會給予強體松（Prednisone）。在急性的狀況下，驚慌的貓咪要用氧氣、靜脈輸液治療、支氣管擴張劑、靜脈注射類固醇，來使其穩定。

弓形蟲感染症（Toxoplasmosis）

　　弓形蟲感染症會感染胎兒，造成先天缺陷，所以懷孕的女性必須有所顧慮。如果你懷孕了，或懷疑自己可能懷孕，其他家人就應該擔負起清貓砂盆的責任。參見第八章有詳細說明。

🔍 預防弓形蟲感染症的訣竅

- 要處理任何有關蒼蠅的問題，因為牠們會從感染的糞便和受污染的食物上帶來蟲卵孢子。
- 不要吃生肉或沒煮熟的肉。
- 不要用同一塊砧板切菜又處理生肉。
- 用漂白水清洗砧板，用消毒水清潔所有的工作檯。
- 經常洗手！拿過生肉、清理貓砂，或是做完園藝之後，就立刻洗手。教導孩子洗手的重要。
- 要立即清理貓砂盆中的糞便。每天至少要鏟兩次貓砂，每週都要把貓砂全部換掉，貓砂盆要消毒（更多清理貓砂盆的資訊，請參見第 8 章）。
- 後院的砂箱要蓋好，不要讓孩子去公用的砂箱或朋友家暴露在外的砂箱玩耍。流浪貓可能會用這些砂來排便。
- 家裡種的蔬菜也要清洗，因為在戶外的貓咪可能會使用花園裡的沙土。
- 懷孕的女性和免疫系統受抑制的人不應該負責清理貓砂；如果無法避免的話，要戴上拋棄式手套和口罩。
- 從事任何戶外工作都要戴上手套。
- 讓貓咪留在室內，因為她可能會受到其他貓咪傳染，或是因挖掘受污染的沙土而感染。

弓形蟲感染症是由寄生性原蟲弓形蟲（toxoplasma gondii）所引起的，貓咪因為吃下被感染的獵物，或是接觸到受污染的土壤而得到此病。對貓咪來說，受污染的土壤很危險，因為她們有仔細理毛的習慣。碰觸過土壤的腳掌最後就會被貓咪的舌頭舔到。

人類如果吃到含有這種寄生蟲的生肉或沒煮熟的肉，就會有罹患弓形蟲感染症的危險。使用同一塊砧板來處理生肉和生鮮蔬菜的人也讓自己冒了很大的風險。

貓咪可能會帶有這種寄生蟲卻一直沒有症狀，如果症狀有出現，可能會包括：發燒、嘔吐、體重減輕、咳嗽、倦怠、腹瀉、淋巴結腫大、呼吸不規律。

　　沒有症狀的貓咪還是會經由糞便傳播這種疾病，用檢驗可以指出貓咪是否有接觸過這種寄生蟲。糞便中有卵囊（蟲卵孢子）出現，就表示貓咪正在散播具傳染性的生物體。

　　注意：卵囊在貓咪排便後的 48 個小時就會有傳染力。立刻把貓砂盆中的糞便清掉，可以大為降低感染的危險。如果你懷孕了，又必須自己處理貓砂盆的工作，就花錢買盒拋棄式手套，清理完後一定要立刻洗手。你在戶外工作的時候也應該戴上園藝手套。如果你幫貓咪做了檢驗，發現她沒有接觸過這種生物體，也還沒建立起免疫力，就讓她在你懷孕期間都留在室內（希望今後都是如此）。這樣的話，大家都能永保平安。治療會包含抗生素治療，在某些狀況下，貓咪會需要住院接受靜脈輸液治療。

球蟲（Coccidia）

　　球蟲是傳染力很強的腸道寄生蟲，大多侵襲幼貓，也會攻擊成貓。傳播是藉由接觸到受污染的糞便。感染的徵候包括：體重減輕、脫水、嘔吐、包有黏液的腹瀉。隨著感染惡化，腹瀉常常會伴隨出血。如果沒有治療的話，貓咪就會發燒，有很高的機率會脫水風險很高。

　　壓力大的情境，例如營養不良、過度擁擠，以及衛生條件不佳，都會造成對球蟲的抵抗力降低。貓咪接觸到自己的糞便還會再次感染，所以把貓砂盆整理得非常乾淨就很重要。診斷要依據對糞便樣本進行的顯微鏡檢查。

　　治療包括使用磺胺類藥物，控制腹瀉跟控制球蟲病（coccidiosis）一樣重要，因為要預防危險的脫水狀況。治療通常在門診進行，但如果貓咪脫水很嚴重，或是很虛弱，就可能需要住院。治療後還需要後續的糞便檢查，以確定寄生蟲已被消滅。

🔍 皮膚和毛皮問題的徵候

- 抓癢
- 掉毛
- 皮膚異味
- 過度掉毛
- 出現任何看起來像是昆蟲的東西
- 皮膚病變

- 硬皮和結痂
- 斷毛
- 丘疹和膿疱
- 毛髮上出現黑色或白色小斑點
- 腫塊
- 皮膚顏色改變

- 毛團
- 發炎
- 皮疹

- 皮屑

鞭毛蟲（Giardia）

這是種寄生性原蟲，住在貓咪的小腸裡。鞭毛蟲在囊體期（cyst stage）會隨著貓咪的糞便排出身體，讓蟲子對任何接觸到糞便的動物都有傳染力。除了口部接觸到受感染的糞便以外，鞭毛蟲也可以藉由喝下被污染的水而傳播。

貓咪可能不會顯示鞭毛蟲的活躍症狀，但還是能散播有感染力的生物體。鞭毛蟲的徵候包括：腹瀉的顏色常常是黃色的。診斷要用顯微鏡檢查糞便樣本，治療則包括抗生素。

issue 皮膚病

貓咪的皮膚非常敏感，比我們的皮膚更容易出現過敏反應和受傷。在生命的任何階段都會出現皮膚問題，而且常常要到掉毛或觀察到貓咪過度理毛，飼主才會發現病況。

病症可以從寄生蟲病、過敏、壓力、營養不均、細菌感染、受傷、燒燙傷，到接觸化學物品或極端溫度、腫瘤，清單還可以繼續下去。

固定理毛、防治跳蚤之類的寄生蟲、飼主定期檢查、必要時立刻由獸醫治療，都可以協助這個貓咪身體上最大的器官保持健康。

跳蚤和虱子

這些常見的小害蟲本身就應該用上一整章來談。參見第 13 章。

毛蝨（Lice）

毛蝨在貓咪身上很少見，真的大量孳生的話，通常都會在衛生狀況不好、營養不良、非常虛弱的貓咪身上見到。毛蝨看起來是淺色沒有翅膀的昆蟲，牠們的卵稱為蝨卵（nits），會附著在毛髮上。蝨卵看起來像是皮屑，只不過不容易刷掉，蝨卵也像是白色的沙子。

貓咪毛皮上打結的地方應該要剪掉，因為常常可以在毛團下面看到毛蝨。也可以在耳朵、頭部、頸部和生殖器周圍發現牠們。

治療方式包括幫貓咪洗澡，接著使用跳蚤的殺蟲清洗液。**注意：由於受毛蝨感染的貓咪可能非常虛弱，所以在決定什麼治療方式才合適的時候，要極為小心。先諮詢獸醫再來治療被侵襲的貓咪。**

環境的處理包括用吸塵器打掃、清洗所有寵物的床墊，還有仔細清潔貓咪去過的所有區域。

蛆和蠅（Maggots and Files）

膚蠅（Botfly）會在草地裡產卵，孵化的蛆最後就會爬上動物的毛皮。牠們會努力從身體的開口處鑽入，在貓咪身上移動，最後進到皮下。

症狀包括皮膚下有小瘤（有蛆蟲用的小呼吸孔），也包括了眼睛病變（因為眼睛裡其實有幼蟲）、咳嗽、發燒、呼吸困難、失明，還有暈眩。

獸醫進行的治療包括稱為開立殺死寄生蟲的藥物、修剪被弄髒的毛髮，如果有

出現小瘤（稱為皮瘤，warble），獸醫會去除蛆蟲，清潔被感染的區域。

　　成蠅會在齧齒動物或兔子洞附近產卵。貓咪接觸到成蠅孳生的草地就會有成為意外宿主的危險。幼貓接觸到母親的毛皮也會受到感染。

　　預防：按月給予心絲蟲、跳蚤和虱子預防藥，維持對寄生蟲最大的防護力。

蟎蟲（Mites）

　　蟎蟲類似蜘蛛，但體型極為微小，生活在貓咪的皮膚上。各種的蟎蟲造成的疥癬從大塊掉毛到造成繼發性感染的傷口都有。

毛囊蟲疥癬（Demodectic Mange）

　　這種疥癬在狗身上比較常看到，毛囊蟲（demodex mites）通常住在動物的皮膚上，會引起局部性的皮膚炎。你會注意到有些區域掉毛、皮膚上有蓄膿的創傷，通常會在頭部周圍、眼瞼上，或是頸部。

　　還有一種全身性的毛囊蟲症（demodicosis），會引起病變、毛髮變薄、或是身體多處確實在掉毛。罹患全身性毛囊蟲症的貓咪通常是由於另外的潛藏病症而使得免疫系統受到抑制，例如貓白血病、糖尿病，或是慢性呼吸道感染。

　　診斷的話要進行皮膚刮屑，在顯微鏡下辨認。局部性毛囊蟲症的治療包括塗抹局部藥劑，你的獸醫也會建議你使用抗菌洗毛精。

　　獸醫治療全身性毛囊蟲症則會以處方洗毛精反覆洗浴以及使用殺蟲清洗液，但是最重要的治療則是要診斷和治療任何潛藏的病症。最後一次皮膚刮屑顯示為陰性後，治療還要持續 3 週。

姬螯蟎疥癬（Cheyletiella Mange，會走路的皮屑）

　　姬螯蟎會引起皮膚上脫屑大量增加，看起來像是頭皮屑。其他症狀包括：掉毛、經常理毛、經常搔癢、皮膚病變。**姬螯蟎病在貓咪身上不常見，但傳染力極強，**

還會傳染給人類，經由身體檢查和皮膚刮屑就可以確診。由於在理毛的時候會吃下這種寄生蟲，所以也要進行糞便樣本的顯微鏡評估。

獸醫進行的治療包括反覆使用殺蟲用的石灰硫磺清洗劑，也會開立口服藥物。認為貓咪痊癒後，治療還要持續兩週。環境以及家裡的其他動物也要處理，貓咪的床墊、梳子、刷子等都要消毒。

耳疥蟲（Ear Mites）

耳疥蟲是貓咪常見的問題，在本章「耳朵疾患」一節下會談到。

issue　皮膚過敏

過敏反應也叫過敏症（hypersensitivity），可能是經由肺部接觸到某些物質（例如塵土或花粉）的結果。也有食物過敏，是因為吃到特定的食物而造成消化道的過敏反應。經由皮膚吸收的物質會造成過敏反應（例如除蚤洗毛精或噴霧），昆蟲螫咬也會造成過敏症，某些藥物甚至疫苗都會造成過敏反應。貓咪比人類容易出現皮膚和腸道過敏，侵襲呼吸道的過敏則會讓我們比較難過。

跳蚤過敏性皮膚炎（Flea-Bite Hypersensitivity）

這是貓咪最常見的過敏症，只要一隻跳蚤引起的反應就可以造成嚴重發癢、大塊掉毛、皮膚出血，甚至感染。得到跳蚤過敏性皮膚炎的貓咪是對跳蚤唾液裡的一種過敏原過敏，跳蚤咬到貓咪時，小量的唾液就注入了皮下。

狀況嚴重時，貓咪可能需要抗生素來治療感染，在某些狀況中會用口服或注射可體松來緩解發癢的反應，讓傷口有時間痊癒，也可能會給抗組織胺。

對於有跳蚤過敏性皮膚炎的貓咪來說，局部跳蚤防治產品非常有效，因為許多

跳蚤就不會有機會咬到貓咪了。最有效的治療是認真維護貓咪的環境，以消滅跳蚤，還要加上對家中所有貓狗持續進行適當的跳蚤防治。

接觸性過敏症（Contact Hypersensitivity）

接觸性過敏症是直接接觸化學物質或藥品的結果，甚至可能因為使用塑膠餐碗而引起。貓咪身上最可能受到侵襲的部位是毛最稀疏的地方，例如腹部、耳朵、鼻子、下巴，和腳掌肉墊，症狀包括掉毛、皮膚發炎、發癢、小腫塊。

防治跳蚤的產品（例如洗毛精、噴霧或藥粉）也可能會引起全身性的皮膚過敏反應，若對防蚤項圈裡的殺蟲劑有反應，則會侵襲頸部周圍的皮膚。

治療方式包括確認過敏原，如果有可能的話就避免再接觸。如果過敏原還在的話，洗澡就很重要。可能會開口服或局部用皮質類固醇來緩解發癢，但是限制或不要接觸過敏原是最好的治療方法。

吸入式過敏（Inhalant Allergy）

這是因為吸入過敏原所引起的，例如家中的灰塵、花粉、動物毛屑，以及黴菌孢子。根據過敏原的不同，反應有可能會按季節出現也可能不會，症狀則有各種變化。徵候包括皮膚炎、臉部和頸部周圍發癢、頭部有會發癢的病變，造成掉毛。診斷要經由皮膚皮內測試來進行，最好的治療方式當然是去除過敏原。可能會給予抗組織胺或皮質類固醇。你的獸醫會希望每幾週就再次檢查你的貓咪，以評估指定的治療方式效果如何。

食物過敏（Food Hypersensitivity）

雖然某種食物貓咪可能已經吃了很多年，但是她還是可能會對之過敏，常見的食物過敏包括牛肉、豬肉、乳製品、魚類、小麥和玉米。症狀包括：頭部周圍有發癢的疹子、掉毛、可能因為搔抓造成皮膚的傷口。常見的食物過敏反應包括腸胃道

問題，例如嘔吐、腹瀉、胃部發出聽得見的聲響、過度排氣。你的獸醫會進行仔細的檢查，以排除與食物無關的原因。治療方式包括長期低敏飲食管理，這也代表含有可能過敏原的零食也得從飲食中去掉了。

黴菌感染

環癬（Ringworm）

環癬是貓咪最常見的皮膚問題之一，會侵襲毛囊。環癬這個名稱來自於皮膚病變的外表，一個紅色的環圍繞著一塊圓形脫屑的皮膚還有斷毛。在貓咪身上非常常見，病變的部位變成硬硬的一層，整塊掉毛，看起來像是鬍渣。環癬在身體的任何部位都可以看到，但是在耳朵、臉部和尾巴最為常見。

環癬的傳播是經由接觸土壤裡的有機體，或是經由接觸另一隻被感染的動物。環癬也可以經由接觸動物受感染的毛髮而傳播，例如說，寵物床墊上的毛髮。傳播的來源可以是寄宿的貓舍、寵物美容，或是任何受污染的動物可能待過的地方。

環癬傳染力極強，還會傳染給人類，孢子可以在環境中存活超過 1 年。大多數成貓免疫系統健康的話，對環癬有一定程度的抵抗力，幼小的貓咪或是免疫系統受到抑制的貓咪最是危險。

環癬的診斷要藉由黴菌培養和用顯微鏡檢查毛髮，治療則要使用抗黴菌藥物。要阻止環癬的散播，最重要的就是處理環境。

把寵物床墊丟掉或用漂白水清洗，再把所有理毛用品和塑膠外出籠都消毒過。要立刻仔細地用吸塵器打掃家裡，每週重複兩次，以去除受感染的寵物毛髮。徹底清潔所有貓咪常去的地方，並使用稀釋的漂白水清洗貓砂盆、工作檯面，還有非木質的地板。

細菌感染
. . . .

膿腫（Abscesses）

膿腫是皮膚上局部性的膿包感染，不幸的是，膿腫在貓咪世界裡常常發生，因為打鬥會造成咬傷和抓傷。如果你的貓咪（尤其是公貓）在戶外，在某個時間他就非常有機會長出膿腫。

如果他這輩子只長一次，你就算幸運了。實際上來說，在戶外的貓咪這一生之中，你可能得去獸醫那裡好幾趟，治療膿腫好幾次。

貓咪嘴巴的內部是各種危險細菌的繁殖場，會發生的狀況是利齒或利爪咬穿的傷口表面很快就會密合起來，把細菌留在裡面。常常戶外的貓咪回到家，你卻根本不知道她打過架，因為傷口很小又被毛皮掩蓋住了。可是在她皮膚底下發生的事，是她的免疫系統正在努力抵禦細菌。

一直要到你注意到貓咪身上有個會痛的腫塊，或是皮膚感覺發熱，你才察覺到有問題了。你甚至可能會看到貓咪跛腳，有時候膿腫會破裂，流出白色或帶有紅色、伴隨著異味的膿水。

身體任何地方都會長膿腫，但是臉部周圍、頸部、腿，和尾巴底部最常出現。臉部、頸部和腿是打架時對手的主要目標。在受害者試圖撤退的時候，尾巴底部可能會被攻擊者的爪子或牙齒逮到。

對於還沒流膿的膿腫，除了給予抗生素之外，獸醫會將之切開，把膿水排出。有些膿腫會需要動手術，好插入引流管，引流管讓膿水可以滴漏出來。

傷口也要定期用消毒液清洗，以保持開放和清潔。目標是要讓傷口由內而外癒合，這樣皮膚才不會把細菌封進去，同樣的問題才不會一再發生。之後獸醫會拿掉引流管（不過在某些狀況下，沒耐心的貓咪會自己這樣做）。

把貓咪結紮不保證他就再也不會打架，但是打架的頻率很有機會降低。結紮會降低他亂逛的意願，從而限制他接觸其他公貓的機會。

如果你注意到有刺傷、摸到腫塊，或是感覺到皮膚上有發熱的地方，就立刻就醫。貓咪打架的傷口越早治療越好，這樣可以讓你的貓咪免去大量的痛苦、避免漫長的痊癒時間。

如果你的貓咪在戶外，你懷疑她接觸到了其他的貓咪，或者她就是出了名的喜歡打架，那每天都要仔細檢查她，確定沒有傷口。就算貓咪是惡名昭彰的理毛者，但如果你看到貓咪反覆舔舐著同一個地方，那她可能就是在照顧打架的傷口。另一個徵候是你碰觸到她身體某個部位時，會突然大叫，或是煩躁不安。

貓粉刺（Feline Acne）

　　粉刺是相當常見的皮膚病，毛囊堵塞後在下巴會出現小小的黑頭粉刺、硬皮，或是丘疹。在比較嚴重的狀況中丘疹會流膿，而下巴和下唇會腫脹。粉刺的成因據信是因為下巴部位理毛不夠，所以塵土和油脂就堆積了。用塑膠碗吃東西的貓咪也比較容易得這種病，因為塑膠比起陶瓷、玻璃或不銹鋼更難保持清潔，睡在堅硬的地板上也會造成粉刺生長。

　　輕微的貓粉刺只有黑頭，可以用溫熱的毛巾和一點點藥用洗毛精輕輕地清洗。刷洗會讓症狀惡化，所以一定要小心，不要太猛力清潔，也可能會開抗生素。有些貓咪的粉刺會復發，所以要按時間定期清潔。

種馬尾（Stud Tail）

　　這是由於尾巴的皮脂腺過度分泌引起的，大多會在未結紮的公貓身上看到。有這種病的話，尾巴看起來就會骯髒而油膩，也會伴隨著異味。你仔細看的話，會發現接近尾巴底部的皮膚覆蓋著棕色蠟狀的碎屑。在比較嚴重的狀況裡，毛囊會發炎，這種狀況就會引起貓咪的疼痛。

　　種馬尾的治療要用獸醫開立的洗毛精定期清洗尾巴，如果發炎的話，可能要用抗生素甚至手術，也建議要為還沒絕育的貓咪結紮。

毛囊炎（Follicultis）

　　毛囊發炎會自行發生，也可能是其他病症的結果，例如貓粉刺或是跳蚤過敏性

皮膚炎。更深層更嚴重的毛囊疾病稱為癤腫（furunculosis），獸醫的治療包括清洗，然後給予局部和口服抗生素。

膿皰症（Impetigo）

膿皰症會發生在新生幼貓身上，造成皮膚上長出膿皰和硬皮。據信是因為母貓反覆移動幼貓，而由母貓的嘴巴所造成的，會給抗生素治療大約一週。

脫毛症（Alopecia）

脫毛症就是禿毛，可能是全部或部分。脫毛症有許多原因，由於行為問題造成的過度理毛會造成禿毛。這種狀況稱為精神性脫毛症，是貓咪壓力過大引起過度理毛而出現的轉移行為。脫毛症也可能是過敏反應（例如跳蚤或其他寄生蟲）、感染或缺乏營養造成的。

🔍 呼吸問題的徵候

- 咳嗽
- 呼吸有聲響
- 呼吸費力
- 呼吸變淺
- 喘氣
- 過度叫喚或大叫
- 黏膜泛白或發藍
- 頭部維持在伸長的位置
- 發燒
- 食慾減退
- 打噴嚏
- 呼吸吵雜，或聽起來有水聲
- 呼吸急促
- 張口呼吸
- 眼睛、鼻子有分泌物
- 沒有聲音
- 聳肩的姿勢
- 乾嘔
- 脈搏加速

貓對稱性脫毛症（feline symmetrical alopecia）

以身體兩側對稱的形狀命名，常見於腹部、體側和大腿。貓對稱性脫毛症可能是因為對食物敏感、寄生蟲、黴菌感染和細菌感染。另一種很常見的原因是甲狀腺功能亢進，甲狀腺亢進最早的徵候之一就是貓咪對稱性的掉毛。

診斷要依據各種檢驗，以排除過敏、感染、寄生蟲、甲狀腺問題等等。獸醫會仔細檢查毛髮，以確定掉毛是不是因為過度理毛（毛會斷裂）。體檢和檢驗也會排除寄生蟲。脫毛症的治療要依據潛在的原因。有精神性脫毛症的貓咪用行為治療結合抗焦慮藥物，通常反應良好。

侵蝕性潰瘍（Rodent Ulcer）

這不是由齧齒動物（rodent）造成的病症，各個年齡的貓咪都可能會長出侵蝕性潰瘍的病變。這種病在上唇最常見，但偶爾也會在下唇看到。這種病變會以厚厚的潰瘍部位出現，但不一定會造成發癢或疼痛。

侵蝕性潰瘍有可能是癌症前期，潰瘍一開始是發亮的粉紅色病變。隨著病情進展，顏色會變深，產生潰瘍。這必須立刻由獸醫照顧，如果早期發現，治療就會使用口服或注射可體松和抗生素。某些案例會對可體松沒有反應，就可能需要手術。侵蝕性潰瘍的成因尚未完全確知，可能跟過敏有關。

日光性皮膚炎（Solar Dermatitis）

日光性皮膚炎是由於反覆暴露在紫外線（日光）下造成皮膚慢性發炎，只發生於白貓。症狀包括皮膚發紅、脫屑、硬皮或病變（尤其是在外耳）。日光性皮膚炎若不治療會發展成癌症。

治療要視個案而定，比較輕微的案例可能會開藥，但是對嚴重的日光性皮膚炎，就可能要動手術，受傷的外耳就可能要手術了。

在陽光最強的那幾個小時把貓咪留在室內，是避免紫外線傷害最好的方法，喜

愛慵懶地在陽光下躺很長時間的貓咪尤其有危險。

獸醫會建議使用防曬油來覆蓋耳朵之類的地方，沒有先諮詢過獸醫，就不要使用，因為你必須確定防曬油如果被吃下去是安全的。

囊腫、腫瘤和增生物

在貓咪身上發現任何硬塊，都要立刻由獸醫檢查。不要只因為皮膚下的腫塊看起來沒有困擾到貓咪，就認為那是良性的（非癌症前期）。腫瘤會發生在貓咪身上任何部位，從頭部到腳趾縫之間都會。惡性的腫瘤會在本章「癌症」項下討論。

issue 呼吸系統疾病

上呼吸道感染從看起來像人類的輕微感冒，到危及生命的狀況都有。很多初期的症狀非常相似（例如打噴嚏、鼻腔分泌物、眼睛流淚），以致於你會延遲帶貓咪去看獸醫的時間，還以為她只是鼻塞。不要跟任何疑似的上呼吸道感染玩「等著瞧」的遊戲。

氣喘（Asthma）

有慢性氣喘的貓咪可能會乾咳、咳嗽聲音刺耳、呼吸有很大聲響。她常常聽起來像是在作嘔，有時飼主誤解，以為貓咪只是在咳出毛球。**在她掙扎著要呼吸的時候，你可能會注意到她坐著，頭部伸長，試著吸進足夠的空氣。在急性的狀況中，在貓咪奮力吸取氧氣的時候，可能出現呼吸窘迫。**

氣喘會因為接觸塵土、花粉、草、貓砂粉末、香菸煙霧、殺蚤噴霧、定型噴霧、香水、清潔噴霧、除臭劑，以及空氣或地毯清新劑，而變得更嚴重，需要立刻由獸醫治療。

就醫後可能會給予氧氣治療加上支氣管擴張劑，急性氣喘對貓咪來説是很恐怖的事（就像對人類一樣），所以她的壓力程度就會升高。送她去受醫院的時候，試著給她最少的束縛，壓力會是氣喘發作要命的幫兇。

慢性氣喘則會開藥，避免刺激物（如果已經知道的話）很重要。引起發作的特定刺激物常常很難確認，可以以使用無塵貓砂、避免使用家用噴霧和地毯清潔劑、定型噴霧、空氣清新劑和其他常見的過敏原，來降低發作的機會。香菸的煙霧也是要避開的東西，所以如果你會在家裡抽菸，就會讓貓咪的病情惡化。慢性氣喘的話，就要準備好投入一生的心力來照顧。

上呼吸道感染

貓咪通常是經由接觸其他貓咪而感染的，徵候可能包括：結膜炎、打噴嚏、眼睛鼻子有分泌物，你可能會注意到她張口呼吸。隨著感染惡化，分泌物可能會從透明變成黃綠色。慢性上呼吸道感染對於波斯貓和喜馬拉雅貓這些短鼻的品種來説尤其危險。

上呼吸道感染這個詞其實範圍很廣，有兩種主要的病毒群會造成貓咪身上大多數的上呼吸道感染——杯狀病毒（calicivirus）群和皰疹（herpes）病毒群。除了病毒以外，也會發生繼發性細菌感染。

治療包括用藥物舒緩症狀及使用抗生素，重要的是要確定貓咪有持續吃喝，因為貓咪的嗅覺減退，常常會造成她食慾降低。如果貓咪因為沒有吃喝而脫水，就會給予輸液治療，可能會用靜脈或皮下注射。

肺炎

細菌性肺炎（bacterial pneumonia）是肺部的發炎與感染，可能是呼吸道疾病的併發症，因為虛弱的免疫系統無法抵抗細菌。吸入性肺炎（aspiration pneumonia）可能是吸入黏液、液體、食物或藥物的結果。強迫餵食、嘔吐、痙攣，或是貓咪在麻醉中就可能發生吸入的狀況。

你餵貓咪吃液態的藥，或是依指示強迫餵食的時候，你就要非常小心。貓咪非常容易受到吸入性肺炎侵襲，要確定你有得到獸醫詳細的指示，以避免吸入性肺炎。肺炎的症狀包括：吵雜而帶有水聲的呼吸聲、發燒、咳嗽、倦怠，還有不同程度的呼吸窘迫。肺炎的診斷要藉由檢查、X 光和實驗室檢驗來進行，治療要以主要成因為依據，可能會開抗生素，細菌性肺炎在狗狗身上比貓咪身上更常見。

肺氣腫（Pulmonary Edema）

肺氣腫是指肺部組織裡的液體，這是種併發症，是由氣喘、肺炎、心肌病變、氣管堵塞、接觸毒物、胸部受傷或中毒所造成的。也可能是電擊或是嚴重過敏反應造成的結果，徵候包括：呼吸困難、呼吸有聲響、咳嗽、呼吸有雜音（肺部啪啪聲）、張口呼吸。

需要立刻給獸醫治療，診斷確定就會使用氧氣治療，也會給予利尿劑，以排出肺部多餘的液體，進一步的治療要依成因而定。

胸膜積水（Pleural Effusion）

這是肺部周圍的胸腔積水，因為肺部無法好好的擴張而造成呼吸困難。積水可能是因為濕型的貓傳染性腹膜炎（feline infectious peritonitis）之類的疾病造成的，這會造成胸腔累積濃厚黏稠的膿水。其他積水的原因包括心臟衰竭、肝病、腫瘤，或是心絲蟲。

徵候包括：呼吸困難和張口呼吸、咳嗽、沒有食慾、沒有力氣。貓咪可能會無法臥下，只能保持坐姿，頭部拉長前伸，努力想吸入空氣。隨著呼吸越來越困難，貓咪的嘴唇和牙齦可能會變成灰色或藍色，表示缺氧了。

原因包括心絲蟲、胸部外傷、心臟衰竭、感染、攝入過量液體，以及肝病。需要獸醫緊急照護，液體可以從胸腔抽吸出來。進一步的治療要依主要成因而定，但是預後通常不太樂觀。

氣胸（pneumothorax）

胸腔中的空氣可能是胸部遭重擊的結果，貓咪從樹上或窗台上跌落，或是受到開放式胸腔傷害（被物體重擊或是被車撞的結果）時就會發生。在某些慢性肺病也可能會發生，空氣從肺部漏到胸腔，這樣會造成肺部空間減少，無法充分擴張，造成呼吸窘迫。

氣胸的徵候一開始是呼吸快速短淺，隨著病情惡化，貓咪會開始用腹部呼吸，黏膜則變成藍色。需要獸醫進行緊急程序以移除胸腔累積的空氣，然後再治療任何受到的外傷。預防氣胸的方法之一是把你的貓咪留在室內，以排除從樹上跌落或是被車撞的機會。

issue 泌尿系統疾病

下泌尿道疾病

下泌尿道指的是膀胱和尿道，膀胱是個容納尿液的囊袋。尿道是從膀胱伸出來的管子，尿液經由這裡離開身體。下泌尿道疾病是個廣義詞，包含各種泌尿疾病。

貓下泌尿道疾病

貓下泌尿道疾病是一般性的描述，指的是與下泌尿道有關的問題，包括膀胱炎和堵塞（結石或栓塞）。貓下泌尿道疾病在任何年齡都會發生，公貓和母貓都會受到侵襲，不過公貓的尿道又長又窄，增加了尿道阻塞的機會。

🔍 泌尿問題的徵候

- 排尿增加或減少
- 經常去到貓砂盆
- 只排出很少量的尿液
- 尿液顏色改變
- 失禁
- 腹部疼痛
- 沒有食慾
- 憂鬱
- 易怒
- 嘔吐

- 在貓砂盆外排泄
- 排尿時會大叫或繃緊身體
- 無法排尿
- 尿液味道改變
- 經常舔舐陰莖或外陰
- 腹部膨脹
- 體重減輕
- 焦慮不安
- 呼吸有氨的味道
- 過度叫喚或大叫

　　我有很多客戶說，他們知道貓咪遇到泌尿問題唯一的方法，是因為她們尿在浴缸或是水槽裡。帶血的尿液襯著淺色的浴缸才看得見。這些飼主很幸運，因為他們的貓咪給了這麼明確的訊號。你可能沒有那麼好運，所以要你熟悉貓咪平常用貓砂盆的習慣，才會那麼重要。

　　貓下泌尿道疾病阻塞的原因之一，是因為泌尿道裡長出了尿結石（urolith，硬化成石頭的結晶）。許多年以來，長出的結晶絕大多數都是磷酸銨鎂結石（struvite，由磷酸銨鎂組成）。據說尿液的酸鹼值會影響這些結晶的形成，寵物食品公司的回應則是製造出可以維持尿液偏酸的食品，藉此限制鎂的份量，這樣有助於控制磷酸銨鎂結石的形成。

　　不過不幸的是，有助於預防磷酸銨鎂結石的酸性尿液可能會造成其他問題。例如說，促進尿液偏酸的食物不會開給有草酸鈣（calcium oxalate）結晶的貓咪，這種症狀現在越來越常被診斷到了。所以重要的是每個案例都要由獸醫個別診斷。不要

只因為症狀類似，就以為你某隻貓咪跟別隻有一樣的泌尿道問題。

公貓比較容易罹患尿道栓塞，這種柔軟如砂的材質是由結晶碎片和黏液組成的，容易堆積在尿道裡。如果沒有治療的話，這種材質會真的「塞住」陰莖的開口。尿液持續在膀胱中累積，而貓咪就真的被堵住了。這是緊急狀況，如果沒有立刻治療的話會造成死亡。

外表看來貓咪是在反覆舔舐著陰莖，你或許也可以摸到到他膨脹的腹部，很快就會倦怠和脫水。向獸醫求助，不要拖延。這種堵塞在幾小時內就會造成死亡，不要以為貓咪是便祕，浪費寶貴的時間給通便劑。

治療首先要讓膀胱解尿，獸醫可能會經由皮膚插一根針到膀胱，把尿液抽進針筒裡。有時栓塞可以在局部麻醉下用手去除，但在大多數的狀況中，接著就要暫時插著導管，讓尿道通暢、沒有阻礙。

復發的案例有時要動稱為會陰尿道造口術（perineal urethrostomy）的手術，尿道狹窄的部分（位於陰莖）會移除，再開一個更寬的開口。這種手術未必都能成功，會被視為是最後的手段，使用處方食品可以大為減低這種手術的需要。

貓下泌尿道疾病的長期治療包含飲食管理，依據個別的狀況使用處方飼料。要確定貓咪攝取的水量足夠，不要讓她過胖，運動也很重要。復發時，壓力也會扮演額外的角色，所以要留意環境的變化會不會造成貓咪的憂慮。

提供乾淨容易到達的貓砂盆是預防貓下泌尿道疾病最重要的事，如果盆子太髒，或太難到達，貓咪就可能不常排泄。這樣會讓她容易罹患貓下泌尿道疾病。

🔍 貓下泌尿道疾病的預防

- 用高品質、頂級的食物餵食貓咪。如果你的獸醫給貓咪開了特別的食物，就堅持吃那個，不要用剩菜加料。
- 提供數量足夠、容易到達的貓砂盆。
- 維持貓砂盆清潔。

- 補充新鮮、乾淨的飲水。每天清洗水碗再重新裝滿。如果你的貓咪只吃乾飼料，就要監控她喝下的水量，確定她喝得足夠。
- 用互動式玩耍鼓勵運動。
- 每天監看貓砂盆，這樣你才會熟悉每隻貓咪的習慣。
- 一出現泌尿道問題的可能徵候，就帶貓咪去看獸醫。

失禁（Incontinence）

有好幾種疾病會造成失禁（非自主性的排尿），脊椎受傷也會造成無法控制膀胱肌肉。治療要依據潛在的原因。藥物治療有時有助於恢復膀胱的控制力。

腎臟病

上泌尿道指的是腎臟和輸尿管，輸尿管是兩根從腎臟通往膀胱的的管子。腎臟的功能之一是過濾血液、除去廢物。沒有這個功能，身體的廢物就會累積到有毒的程度。

由於腎臟是血液的過濾系統，所以感染、疾病和毒素都會侵襲和傷害腎臟本身。腎臟功能低下的時候，不管原因為何，都會給予輸液治療，以補充失去的電解質、消除脫水，並且發揮透析的功能。會建議改變飲食。處方食品中的蛋白質和磷會降低，以減輕腎臟的工作量。

🔍 潛在腎臟問題的徵候

- 正常飲水量增加或減少
- 正常排尿量增加或減少

- 尿中帶血
- 嘔吐
- 體重減輕或厭食
- 過度掉毛
- 倦怠
- 舌頭變色
- 口臭
- 腹瀉
- 毛皮沒有光澤
- 發燒
- 關節疼痛
- 口腔潰瘍
- 背部靠近腎臟部位敏感或疼痛（貓咪可能會有拱背的姿勢）

腎衰竭

腎臟過濾的部分稱為腎元（nephrons），裡面有成千上萬這種東西。大量的腎元受損或被破壞的時候，結果就是腎衰竭。腎衰竭可能是急性的，由中毒、外傷或是下泌尿道阻塞所造成。

腎衰竭也會是慢性的，因為疾病（例如貓傳染性腹膜炎或貓白血病）、感染、高血壓、年齡、長期接觸毒物、癌症、長期使用某些藥物而引起。

貓咪的腎臟有 70% 被破壞時就是慢性腎衰竭，貓咪腎衰竭時，通常第一個可見的徵候就是排尿量增加，飲水量也會增加。可能會在貓砂盆外發生意外，因為產出的尿液量增加了。

另外慢性腎衰竭會導致貧血，許多慢性腎衰竭的貓咪也會得高血壓，建議飼主應該定期量血壓。

隨著腎臟持續惡化，產出的廢物再也無法被過濾掉，就會留在血流和身體組織裡。這就叫做尿毒症（uremia）。如果丟著不治療，貓咪就會昏迷，死於尿中毒。

在慢性的狀況中，會使用輸液治療以回復電解質（礦物質）的平衡。會開立治療性的飼料，以減緩持續的惡化，這種處方食品會減輕腎臟的工作量。

腎衰竭的貓咪永遠都會需要能喝到新鮮、乾淨的水，沒有辦法進食或喝到足夠水分的貓咪就必須住院，用靜脈輸液治療補充體液。在某些狀況中，需要在家持續

給予皮下輸液治療，你的獸醫會指導你該如何進行。

症狀包括：嘔吐、更常口渴、憂鬱、便祕、腹瀉、厭食、體重減輕、尿中帶血、排尿增加。要治療急性腎衰竭的話，就要努力在腎臟組織被永久破壞之前阻止傷害。

(issue) 消化系統疾病

嘔吐

幾乎每種疾病或不適，症狀清單裡都會包括嘔吐。因為貓咪自我理毛的行為，所以會吞下毛髮，造成她們經常嘔吐。市面上有預防毛球的商業產品，應該給經常嘔吐或太常理毛的貓咪吃，長毛貓應該固定進行毛球的預防。

🔍 消化問題的徵候

- 腹瀉
- 糞便外觀改變
- 體重增加或減輕
- 飲水量改變
- 焦躁不安
- 腹部疼痛
- 脹氣
- 口臭
- 過度叫喚或大叫

- 便祕
- 糞便帶血
- 食慾改變
- 嘔吐
- 腹部腫脹
- 吞嚥困難
- 毛皮外觀改變
- 嘔吐物或糞便中出現蟲子

另一個嘔吐的常見原因是因為吃得太快太多了，在多貓家庭中會發生搶著吃的狀況，一隻貓咪不只會吃掉自己的食物，連同伴的份都會試著吃掉。

要處理的話，可以讓貓咪在不同地點進食、訓練她們只吃自己碗裡的東西（到現在你該知道貓咪是可以被訓練的了），或是放個益智給食玩具，讓貓咪去玩個一整天。如果貓咪都沒有過重，你也可以放些乾飼料給她們任食。

咬了草或是嚼了室內盆栽的貓咪通常過沒多久就會嘔吐，咬草是安全的，但是嚼盆栽就會非常危險，因為很多盆栽都對貓咪有毒。更多資訊請參見本附錄有關中毒那節，或是第 18 章的「緊急狀況與急救」

動暈症（motion sickness）會造常嘔吐，通常旅行前不要給食物，可以預防腸胃不適。讓貓咪一開始在家附近短程繞一繞，累積貓咪對旅行的容忍度，讓貓咪可以習慣旅行，也很重要。如果貓咪還是有動暈症，就詢問獸醫怎麼使用藥物。

如果你的貓咪偶爾會嘔吐，但除此之外似乎健康正常，沒有行為上的改變，那就可能只是輕微的腸胃不適。如果她當天或當晚吐了超過一次，就 12 個小時不要給食物和水，好讓她的胃休息一下。聯絡獸醫詢問詳細的指示，看貓咪的狀況要不要這樣做。貓咪吐了什麼、怎麼吐的，可以為成因提供可能的線索：

吐出異物。 這很嚴重，因為你不知道已經有什麼傷害發生，而這異物的任何部分是否還在消化道內某個地方。因為貓咪舌頭上有倒刺，所以她可能舔到或咬到的異物常常註定是要被她吃下去的。要貓咪不要去吞下細繩、緞帶、橡皮筋和紗線，對她們來說尤其困難。任何時候，只要吐出異物，就要去諮詢獸醫，因為可能要照 X 光，以確定沒有發生傷害或堵塞。

吐出蟲子。 如果蛔蟲（看起來像義大利麵）孳生得很嚴重，就可能會吐出蛔蟲。幾乎所有的幼貓都會有蛔蟲，所以你可能會在嘔吐物裡看到，你的獸醫會需要幫貓咪驅蟲。

吐出糞便。 這可能表示有堵塞或受傷，必須立刻就醫。

噴射性嘔吐。 可能原因包括堵塞或腫瘤，請立刻找獸醫治療。

一週嘔吐好幾次。 如果沒有出現毛球，嘔吐又跟吃的東西沒有關連，那原因就有可能是腎臟或肝臟疾病。發炎性大腸疾病（inflammatory bowel disease）、胰臟炎

（pancreatitis）和慢性胃炎也會發生嘔吐。你的獸醫必須進行完整的檢查，包括血液檢驗和 X 光。

很明顯的，如果貓咪顯示出任何疾病的徵候、吐出任何可疑的東西，或是嘔吐物中有血或糞便，都必須要立刻就醫。

胃炎（Gastritis）

胃壁發炎可能是由任何刺激物所引起的，急性胃炎可能是吃下毒物、腐敗的食物、植物或是刺激胃壁的藥物所引起的。嘔吐是胃炎最常見的徵候。貓咪也會拉肚子。治療的話要找出刺激物，如果貓咪吃下了毒物，就立刻聯絡獸醫或動物醫院的急診（參見本附錄中有關中毒一節）。

慢性胃炎可能是長期藥物治療、慢性毛球問題或吃下異物的結果。慢性胃炎也可能是其他潛在疾病的併發症，例如說胰臟炎、腎衰竭、心絲蟲、肝病或糖尿病。

治療慢性胃炎必須找出潛在的原因，你的獸醫會進行各種診斷檢驗。可能要依據主要的疾病進行飲食調整。慢性胃炎通常需要使用低纖維、容易消化的食物。治療會用到抗生素和胃部保護劑。

腹瀉

腹瀉是另一種可以連結到各種潛在疾病和不適的症狀之一，腹瀉的氣味、顏色和硬度可能會為潛在的可能原因提供一些線索。

飲食改變就可能會讓貓咪拉肚子，所以所有的調整都要循序漸進，以避免腸子不適。過度餵食是讓貓咪腹瀉的另一種常見原因。

飲水的改變也會造成腹瀉。旅遊時多帶點水永遠都是個好主意。戶外的貓咪可能吃下獵物、吃到垃圾或腐爛的食物還有毒物，而有腹瀉的風險。

大多數的幼貓一斷奶就無法耐受乳糖，乳糖酶（lactase）是消化乳糖必要的酶，幼貓一開始吃固體食物就沒有乳糖酶了，所以餵食成貓喝了碗牛奶後常常就會

拉肚子。食物過敏會讓貓咪很難消化特定的成分，餵剩菜尤其危險，會造成腹瀉的狀況。會引起腹瀉的不只有飲食，壓力也有一席之地。貓咪去看獸醫時、寄宿在貓舍時，或是生活中經歷到任何重大的變化時，她都會經歷到輕微甚至嚴重的腹瀉。

　　腹瀉持續超過一天會造成脫水，不阻止的話會引起休克。貓咪腹瀉時，如有下列狀況就應該由獸醫檢查：

- 持續超過一天。
- 伴隨著嘔吐、發燒或倦怠。
- 腹瀉時含有血或黏液。
- 有腐臭的味道。
- 糞便顏色異常（通常是棕色）
- 你懷疑貓咪吃下了有毒物質。

　　腹瀉的治療：輕微的腹瀉，沒有伴隨其他徵候的話，可以經獸醫建議後在家治療。

🔍 糞便外觀

棕色：正常

黑便：消化過的血液，可能是消化道前段出血

鮮紅血色：消化道後段出血

綠色或黃色：未消化，太快通過消化道

顏色極淺：可能是肝病

灰色，味道難聞：消化道問題、寄生蟲或內部感染

含水量高：消化道發炎，缺乏吸收

看起來油膩的糞便：消化不良

柔軟不成形的糞便，顏色正常：可能是過度餵食、飲食改變、食物品質不佳，或寄生蟲

便祕

糞便留在結腸中，造成糞便變成太硬、太乾，很難通過的時候，就會發生便祕。便祕有很多原因，例如毛球、堵塞、飲水量低、飲食因素，或某些疾病。怕被其他同伴襲擊而不敢去用貓砂盆的貓就會便祕。平均來說，貓咪每天至少會拉一條大便，幾天才排便一次的貓咪也容易便祕。

便祕的症狀包括：排便時緊繃，但沒有排便或只有少量、糞便堅硬、糞便小、少量糞便但出現黏液、糞便帶血、食慾減退、憂鬱、奮力排便後糞便中有血。

飼主常常因為「眼不見，心不念」，而忽略貓咪便祕這件事。拉肚子的時候，貓咪常常沒拉在貓砂盆裡，所以她會在地毯中央留下證據給你。就算貓咪真的到了貓砂盆，但腹瀉的話，糞便很明顯就不正常。然而便祕的話，飼主很容易就記不住貓咪上次排便是什麼時候。可能要你看到貓咪在用力了，或是你注意到留在貓砂裡的糞便球硬得像石頭一樣，你才察覺到有問題。

慢性便祕常常是毛球的結果，長毛的品種比較容易罹患——跟她們一起生活的短毛貓也是，因為他們會相互理毛。你可能會注意到貓咪不只吐出毛球，你還會在糞便裡看到毛髮。

這種狀況就建議使用防治毛球的產品，市面上也有防治毛球配方的飼料。如果你覺得貓咪應該換成那種食物，就請你的獸醫推薦。

食物中纖維的份量不足的話會造成便祕，飲水不足的貓咪排便也會有困難。巨結腸症（megacolon）這種病是結腸變得太大，無法充分收縮以排空糞便（見巨結腸症一節）。壓力是另一種讓貓咪便祕的心理因素，貓咪日常生活的改變、搬到新家、新的寶寶、被留給其他人照顧、貓咪間的衝突等等，都會打亂貓咪正常的日常生活。

通常搬到新環境時，貓咪就容易連著好幾天不會排便。在家庭變故或是壓力可能很大的時候，要格外注意貓咪使用貓砂盆的習慣，如果貓咪超過兩天沒有排便，就要通知你的獸醫。

嚴重的便祕會造成糞便阻塞，治療這個問題要由獸醫處理。絕對不能使用市售的灌腸劑，這些對貓咪極為有害，絕對不要自己幫貓咪灌腸，最好留給獸醫處理。嚴重的狀況可能需要住院，還要灌腸好幾次。

治療便祕要依據其潛在的原因，以及病情的嚴重程度。輕微的狀況可以用動物用通便劑治療，再加上高纖維的食物。罐頭食品加上麥糠就是很棒的纖維來源，有助於保持糞便柔軟、更容易排出。

麥糠一定要有足夠的水分配合，所以只能加到罐頭食物裡。在食物中加入麥糠之前先詢問你的獸醫，他才能建議你這樣適不適合你的貓咪，如果適合的話要加多少、多常加。

一點罐頭南瓜也是很棒的纖維來源，此外，要確定她們一直都能喝到乾淨新鮮的水。有慢性便祕的貓咪常常就得無限期地吃高纖維的食物。

嚴重的糞便阻塞可能需要手術，這樣獸醫才能用手去除阻塞的糞便。讓貓咪持續活動、體重適中，也有助於預防便祕。加入定期跟貓咪進行互動式玩耍的時間，讓她持續吃高品質的飲食，不要加入剩菜。監控她喝下的水量，以確保她持續吸收足夠的水分。

發炎性大腸疾病

這其實是個廣義的名稱，指的是好幾種腸胃疾病，食物過敏通常是發炎性大腸疾病的成因之一。防腐劑、添加劑、特定的蛋白質和小麥之類的過敏原常常會跟發炎性大腸疾病連在一起，確切的診斷需要用內視鏡或切片檢查。進行內視鏡檢查時會用一根可以放進消化道的光纖管，稱為內視鏡。其他的診斷包括鋇劑攝影、超音波、血液檢驗、X光，以及糞便分析（以排除寄生蟲）。

症狀包括：腹瀉、腹部疼痛、排氣、體重減輕、糞便帶血、嘔吐，以及腹部有聽得見的聲音。治療發炎性大腸疾病可能會包括使用皮質類固醇和免疫抑制藥物，

以減輕發炎。發炎性大腸疾病無法治癒，所以要治療發炎性大腸疾病，重要的是勤勉和持續的飲食管理。

巨結腸症（Megacolon）

大腸（結腸）某一段變大膨脹，造成糞便停在那裡，而不是向下移動到直腸的時候，就會發生巨結腸症。廢物困在那裡越久，再次吸收的水分就越多，造成硬得像石頭的糞便，然後貓咪就便祕了。

巨結腸症據信是由於長時間或慢性便祕所引起，貓咪如果反覆罹患毛球造成的便祕，飼主就要小心這種病。

其他因素包括脫水、腫瘤或是骨盆骨折（這種傷通常是被車撞到的結果）造成的併發症。這也可能是先天的，如我們在曼島貓（Manx）身上看到的。另一個要注意的可能成因，是貓咪為了延遲使用骯髒或不喜歡的貓砂盆而憋住糞便。

症狀包括：用手觸摸到結腸部位堅硬、糞便阻塞、因為糞便完全阻塞住結腸而無法排氣、毛皮狀況差、體重減輕，以及脫水。

診斷包含貓咪的健康史和排便習慣、體檢（獸醫對腹部觸診時通常可以摸到硬得像石頭的糞便）、直腸檢查和血液檢驗（以排除潛在的病症）超音波、鋇劑攝影和 X 光等額外的診斷也會需要。

我一直告誡我的客戶要他們勤於清理貓砂盆，因為除了保持貓砂盆清潔以外，這樣才能讓飼主知道貓咪的排便習慣有些什麼、少了些什麼。

治療包括確認潛在成因（不一定都做得到）、用溫水灌腸，試圖移除糞便阻塞（這樣獸醫才能用手移除阻塞物），還有消除脫水。某些狀況下會需要手術。長期照護則包括餵食特定處方食品以治療便祕、給予貓用通便劑或軟便劑。你的獸醫會指導你究竟該用哪一種。在某些狀況中，要進行手術切除結腸膨脹的部分。

脹氣（Flatulence）

排氣跟吃了纖維含量高的飲食有關，貓咪被餵食含有豆類的食物，或是甘藍

菜、白色和綠色花椰菜之類容易發酵的蔬菜的話，脹氣就會是個問題。此外，牛奶也會造成氣體產生（還有腹瀉）。大口吃東西、吞下大量空氣的貓咪最後也會有點脹氣。

脹氣如果伴隨著異常的糞便，可能是更嚴重的潛藏疾病所表現的症狀。不要給你的貓咪任何給人吃的抗排氣市售藥物，先向獸醫諮詢，確認主要成因。

他可能會做飲食的調整，藥物可以在餐後才給，以減輕這個問題。對於大口吃東西的貓咪來說，讓她們有食物可以任食，可能會降低吃得那麼多那麼快的需求。

我通常會建議我的客戶加上使用益智給食玩具，而不要轉換成任食制。這樣的話貓咪就必須慢慢吃，吃東西的時候還有得到樂趣的額外好處。我客戶的貓咪中所有這種東西吃太快太大口的，用了益智給食玩具都能成功治療。

肛門腺阻塞

在肛門兩側大約 5 點鐘和 7 點鐘方向，有兩個腺囊。這些腺囊的用途是為貓咪的糞便加上惡臭分泌物的標示，協助表明這隻特定的貓咪和她的領域。

肛門腺裡的東西通常在排便時會清空，分泌物可以從很稀很水到濃稠的奶油狀。顏色從棕色到黃色都有。味道呢，當然了，絕對不會弄錯的。

貓咪通常不會有肛門腺阻塞的問題，但要是真的發生了，可以由獸醫用手擠出來。如果變成持續的問題，你的獸醫可以教你怎麼自己擠（這不難，只是算不上什麼能讓寵物飼主開心的部分）。

肛門腺問題最常見的徵候就是「坐著滑動」（scooting）。你會注意到貓咪順著地毯拖著臀部，想擠出肛門腺裡的東西。

如果你注意到貓咪的下半身傳出特殊的味道，可能就表示肛門腺有問題了。**有時候，你會在貓咪的呼吸中注意到味道，因為她舔了肛門腺，這就是需要用手排空的訊號。**肛門腺也會感染或長膿腫，徵候包括：肛門任一側腫脹、經常坐著滑動、會痛。分泌物中可能看得到膿血，要立刻找獸醫治療。

感染的話，就會擠空腺體，在裡面注射抗生素，也會開口服的抗生素。獸醫會教你怎麼在家使用溫熱的溼布，膿腫則要切開流乾。傷口必須從內向外癒合，所以

必須保持開放，讓液體流出。通常會用稀釋的必達定殺菌漱口水（Betadine）一天洗個 2～3 次。也會給予口服的抗生素。

脂肪肝（Hepatic Lipidosis，HL）

肝臟細胞堆積脂肪的時候，就會發生脂肪肝這種病。脂肪肝通常是由於潛在的主要因素造成的，例如腎臟病、挨餓、肥胖、癌症、肝病、胰臟炎或是糖尿病。

脂肪肝可能會由任何讓貓吃不下東西的病症造成──原因是身體會開始分解脂肪，而脂肪及副產品就開始堆積在肝臟裡。由於貓咪缺乏某些完成脂肪新陳代謝時重要的酶，所以脂肪就留在肝臟裡了，自發性（idiopathic）脂肪肝指的是找不出潛在原因的狀況。

脂肪堆積在肝臟的時候，就會變大變黃。隨著肝衰竭惡化，就會看到黃疸（jaundice）。症狀包括：厭食、腹瀉、便祕、肌肉消瘦、體重減輕、嘔吐、憂鬱、流口水和黃疸。

治療包括輸液治療和補充營養，在厭食的狀況中，會需要強迫餵食或是使用胃管。等貓咪開始自行進食後，就會要求她長期吃處方食品，需要定期追蹤就診。

好意的飼主如果讓過重的貓咪吃劇烈減重的飲食的話，貓咪得脂肪肝的風險非常高。在為貓咪規劃飲食的時候，最重要的是減重必須進行得非常緩慢。

如果你的貓咪過重，在開始進行任何營養上的改變之前先諮詢獸醫，這樣他才能給你安全的準則，告訴你要餵多少、應該以什麼速度讓貓咪安全地減重。

胰臟炎（Pancreatitis）

胰臟有兩種主要的職責：生產胰島素來代謝血糖、生產胰臟酶用來消化。糖尿病是貓咪常見的疾病，就是胰島素分泌不足所造成的。

吃了脂肪含量太高的食物後，就會發生胰臟炎（胰臟發炎）。其他可能的原因包括血液中含有太多脂肪、胰臟受傷，還有毒素。

胰臟發炎的時候，胰臟的消化酶就會流進腹部。腎臟和肝臟通常也會受到胰臟

炎影響。症狀包括：腹部疼痛、食慾減退、體重減輕、發燒、嘔吐、腹瀉、脫水和憂鬱。診斷要用血液檢測，以確認胰臟酶的濃度，還要進行診斷造影，例如超音波、切片檢查、X光。治療有很多種，要視病情嚴重程度而定。

issue 肌肉骨骼疾病

關節炎

關節炎有很多不同的種類，骨關節炎（osteoarthritis）是最常見的形式，也稱為退化性關節症（degenerative joint disease），因為關節表面的軟骨層退化了。這種病的發生大多是年老的結果，但也可能因為關節表面受傷而造成。

跛腳是最常見的症狀，而且會因為寒冷潮濕的天氣而更嚴重，或是在費力的活動後發生。貓咪也可能在睡完覺要起來的時候看起來很僵硬。

多發性關節炎（polyarthritis）是種炎症，可能跟一種以上的病毒感染有關。至於髖關節發育障礙（hip dysplasia）在貓咪身上並不常見。這是指髖關節的股小球與髖臼太淺，造成退化性的問題。

治療要依據關節炎的種類和嚴重程度，以及潛在的原因。可能需要動手術。為貓咪保暖也能減輕疼痛，因為關節炎會由於寒冷潮濕的狀況而加劇。

不幸的是，阿斯匹靈和泰諾止痛片（Tylenol）──常用於人類的關節炎，對貓咪有毒。如果你的貓咪不舒服，就要諮詢獸醫可以使用的止痛藥物。市面上有貓用的關節炎配方食品，也適合老年貓咪的腎臟。詢問獸醫這些食品是否適合你的貓咪。

葡萄糖胺（glucosamine）這種產品可以增加關節滑液，修復骨關節炎造成的某些商和，似乎有助於恢復一些關節的功能。關節滑液是軟骨的潤滑劑，如果不夠潤滑的時候，軟骨就會變硬，關節就僵硬了。葡萄糖胺可以買到錠狀、膠囊、液體等型態。預防年老的貓咪過重，就能降低關節上的負擔的體重，從而減輕與關節炎有關的疼痛。

🔍 肌肉骨骼系統問題的徵候

- ·跛腳
- ·疼痛
- ·便祕
- ·被碰觸時會敏感
- ·毛皮油膩
- ·發燒
- ·牙齒鬆動
- ·起身時動作僵硬
- ·抗拒移動
- ·活動範圍受限制
- ·體重減輕
- ·皮膚乾燥易脫皮
- ·毛皮有魚腥味
- ·食慾減退
- ·背部拱起

副甲狀腺疾病（Parathyroid Diseases）

　　副甲狀腺有 4 個，位於頸部（甲狀腺處），分泌副甲狀腺素（parathyroid hormone）。這種激素有助於維持血中的鈣和磷在適當的程度，鈣是體內最重要的礦物質之一。如果血液中的鈣量太低，而磷量太高，副甲狀腺就會釋放副甲狀腺素，來提高鈣質濃度。

　　副甲狀腺素的作法是把鈣從骨頭中吸取出來，這樣做的後果就是導致骨質疏鬆。骨頭越脆弱，貓咪骨折的風險就越高。成功的治療有賴於及早診斷，治療包括補充鈣質和改變飲食。

　　營養性繼發性副甲狀腺功能亢進（Nutritional Secondary Hyperparathyroidism）這是因為飲食中的肉太多，鈣和維他命 D 太低所引起的。自製食物可能會有危險就是因為這樣。品質好的商業貓食營養均衡，能提供正確份量的肉和礦物質。餵食全素飲食也會造成骨頭失去礦物質。

　　這種疾病在吃全肉飲食的幼貓身上比較常見，這樣無法滿足對鈣質的額外需求，以促進骨頭成長和發育。在幼貓身上出現的症狀是抗拒移動、跛腳、弓形腿。

也可能會看到一拐一拐地走，因為可能骨折。在成貓身上，骨質疏鬆會造成骨頭變脆，骨折的風險變高。牙齒也會鬆動。不加阻止的話，就會發生背部彎曲，可能造成骨盆塌陷。

治療包括改正飲食，以符合幼貓或成貓的營養需求，並且補充鈣質。骨折的貓咪應該要關籠讓她痊癒，也預防額外的骨折。如果及早診斷的話，預後都不錯。如果疾病惡化到骨頭變形了，就不確定能不能復原了。

腎繼發性副甲狀腺功能亢進（Renal Secondary Hyperparathyroidism）

由於腎臟病造成磷質過高，副甲狀腺就會分泌過量的副甲狀腺素來提高鈣質濃度。跟營養性繼發性副甲狀腺功能亢進一樣，鈣質從骨頭中被拉出來，造成骨質疏鬆、失去礦物質。預後通常有限。

脂肪組織炎（Steatitis）

一般稱為黃脂病（yellow fat disease），是由缺乏維他命 E 引起的，現在在貓咪身上很罕見。餵食貓咪過量的不飽和脂肪酸會造成維他命 E 的破壞。結果就是身體脂肪發炎的疼痛。脂肪就變成黃色，而且變得非常硬。

紅肉的鮪魚含有大量的不飽和脂肪酸，貓咪吃到足夠的量就會罹患這種極為疼痛的病症。一直吃魚，如果沒有適當補充維他命 E 的話，常常就會造成脂肪組織炎。**給人吃的罐頭鮪魚最是危險，因為沒有補充維他命 E。其他原因包括癌症、胰臟炎、感染，和以魚類為主的飲食。**

初期症狀包括毛皮油膩和皮膚乾燥脫皮，毛皮也可能會有魚腥味。隨著病情惡化，貓咪變得抗拒移動或給人抱，就算撫摸都會變得太過疼痛。貓咪就會發燒、食慾不佳。診斷要看過去的飲食，並且做脂肪切片檢查，才能確認。治療包括改正飲食，換成均衡良好的食物，並且補充維他命 E。在某些狀況中需要用餵食管來餵食，也可能需要動手術切除脂肪塊。

一開始就要預防這種疾病，絕對不要餵貓咪吃任何鮪魚，就算是在商業貓食裡

也一樣。尤其要避開給人吃的罐頭鮪魚。鮪魚的味道很濃，會讓貓咪對這種滋味上癮。你一開始餵貓咪吃鮪魚，可能就會發現她拒絕吃其他比較均衡的食物了。如果你想要餵食貓咪吃魚類口味的貓食，偶一為之就好。

維他命過量

過量的脂溶性維他命（A、D、E、K）會對貓咪的正常生長、發展和健康有不良的影響。品質好的商業食品配方營養完整均衡，能滿足貓咪的需求。補充額外的維他命和礦物質會造成骨頭的問題、疾病、跛腳和疼痛。

維他命 A 儲存在肝臟裡，所以過量的話不會在尿液中排出身體。不管是吃了補充劑，還是飲食中含有肝臟、乳製品以及紅蘿蔔，這種維他命過量會造成嚴重的頸部和背部疼痛，以及關節腫脹。隨著病情惡化，貓咪的頸部活動範圍會非常受限。其他症狀包括便祕、體重減輕、還有對觸碰敏感。

如果及早診斷的話，改正飲食（不要再吃任何補充劑）或許能讓症狀痊癒。如果讓病情惡化的話，這些症狀就不可逆了。

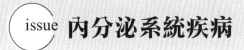

issue 內分泌系統疾病

甲狀腺功能低下（Hypothyroidism）

甲狀腺位於頸部，負責維持身體的新陳代謝。甲狀腺生產兩種主要的激素：三碘甲狀腺素（triiodothyronine，T3）以及甲狀腺素（thyroxine，T4）。甲狀腺製造的這些激素不夠的時候，就會造成甲狀腺功能低下。雖然在貓咪身上很罕見，然而這可能會是在治療甲狀腺功能亢進時，用手術切除甲狀腺或破壞甲狀腺的結果。

🔍 內分泌問題的徵候

- 食慾改變
- 倦怠
- 焦躁不安
- 尿量增加或減少
- 排便改變

- 體重改變
- 體溫偏低
- 飲水量增加或減少
- 行為改變

甲狀腺功能亢進（Hyperthyroidism）

　　過量的甲狀腺激素：三碘甲狀腺素和甲狀腺素，會造成甲狀腺機能亢進。這種疾病在年老的貓咪身上比較常見（平均大約是 8 歲），甲狀腺功能亢進會造成一種叫做心肌病變（cardiomyopathy）的心臟疾病。

　　這種疾病的症狀包括：焦躁不安、食慾增加、體重減輕（雖然食慾增加）、心跳快速、毛皮無光澤、嘔吐、飲水量增加，以及尿量增加。

　　你可能會注意到的行為改變是活動量增加，在某些狀況中還有攻擊行為增加。此外，激素水平過高會增加心臟的負擔，貓咪可能會得到肥厚性心肌病變（hypertrophic cardiomyopathy）——心臟肌肉變厚。如果不治療，甲狀腺功能亢進也會引起高血壓，這會造成腎臟的損傷。

　　治療甲狀腺功能亢進可能會使用抗甲狀腺激素劑治療、手術切除甲狀腺，或是給予放射性碘。治療的選擇要依據貓咪個別的狀況、有沒有出現心臟病、還有你住的地方有沒有進行放射線治療的獸醫專家。**聽到放射性碘我們可能覺得很可怕，但在許多狀況中，這是最好的療法，因為這樣不需麻醉，而且通常只要一劑就可以讓甲狀腺回復到正常生產激素的程度。**

　　這種方法治癒率很高，放射性碘的缺點是貓咪必需要隔離大約 1～2 週，這樣放射性碘才有時間排出身體，然後飼主才能安全地觸碰貓咪。

出院的時候會給你明確的指示，教你這段時間要怎麼處理你的貓咪和貓砂。如果你住的地方沒有放射線治療，那手術也是個選項。如果你的貓咪心臟有受損或是狀況變虛弱了，就不能選擇手術。

甲硫嘧唑（methimazole）這種藥有時會用來控制甲狀腺功能亢進，貓咪的餘生都必需要服藥。這種藥物可以混合成由皮膚吸收的形式，塗抹在耳朵尖端的內側。

有些貓咪用這種藥可能會有副作用，包括嘔吐、沒有食慾或倦怠。吃抗甲狀腺激素劑的貓咪需要定期監測，隨著時間過去，會需要用更大的藥量。

決定什麼方法對貓咪最好的時候，花費也可能是種考量。要記住，藥物治療一開始看起來最經濟，但長期來說費用會持續增加，放射性碘通常是最好的選擇。

糖尿病

胰臟生產的胰島素份量不足的時候，就會發生糖尿病。分泌到循環系統裡的胰島素讓身體細胞可以把糖分代謝成能量，沒有胰島素，血液裡的血糖量就會升高。

過多的糖份會經由腎臟排出，因為糖份只能在尿液中排泄掉。這就代表排尿量跟口渴會增加。檢測貓咪的尿液可以看到糖分出現。由於身體裡的細胞無法使用血液裡的葡萄糖（糖分），貓咪就變得倦怠了。雖然胃口很好，但她的體重也會開始減輕。

糖尿病在任何年齡的貓咪身上都會看到，但在六歲以上比較常見。肥胖也會讓貓咪有很高的風險。長期服用皮質類固醇或是黃體素（progestin）的貓咪也應該定期檢查糖尿病。

身體無法代謝糖分的時候，就開始使用自己的組織來當能量。結果就造成血液中出現酮酸（ketones）。如果病情已經惡化到這樣了，那貓咪的呼吸中就可能可以察覺到丙酮（acetone）的味道。隨著病情惡化，呼吸會變得更困難，最後貓咪會進入糖尿病昏迷（diabetic coma）。

糖尿病的診斷，要檢驗血液和尿液中有沒有糖分和酮酸出現。治療要依據病情的嚴重程度。在脫水和電解質失衡的狀況下，就要進行輸液治療。也會開始注射胰島素，並予以監控，貓咪要住院到確立正確用量為止。

　　貓咪出院前醫院通常會教你怎麼進行胰島素的皮下注射，要仔細監控貓咪，因為可能必須進行用量的調整。你有好一陣子必須定期回去看獸醫。也會向你解釋飲食的指示。

　　在某些狀況中不會使用胰島素的注射，而是經由飲食管理和口服藥物來控制糖尿病，不過不是每隻貓咪都可以這樣做。

　　如果你的貓咪過重，就會指示你讓她吃限制熱量的飲食，以利於糖尿病的控制。飲食改變必須非常緩慢，所以要小心遵循獸醫的指示。

　　高纖維的飲食除了能減重以外，還有助於控制血液中的葡萄糖濃度，餵食的時間也跟胰島素的注射一起進行。貓咪每日的飲食必須一致，因為胰島素的需求會因為吃的東西不同而有所變化。

　　糖尿病貓的家庭照護，只要你遵循指示、努力付出，就可以輕鬆進行。你也需要定期帶貓咪回去看獸醫，以檢測血糖濃度。

🔍 心臟問題的徵候

- 虛弱
- 脈搏不正常
- 呼吸困難
- 嘔吐
- 大叫
- 失去食慾
- 咳嗽
- 心律不整
- 四肢冰冷
- 暈倒
- 跛腳或癱瘓
- 倦怠
- 黏膜泛白或發藍
- 腹腔腫脹
- 心雜音
- 頭部歪斜

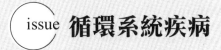

issue 循環系統疾病

心肌病變（Cardiomyopathy）

心肌病變是侵襲心臟肌肉的疾病，讓肌肉沒辦法有效率的運作。心肌拉長，變薄變弱，無法有效收縮的時候，就會發生擴張型心肌病變（dilated cardiomyopathy）。心臟腔室擴大，裝了太多血液。擴張型心肌病變在中年以上的貓咪身上比較常見。

缺乏牛磺酸（taurine）這種氨基酸也跟擴張型心肌病變主要的成因有關，1980年代確立了這樣的關連之後，貓食製造商已經在產品中添加了牛磺酸，所以現在比較少見到擴張型心肌病變。之所以要餵貓咪高品質的貓食，絕對不要餵狗食，這就是很重要的原因，狗食裡沒有添加牛磺酸。

擴張型心肌病變的徵候可能來得相當快速（就在幾天之內），可能包括呼吸困難、食慾減退、明顯的體重減輕、虛弱、脈搏紊亂，以及倦怠。隨著呼吸變得更加困難，貓咪可能得坐著伸長脖子，試圖吸進足夠的空氣。

有肥厚型心肌病變的話，左心室的心壁會變厚，讓心室縮小，壓送進出心臟的血液量就減少了。肥厚型心肌病變跟缺乏牛磺酸無關，主要的成因之一是甲狀腺功能亢進造成的高血壓，或是腎衰竭。症狀會包括食慾減退、活動量降低，還有呼吸窘迫，可能會猝死。

診斷心肌病變（更明確的說，要診斷是哪一型）需要用心電圖、超音波、X光，還有血液的化學檢驗。治療心肌病變，一開始要先減輕心臟的工作量，依據個別的症狀，治療方法會包括使用利尿劑（以消除水腫）、毛地黃（digitalis）藥物，以及其他藥物，以改善心臟的功能。這些藥物大多數都是人類的心臟病用藥，這些藥物可能非常毒，需要有獸醫小心監控。幾乎都會開立限鈉的飲食，治療擴張型心肌病變也會加上補充牛磺酸。

心律不整（Arrhythmia）

　　心律不整是正常心跳節奏的改變，心律不整的原因有很多，包括電解質不平衡、壓力、心臟病、某些藥物、發燒、失溫，以及接觸毒素，心律不整可能會造成猝死。

　　貓咪如果持續嚴重腹瀉或嘔吐、有糖尿病或腎臟病，可能會得低血鉀症（hypokalemia），這會導致心律不整。甲狀腺功能抗進的貓咪心跳也會比較快（稱為心跳過速，tachycardia），有心肌病變或是壓力大的貓咪也會。心跳速度比正常慢，稱為心跳過緩（bradycardia），可能會由許多狀況造成──其中包括失溫，治療要依據潛在的主要病症而定。

心雜音（Heart Murmur）

　　正常的血流流過心臟時如果被干擾，就會發生心雜音。用聽診器就可以聽到異常的聲響，而不是平常的砰砰聲。心雜音會依 1〜6 分的量表來分級（6 分最嚴重），可能是由許多狀況造成的，包括先天性障礙或心臟病。許多貓咪除了有心雜音之外，其他都很健康。比較不嚴重的心雜音如果看起來跟任何潛在的病症都無關的話，就在每次獸醫檢查時做記錄監控。

貧血（Anemia）

　　貧血指的是紅血球數量不足，紅血球負責把氧載運到身體組織。貧血起因可能是大量失血，還有寄生蟲孳生或是中毒，嚴重的球蟲或是鉤蟲侵襲就會造成大量失血。會吸血的體外寄生蟲，例如跳蚤，也會讓貓咪的血量流失到危險的程度。被跳蚤侵襲的幼貓尤其容易受害造成貧血，比較虛弱、年紀較大的貓咪也一樣。

　　影響骨髓製造或是造成細胞破壞的病症也會造成貧血，例如貓白血病和貓傳染性貧血（feline infectious anemia）。對某些毒素和藥物的異常反應也會造成貧血。

　　貧血的徵候包括黏膜發白、虛弱、倦怠、食慾減退，以及對寒冷的耐受力降低，治療依據主要成因而定。嚴重貧血的話要進行輸血。

動脈栓塞（Arterial Thromboembolism）

動脈栓塞是動脈裡出現血塊，阻塞了進入動脈的血流。原因包括外傷（例如心臟受傷）、心肌病變，或心臟病。症狀要依據受侵襲的身體部位而定，貓咪可能看似跛腳，或甚至腿部癱瘓。腿部摸起來可能也很冷。這是極為痛苦的狀況，患病的貓咪可能會不停叫喚。治療通常不會成功。

🔍 神經系統疾病的徵候

- 焦躁不安
- 眼部運動異常
- 半清醒或失去知覺
- 皮膚抽搐
- 嘔吐
- 身體任何部位癱瘓（包括尾巴）

- 虛弱
- 瞳孔固定
- 心跳慢
- 擺動尾巴或咬人
- 頭部歪斜

- 失去平衡
- 呼吸不規律
- 痙攣
- 突然的攻擊行為
- 失禁

issue 神經系統疾病

頭部受傷

貓咪被車輛撞到時常常會發生這個狀況，其他原因包括從樹上或窗戶跌落，或是被物體打到。大腦由一層液體包圍保護，再放在頭骨之中。就算有這些緩衝和保護，對頭部的重擊還是會讓頭骨骨折，可能會對大腦造成傷害。頭骨沒有骨折也可能發生大腦受傷的狀況。

頭部受傷之後大腦會腫脹，這會對大腦造成壓力。這是緊急狀況，因為如果沒有治療的話，會造成大腦損傷，以及死亡。

　　貓咪的頭部一被打到，不管多輕微，都應該由獸醫檢查。如果你不確定她的頭部有沒有被打到，但是她看起來很虛弱、腳步很奇怪、暈眩，眼部的運動看起來不正常或固定不動，就要立刻求診。

　　很多年前我在擔任獸醫技術員的時候，我總是很訝異居然有那麼多人打電話來說他們的貓咪剛被車撞了，貓咪看起來頭昏腦脹，但是其他都還好。飼主會打電話來看看是不是真的需要給獸醫檢查。3.6 公斤左右重的小貓被 1590 公斤以上重的車輛撞到，還不去檢查看看有沒有內傷或腦震盪，真是令我難以想像。

　　受傷後的 24 小時內就會發生腦壓增加。依據受傷的嚴重程度，腫脹可能會是輕微、中度，或是嚴重。就算輕微的壓力也是種嚴重的狀況，需要立刻由獸醫診治。任何的拖延都會造成不可逆的腦部損傷，或是死亡。

癲癇（Epilepsy）

　　這是反覆出現的抽搐疾病，有許多原因會造成這個狀況，例如外傷、腫瘤、接觸毒物、腎衰竭，或是低血糖症（hypoglycemia）。

　　抽搐通常是由異常的腦部活動所引起的。比起貓咪，抽搐在狗身上比較常見。癲癇是獸醫學中一個統稱的詞，指的是不明原因的抽搐。例如說，由腎衰竭造成的抽搐不應該分類成癲癇，因為只要消除潛在的原因，就可以控制抽搐。在這種狀況中，通常用來治療癲癇的藥物苯巴比妥（phenobarbital）或是煩寧（valium）就不會長期使用。

　　大腦被侵襲的部位會決定抽搐的類型和嚴重程度，抽搐可以輕微到只是瞪著空處幾秒鐘，也可以嚴重到大發作。在抽搐之前，貓咪可能會表現得焦躁不安。抽搐大發作一開始，貓咪就會跌倒側躺，變得非常僵硬，同時四肢表現出顫動的動作。

　　她可能會咬牙，或臉部抽動，排尿、排便或嘔吐在抽搐時也很可能發生。用毛巾蓋住貓咪，保護她安全，不要去撞到危險的物品。房間要保持安靜黑暗，你才不會又刺激一次抽搐出現。持續抽搐超過 1 分鐘就要立刻給獸醫治療，以預防腦傷。

抽搐結束後，貓咪可能會表現得不知所措。獸醫照護包括診斷與治療主要成因。抽搐本身可以藉由服藥控制。

貓知覺過敏症（Feline Hyperesthesia Syndrome）

也稱為皮膚滾動症（rolling skin disease），這種病大多侵襲 5 歲以下的年輕貓咪，但是在年老貓咪的身上還是看得到。貓知覺過敏症的成因不明，但是某些專家將之描述為焦慮時期中大腦的神經傳導物質失靈。

這種疾病讓貓咪被觸碰的時候會超級敏感，通常在沿著脊椎直到尾巴的部分。**罹患貓知覺過敏症的貓咪大部分都會過度理毛，有時到了自殘的程度。也會表現出皮膚抽動和尾巴擺動，接著就是突然出現到處瘋狂亂衝之類的動作。**這樣的行為從輕微的皮膚抽動到實際抽搐都有。有些貓咪在發作時會變得有攻擊性，會攻擊寵物同伴，甚至飼主。其他徵候包括瞳孔放大、叫喚增加、咬尾巴，還有被觸摸背部或尾巴底部時會敏感，受到高度刺激或是生活在長期焦慮中的貓咪似乎風險最高。

在將貓咪診斷為貓知覺過敏症之前要先排除潛在的病症，例如脊椎問題、癲癇、關節炎、膿腫、癌症、傷口，以及皮膚病。這種病通常可以用抗焦慮或抗憂鬱藥物控制，減少焦慮的原因也很重要。你要讓環境更加豐富，提供貓咪刺激的機會、能量的釋放，以及樂趣。

外周前庭障礙（Peripheral Vestibular Dysfunction）

前庭系統負責偵測某些類型的頭部運動，並做出反應，以維持平衡。迷路（labyrinth）是耳內骨頭構成的部分，對平衡很重要。如果發炎或生病，就會發生外周前庭障礙。中耳或內耳的感染也會引起這種病症。

症狀包括：失去平衡、繞行、頭部歪斜、嘔吐，還有眼部異常快速運動（眼球震顫，nystagmus）。治療要依潛在的成因而定，必須及早治療才能阻止病情的惡化，這種病會造成永久的損傷。

脊髓損傷

最常造成這種狀況的就是跌落跟被車撞，沒辦法站立或行走的貓咪可能就遭受了脊髓損傷，應該非常小心地送去看獸醫。用平的板子或是放在床單上（當成擔架搬運）來運送她，以避免造成進一步的傷害。

貓咪的尾巴被壓過的話非常容易受傷，在貓咪試圖逃跑的時候會造成脊髓被拉開。這會造成尾巴癱瘓、神經損傷，還有膀胱和直腸功能的喪失。就算除了尾巴無力地掛著以外貓咪看起來都還好，還是需要立刻去看獸醫，以評估對膀胱造成的傷害（可能是永久或暫時）。

脊髓損傷的治療要看脊髓有沒有被切斷，如果是挫傷，就會給藥物來消腫。如果脊髓被切斷了，貓咪就會癱瘓。

脊柱裂（Spina Bifida）

常見於曼島貓，這種先天缺陷是下背部的骨頭變形，這些貓的薦椎和尾椎（尾巴）有可能會長不好。病情嚴重的可能後腿的活動力會很弱，或是排尿與排便困難，應該觀察這些貓咪會不會便祕。

issue 生殖與新生兒疾病

陰道炎（Vaginitis）

陰道炎是陰道的發炎與感染，感染陰道炎通常會有分泌物。如果沒有治療的話，感染可能或蔓延到膀胱。你最常看到的徵候就是貓咪持續舔舐自己的外陰部，治療通常會使用局部用藥。

🔍 生殖系統疾病的徵候

- 發情週期異常
- 陰莖分泌物
- 睪丸或陰莖腫脹或發炎
- 惡臭
- 陰莖未縮回
- 胸部腫脹、敏感或發紅
- 發燒
- 抗拒哺乳
- 倦怠
- 飲水量增加

- 陰道分泌物（正常發情除外）
- 隱睪症
- 外陰部腫脹或發炎
- 對碰觸敏感或疼痛
- 經常舔舐陰莖或外陰部
- 腫塊
- 嘔吐
- 焦躁不安
- 食慾減退
- 尿量增加

乳房瘤（Mammary Tumors）

　　這在貓咪相當常見，乳房瘤在母貓身上最常見，但公貓也有可能會長。惡性（與癌症有關）的乳房瘤在老年的貓咪身上最常看到，治療會用乳房切除術（mastectomy）。貓咪要定期重新檢查，因為復發的狀況相當常見。在第一次發情之前就絕育，幾乎就能去除乳房瘤的風險。

囊狀子宮內膜增生（Cystic Endometrial Hyperplasia）

　　子宮內壁（endometrium）的組織變厚，長出囊腫。這會發生在反覆發情卻沒有交配的貓咪身上，卵巢內的卵泡產生的雌激素（estrogen）會高得異常，造成這些囊腫的形成貓咪可能沒有顯示出生病的徵候。囊狀子宮內膜增生最好的預防治療就是絕育。

子宮炎（Metritis）

這是種感染，會造成子宮內膜發炎。通常在貓咪生產時衛生狀況不佳，或是分娩時產道受傷所造成的，也會發生在流產或在未消毒的狀況下進行人工授精之後。

症狀會包括：腹部腫脹、外陰部流出惡臭的分泌物、分泌物中出現膿、分泌物帶血、發燒、食慾不振、忽略幼貓、產乳量不足，以及憂鬱。

這是種嚴重的感染，貓咪必須住院，也可能需要輸液治療。治療會包括使用抗生素。幼貓可能必須要手餵，以避免被受感染的母乳傳染，也保護她們不要接觸到抗生素。

子宮蓄膿（Pyometra）

這是會危及生命的感染，會造成子宮內充滿了膿水。這種感染有兩種形式：開放型與封閉型。如果是開放型子宮蓄膿，可以看見分泌出大量的膿水。封閉型子宮蓄膿的話，膿水會蓄積在子宮內沒有排出，造成對貓咪非常有毒的狀況。

子宮蓄膿的症狀會包括：堅硬膨脹的腹部、食慾減退、分泌物（開放型子宮蓄膿才會）、飲水量增加和排尿量增加、嘔吐（封閉型子宮蓄膿）。

這是種危及生命的病症，需要立刻由獸醫治療，子宮蓄膿的治療方式是動手術（子宮切除術，hysterectomy）。

假性懷孕

假性懷孕在狗身上比較常見，但也會發生在排卵期間卵子沒有受精的貓咪身上。常見的徵候是貓咪開始出現造窩的行為，有些貓咪的乳房甚至可能增大到某個程度。這種特定狀況不需要獸醫治療，但是要讓貓咪做檢查，以排除曾經流產的可能性，反覆出現假性懷孕行為的貓咪應該要絕育。

乳房炎（Mastitis）

　　乳房炎是細菌造成的乳腺感染（會侵襲一個以上的乳腺），胸部的傷口或抓傷會把細菌帶進乳腺。幼貓的指甲在哺乳的時也可能造成抓傷，受感染的乳腺分泌的乳汁有毒，會感染哺乳中的幼貓。乳房炎的徵候包括胸部腫脹、發熱、敏感、發紅。

　　貓咪可能會發燒，食慾減退，乳汁可能看來正常，也可能不會。哺乳中的幼貓應該立刻移走，用幼貓替代配方來手餵。治療會使用抗生素，一天應該使用數次溫暖的濕布敷在胸部上。

　　病情不嚴重的話，獸醫可能會建議幼貓持續吃母奶。如果感染影響全身，貓咪就必須住院，幼貓則應該用手餵。

子癲症（Eclampsia，亦稱泌乳熱，Milk Fever）

　　由於哺乳時對鈣質的需求，血鈣太低的貓咪就會罹患子癲症，母貓一胎生下太多幼貓時比較容易發生這個狀況。

　　子癲症會造成肌肉痙攣，一開始的徵候是呼吸急促、焦躁不安、黏膜發白、腳步紊亂、以及危險的高燒。臉部肌肉會繃緊，露出牙齒。貓咪最後會全身肌肉痙攣，最終癱瘓。

　　子癲症是緊急狀況，需要立刻把貓咪帶去醫院進行補充鈣質的治療（使用靜脈注射），幼貓要用母乳替代配方餵食。

　　貓咪一從緊急狀況康復，就會給她維他命或礦物質的補充品，但是不應該讓幼貓繼續吃母乳了。

幼貓致死複合症（Kitten Mortality Complex）

　　這是個廣義詞，指的是各種新生兒的感染和疾病，以及其他會造成幼貓死亡的影響（例如出生時體重偏低），生命的前兩週對新生兒來說是最危險的，會發生的各種死亡狀況大多出現在這段時間範圍之內。幼貓在子宮中就有被母體傳染疾病的

危險，遺傳缺陷也會影響死亡率。

另一個因素是幼貓無法調節自己的體溫，所以如果她們待的地方不夠溫暖，就會導致失溫。低血糖和脫水也是在這幼小的年紀另外的危險。糟糕的衛生條件也讓幼貓有生病的危險，然後出生時還有受傷的可能、母貓生產的奶水不足，還有可能母貓沒有提供適當的照顧與注意。不是每位未來的母親都會閱讀說明手冊，了解幼貓會需要什麼，有些貓咪甚至可能會拒絕自己的幼貓。

奶水產量不足是幼貓死亡的常見因素，這可能是因為一胎生了太多幼貓，或是母親吃的飲食品質不佳的結果。

幼貓死亡症候群（Fading Kitten Syndrome）

這可能發生在子宮裡、出生時，或是哺乳時。幼貓死亡症候群通常是先天缺陷的結果，原因可能是母親在懷孕的時候沒有得到足夠的營養，也可能是由於出生時受傷或感染所造成的。

如果你任何新生的幼貓沒辦法成長茁壯，就立刻聯絡你的獸醫。治療要依據幼貓的年齡，以及症狀的成因及嚴重程度而定。

疝氣（Hernia）

疝氣是腹壁上的洞口，感覺起來像是貓咪下面有一點突出。這個凸起處可能是軟的，你也許可以暫時把它推回去。如果這個凸起推不回去，摸起來很硬、腫脹，或貓咪會覺得痛，就需要立即就醫，因為送到這個組織的血液供應可能被截斷了。

最常見的是臍疝氣（umbilical hernia），臍疝氣如果在出生後 6 個月內沒有縮進去，就可以用手術修補。這通常會在絕育或結紮手術的時候進行。如果你不打算幫貓咪絕育，那麼臍疝氣就必須在貓咪 6 個月大時進行。如果你在幼貓的肚子上摸到任何類型的腫塊，都要給獸醫檢查。

肚臍感染

　　幼貓的肚臍比較容易會有此症狀，看起來可能發炎流膿，若臍帶剪得離腹部太近就會導致這類的感染，不衛生的狀況也會讓貓咪有肚臍感染的危險。

　　如果臍帶切斷的地方太靠近腹部，就清洗這個部位，塗上抗生素軟膏，例如Neosporin。不要讓母貓舔舐幼貓的那個部位，因為她可能會讓病情惡化。如果你不確定該怎麼照顧那個部位，就諮詢獸醫。如果感染已經發生了，就詢問獸醫，因為需要進行更有效的治療。

毒乳症候群（Toxic Milk Syndrome）

　　乳房炎之類的胸部感染會讓母親的奶水變得對幼貓有毒，市售的母乳替代品如果沒有處理好或是壞掉了，也可能會有毒。毒乳症候群的徵候包括幼貓過度叫喚、腹瀉、胃部膨脹。

　　毒乳症候群有時也會會造成敗血症（septicemia），治療要把幼貓跟母親分開。如果母貓有感染，就需要立刻看獸醫，幼貓也不應該再吃她的奶，直到你獲得獸醫許可為止。貓若有腹瀉和脫水的情況都必須治療，幼貓則必須改為用手餵，治療上也可能會注射抗生素。

敗血症（Septicemia）

　　這種感染會經由受感染的臍帶進入血流中，受細菌感染的母乳也會造成這種病症，這會在兩週以下的幼貓身上看到。

　　症狀包括：叫喚、胃部脹大腫脹、排便困難。看起來幼貓似乎是便祕，但如果你去看她腫脹的腹部，你會看到肚子變成深紅或藍色。

　　隨著敗血症惡化，幼貓或停止吃奶、體溫降低，體重減輕、脫水。治療必須確認潛在的主要原因，如果是因為母乳被感染，幼貓就必須跟母貓分開，母貓和她的幼貓都需要治療。

奶水供應不足

如果幼貓看起來很餓，過度哭叫，或是沒有受到母親照顧（初為母親的貓咪會發生這狀況），奶水供應就可能不足。建議你儘快聯絡獸醫，尋求適合的母乳替代配方。

箝閉包莖（Paraphimosis，陰莖無法縮回）

正常來說，陰莖縮回的時候，就會滑回陰莖鞘內。交配後黏在陰莖上的長毛可能會讓陰莖滑不回去，最常見的原因是毛髮堆積在陰莖周圍，形成一個圈。

要預防這個狀況的話，建議在公貓交配之前先修剪他陰莖周圍的毛髮。箝閉包莖是緊急狀況，因為陰莖很快就會腫大疼痛。要治療的話，輕輕地將包皮從陰莖向後滑開，去除所有陷在裡面的毛髮。輕輕地握住陰莖頭部，檢查陰莖刺（spines）上有沒有纏住的毛髮。接著用一點 KY 軟膏潤滑陰莖，非常輕柔的將包皮滑回陰莖上。如果陰莖還是沒有縮回，就帶貓咪去看獸醫。

如果貓咪很難掌控，或是變得太過焦慮，就不要自己試著移除陰莖上的毛髮，只要馬上帶貓咪去看獸醫就好。纏在陰莖刺上的毛髮會造成發炎甚至感染，如果陰莖看起來有發炎，或是有分泌物或異味，就需要由獸醫治療。

就算陰莖可以縮回鞘內，但如果有出現上述任何徵候，或如果貓咪經常舔舐陰莖，就需要獸醫照護了。

隱睪症（Cryptorchid Testicles，未降睪丸 undescended）

公貓在出生的時候，兩顆睪丸都應該降到陰囊裡。如果有一顆或兩顆都沒有降下來，就被稱為隱睪（cryptorchid）。有一顆或兩顆隱睪的貓咪應該要結紮，而且不能用來育種。如果一直沒降下來，睪丸會長腫瘤。

雄性不育症（Male Infertility）

太常試著讓公貓繁殖的話（一週超過兩次）會造成精蟲數偏低，另一方面來說，太少交配的話也會造成精蟲數偏低。

兩顆睪丸都沒有下降的貓咪可能會無法生育，如果有一顆睪丸下降了，那可能會有生育力，但不該育種。年齡也會影響生育力，還有肥胖、營養不良，以及其他疾病。就遺傳來說，玳瑁公貓和三花公貓幾乎都不育。診斷的話，要用臨床檢驗、詢問病史和身體檢查來確認潛在的原因。治療也要依個案而定。

雌性不孕症（Female Infertility）

雌性的不孕症成因可能是卵巢內的囊腫或是發情期異常（尤其貓咪年紀大了之後），發情期異常可能是因為日照不足（日光是動情週期的起始因素）。囊腫的治療要用手術切除，發情期異常則要依個別成因而定。如果是因為缺乏日照，通常會建議增加貓咪曝曬光線的時間到一天至少 12 小時。

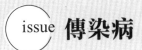

issue 傳染病

病毒性疾病（Viral Diseases）

貓病毒性鼻氣管炎（Feline Viral Rhinotracheitis，FVR）

貓病毒性鼻氣管炎是由皰疹病毒造成的，這是貓咪最嚴重的呼吸道疾病，對幼貓則會致命。貓病毒性鼻氣管炎的傳播是藉由直些接觸唾液、鼻子或眼睛分泌物，以及接觸被感染的貓砂盆或水碗。貓病毒性鼻氣管炎在養貓場、貓舍還有多貓家庭比較常見，如果那裡衛生很差、通風不良、壓力大、營養不良，或是過度擁擠的話，就容易造成貓咪的疾病。

症狀從發燒開始，然後進展到打噴嚏、咳嗽，還有眼睛和鼻子分泌物。眼睛會發炎，造成潰瘍，最後強迫眼瞼閉上。由於分泌物很濃稠，所以鼻子可能會完全堵塞，造成張口呼吸。

症狀也會包括流口水，有時會有口腔炎，這會讓進食變得極為疼痛，所以貓咪體重會減輕。就算嘴巴沒有潰瘍，因為鼻腔塞住使得嗅覺變差，也會造成食慾減退。稍微把食物加溫有助於釋放香氣，讓食物比較有吸引力。

治療包括抗生素、局部眼藥膏、靜脈輸液，以及營養支持。鼻子和眼睛的要保持乾淨沒有分泌物。拿棉球用水沾濕，清理眼睛和鼻子，可以用一小滴的嬰兒油來蓋住鼻子破皮的地方。

嚴重的感染會讓貓咪容易感冒復發，每年打疫苗有助於預防貓咪得這種病。

貓白血病病毒（Feline Leukemia Virus，FeLV）

這是種傳染力甚強的病毒性疾病，生長在骨髓中，經由分泌物傳播。貓白血病病毒陽性的貓咪免疫系統會受到抑制，讓她們非常容易罹患其他疾病，以及貓白血病病毒造成的癌症。

傳播最常透過受感染的唾液交換，共用餐碗和水碗或是相互理毛，就有可能發生傳播。性接觸和咬傷就是確定的傳播形式，幼貓會在母貓的子宮中、或是喝到受感染的母乳而得病。

有些貓咪是帶原者，自己卻沒有顯現出活躍的症狀。有些接觸到貓白血病病毒的貓咪可能會有免疫力，這稱為原發性病毒血症（primary viremia），在這種狀況中血液和唾液裡有病毒，但是貓咪的抗體有能力阻止病情惡化。

繼發性病毒血症（secondary viremia）指的是病毒持續出現在貓咪的血液和唾液裡，病毒已經牢牢地佔據了貓咪的免疫系統，讓身體容易受到各種疾病的侵襲，貓白血病病毒造成的疾病這時候就會令貓咪致命。

貓白血病病毒的徵候相當不明顯，疾病的初期症狀可能有：發燒、體重減輕、憂鬱、排便習慣改變和嘔吐。貓咪可能會貧血，黏膜發白，因為免疫抑制而出現其他疾病時，才會改變成明確的徵候。

可以為你的貓咪檢驗貓白血病病毒，貓白血病病毒有兩種檢驗可用：酵素結

合免疫吸附分析法（enzyme-linked immunosorbent assay，ELISA）可以在獸醫診所進行，原發性跟繼發性病毒血症都能檢驗。間接免疫螢光抗體分析法（indirect immunofluorescent antibody assay，IFA）要送到醫學實驗室。間接免疫螢光抗體分析法可用來檢測繼發性病毒血症。

治療要為貓咪減輕痛苦，如果可能的話就延長生命，抗生素、維他命補充劑、靜脈治療和抗癌藥物都有，但是飼主和獸醫必須一起努力，面對貓咪生活品質的倫理問題。抗癌藥物很強大，所以你必須考慮貓咪要承受多少痛苦，此外，治療的這隻貓咪可能有持續散播病毒的危險，也讓其他貓咪身處險境。

預防方式是在把任何貓咪帶進你家之前做好檢驗，如果你家裡有隻貓白血病病毒陽性的貓咪，家裡就要消毒，所有的貓砂盆和餐碗水碗都要更換，剩下所有的貓咪都要做檢驗。如果你家只有一隻貓，而這隻貓白血病病毒陽性的貓咪最近才離開，家裡就要消毒，所有的貓砂盆和餐碗水碗都要丟棄，要等至少一個月才能帶另一隻貓咪進來。

貓白血病病毒有疫苗，建議你可以跟獸醫討論一下貓咪的危險因素有哪些。如果你的貓咪打過疫苗，而最近被別的貓咬了，而你懷疑那隻貓是貓白血病病毒陽性（也就是說，任何不認識的貓咪），就讓她做檢驗，因為沒有疫苗是萬無一失的。

貓免疫不全病毒（Feline Immunodeficiency Virus，FIV）

貓免疫不全病毒是在 1980 年代在加州首次發現的，這跟人類的人類免疫不全病毒（human immunodeficiency virus，HIV）有關，但是貓免疫不全病毒不會在人類身上產生人類免疫不全病毒，且人類免疫不全病毒也不會在貓咪身上產生貓免疫不全病毒。**貓免疫不全病毒會散佈在唾液中，主要經由咬傷傳播，使得戶外的貓咪風險最高，尤其是亂逛的公貓，一般的接觸不是傳播的主要形式。**

貓免疫不全病毒引起的免疫抑制狀況很難跟貓白血病病毒區分，例如貧血、感染，還有白血球數量偏低。貓免疫不全病毒的徵候包括各種症狀，要依據感染的途徑而定。牙齦炎（gingivitis）、牙周炎（periodontitis），還有口腔炎都相當常見，會造成無法進食，最後變得瘦弱。皮膚感染、貧血、尿道感染、眼睛和耳朵感染、腹瀉和呼吸道感染也有可能，復原速度遲緩可能就是重要的線索。

貓免疫不全病毒有好幾個階段，跟人類免疫不全病毒一樣，接觸後的一開始是急性期，貓咪會發燒，淋巴結會腫大。接著貓咪可能會成為沒有症狀的帶原者，經過漫長的這一段。接著就是末期類似愛滋病的階段。貓咪的免疫系統再也無法運作，讓貓咪無法抵禦變得更嚴重的感染。

診斷要依據在獸醫辦公室裡進行的檢驗，也可以進行額外的檢驗，送到外面的醫學實驗室來確認。治療要依據相關的特定感染進行支持性的治療。

診斷出貓免疫不全病毒陽性，不代表你的貓咪馬上就被判了死刑。貓免疫不全病毒陽性的貓咪（如果健康的話）可以活好幾個月甚至好幾年。不過陽性的診斷就表示要把貓咪嚴格限制在室內，而且不能再有新貓進到這家裡來了。

預防貓免疫不全病毒的唯一方法是把貓咪留在室內，不要讓她接觸到病毒，最有效的方法就是不要接觸。如果你讓貓免疫不全病毒陰性的貓咪去到戶外，就要為她結紮絕育，以減少她亂逛打架的傾向。其他所有的疫苗都要按時施打，一有出狀況的徵候就要做檢查。對抗貓免疫不全病毒的疫苗幾年前已經核准，但不建議使用。打了疫苗的貓咪做抗體檢驗結果會是陽性，而且疫苗尚未證實是百分之百有效。

貓泛白血球減少症（Feline Panleukopenia）

也稱為貓傳染性腸炎（feline infectious enterititis）及貓瘟（feline distemper），這是種傳染力甚強的嚴重疾病。這種病會攻擊任何年齡的貓咪，是幼貓的主要死因之一，幼貓會從母胎中或是受感染的母乳中得到這種病毒。

這種疾病的傳播世界由直接接觸受感染的貓咪或是她們的分泌物，受感染的貓咪會在糞便中散佈病毒，咬過受感染貓咪的跳蚤也會把病毒傳播給其他貓咪。

貓泛白血球減少症病毒可以在極端的溫度下存活，而且可以在環境中存留超過 1 年。任何人如果觸摸或處理過受感染的貓咪，一定要仔細用稀釋的漂白水清洗和消毒，才能預防把傳染病傳給其他貓咪。疾病的徵候各有不同，但都會包括發燒和嘔吐。貓咪通常會因為腹部疼痛而變成駝背的姿勢，她可能會坐著，頭垂在水碗上。

如果她真的可以吃喝，那通常之後就會嘔吐，會出現偏黃色的腹瀉，有時會有血絲。貓咪的毛皮通常會變得黯淡無光，你觸碰或抓起貓咪的時候，她可能會因為腹部疼痛而大叫出聲。

泛白血球減少症攻擊貓咪的白血球細胞，隨著健康白血球細胞的減少，身體就容易受到繼發性感染侵襲。症狀剛出現時，你越早去到獸醫醫院，貓咪存活的機率就越高。治療包括：抗生素、靜脈輸液治療，以及營養支持。存活的貓咪會對未來的感染產生抗體。最好的預防方是就是為貓咪打疫苗，疫苗非常有效。

在出現泛白血球減少症的環境裡，一定要用漂白水和清水的溶液徹底清潔消毒。貓咪環境中任何無法消毒的東西都要丟棄。

貓傳染性腹膜炎（Feline Infectious Peritonitis，FIP）

貓傳染性腹膜炎是由屬於冠狀病毒（coronavirus）群的品種所引起，因直接接觸分泌物而蔓延。直接接觸被感染的貓咪，或是接觸到貓砂盆、餐碗、床墊或玩具這些被感染的貓咪接觸過的表面或物體，傳播就會發生。

1 歲以下的貓咪最常被感染，少數接觸到這種病毒的貓咪可能只有出現輕微的呼吸感染，以後雖然一直沒有症狀，卻成為了帶原者。不過對大多數的貓咪來說，貓傳染性腹膜炎會致命。貓舍、貓口密集的家庭、營養不足的貓咪、幼貓，或是已經罹患其他疾病的貓咪，罹患貓傳染性腹膜炎的風險最高。

這種疾病有兩種形式：滲出型（濕型）與非滲出型（乾型）兩種都能致命。濕型的話，體液會積在胸部與腹部。你可能會注意到呼吸困難，因為肺部無法擴張，積在腹部的體液會讓腹部漲大，碰到會疼痛。其他症狀包括：發燒、食慾減退、腹瀉、貧血，以及嘔吐，可能也會長出黃疸。罹患滲出型貓傳染性腹膜炎的貓咪通常活不了幾個月。非滲出型貓傳染性腹膜炎不會產生體液，而是攻擊器官，例如大腦、肝臟、腎臟、胰臟和眼睛。症狀會包括：肝衰竭、腎衰竭、神經疾病、視網膜疾病、失明，以及胰臟疾病。

罹患非滲出型貓傳染性腹膜炎的貓咪可以存活好幾個月，外在的症狀一開始可能不明確，例如食慾減退、體重減輕、鼻子外觀蒼白、眼瞼內部有黃疸、毛皮粗糙或黯淡，反覆發燒。

要藉由一系列的檢測，先確認貓傳染性腹膜炎的各種指數是否達標，才能下診斷。你的獸醫會檢查抗體濃度、腎臟與肝臟功能、血球細胞計數，以及體液分析（如果達標的話）。

很不幸的，治療僅限於支持性的療法，以緩解痛苦：抗生素與消炎藥。沒有辦法治癒，很悲哀地，染上這種病的貓咪預後非常差。

如果你的貓咪屬於高風險的類型，就要確定有用適當的營養、獸醫檢查加上合適的疫苗，來維持她的健康。所有健康上的顧慮都要立刻處理，不管看起來有多微不足道（這就是說跳蚤、其他寄生蟲，還有最輕微的抽鼻子或打噴嚏）。

定期為貓咪住的地方消毒，用半杯的漂白水加上一加侖的清水來消毒環境，在貓口密集的環境中，這點很重要。

貓杯狀病毒（Feline Calicivirus，FCV）

貓杯狀病毒的傳播是藉由直接接觸鼻子或眼睛分泌物以及唾液，接觸被感染的貓咪使用的貓砂盆或餐碗與水碗也會傳染。初期的症狀包括：眼睛和鼻子的分泌物、發燒，以及打噴嚏。隨著病情惡化，就會看到因為嘴巴和舌頭有潰瘍而流口水。貓咪會停止進食、體重減輕，呼吸越來越困難。

治療要使用抗生素以及消炎藥，你也可以拿棉球用水或食鹽水沾溼，來清潔鼻子和眼睛的分泌物，可以用一滴嬰兒油滴在鼻子破皮的地方。

這種病毒有許多品種，其中有些比較危險，目前這種病毒有疫苗可供使用。

狂犬病（Rabies）

這種致命的疾病通常是經由被受感染的動物咬傷而進入身體的，這種病毒存在動物的唾液中，會從開放的傷口進入，穿越中央神經系統到達腦部。潛伏期從幾週到幾個月都有，要看一開始咬傷的傷口離大腦有多近、病毒要花多少時間滲入神經系統——通往大腦的運輸途徑。

狂犬病有兩種類型：狂暴型（furious）與麻痺型（paralytic）。被感染的動物可能同時展現出這兩者的徵候。麻痺型會在臨死前的時候出現，但是如果在狂暴期時就痙攣發作造成死亡，麻痺型可能就不會出現了。

狂暴期可以持續 1～7 天，貓咪會變得有攻擊性，對空氣或想像的東西啃咬。她可能會突然攻擊、咬住任何靠近的人類或動物，被拘束的貓咪會試著咬穿箱子或籠

子。在短時間內，貓咪就會出現顫抖和肌肉抽搐，造成痙攣。

　　進入到麻痺期時，狂犬病會讓肌肉麻痺，先影響頭部和頸部。大多數人會把狂犬病跟動物似乎害怕喝水的畫面連在一起，其實那是麻痺造成無法吞嚥。

　　貓咪會流口水，通常會用爪子抓自己的嘴巴。麻痺讓她的下巴無法完全合上，所以會看到她的舌頭垂掛在外面。這種局部的癱瘓很快就會轉變成全面的癱瘓，貓咪會倒下，很快就會死去。

　　唯一真正的診斷要靠顯微鏡檢查大腦組織，這只能用解剖的，沒有辦法治療。如果你的貓咪沒有打疫苗，又被罹患狂犬病的動物咬傷，最有可能的建議就是撲殺或是隔離。如果貓咪打過疫苗，又被罹患狂犬病的動物咬傷，那就會給她額外注射加強疫苗，然後留置觀察。

　　預防是最重要的，請確定你的貓咪打了狂犬病疫苗，雖然狂犬病在貓咪身上很罕見，但是你還是需要打疫苗對抗這種疾病。 幼貓從 3 個月大開始就可以打疫苗了，從那時候開始 1 年後再打加強疫苗。然後依據疫苗類型以及你居住地區的法令，可以每年或每 3 年打一次加強疫苗。

　　談到被動物咬傷的時候，所有的傷口都應該立即用水和消毒劑清潔過。如果你的貓咪被咬了，你有任何問題或擔憂，就諮詢你的獸醫。

細菌性疾病

貓傳染性貧血（Feline Infectious Anemia）

　　這是由一種叫做貓血巴東體（hemobartonella felis）的生物體所造成的，這種生物體會附著在貓咪紅血球的表面上，貓咪傳染性貧血會造成貧血。

　　一般假設，吸血的寄生蟲和昆蟲，例如蜱蟲和跳蚤在咬了被感染的貓咪之後，可能會把被污染的血液傳給健康的貓咪。如果母貓被感染的話，在胎中的幼貓也會受到感染。

　　徵候包括牙齦和黏膜發白，以及嘔吐。如果病情惡化得慢，就可能會注意到明顯的體重減輕。急性的狀況可能不會出現體重減輕，而是虛弱、發燒、食慾減退，

皮膚會出現黃疸，因為紅血球細胞被破壞了。**貧血的貓咪可能會開始吃貓砂或塵土，試圖獲得鐵質。**

診斷要用顯微鏡檢查血液抹片，要採集 1 個樣本以上，因為有時候寄生蟲在血液裡會看不到。比較準確的檢驗要用聚合酶連鎖反應（polymerase chain reaction，PCR）血液檢驗來進行。

除了其他藥物之外，通常會用抗生素治療好幾週。極端的狀況可能會需要輸血，如果貧血沒有惡化得太嚴重，治療通常都會成功；然而，寄生蟲可能永遠無法從身體中完全根絕，在受到壓力之後這種病症可能會復發。

要減少貓咪接觸貓傳染性貧血的話，跳蚤和寄生蟲防治應該是整體計畫的一部份。風險最高的似乎是可以去到戶外的貓咪、亂逛的公貓，還有 6 歲以下的貓咪。

支氣管敗血性博德氏桿菌（Bordetella Bronchiseptica，FeBb）

大家曾經認為這主要會造成狗狗的犬舍咳（kennel cough），支氣管敗血性博德氏桿菌現在被認為可能是在貓咪身上引起類似狀況的呼吸道病原體，由支氣管敗血性博德氏桿菌造成的上呼吸道感染可能會導致肺炎。

症狀包括：發燒、食慾減退、無精打采、眼睛流淚、咳嗽、鼻腔分泌物、打噴嚏，肺部聲響增加。雖然咳嗽是狗狗身上常見的徵候，卻可能不會在貓咪身上出現。一般相信，傳播的進行主要是藉由口鼻接觸到被感染貓咪的分泌物和排泄物像是打噴嚏、哈氣、啃咬、舔舐、噴沫等等。

依據體檢或臨床的徵候無法確診博德氏桿菌，因為其他的呼吸道病原體也有類似的症狀，必須採集培養檢體送到實驗室去。

支氣管敗血性博德氏桿菌已康復的貓咪還是會持續散播這種生物體，約達 19 週。收容所、寄宿機構和多貓家庭是最危險的，尤其如果有呼吸道疾病病史的話。

受感染的貓咪會用抗生素治療，支氣管敗血性博德氏桿菌有疫苗，但是沒有建議動物一定要施打，建議飼主跟獸醫討論一下貓咪的危險因素有哪些。

沙門氏桿菌（Salmonellosis）

這是由某一種沙門氏桿菌（有很多種）引起的細菌感染，貓咪通常看起來是沒有症狀的帶原者，而且似乎對沙門氏桿菌相當有抵抗力。最容易受影響的貓咪是處於壓力中、生活在不衛生或過度擁擠、營養不良，或是已經因病而虛弱的貓咪。

細菌會在帶原動物的糞便中散播，貓咪吃下生的食物、齧齒動物或鳥類糞便，以及被污染的罐頭食物，就會感染沙門氏桿菌。

沙門氏桿菌的症狀包括發燒、食慾減退、腹部疼痛、脫水、腹瀉、倦怠和嘔吐，不過有些狀況沒有出現腹瀉的徵候。

診斷要藉由檢查、糞便培養、尿液分析和血液檢驗來進行，這種感染很難診斷。治療要用輸液治療，以消除脫水的狀況。也會使用抗生素。

要預防沙門氏桿菌的話，就不要餵食貓咪生肉或是沒有煮熟的肉。如果你的貓咪在戶外打獵，那她感染這種細菌的風險最高。如果你選擇讓她在外面，就要給她頂級營養、加強疫苗（沙門氏桿菌沒有疫苗）、定期獸醫檢查和衛生的環境，以確定她的免疫系統處於顛峰狀態。最後，不要讓你的貓咪吃下她抓到的獵物。

貓抓病（Cat Scratch Disease）

我把貓抓病放在這一章，因為許多人不了解這到底是什麼，他們只知道這種病多少跟貓咪有關。這是種會侵襲人類的疾病，貓咪會是沒有症狀的帶原者。貓抓病通常會自我痊癒，在被咬到被抓傷的地方會有紅色的傷口。傷口附近的淋巴結可能會腫大，通常會持續幾週甚至幾個月。

在大多數狀況中，淋巴結後來就會回復正常的大小，在少數案例中，貓抓病會導致更嚴重的狀況，包括發燒、疲倦、頭痛，以及食慾減退。對於免疫受到抑制人類來說，這種病會危及生命。

被貓咪抓到或咬到，不管多輕微，都要消毒。被流浪貓抓到比熟悉的寵物抓到容易更發生這種疾病。如果你對跟貓咪有關的傷口有任何問題，就諮詢你的獸醫。教會孩子怎麼適切而溫柔地碰觸貓咪，希望這樣他們一開始就可以避免被抓傷。

貓披衣菌感染症（Feline Chylamydiosis）

也稱為貓肺炎（feline pneumonitis），是種呼吸道的感染，可以從輕微到非常嚴重，經由直接接觸傳播。症狀包括：結膜炎，這會造成眼睛紅腫有分泌物；打噴嚏、食慾減退、咳嗽和呼吸困難也都是徵候。最危險的似乎是年幼的貓咪，尤其是住在多貓環境、而該處曾有患病紀錄的那些貓咪。

治療包括使用口服和眼用抗生素。貓咪通常可以康復，不過復發也很常見。有疫苗可用，但是可能不會納入固定施打的疫苗中。疫苗無法預防這種疾病，但是可以減輕嚴重的程度。

黴菌病（Fungal Diseases）

組織漿菌症（Histoplasmosis）

這種病是由土壤真菌引起，藉由吸入傳播。組織漿菌症在貓咪身上很少看到，但年幼的貓咪比較容易被感染。症狀包括：呼吸困難、發燒、虛弱、食慾減退和腹瀉。診斷需要採樣培養，治療則需長期使用抗黴菌藥物。不過預後通常不太好。

麴菌病（Aspergillosis）

這種黴菌可以在土壤裡和腐爛中的殘骸裡找到，被感染的徵候通常包括呼吸道及消化系統疾病。已經感染泛白血球減少症的貓咪似乎最容易受到麴菌病的感染，治療這種病症的時候會用到抗黴菌藥物，預後通常有限。

隱球菌病（Cryptococcosis）

隱球菌病是貓咪常見的黴菌感染，隱球菌可以在鳥類的糞便中找到，通常是經由吸入感染。這種感染通常造成呼吸道疾病，會有打噴嚏、濃稠的鼻腔分泌物、咳嗽、呼吸困難和體重減輕之類的症狀，鼻子上可能會長出硬硬的增生物。

診斷通常要把樣本送到實驗室培養，也有血液檢驗可以診斷隱球菌病。治療這種病會使用抗黴菌藥物，在某些狀況中也可能需要動手術。

issue 口腔疾病

乳牙殘留（Retained Deciduous Teeth）

幼貓有 26 顆乳牙，最後會被恆牙取代，換牙大約在 3 個月大的時候開始，通常到幼貓 7 個月大時會完成。

偶爾會有 1 顆以上的乳牙沒有在恆牙出現的時候脫落，被推擠到正常的排列之外。你看到幼貓的嘴巴裡時會注意到兩組牙齒，如果不管的話，會讓咬合不正，很快就會惡化成牙齒疾病，治療的話要拔掉殘留的乳牙。

口臭（halitosis）

這不是主要的問題，而是其他病症的症狀，重要的是找出成因，你不能把這個問題當成單純的口臭。牙齦炎、牙周炎、某些傳染病，甚至泌尿道疾病都會引起口臭。奇怪的口腔氣味也可能是中毒的徵候，糖尿病因為丙酮也會產生獨特的味道。

任何時候你注意到貓咪呼吸時味道很怪或有惡臭，就讓她給獸醫檢查，以正確診斷出主要的成因。依照固定的計畫清潔貓咪的牙齒，有助於預防會造成口臭的牙齦炎。參見第 12 章了解如何照顧貓咪的牙齒。

🔍 口腔或咽喉問題的徵候

- 嘴唇或牙齦發炎
- 牙齦萎縮
- 口臭
- 過度流口水
- 臉部或頸部腫脹
- 吞嚥困難
- 舌頭外觀改變
- 牙齒上有黃色或棕色的牙垢
- 食慾減退
- 用爪子抓嘴巴或臉
- 毛皮沒有梳理

牙齦炎與牙周炎

　　牙齦炎指的是牙齦的部位發炎，在各種寵物都很常見。牙齦炎一開始是細菌形成的薄膜，稱為牙菌斑（plaque），包住了牙齒。看不見的牙菌斑形成原因是食物卡在牙縫中，滋生細菌。牙結石（calculus）或牙垢（tartar）是在牙齒表面形成的柔軟菌斑，看起來是黃色或棕色的。

　　牙齦炎的徵候：牙齦上有條細細的紅線，看起來彷彿有人拿紅筆在貓咪的牙齦上畫出輪廓。隨著病情惡化，你就會注意到口臭。感染惡化後，發炎的牙齦會形成膿包，貓咪可能會開始流口水。

　　牙周炎指的是牙齒周圍的牙周膜發炎，到這個階段牙齒會鬆動，牙根會膿腫，牙齦萎縮。感染會蔓延到骨頭，貓咪吃和咀嚼都變得會痛。

　　沒有治療的話，若骨頭的感染擴散到貓咪的器官，可能會危及生命。要依需要經常讓獸醫為貓咪的牙齒洗刷去垢，如果有需要拔牙，整個過程會在麻醉下進行，所以貓咪不會覺得痛。有關照顧貓咪牙齒的說明，包括刷牙、洗牙和減少牙垢的食物，請參見第 12 章。

過度流口水

　　唾液腺會分泌唾液，這種液體可以輔助食物的消化。流口水比較常跟狗連在一起，但是貓咪使用口腔用藥物時也可能會流口水。你可會注意到，如果貓咪太過開心，在展現感情時也會流口水。如果幫貓咪噴了防治跳蚤的產品，她們事後又舔了自己的毛的話，也常會流口水。

　　過度流口水也可能是許多健康問題的徵候，牙齒疾病會造成流口水，異物卡在口腔或喉嚨時也會。流口水也可能是中毒的徵候，中暑也是可能的原因，伴隨著流口水的流鼻涕、眼睛流淚或是打噴嚏，可能表示有呼吸道感染。

口腔炎（口腔傷口或潰瘍）

牙周炎會造成口腔的發炎與潰瘍，貓咪嘴裡的味道會很重、牙齦浮腫發炎，口水變暗棕色，這種病症也稱為戰壕口炎（trench mouth）。

口腔炎有時候也跟某些呼吸道疾病有關，例如貓白血病病毒、貓免疫不全病毒，也包括腎臟病。治療要先診斷主要成因、清潔口腔、治療潰瘍、拔掉鬆動的牙齒，然後讓貓咪服用適當的抗生素。獸醫會指定在家口腔衛生計畫，口腔痊癒的期間，貓咪必須吃非常柔軟的食物。

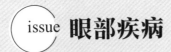

issue **眼部疾病**

結膜炎

這是眼瞼的內側發炎，有時球結膜（bulbar conjunctiva）也會。通常會有透明水狀的分泌物，也有濃稠如膿的，眼睛會發紅或發炎，有時候會出現水腫。貓咪可能會常常眨眼，用爪子抓眼睛。眼睛看起來甚至會腫到打不開，眼瞼上會結成硬硬的一層。結膜炎是由灰塵、污垢或某種過敏原等刺激物所引起的。透明水狀的分泌物可能表示有病毒性上呼吸道疾病或是過敏。如果分泌物很濃稠，顏色也變了，就可能表示有繼發性細菌感染。

結膜炎的原因有好幾種，治療要有效的話，要依據潛在的成因。會開眼藥水或藥膏，如果眼瞼上有硬硬一層的話，就會使用溫水浸泡。

🔍 眼部疾病的徵候

- 眼睛或眼睛周圍流血
- 快速眨眼
- 眼睛有分泌物
- 出現第三眼瞼
- 疼痛
- 一隻瞳孔大小不同
- 眼睛有血絲
- 眼睛上有硬硬的一層
- 眼皮下垂

- 斜視
- 眼部運動異常
- 用爪子抓眼睛
- 眼睛周圍腫脹
- 瞳孔固定
- 眼睛上有不透明的薄膜
- 結膜疼痛、發紅或發炎
- 眼球凹陷或突出
- 流淚

　　如果你的貓咪有斜眼，或是看起來有結膜炎的話，不要使用任何之前開的藥物，要等到看過獸醫再說。如果出現角膜潰瘍（corneal ulcer）的話，用錯藥膏會造成更嚴重的傷害。有些貓咪或一直抓或摩擦自己的眼睛，破壞痊癒的狀況。如果這樣的話，獸醫會建議你使用特製的領圈，讓她沒辦法碰到眼睛。

出現第三眼瞼

　　受傷或生病會造成第三眼瞼變得明顯，如果只有一隻眼睛這樣，最可能就是這隻感染了或受傷了。如果兩隻眼睛上都看得到一層膜，原因就可能是生病了。讓貓咪給獸醫看看，完整檢查一次，以確認第三眼瞼的出現原因，並開始對症下藥。

霍斯症候群（Haws Syndrome）

　　這是貓咪相對常見的病症，會造成第三眼瞼突出。原因不明，但可能跟會自己痊癒的腹瀉有關。症狀是暫時的，會持續 1～2 個月，治療可能會用局部用藥。如果出現腹瀉，那也必須要治療。

霍納氏症候群（Horner's Syndrome）

　　霍納氏症候群是第三眼瞼經常出現，原因是讓眼瞼縮回的肌肉失去了神經的刺激。除了第三眼瞼突出之外，症狀可能包括：瞳孔縮小、眼睛內縮和眼皮下垂。霍納氏症候群是神經問題的徵候，原因可能包括頸部或脊柱受傷，還有中耳感染。治療要依主要原因而定。

淚管阻塞

　　正常來說，多餘的淚液會從淚管流出，流進鼻子。如果正常的淚液排流系統堵塞了，眼淚就會溢出眼瞼，沿著臉部流下，弄髒毛髮。

　　貓咪長期有透明分泌物卻沒有伴隨眼睛紅腫，可能就有淚管堵塞。淚管堵塞有幾個原因：可能是波斯貓這種短鼻扁臉的品種，她們的排流系統得要急轉彎，也可能是受傷、分泌物太濃、感染（尤其是慢性）、腫瘤，或甚至塵土或貓砂都會造成堵塞。要檢查正常的排流，獸醫會在眼睛使用螢光素（fluorescein），這是種眼用的染劑。在特殊的光線下，如果排流系統有在運作，在鼻腔開口應該會看到明顯的染劑，有時阻塞的只有一邊。

　　治療要依潛在的原因而定，感染就用抗生素治療，用眼用類固醇藥水消炎則可能打開淚管；也常會用時鹽水沖洗淚管，來鬆動造成阻塞的東西，這個過程通常會在麻醉下進行。

角膜潰瘍

　　角膜潰瘍通常是外傷造成的，也有可能是繼發性感染的結果，因為貓咪打架而使眼睛受傷是角膜潰瘍常見的原因，淚水分泌不足造成乾眼也會造成潰瘍。

　　潰瘍可能會大到你看得見，也可能太小，用眼睛看不到。**及早治療很重要，才能預防更嚴重的狀況。**獸醫要找到小潰瘍的話，會用螢光素為眼睛染色，這是種眼用染劑；然後會清洗眼睛，在特殊的光線下，所有的潰瘍都會保有染劑的痕跡。

　　如果你的貓咪斜眼了，不要以為是結膜炎，就把以前開的藥物用在眼睛上。如果出現潰瘍的話，某些藥物會對眼睛造成極為嚴重的傷害。

角膜炎（Keratitis）

　　角膜的發炎，會侵襲一隻眼睛或雙眼。症狀包括：第三眼瞼出現、斜視、分泌物、對光敏感。貓咪可能會用爪子抓眼睛。這種發炎對貓咪來說很痛。如果沒有治療的話，貓咪可能會永久失去視力。

　　角膜炎可能是外傷，或是眼瞼內翻（entropion，眼瞼向內捲，睫毛刺激到角膜）受傷的結果。許多傳染性因子也可能是原因。應該立刻看獸醫，通常會開抗生素，為了止痛，也會開局部用藥膏。

青光眼（Glaucoma）

　　這是眼球本身內部液體壓力增加的結果，貓咪的青光眼通常是繼發性的，因為外傷、感染、白內障或腫瘤所引起。因為有東西結疤，或是堵住了液體的排流，而使得液體增加。

　　隨著液體壓力增加，眼睛變得更大、更硬，而且開始突出。這是個很痛的過程，青光眼會侵襲一隻眼睛或雙眼，其他症狀可能有：瞳孔擴大、斜視，或是鞏膜出現血管構造。

　　沒有治療的話，會發生視網膜的傷害，貓咪可能會失去視力。眼壓可以由獸醫

測量，使用一種放在眼睛表面的儀器。急性的青光眼需要住院，也可能要動手術，以減輕眼壓。嚴重的狀況要摘除眼睛，慢性青光眼可以用局部或口服藥物治療。

白內障（Cataracts）

有白內障的話，水晶體會有一塊不透明的地方，看起來變成乳白色。正常來說，健康的水晶體是透明的，白內障可能是受傷或是感染的結果，所以才最常在貓咪身上看到。白內障不只是老年才有的病症，而是任何時候的貓咪都會罹患，糖尿病的貓咪年老的時候也會得。

白內障的症狀如下：眼睛外觀改變、斜視、發炎、抗拒上下樓梯，走路的時候可能看起來沒有把握。依據白內障的成因不同，如果需要的話可能會動手術，不過視力可能無法完全恢復。

水晶體核硬化（Nuclear Sclerosis）

這是隨著老化而發生、常見的眼部疾病。隨著貓咪年老，水晶體持續長大，推擠著眼睛的中間，造成細胞增生，結果是灰色或淺藍色的霧霾。這種疾病對老化過程來說是正常的，似乎並不會阻擋視線，這種病跟白內障不同，通常不需要治療。

葡萄膜炎（Uveitis）

這是種眼睛內部的發炎，在貓咪各種傳染病中常常見到，例如貓白血病病毒，或是貓傳染性腹膜炎。這也可能是生理創傷的結果，有葡萄膜炎的話，眼睛會越來越軟。症狀包括：眼睛發紅流淚、斜視、瞳孔收縮、對光線果敏。這種病會很痛，獸醫的照顧包括診斷和治療主要的並因，加上藥物消炎和緩解不適。不治療的話，葡萄膜炎恐會造成失明。

失明

　　有好幾種疾病會造成失明，外傷也會。如果你懷疑貓咪快失明了，或是已經失明，就聯絡獸醫，以確認原因。如果貓咪失明了，或視力受限，就絕對不能讓她出門。

　　留在室內的話，只要環境保持不變，失明的貓咪還是可以過得很好。不要重新安排家具，把她的食物、飲水、床和貓砂盆都放在她熟悉的地方。

issue **鼻腔疾病**

感染

　　鼻腔感染可能是呼吸道疾病、受傷或是出現異物的結果。症狀通常包括：鼻腔分泌物、打噴嚏、呼吸困難、呼吸嘈雜有水聲，還有食慾減退。由於貓咪的鼻子越來越堵塞，所以你可能會注意到她張口呼吸，若有黃色或是像膿一樣的鼻腔分泌物就表示有細菌感染。

🔍 **鼻腔問題的徵候**

- ·打噴嚏
- ·出現硬硬的一層東西
- ·用爪子抓臉
- ·張口呼吸、腫脹
- ·嚴重的牙齒或口腔感染
- ·鼻子外觀的改變

- ·分泌物
- ·流血
- ·呼吸困難
- ·腫塊或腫瘤
- ·食慾不振

診斷出特定病症之後，就會給適合的抗生素，也可能會開鼻塞藥。幫你的貓咪自在呼吸是最重要的事，所以要輕輕地用沾濕的棉球把分泌物或結成硬塊的東西從鼻子上擦掉。你也可以用一滴嬰兒油滴在鼻子上，避免破皮，獸醫可能會建議使用氣化器（vaporizer）。

　　另外很重要的一點，若是聞不到東西的貓咪通常會厭食，因此若發現有食慾不振請特別留意。

鼻竇炎（Sinusitis）

　　鼻竇炎的症狀會包括：打噴嚏和黃白色鼻腔分泌物，可能帶有或沒有血。鼻竇感染可能是過敏、呼吸道感染、外傷或黴菌感染的繼發性結果，牙齒膿腫也會造成鼻竇炎。若患有鼻竇炎則必須治療潛在的原因，醫生在治療上會開立抗生素，在極端的狀況中可能會需要動手術，以排乾體液。

issue　耳部疾病

耳炎（otitis）

　　貓咪的外耳會因為細菌、耳屎堆積、耳疥蟲，還有傷口感染而發炎（otitis oxerna，外耳炎）。症狀包括：發炎、搔抓耳朵、異味、出現滲出物、搖頭、外耳保持在異常的角度。治療包括清潔耳朵（見第 12 章，有說明如何保持耳朵清潔），以及塗抹局部抗生素藥物。

🔍 耳部疾病的徵候

- ·搔抓耳朵
- ·分泌物
- ·流血
- ·耳朵出現砂質的黑色物質
- ·耳朵內或周圍發炎
- ·耳朵周圍掉毛
- ·不正常的耳部運動

- ·頭部歪斜
- ·耳殼（pinnae，外耳）腫脹
- ·異味
- ·耳屎過多
- ·結成硬塊
- ·耳朵上或內部有腫塊

中耳（otitis media）發炎會因寄生蟲、細菌、黴菌或異物而引起，症狀包括頭部歪斜和缺乏平衡。治療可能要使用抗生素或抗黴菌藥物，在某些狀況下可能要開刀。

內耳感染（otitis interna，內耳炎）極為嚴重，可能會造成不可逆的傷害，甚至是死亡。症狀包括：喪失聽力、嘔吐、失去協調性與平衡、繞圈行走、異常的眼部運動，治療可能會使用抗生素或抗黴菌藥物。

耳聾

耳聾會由很多種東西引起，包括：外傷、感染、老化、堵塞物、腫瘤、中毒，還有某些藥物，也可能是先天的。藍眼睛的白貓通常都是聾子，異瞳白貓的話，耳聾通常發生在藍色眼睛的那一側。

如果你年老的貓咪越來越聾，或是已經全聾了，就要避免嚇到她。你可以接由腳步的震動來宣告你到了，或是想要觸碰她。你的腳步要重一點（不過不要跺腳），讓她感受到震動。

如果貓咪醒著，但注意力放在別處，就慢慢走進她的視線範圍裡，不要走到耳聾的貓咪背後把她抓起來。如果你懷疑她耳朵聾了，就讓獸醫檢查，看有沒有感染、受傷或堵塞物。

耳疥蟲

　　貓咪耳朵疾病最常見的原因，這些極小的寄生蟲靠吃皮膚組織為生。牠們在耳道裡生活繁殖，造成發癢發痛，但是牠們也會移動到身體的其他部分。

　　耳疥蟲對其他寵物傳染力極強，如果有一隻寵物得了，她的同伴就很有機會也得到。耳疥蟲主要都在耳朵裡發現，但其實牠們可以在身體的任何地方出現，所以很容易互相傳染。不治療的話，耳疥蟲孳生會引起大麻煩，因為耳道會發炎流血。

　　耳疥蟲孳生最常見的徵候是一直搔抓、反覆搖頭，貓咪的耳朵可能也會維持在異常的角度。你檢查耳朵的時候，會發現乾掉、深色、易碎的棕色碎屑，像是咖啡渣。猛力搖頭或搔抓時，你會注意到有些碎屑掉到毛皮上。

　　耳疥蟲其實是白色的，耳朵裡棕色的碎屑其實是消化過的東西和耳屎。耳疥蟲孳生的確診必須採集耳朵裡碎屑的樣本，在顯微鏡下檢查，你就會看微小的疥蟲四處移動。看看顯微鏡下那麼多的疥蟲，你就很容易明白貓咪會有多癢多痛。

　　獸醫的治療會仔細而輕柔地清潔耳朵，動作要輕柔，因為耳朵會很癢，而且會流血。清潔後你就會注意到耳道裡紅腫發炎有多嚴重，要有效殺死疥蟲的話，清潔很重要，這樣疥蟲才沒有辦法躲在堆積的碎屑裡。

　　要遵守有關治療時間長度的指示，因為耳疥蟲有 3 週的生命週期，如果治療太早停止，又會重新孳生。市面上有好幾種耳疥蟲治療產品，有效用量的指示可能各有不同，要依產品而定。

　　在治療耳疥蟲的時候，貓咪後腳的指甲要修剪，以減少耳朵及其周圍搔抓有關的傷害。通常不會要求處理環境，因為耳疥蟲離開動物身上就沒辦法活太久了。

血腫（hematoma）

　　貓咪猛力搖頭的時候，血管會爆開，造成外耳的軟骨和皮膚間血液和體液聚積成鼓起的一包。這麼嚴重的搖頭或搔抓，可能是耳疥蟲孳生、過敏，或耳朵感染的結果。血腫會腫得很大，大到貓咪會覺得痛，通常需要動手術以預防復發，不然血塊形成的這一包又會裝滿液體。

血腫的其他原因還包括貓咪打架，以及頭部外傷。要預防血腫的話，要定期檢查貓咪的耳朵，看有沒有疥蟲、紅腫、發炎的跡象。

如果你注意到什麼東西，或是貓咪常常搖頭、抓耳朵，或是耳朵保持在一個異常的角度，就讓她給獸醫檢查。

耳朵曬傷

為了預防這個狀況，就要限制貓咪去到戶外，尤其是太陽很大的日子。貓咪真的去到戶外的話，就在耳朵上塗防曬乳。向獸醫確認哪種防曬乳對貓咪是安全的，定期檢查耳朵，有任何曬傷或潰瘍的徵候就要立刻就醫，這可能會發展成皮膚癌。

凍傷

耳朵尖端特別容易凍傷，這個主題在第 18 章「緊急狀況與急救」中有提及。

issue 癌症

癌症會長在身體的任何部位：皮膚、嘴巴、淋巴結、血球細胞，或是任何內臟。由於很多種癌症從外表看不出來，所以貓咪一旦出現覺得不適的症狀，就要向獸醫諮詢。腫瘤形成（neoplasia）這個字你常會聽到跟腫瘤連在一起，這指的是持續增生的腫瘤（瘤，neoplasm）。貓咪最常見的癌症之一就是淋巴瘤，這種癌症通常跟貓白血病病毒連在一起。另一種癌症，纖維肉瘤（fibrosarcoma），也稱為注射部位肉瘤（injection site sarcoma），是跟某些疫苗有關。

腫瘤分為兩類：良性（benign）與惡性（malignant），良性腫瘤跟癌症無關，通常生長比較慢，不會擴散到身體其他地方，而且如果有需要，常常都可以用手術切除。診斷為惡性的腫瘤就跟癌症有關，生長得很快，形狀不規則，而且會擴散到身體其他地方。切除惡性腫瘤的手術可能成功，也可能不會。

治療惡性腫瘤要依個別狀況而定，不過有一條規則可以適用於所有的癌症：早期發現可以讓成功治癒的機率更高。不同類型的治療包括：

手　　術	（有時會與其他治療方式併用）
化學治療	（抗癌藥物）
放射線治療	（有時和化學治療或手術併用）
冷凍手術	（cryosurgery，將組織冷凍）
高溫熱療	（hyperthermia therapy，將組織加熱到非常高的溫度，有時會跟其他治療方式併用）
免疫治療	（immunotherapy 自然與化學免疫強化劑，有時會與其他治療方式併用）

🔍 癌症的徵候

- ·腫塊或突起
- ·皮膚上有增生物
- ·食慾減退
- ·虛弱
- ·倦怠
- ·咳嗽
- ·長期腹瀉

- ·腫脹
- ·體重減輕
- ·傷口無法痊癒
- ·憂鬱
- ·貧血
- ·呼吸困難

　　每種治療都有其優缺點，腫瘤如果已經擴散，或是位於難以到達的部位，就可能需要放射線這樣的治療。結合幾種治療方式來控制癌症、希望能根除癌症，這種狀況不在少數。不幸的是，癌症在貓咪身上相當常見。

為什麼你的好意害了貓？

Think like a cat :
how to raise a well-adjusted cat--not a sour puss

作者	潘・強森班奈特（Pam Johnson-Bennett）
譯者	方淑惠、蘇子堯
書封設計	白日設計
選書人	林潔欣
資深編輯	盧羿珊
總編輯	林淑雯
社長	郭重興

發行人兼出版總監	曾大福
出版者	方舟文化出版
發行	遠足文化事業股份有限公司
地址	23141 新北市新店區民權路 108-2 號 9 樓
電話	+886-2-2218-1417
傳真	+866-2-8667-1851
劃撥賬號	19504465
戶名	遠足文化事業有限公司
客服專線	0800-221-029
E-MAIL	service@bookrep.com.tw
網站	http://www.bookrep.com.tw/newsino/index.asp
排版	菩薩蠻電腦科技有限公司
印製	通南彩印股份有限公司
法律顧問	華洋法律事務所｜蘇文生律師
行銷協力	一方青出版國際有限公司

地址：台北市大安區青田街 2 巷 18 號 1 樓
電話：（02）2392-7742
E-mail：greenfans95558@gmail.com
FB 網站：www.facebook.com/greenfans558

定價──480 元
初版一刷──2018 年 10 月
初版九刷──2021 年 10 月
缺頁或裝訂錯誤請寄回本社更換。
歡迎團體訂購，另有優惠，請洽業務部（02）22181417#1124、1125、1126
有著版權・侵害必究

Amazon 史上最暢銷貓咪飼育聖經，
從幼貓到老貓，從基本認知到緊急醫療措施，
愛貓人必備經典指南！

國家圖書館出版品預行編目（CIP）資料

為什麼你的好意害了貓？：Amazon史上最暢銷貓咪飼育聖經,
從幼貓到老貓,從基本認知到緊急醫療措施,愛貓人必備經典指
南!／潘.強森班奈特(Pam Johnson-Bennett)著；方淑惠、
蘇子堯譯. -- 初版. -- 新北市：方舟文化出版：遠足文化發行,
2018.10　面；　公分. -- (生活方舟：OALF0024)
譯自：Think like a cat : how to raise a well-adjusted cat-
-not a sour puss
ISBN 978-986-96726-3-4(平裝)
1.貓 2.疾病防制 3.寵物飼養 4.動物行為
437.36　　　　　　　　　　　　　　　　　107014255